पर्यावरण अध्ययन
ENVIRONMENTAL STUDY

पर्यावरण अध्ययन
ENVIRONMENTAL STUDY

लेखक
डा0 मंजु सिंह

डिस्कवरी पब्लिशींग हाउस
नई दिल्ली–110 002

प्रथम संस्करण: 2006
Reprinted: 2013

ISBN: 81-8356-126-8

प्रकाशक
डिस्कवरी पब्लिशींग हाउस
4831/24, अन्सारी रोड, दरियागंज
नई दिल्ली–110 002
दुरभाष–23279245
फैक्स– 23253475
e-mail: dphtemp@indiatimes.com

मुद्रक

Dynamic Printers, Delhi

प्राक्कथन

जब-जब विश्व स्तर पर किसी समस्या के समाधान की बात सोची गई तब-तब एकमत होकर विचारकों ने उसे शिक्षा के माध्यम से पूरी करने का सुझाव दिया, क्योंकि आज भी सभी लोग इस बात से सहमत है कि किसी भी परिवर्तन को केवल शिक्षा के माध्यम से ही स्वीकार किया अथवा कराया जा सकता है। इसी सन्दर्भ में आज पर्यावरण के असन्तुलन की समस्या है, जिसका हल पर्यावरण शिक्षा से ही किये जाने हेतु सभी प्रयत्नशील हैं।

शिक्षा के किसी भी पक्ष को ठीक से विद्यार्थियों तक पहूंचाने का दुरुह कार्य शिक्षक द्वारा ही सम्भव है। अत: अब शिक्षक के हर स्तर के प्रशिक्षण में 'पर्यावरण शिक्षा' को विशेष स्थान दिया है। बी० एड० स्तर पर तो लगभग सभी प्रशिक्षण महाविद्यालयों के पाठ्यक्रम को पूरा कर सकेगी, इसी विश्वास के साथ इसे तैयार किया है। इसकी सामग्री तथा संकलित आकड़े अत्यन्त अधिकारिक स्रोत से समाहित किये हैं।

पुस्तक लेखन के साथ जाने-अनजान अनक व्यवहारिक कठिनाइयां आई हैं। जिनको हल कराने मे मेरे परिवार के सभी सदस्यों ने मेरा मनोबल बढ़ाया है। मेरा विश्वास है कि यह पुस्तक पर्यावरण शिक्षा के लिए अत्यन्त उपयोगी सिद्ध होगी।

—लेखक

विषय-सूची

1

पर्यावरण शिक्षा
(Education of Environment)

प्रस्तावना (Introduction)

वायु, जल, भूमि, वनस्पति, पेड़-पौधे, पशु, मानव सब मिलाकर पर्यावरण बनता है। प्रकृति में सबकी मात्रा और इनकी रचना कुछ इस प्रकार से व्यवस्थित है कि पृथ्वी पर एक सन्तुलनमय जीवन चलता रहे। विगत करोड़ों वर्षों से जब से पृथ्वी पर मनुष्य, पशु-पक्षी और अन्य जीव और जीवाणु उपभोक्ता बनकर आये तब से, प्रकृति का यह चक्र निरन्तर और अबोध गति से चला आ रहा है। जिनको जितनी आवश्यकता है, वह उन्हें मिलता रहता है और प्रकृति आगे के लिए अपने में और उत्पन्न करके और संरक्षित कर लेती है।

पर्यावरण का अर्थ एवं परिभाषा

सामान्यत: विद्यार्थी पर्यावरण (Environment) और वातावरण (Atmosphere) को भ्रान्तिवश एक दूसरे का पर्यायवाची समझ लेते हैं, जबकि दोनों का अर्थ एवं अभिप्राय: पूर्णत: भिन्न हैं वातावरण मुख्यत: जलवायु सम्बन्धित तथ्यों को इंगित करता है जबकि पर्यावरण समस्त भौगोलिक अवयवों का योग होता है। विस्तृतरूप में हम यह कह सकते हैं कि वातावरण को समझने के लिये उसके शाब्दिक अर्थ का विश्लेषण एवं विभिन्न विद्वानों द्वारा दी गई परिभाषाओं का अध्ययन करना समाचीन होगा?

'पर्यावरण' शब्द 'परि + आवरण' दो शब्दों से मिलकर बना है, जिसका अर्थ है। 'परिवृत्ति (Surrounding)!' अंग्रेजी भाषा में पर्यावरण के लिये 'इनवायरमेण्ट' (शब्द का प्रयोग किया जाता है। 'एनवायरन' का अर्थ है 'घेरना' तथा 'मेण्ट' का अर्थ है चारों ओर। इस प्रकार 'एनवायरनमेण्ट' का शाब्दिक अर्थ है 'चारों ओर से घेरना'।

मानव के चारों ओर का वह क्षेत्र जो उसे घेरे रहता है। उसके जीवन तथा क्रियाओं को प्रत्यक्ष या अप्रत्यक्ष रूप से प्रभावित करता है, पर्यावरण कहलाता है। दूसरे शबदों में हम पर्यावरण को पास-पड़ौस जैसे शब्द से भी अभिव्यक्ति कर सकते हैं निश्चित रूप से पर्यावरण एक विस्तृत शब्द है। इस परिवृत्ति में मनुष्य से सम्बन्धित सभी तथ्य, वस्तुएँ, स्थितियाँ और दशायें सम्मिलित हैं जो मानव के जीवन-विगस को प्रभावित करती है।

इस प्रकार किसी स्थान विशेष में मनुष्य के आसपास भौतिक वस्तुओं (जल, भूमि, वायु) का आवरण, जिसके द्वारा मानव घिरा होता है, को पर्यावरण कहते हैं कुछ विद्वान पर्यावरण को परिवेश, परिस्थान (Habit) एवं निवास (Millice) आदि शब्दों से भी व्यक्त करते हैं।

पर्यावरण की कुछ प्रमुख परिभाषाएँ निम्नलिखित हैं –एच. फिटिंग (H. Fitting) के अनुसार "उन सभी प्रभावकारी दशाओं का कुल योग, जिसमें जीव निवास करता है, वातावरण पर्यावरण कहलाता है।"

सोरोकिन (Sorokin) के अनुसार–"भौगोलिक पर्यावरण उन समस्त दशाओं को इंगित करता है जो मानव के क्रिया-कलापों से स्वतंत्र है तथा जिसकी रचना मानव ने ही की है और जो मानव एवं उसके कार्यों से प्रभावित हुए बिना स्वत: परिवर्तित होती है।"

प्रोफेसर सविन्द्र सिंह (Savinder Singh) के अनुसार–"पर्यावरण एक अविभाज्य संगठित है, तथा भौतिक, जैविक एवं सांस्कृतिक तत्वों वाले पारस्परिक क्रियाशील तन्त्रों से इसकी रचना होती है। यह तन्त्र अलग-अलग तथा सामूहिक रूप से विभिन्न रूपों से परस्पर सम्बद्ध होते हैं। भौतिक तत्व मानव के किसी क्षेत्र में रहने की उपयुक्तता, सुअवसरों तथा सीमितता को निश्चित करते हैं जबिक तत्व जीवन-मण्डल की रचना करते हैं सांस्कृतिक पर्यावरण की रचना करते हैं।" के०आर० दीक्षित (K.R. Dikshit) के अनुसार–पर्यावरण की परिभाषा तथा विषय-क्षेत्र हमारे हित, ध्यान एवं प्राथमिकताओं द्वारा निश्चित होते हैं। हमारा तात्कालिक हित स्थान जिस पर हम रहते हैं। वायु जिसमें हम सांस लेते हैं, भोजन जिसे हम खाते हैं, जल हम पीते हैं तथा संसाधन जिन्हें हमें अपनी अर्थव्यवस्था को मजबूत बनाने के लिये पर्यावरण से प्राप्त करते हैं, की गुणवत्ता है।

इस समस्त सजीव विश्व का आधार 'पर्यावरण' ही है। पर्यावरण ही वह मूलभूत आवश्यकता है, जिससे पृथ्वी पर जीवन सम्भव है। अत: जहाँ पृथ्वी का पर्यावरण जीवन के लिये अनुकूल है, वहीं दूसरी ओर चन्द्रमा पर पर्यावरण नहीं हैं, इसलिए वहाँ जीवन के कोई लक्षण नहीं दिखाई देते।

पर्यावरण की विशेषताएँ (Features of Environment)

पर्यावरण में निम्नलिखित विशेषताएँ देखने को मिलती हैं।–

(*i*) पर्यावरण भौतिक और जैविक तत्वों का योग है।

(*ii*) पर्यावरण के भौतिक तत्व अपार शक्ति के भण्डार हैं। जो जैविक तत्वों की सक्रियता प्रदान करते हैं।

(*iii*) पर्यावरण में विशिष्ट भौतिक प्रक्रिया क्रियाशील रहती है इसी कारण जैव जगत सक्रिय है।

(*iv*) पर्यावरण का प्रभाव सभी प्राणियों पर प्रत्यक्ष या अप्रत्यक्ष दोनों रूपों से पड़ता है।

(*v*) पर्यावरण गतिशील होता हैं।

(*vi*) पर्यावरण स्वयंपूर्ण और स्वनियन्त्रित प्रणाली पर आधारित होता है।

पी० जिस्वर्ट (P. Gisbert) के अनुसार,–"पर्यावरण उन सभी बाह्य परिस्थितियों एवं प्रतिभाओं का योग है जो प्राणियों के जीवन एवं विकास को प्रभावित करते हैं।"

ए० गाउडी के अनुसार–"पृथ्वी के समस्त भौतिक घटक पर्यावरण के प्रतिनिधि हैं। इस पर्यावरण को प्रभावित करने में, मानव एक महत्वपूर्ण घटक है।"

वास्तव में पर्यावरण पूरे विश्व का समग्र चित्र प्रस्तुत करता हैं इसकी रचना उन सभी जैविक तत्वों द्वारा होती है, जो इस पृथ्वी पर विभिन्न रूपों में विद्यमान है। यह तत्व चाहे जैविक हो अथवा अजैविक, सामाजिक हो या आर्थिक पर्यावरण इन सभी के साथ सदैव क्रियाशील एवं गतिशील रहता है। इसीलिए पर्यावरण की परिभाषा भी स्थिर नहीं रही और यह परिवर्तित होती रही। जैसे मानव की प्राथमिकताएँ बदलती रही हैं। वैसे ही वैसे पर्यावरण के अर्थ और विषय क्षेत्र में भी परिवर्तन होता रहता है। उदाहरण के लिए, कुछ समय पूर्व मानव यातायात के लिए वाष्प-चालित रेल इंजनों का प्रयोग करता था फिर डीजल चालित इंजनों का प्रयोग बढ़ा और अब विद्युत चालित इंजन प्रयोग में आने लगे हैं, अत: मानव ने कोयला बचाने, पर्यावरण को प्रदूषित न करने और प्राकृतिक संसाधनों का समुचित व आदर्श प्रयोग आदि बातों से पर्यावरण व्यवस्था को प्रभावित किया है, जिसके परिणामस्वरूप पर्यावरण की परिभाषा से भी परिवर्तन आया है। इन्हीं तथ्यों को ध्यान में रखते हुए प्रो० रविन्द्र सिंह ने पर्यावरण की एक उपयुक्त एवं विस्तृत भाषा दी है।–

(*vii*) पर्यावरण में स्थानीय विविधता मिलती है।

(*viii*) पर्यावरण में पार्थिव एकता पाई जाती है।

(*ix*) पर्यावरण जीवधारियों का आवस्य-क्षेत्र है।

(*x*) पर्यावरण प्राकृतिक संसाधनों का भण्डार है।

पर्यावरणीय अध्ययन की आवश्यकता एवं महत्व जीवधारियों का अस्तित्व पर्यावरण के भौतिक तत्वों पर निर्भर करता है। भौतिक परिवेश में ही जीवधारी अपने आवास (Habital) का निर्माण करते हैं। प्राकृतिक पर्यावरण में उत्पन्न और उसमें पोषित जीव परिस्थिति को (Ecology) को जन्म देते हैं। पर्यावरण परिवर्तनशील होता है। और इसलिए पारिस्थितिकी में भी परिवर्तन होते रहते हैं। यह परिवर्तन जीवों की अनुक्रियाओं को प्रभावित करता है। पृथ्वी की उत्पत्ति से लेकर आज तक पर्यावरण में अनेक परिवर्तन हो चुके हैं यही कारण है कि मनुष्य तथा अन्य जीवों में विविधता पाई जाती है। अत: आज इसका अध्ययन आवश्यक हो गया है। आधुनिक युग में पर्यावरण के अध्ययन के बढ़ते महत्व को निम्न बिन्दुओं के परिप्रेक्ष्य में स्पष्ट किया जा सकता है–

1. नवीनतम् आधुनिक तकनीकी के प्रयोग, अधिक संसाधन सन्दोहन, बढ़ती जनसंख्या का भार, नगरीकरण एवं औद्योगीकरण के दोष आदि के कारण परिणाम एवं निवारण के उपाय खोजने के लिए पर्यावरण का अध्ययन आवश्यक है।
2. स्वच्छ पेयजल, शुद्ध वायु पौष्टिक भोजन, विशुद्ध मिट्टी के अभाव और इसके फैलते रोगों ने पर्यावरण के प्रति जागरूकता पैदा की है। यही कारण है कि विकसित देशों में पर्यावरण के प्रति जागरूकता उत्पन्न हुई है।
3. वनस्पतियों एवं जीवों की विलुप्त होती प्रजातियों के प्रति मानव मोह बढ़ा है।
4. पर्यावरण की बढ़ती समस्या ने इसे समझने, सुधरने एवं नियमन करने के लिए मानव समुदाय को प्रेरित किया है।
5. पर्यावरण जीव का आवास कहलाता है। सभी जीव अपने आवास के प्रति संवेदनशील होते हैं। आवास परिवर्तन से जीवों का जीवन दूभर हो जाता है। जैव जगत की इस व्यवस्था को समझने के लिए पर्यावरण का अध्ययन आवश्यक है।

पर्यावरणीय घटक परस्पर अत:क्रिया द्वारा पर्यावरण को सन्तुलित बनाए रखते हैं। परिवर्तन प्रकृति का शाश्वत नियम है। प्राकृतिक परिवर्तन के प्रति जीव अपने आपको एवं संचालित और अनुकुलित कर लेता है। किन्तु मानव द्वारा लाये गये परिवर्तन से जीवधारियों का जीवन संकटमय हो जाता है। अत: पर्यावरण को बचाने के लिए पर्यावरण का. अध्ययन आवश्यक है।

भारत ने अनेक योजनाएँ बनाई और कई प्रकार से प्रयास किये, जिनसे परिवार नियोजन को दिशा में पूर्व निर्धारित राष्ट्रीय लक्ष्यों की प्राप्ति हो सके, लेकिन कुछ सम्भव नहीं हो सकता। आँकड़ों के अनुसार पिछले 90 वर्षों में भारत की जनसंख्या विश्व की जनसंख्या का लगभग 15 प्रतिशत (सन् 1990 में 14.68% सन् 1950 में 14.86% सन् 1970 में 14.83% सन् 1980 में 15.23% और सन् 1990 में 15.32%) स्थिर है जो 2001 में बढ़कर 16.6% हो गया है, लेकिन विश्व में ऐसे देश भी हैं जिन्होंने इस क्षेत्र में सफलता पाई है। विश्व में सबसे अधिक आबादी वाले देश चीन ने आबादी नियंत्रण के अपने राष्ट्रीय लक्ष्य निर्धारित किये और उसकी ठोस योजना बनाकर निर्धारित समय में उन्हें प्राप्त कर दिखाया।

पर्यावरण के बारे में सोच
(Beginning of the Thought About Environment)

जब से मानव ने अपने पेट भरने हेतु खाद्य पदार्थों को उगाने की शुरुआत की। इस हेतु उसने कृषि योग्य भूमि प्राप्त करने के लिये प्रकृति विरुद्ध कार्य कर जंगल काट डाले और सिंचाई हेतु स्वच्छ नदियों के जल प्रवाहों को मोड़कर अपनी सुविधानुसार उनका उपयोग किया। पानी की वर्ष-पर्यन्त उपलब्धता को आश्वस्त करने हेतु उन्होंने जल को भूमि की निचली सतहों में एकत्रित कर उसका भण्डारण किया। प्रारम्भ में तो इससे खूब पैदावार हुई, पर अधिक अन्न उपजाने के लालच ने भूमि को बंजर बना दिया और यह गति आगे बढ़ती गई जिसने कालान्तर में रेगिस्तान का रूप ले लिया। पर यह बात तब की है जब मनुष्य की आबादी प्रकृति द्वारा दिये जाने वाले अनेक संसाधनों की तुलना में अत्यन्त न्यून थी, लेकिन निःसन्देह निरन्तर बढ़ती आबादी ने पुरानी स्थितियों में परिवर्तन ला दिया और पिछली लगभग एक शताब्दी में पर्यावरण के प्रति सोचने की स्थिति बन गई।

वर्तमान में पर्यावरण के बारे में सोचने के प्रारम्भ की गाथा सन् 1804 से मानी जा सकती है, जब सेंटलुइस (मिसौरी संयुक्त राज्य) में वायु प्रदूषण से सम्बन्धित एक वाद (Case) अमेरिका के एम न्यायालय में दायर हुआ। सम्भवतः यह विश्व के किसी देश में इस क्षेत्र की लोगों के सामने आने वाली प्रथम घटना थी, यद्यपि इससे पूर्व लंदन (इंग्लैण्ड) में वायु प्रदूषण की अनेक छुटपुट घटनायें घटित हो चुकी थीं और इन्हीं के आधार पर वहाँ पर कई कानून बनाये गये थे। इसी सन्दर्भ में विव की कुछ अन्य घटनायें (सभी वायु प्रदूषण की) यहाँ जानकारी हेतु प्रस्तुत हैं–

स्मोग क्या है (What is Smog?)

उद्योगों से निकलने वाली विषैली गैस और कुहरे से मिलकर बनी पर्त जो वायुमण्डल में छाकर दम घोटने वाला वातावरण बनाती है, 'स्मोग' कहलाती है।

वर्ष	घटना
1873	सघन स्मोग (Heavy Smog) के कारण इंग्लैण्ड के चिकित्सा अभिलेखों में भारी जनहानि।
880	**लंदन (इंग्लैण्ड)**–दो सप्ताह के अन्दर सामान्य से 27 प्रतिशत अधिक व्यक्तियों की मृत्यु।
1891	**लंदन (इंग्लैण्ड)**–वर्ष में वायु प्रदूषण के कारण 1484 व्यक्तियों की मृत्यु।
1922	**लंदन (इंग्लैण्ड)**–वायु प्रदूषण के दुष्परिणाम स्वरूप 11.8 प्रतिशत अधिक व्यक्तियों की मृत्यु।
1929	**लंदन (इंग्लैण्ड)**–भारी कुहरे (Heavy Fog) के कारण चार दिन की अवधि में 1300 से अधिक व्यक्तियों की मृत्यु।
1930	**मियूज वैली**–बेलजियम (Meuse Valley Belgium)–में भारी स्मोग (Heavy Smog) के कारण 63 व्यक्तियों की मृत्यु तथा 8000 व्यक्ति असाध्य रूप से अस्वस्थ।
1940	**लॉस एंजिल्स (अमेरिका)**–भारी स्मोग (Heavy Smog) द्वारा पूरे शहर पर दम घुटने वाला विषैला आवरण। एक रात में ही हजारों लोगों के मरने का समाचार।
1940	**लॉस एंजिल्स (अमेरिका)**–भारी स्मोग (Heavy Smog) द्वारा पूरे शहर पर दम घुटने वाला विषैला आवरण। एक रात में ही हजारों लोगों के मरने का समाचार।
1948	**डोनारा (अमेरिका)**–25 से 31 अक्टूबर के मध्य सघन स्मोग (Heavy Smog) से 14,000 व्यक्तियों की आबादी वाला प्रायद्वीप प्रभावित। अनेक लोग लम्बी अवधि तक 14,000 व्यक्तियों की आबादी वाला प्रायद्वीप प्रभावित। अनेक लोग लम्बी अवधि तक अस्वस्थ रहे।
1952	**लंदन (इंग्लैण्ड)**–स्मोग (Smog) के कारण केवल चार दिन की अवधि में 4,000 से अधिक व्यक्तियों की मृत्यु।

इसके अतिरिक्त भी अनेक इसी प्रकार की वायु प्रदूषण की घटनाओं का विश्व के अनेक बड़े शहरों में घटित होने का उल्लेख मिलता है, जिनमें न्यूयार्क, पीट्सबर्ग, बरमिंघम, लॉस ऐंजिल्स और सेन फ्रान्सिसको (सभी अमेरिका), टोरेन्टो (कनाडा), टोकियो (जापान) तथा यूरोप और ग्रेट ब्रिटेन के कई शहर प्रमुख हैं। नि:सन्देह यह दुर्घटनायें भारी औद्योगीकरण के कारण उन देशों में ही अधिक हुई जहाँ पर बहुतायत से बागों की स्थापना हुई और जहाँ उस समय इस प्रकार के प्रदूषण के

नियंत्रण का कोई विशेष प्रावधान तथा महत्त्व नहीं था। बाद में तो जनता की जाग्रति और देशों की सरकार के दायित्व के फलस्वरूप, 'शुद्ध वायु अधिनियम' (Clean Air Acts) कई राष्ट्रों ने पारित किये जिनमें–

1. दी ब्रिटिश क्लीन एयर एक्ट, 1963 (The British Clean Air Act, 1956)
2. दी यू॰एस॰ क्लीन एयर एक्ट, 1963 (The U.S. Clean Air Act, 1963), और
3. दी केनेडियन क्लीन एयर एक्ट, 1971 (The Canadian Clean Air Act, 1971)।

ये प्रथम सूची में थे। अन्य देशों ने भी बाद में वायु-प्रदूषण की रोकथाम हेतु अलग-अलग, उनकी क्षमता और सुविधानुसार, अधिनियम बनाये और इस तरह पर्यावरण के बारे में सोचने-विचारने ओर उसकी किसी भी विकृति को रोकने के प्रयास का सिलसिला प्रारम्भ हुआ।

पर्यावरणीय सोच का बढ़ता दायरा
(Increasing Domain of Environmental Thought)

जैसाकि अभी हमने पिछले पृष्ठों में लिखा है कि साधारण जन-मानस में पर्यावरण के प्रति सोच का प्रारम्भ कुछ महत्त्वपूर्ण घटनाओं के कारण हुआ और विभिन्न देशों के नीति-निर्धारक व्यक्तियों ने पर्यावरण के महत्त्व को स्वीकार भी किया, वहीं यहाँ यह बात भी बहुत स्पष्ट रूप से जानने योग्य है कि पर्यावरणीय संकटों की उत्पत्ति का वर्तमान इतिहास भी बहुत पुराना नहीं है और वह भी एक ऐसी क्रमबद्धता का परिणाम है, जो अवश्यंभावी था। पर्यावरण अध्येयता बताते हैं कि इनमें चार बिन्दुओं को सम्मिलित किया जा सकता है–

1. **प्रथम-अत्यधिक आबादी में वृद्धि**–जिसने पृथ्वी के समस्त समीकरणों को खण्डित कर दिया। प्राकृतिक संसाधनों का अभाव शुरू हो गया।
2. **द्वितीय-औद्योगीकरण**–भारी जनसंख्या वृद्धि की आवश्यकताओं की पूर्ति हेतु अनियमित एवं अनियन्त्रित औद्योगीकरण हआ। इससे भारी वायु एवं जल प्रदूषण हुआ तथा अवशिष्टों को नितारने की समस्या उठ खड़ी हुई।
3. **तृतीय-शहरीकरण**–अत्यधिक आबादी और भारी औद्योगीकरण ने शहरीकरण की समस्या उत्पन्न कर दी। छोटे-छोटे गाँव और कस्बों से लोग शहरों में आने लगे और वहाँ भारी घनत्व हो जाने के कारण भोजन, पानी, आवास और यातायात (आवागमन) की कठिनाई उत्पन्न हो गई।

4. **चतुर्थ-ऊर्जा का अन्धाधुन्ध उपयोग**–इसने अनेक प्राकृतिक संसाधनों को पृथ्वी से समाप्त प्राय: ही कर दिया। विकल्प उस कमी की पूर्ति करने में असहाय एवं असमर्थ प्रतीत हुये।

इन सभी क्रमिक विकासात्मक अभिवृतियों ने पर्यावरण के भौतिक पक्ष (Physical Environment) को भारी विपत्ति में डाल दिया जिससे मनुष्य चहुँमुखी प्रभावित हुआ। अब मनुष्य केवल वायु प्रदूषण से होने वाले दुष्परिणामों से ही चिन्तित नहीं था, बल्कि उसके सामने शनै:-शनै: इतनी समस्याएँ आने लगीं कि उसे उनका समाधान होना सम्भव प्रतीत नहीं होने लगा। इन सभी समस्याओं को हम यहाँ संकेत रूप में प्रस्तुत करने का प्रयास कर रहे हैं।

पर्यावरणीय समस्याएँ (Environmental Problems)

पर्यावरणीय समस्याएँ क्या हैं ?–वह सभी कार्य, कारण अथवा स्थितियाँ जिनसे मनुष्य के जीवन को खतरा, आर्थिक हानि, जीवन की गुणवत्ता का ह्रास और अनेक संकट उत्पन्न हो सकते हैं जिनका सामान्यतया निदान सम्भव नहीं है। यदि निदान और कारणों की जानकारी भी हो जाये तो उपचार अथवा समाधान और भरी कठिन है, यद्यपि बढ़ती विज्ञान और टैक्नोलोजी तथा पर्यावरणीय विज्ञान और अभियान्त्रिकों ने इस दिशा में काफी प्रगति की है और विभिन्न पर्यावरणी संकटों से बचने अथवा कम करने के उपाय भी सुझाये हैं।

पर्यावरणीय समस्याओं दो प्रकार की होती है–

1. प्राकृतिक पर्यावरणीय संकट (Natural Environmental Hazards), और
2. मानवकृत पर्यावरणीय बाधाएँ (Human Created Environmental Disturbances)

1. प्राकृतिक पर्यावरणीय संकट (Natural Environmental Hazards)–प्राकृतिक आपदा जैसे–(1) बाढ़ (Floods), (2) सूखा (Droughts), (3) भूकम्प (Earthquakes), (4) चक्रवात (Cyclones), (5) बिजली (Lightning), (6) कुहरा (Fog), (7) बर्फ गिरना (Snowfall), (8) पाला (Frost), (9) ओलावृष्टि (Hall Rain), (10) गर्म और शीत हवाएँ (11) तूफान अथवा बवण्डर (Tomadous) आदि को प्राकृतिक पर्यावरणीय संकट कहते हैं। इनका प्रकोप कब और कैसे होगा? इसका पूर्वानुमान सभी स्थितियों में अत्यन्त कठिन है।, यद्यपि अब विज्ञान की प्रगति से इन संकटों को कम करने अथवा कुछ सीमा तक नियंत्रित करने की सम्भावनाओं में वृद्धि हुई है।

प्राकृतिक पर्यावरणीय संकटों के लिए मानवीय क्रियाएँ सिद्धान्ततः कोई भूमिका नहीं निभाती हैं, लेकन अब पर्यावरण विशेषज्ञ कुछ संकटों के लिए मनुष्य को उत्तरदायी मानते हैं, जैसे अधिक वनों की कटाई से बाढ़ और सूखा की घटनाओं में वृद्धि अथवा भूगर्भीय जल के अधिक दोहन से रेगिस्तानी क्षेत्रों में वृद्धि और भूकम्पों की संख्या में बढ़ोतरी आदि। जलवायु परिवर्तन में भी अब मनुष्य के क्रियाकलापों को जोड़ा जाने लगा है जिससे पाला, कुहरा और ओलावृष्टि जैसी भयंकर घटनाओं को मद्द मिलती है।

इन संकटों को दैविक प्रकोप के रूप में मानकर भी यह जानना अत्यन्त आवश्यक होता है कि किसी अमुक दुर्घटना की गम्भीरता क्या है? उसके मापन हेतु अलग-अलग घटनाओं के लिये अब अलग-अलग मापनी (Scales) बनाये गये हैं, लेकिन मोटे रूप से दो बातों से इनका मूल्यांकन (assessment) होता है, प्रथम–इसका प्रभाव क्षेत्र कितना है? और द्वितीय–इससे कितनी जानमाल की हानि हुई है।

2. मानवीकृत पर्यावरणीय बाधायें (Human Created Environmental Disturbances)–पृथ्वी पर मनुष्य की आबादी की गति में कोई विशेष अन्तर नहीं आ रहा है (यदि विकासशील देश इस ओर प्रत्यनशील भी हैं तो अविकसित तथा अर्द्ध-विकासशील देशों ने अपने उत्तरदायित्व का पूर्णतः निर्वाह न कर इस प्रयास का उतना सफल नहीं होने दिया है, जितनी अपेक्षा थी), अतः समस्याओं का समाधान का अन्तिम लक्ष्य अर्थहीन बन गया है। केवल भोजन पूर्ति की बात ही लें तो हम देखें कि प्रत्येक 12-13 वर्ष में। अरब आबादी की औसत वृद्धि हेतु कृषि उत्पादन आखिर कितना हो? यदि उत्पादन भी हो तो प्रत्येक देश के प्रत्येक व्यक्ति तक उसे कैसे पहुँचाया जाये? इस केवल एक वस्तु की उपलब्धता से अनेक देशों की जो अर्थव्यवस्था ही गड़बड़ा गई है और वह देश प्रतिवर्ष निर्धन और अधिक निर्धन तथा बड़े समृद्ध देशों के कर्णदार हो गये हैं। समृद्ध देशों में इस अवसर का लाभ उठाकर खाद्य पदार्थों के बदले उनके बहुमूल्य संसाधन जैसे–वृक्ष (लकंड़ी), कई प्रकार के खनिज आदि लेकर उन्हें प्रायः समाप्त ही सा कर दिया है। अतः बढ़ती आबादी ने अत्ततः पर्यावरण को ही नहीं बल्कि समूचे प्रकृति तन्त्र को ही झिकझोर दिया है।

बढ़ती आबादी के साथ दूसरा महत्त्वपूर्ण पहलू यह है कि हमने स्वयं अपनी आवश्यकताओं की पूर्ति की ही ओर अपना ध्यान केन्द्रित किया हो, ऐसी बात नहीं है। हमसे हर वस्तु का दुरुपयोग किया और आवश्यकता से अधिक प्राप्त करने की लालसा की। इससे कालान्तर में वस्तुओं की उपलब्धता में तो कमी आई ही,

बल्कि साथ में अनेक लोगों के लिये अनुपलब्धता का कारण भी बन गई। जल विश्व में असीमित है और आसानी से उपलब्ध भी है, पर अपने गलत व्यवहार से हम उसे ठीक से उपयोग में नहीं ला पाये तथा जो कुछ भी उपलब्ध था, उसे प्रदूषित होने से भी नहीं बचा सके। अत: आज पूरे विश्व के अनेक देशों में पीने योग्य पानी का घोर संकट हो गया है। वैसे आज हमारे पास वह तकनीक भी उपलब्ध है जिससे समुद्र के खारे पानी को भी पीने योग्य बनाया जा सकता है, लेकिन वह इतनी महँगी है कि इसी कारण अभी उस तरफ सोचना भी इसी से शुरू नहीं किया है।

3. वायु प्रदूषण (Air Pollution)–वायु की सामान्य मूल संरचना (ऑक्सीजन 20.95%, नाइट्रोजन–78.00%. आर्गन–0.93%, कार्बन डाई-ऑक्साइड–0.04% एवं अन्य पदार्थ व गैसें 0.08% को ही मानव क्रियाकलापों ने छिन्न-भिन्न कर दिया है। वनों की कटाई, जीवाश्म ईंधन का अधिक उपयोग, औद्योगिकरण, क्लारोफ्लोरोकार्बन्स की मात्रा की वायुमण्डल में निरन्तर वृद्धि आदि ने जिन समस्याओं को जन्म दिया है वह हैं–

(*i*) ग्रीनहाउस प्रभाव (Greenhouse Effect),

(*ii*) तेजाबी वर्षा (Acid Rains),

(*iii*) ओजोन पर्त का क्षय (Depletion of Ozone Layer),

(*iv*) स्मोग घटनाएँ (Smog Episodes)।

2. जल प्रदूषण (Water Pollution)–वायु की आवश्यकता से दूसरे स्थान पर प्राणीमात्र के जीवन के लिये जल की महत्ता है। शुद्ध जल प्रत्येक देश, नगर, गाँव तथ व्यक्ति को समानरूप से उपलब्ध नहीं है। उस पर भी उसे हमने स्वयं प्रदूषित भी कर दिया हैं औद्योगिक जलस्राव, घरेलू मल जल (Sewage) एवं वर्षा जल के साथ आने वाली अनेक गन्दगी इसके मूख्य कारक हैं। इनसे पीने के पानी के स्रोत और भूगर्भ जल भण्डार प्रदूषित हुये हैं। दुष्प्रभाव बहुत स्पष्ट हैं–

(*i*) जल जनित रोगों (Water borne diseases) जैसे–अतिसार, पेचिस, जुकाम, श्वास-कास, हैजा, मोतीझरा, चर्म रोग, नारु, कृमि, पीलिया आदि का होना।

(*ii*) अनेक प्रकार की भूमीय तथा समुद्री वनस्पति की हानि।

(*iii*) समुद्री जीव-जन्तुओं पर प्रभाव से अप्रत्यक्ष रूप से मनुष्य जाति की अस्वस्थता का कारण।

3, भूमि प्रदूषण (Soil Pollution)–अधिक अन्न उत्पादन की लालसा ने मनुष्य को अधिक मात्रा में रासायनिक खादें तथा कीटनाशी दवाइयों के प्रयोग हेतु

उकसाया। परिणामस्वरूप अन्न भी प्रदूषित हुआ और भोजन के साथ विष भी उपभोक्ता को लेना पड़ा । भूमि में प्रदूषण बना रहा और वर्षा के साथ जल-प्रदूषण का कारण भी बन गया।

4. ध्वनि प्रदूषण (Noise Pollution)–बढ़ते औद्योगीकरण, भारी भीड़ से निकलने वाले विविध वाहनों द्वारा ऊँची आवाज वाले हॉर्न्स का उपयोग, मनोरंजन के साधन (रेडियो, टी०वी०, डैस्क्स एवं ध्वनि विस्तारक) आदि ने ध्वनि प्रदूषण फैलाया। इसने मनुष्य को चिड़चिड़ा, बहरा, ब्लड प्रेशर, बल्सर और मस्तिष्क सम्बन्धी रोगों से ग्रसित कर दिया और उसकी सामान्य कार्यशक्ति को कम कर दिया।

5. रेगिस्तानिता (Desertification)–इस समस्या के उत्पन्न होने के दो मुख्य कारण हैं–

(1) भूगर्भ जल का अधिक दोहन, और

(2) भूमि पर निरन्तर फसलों के साथ पशुओं को निर्बाध चराई।

इस समय का प्रभाव सामान्यतया आबादी और पशुधन का पलायन और वायु वेग के साथ उड़ाकर ले जाने वाली रेत से अन्य कृषि योग्य भूमि का विनाश।

विविध अवशिष्ट (Different Wastes)–विविध क्षेत्रों के अवशिष्ट अब समस्या का रूप धारण कर रहे हैं, जिनमें–

(1) म्युनिसिपल तथा घरेलू अविशिष्ट (Municiple & Domestic Wastes),

(2) विनाशकारी अवशिष्ट (Hazardous Wastes),

(3) रासायनिक अवशिष्ट (Chemical Wastes),

(4) आणविक अवशिष्ट (Nuclear Wastes),

(5) औद्योगिक अवशिष्ट (Industrial Wastes),

(6) कृषि अवशिष्ट (Agriculture Wastes) आदि।

ये मुख्यत: चर्चा का विषय बन गये हैं। अलग-अलग रूप से सभी मानव जाति को हानि पहुँचाते हैं। इनमें से आणविक अवशिष्ट (Nuclear Waste) तो इतना दुष्प्रभावी है कि इसका प्रभाव अगले 100 वर्षों तक रह सकता है और कैन्सर जैसे भयावह रोग का कारण बन सकता है। अस्पतालों का अवशिष्ट (Hospital Waste) भी आज प्रमुख चर्चा का विषय है।

7. भूमि क्षरण (Soil Erosion)–भूमि क्षरण का मुख्य कारण मनुष्य द्वारा वृक्षों की अत्यf;ाक कटाई है। इस कारण वर्षा के पानी की रोक कम हो गई और जल का तेज बहाव खेतों की उपजाऊ मिट्टी, जिसे बनने में कई सौ वर्ष लगे होंगे, मिनटों में बहा ले जाता है। एक तरफ इससे निरन्तर कृषि उत्पादन पर असर पड़ा

है और दूसरी तरफ यह मिट्टी नदी, तालाब, पोखर और समुद्री किनारे पर इकट्ठी होकर (Siltation) भण्डारों की भराव क्षमता कम करती है। कम पानी से भी बाढ़ के आ जाने का यह कारण बन जाता. हैं

8. वन्य जीवों की कमी (Decrease in Wild Life)–सघन वृक्षों के कटने से वन्य जीवों के आश्रय स्थल कम हो गये और वन्य जीवों का पलायन कम सुरक्षित क्षेत्रों से अधिक सुरक्षित क्षेत्रों में होने लगा। राष्ट्रीय तथा अन्तर्राष्ट्रीय स्तर पर वन्य जीवों के अंगों एवं अस्थियों के अवैध व्यापार ने भी अनेक जीवों का संहार कर दिया। इससे शनैः-शनैः प्रकृति संरक्षण को कठिनाइयाँ आ गई। पारिस्थितिकी तन्त्र जगह-जगह चरमरा गया।

9. भूमि का असंगत उपयोग (Important Use of Land)–भूमि के असंगत उपयोग से पर्यावरण में तत्काल व बहुत अधिक पर्यावरणीय समस्याएँ उठ आती हैं। चाहे यह कार्य राजकीय विभाग के अधिकारी करते हों अथवा स्वयं मनुष्य अपने स्तर पर भूमि का विभिन्न प्रकार से उपयोग करता हो। एक उदाहरण से यह स्पष्ट हो सकता है एक अत्यन्त शांत आवासीय कॉलोनी के मध्य एक बड़ा भूमि भाग है जिसमें कॉलोनी के बच्चे खेलते हैं। पब्लिक की सुविधा के लिये उसमें बस-स्टैण्ड बना दिया। अब वह शोर स्थल, गन्दगी स्थल, वायु प्रदूषण का स्रोत व अनेक सामाजिक बुराइयों का केन्द्र बन गया।

10. प्राकृतिक संसाधनों का शोषण (Exploitation of Natural Resources)–मनुष्य ने अपने उपयोग हेतु प्रकृति के संसाधनों को इतना काम में ले लिया कि अब वर्तमान में लगभग सभी अपरिवर्तनीय (Non-renewable) साधन समाप्त प्राय: हो चले हैं। ऊर्जा के लिये आवश्यक खनिज के शोषण से तो विश्व के हाहाकार मच गया है। कोयला, तेल, गैस के बाद क्या होगा? लकड़ी भी कितनी और कब तक उपलब्ध होगी?

11. संकटमय उद्योगों की स्थापना (Establishment of Hazardous Industries)–अनेक उद्योग संकटमय रसायन (Hazardous Chemicals), विषैले कीटनाशी (Poisonous Pesticides), खाद (Fertilizers), तापीय विद्युत घर (Thermal Power Projects) आदि सदैव खतरे का कारण बनते है और चाहे जब रिसाव अथवा अन्य प्रकार से जनहानि करते हैं।

12. औद्योगीकरण (Industrialisation)–विज्ञान और तकनीकी ज्ञान की वृद्धि ने मनुष्य की आवश्यकताओं की पूर्ति करने के उद्देश्य से मशीनों का उपयोग बढ़ा दिया और इससे अधिक विकसित देशों में औद्योगिक क्रान्ति (Industrial

Revolution) की शुरुआत कर दी। ग्रेट ब्रिटेन इस दौड़ में प्रथम देश था जिसने 18वीं शताब्दी ने इसे प्रारम्भ किया। फिर अनेक अन्य देश साथ जुड़ें। इस क्रान्ति ने वायुमण्डल, स्थलमण्डल, जलमण्डल तथा मानव समूह को अपने क्रियाकलापों से सर्वाधिक प्रभावित किया। एक तरफ अनेक उत्पाद जैसे–डीडीटी (DDT), रासायनिक कृत्रिम खाद, प्लास्टिक, कीटनाशी, डिटरजेन्टस, पारा (Mercury) आदि से समस्त विश्व को विषैले पदार्थ मिले, वहीं इनके अवशिष्ट, पैकिंग सामग्री यातायात साधन और ऊर्जा के उपयोग से अवशिष्ट निस्तारण (wastes disposal) की समस्या उठ खड़ी हुई।

13. शहरीकरण (Urbanisation)–अच्छी जीविका कमाने भर पेट भोजन पाने तथा अधिक सुविधा संपूर्ण जीवन जीने की कल्पना के लोगों को शहरों की ओर मोड़ दिया। इससे शुद्ध वायु, स्वच्छ जल, अच्छा भोजन साफ और हवादार आवास सभी गड़बड़ा गये। अधिक भीड़ ने पर्यावरण के सन्तुलन को विकृत कर दिया और साथ ही विविध प्रकार की सामाजिक समस्याएँ, जैसे–हिंसा, चोरी, अपराधीकरण, मारपीट और अनैतिक कार्यों का चलन उत्पन्न हो गई। वायु और जल प्रदूषण के दुष्प्रभाव के कारण अनेक प्रकार के रोगों से भी उन्हें ग्रसित होना पड़ा तथा यथोचित चिकित्सा सुविधा के अभाव में जनहानि भी उठानी पड़ी। जीवन कष्टमय हो गया।

14. निराशात्मक भविष्य का प्रस्तुतीकरण (Presentation of Pessimistic Future)–मनुष्य ने जहाँ प्रगति के नाम पर इतनी समस्याएँ उत्पन्न की हैं कि आज विचारकों की अधिकाधिक संख्या पर्यावरण से होने वाली कठिनाइयों से ही जूझ रही हैं। वहीं उन्होंने एक निराशात्मक और भय पैदा करने वाले भविष्य का चित्रण भी किया है जिससे पृथ्वी निवासी अत्यन्त चिन्तित हो उठे हैं। Charles H. Southwick ने अपनी पुस्तक 'Ecology and the Quality of Environment' के 17वें अध्याय 'Ecology and the Future of Man' में लिखा है कि आज लोगों के मन में यह प्रश्न उठे हैं–

1. मनुष्य के लिये पृथ्वी की सहन क्षमता क्या है?

   What is the carrying capacity of the earth for man?

2. मनुष्य की आबादी के सन्दर्भ में पृथ्वी की जीवन रक्षण समर्थता की सीमाएँ क्या हैं?

   What are the limits ofthe life support capabilities of the earht in terms of human populatioin?

3. अपनी ही जाति से उत्पन्न दबाव को सहने की मनुष्य की सीमा क्या है?
What are the tolerance level of man to the pressure generated by his own societies?

15. परिवहन के बढ़ते साधन (Increasing Means of Transportation)—पिछले दो दशकों से स्वचालित वाहनों की अप्रत्याशित वृद्धि ने पर्यावरण के क्षेत्र में कई विशेष समस्याएँ उत्पन्न की हैं–

(1) तेजाबी वर्षा (Acid Rains),

(2) दुर्घटनाएँ (Accidents),

(3) वायु प्रदूषण (Air Pollution) तथा

(4) आर्थिक संकट (Econo-mic Depression)।

इनमें मुख्य हैं। पेट्रोल व डीजल की बढ़ती कीमतों ने जन–साधारण को कठिनाई में और डाल दिया है।

16. अस्त–व्यस्त पारिस्थितिकी तन्त्र (Disturbed Eco-System)–किसी भी सनतुलित परितन्त्र (Balanced Eco-system) में उसके चारों घटकों–

(1) अजैविक पदार्थ (Abiotic Substances),

(2) उत्पादक जीवधारी (Producer Organisms),

(3) उपभोक्ता जीवधारी (Consumer Organisms) और

(4) विघटक जीवधारी (Decomposer Organism) का होना आवश्यक है।

इनमें से कहीं पर भी किसी के लुपत होने अथवा नष्ट होकर कम होने से पारिस्थितिक तन्त्र की अस्त–व्यवस्तता हो जाती है, जिससे प्रकृति का सन्तुलन बिगड़ जाता है। मनुष्य के अविवेकपूर्ण कार्यों से ऐसा होता है।

पर्यावरण हेतु आवश्यक वर्तमान दृष्टिकोण
(Necessary Present View Point for the Environment)

अब वर्तमान में पर्यावरण को समझने तथा उसकी सभी बाधाओं को दूर कर उसे सन्तुलित एवं जनउपयोगी बनाने हेतु मनुष्य को अपने दृष्टिकोण को लक्ष्य केन्द्रित (Quality ofLlife) प्राप्त होने की सम्भावना हो सकती है। हमें निम्न दिशाओं में अपने क्रियाकलाप करने होंगे–

1. पर्यावरण संरक्षण (Conservatopm of Environment)—प्रकृति में अथवा पृथ्वी पर मानवीकृत पर्यावरण की स्थिति जो भीा मानव के दोषपूर्ण कृत्यों के बाद रह गई है उसे संरक्षण प्रदान किया जाये। अपरिवर्तनीय (Non-renewal) संसाधनों को कम–से–कम छेड़ा जाये तथा परिवर्तनीय (Renewal) संसाधनों का

आवश्यकतानुसार ही उपयोग हो। मनुष्य को धार्मिक मान्यताओं, सांस्कृतिक परम्पराओं और प्राचीन प्रथाओं/रिवाजों के माध्यम से ही कार्य करने हेतु प्रेरित किया जाना बहुत आवश्यक है। उन्हें यह बताना भी बहुत समीचीन है कि पर्यावरण संरक्षण से तुम्हारा तथा तुम्हारी भविष्य की पीढ़ी का जीवन अत्यन्त निकट से जुड़ा है।

2. पर्यावरण सुरक्षा (Preservation of Environment)—संरक्षित की गई स्थिति की सुरक्षा तथा उसकी आवश्यक देखभाल इस पद के अन्तर्गत आता है। पर्यावरण को हर स्थिति में विनाश से बचाना है तथा प्रकृति के विविध कार्यकलापों को अबोध गति से चलते रहने हेतु प्रयत्नशील रहना हैं वस्तुओं का सदुपयोग भी सुरक्षा में सम्मिलित किया जा सकता है।

3. प्रदूषण की रोकथाम (Abatement of Pollution)—वायु, जल, भूमि, वाहन तथा ध्वनि प्रदूषण आदि से जनमानस अत्यन्त ग्रस्त तथा त्रस्त है। वह उपाय करने हैं जिससे भविष्य में हर क्षेत्र के प्रदूषण को रोका जा सके। अवशिष्ट के निस्तारण की समस्या का हल भी खोजना अत्यन्त आवश्यक हो गया है क्योंकि अप्रत्यक्ष रूप से यह भी प्रदूषण ही फैला रहे हैं और विश्वभर में मानव की चिन्ता के कारण बन रहे हैं प्रदूषण को रोकने हेतु राष्ट्रीय तथा राज्य स्तर पर बनाये गये कानूनों की सख्ती से अनुपालना करनी और करानी चाहिए।

4. अन्य समस्याओं का निराकरण (Solution to Other Problems)—अनेक पर्यावरणीय समस्याएँ मूल रूप से एक या कुछ समस्याओं से जुड़ी हैं, अतः समाधान खोजने हेतु मूल समस्याओं के निराकरण की बात सोचना उचित एवं उपयुक्त है। उदाहरण के लिये वनों का विनाश न करने से जाने कितनी पर्यावरणीय समस्याएँ स्वतः हल हो जायेंगी। उद्योगों में आवश्यक क्षमता के प्रदूषण नियन्त्रक लगाने में वायुमण्डल और जलमण्डल की अनगिनत समस्याओं का समाधान निहित है, आदि। यह दृष्टिकोण प्राकृतिक तथा मानवीकृत दोनों प्रकार के पर्यावरण हेतु आवश्यक है।

5. पर्यावरण सुधार (Improvement of Environment)—जितना भी पर्यावरण विकृत हो गया है अथवा उसका ह्रास हो रहा है, उसे सुधारने हेतु भी व्यावहारिक प्रयास किये जाने की महंगी आवश्यकता है। घने जंगल लगाये जाये, वन्य जीवों की सुरक्षा का प्रावधान हो, जल स्रोतों की स्वच्छता बनाई रखी जाये, माइनिंग (Mining) से विकृत स्थलों को मनोरंजन स्थल के रूप में विकसित किया जाये, आवासीय कॉलोनियों अथवा कस्बे व गाँव के बीच बन गये 'गन्दगी केन्द्र' (Dumping Grounds) को बच्चों के खेलने के मैदानों में परिवर्तित किया जाये, स्वचालित वाहनों का उपयोग कम किया जाये, भूमि क्षरण रोकने की पुख्ता व्यवस्था हों, खेतों में पारम्परिक कार्बनीय खादों के उपयोग को प्रोत्साहन दिया जाये आदि।

6. पर्यावरण के प्रति जन जाग्रति (Public Awareness About Environment)– साधारण जन-मानस को पर्यावरण की विभिन्न समस्याओं से अवगत कराकर उनसे हो सकने वाले दुष्परिणामों की जानकारी दी जानी चाहिये। इन समस्याओं के निराकरण हेतु उनकी भूमिका के महत्त्व को भी समझाना चाहिये। स्वयंसेवी संस्थाओं के महत्त्वपूर्ण योगदान को समझने औरी समझाने की आवश्यकता है।

7. पर्यावरणीय शिक्षा की आवश्यकता एवं औचित्य (Need and Justification of Environmental Education)—विश्वव्यापी समस्या का समाधान केवल योजना निर्माण और उसकी क्रियान्वित से ही सम्भव नहीं है। इस हेतु व्यवस्थित रूप से पर्यावरण शिक्षा का प्रावधान प्रत्येक स्तर के लोगों के लिये करना चाहिये, चाहे वह विद्यार्थी हो अथवा कार्यरत कर्मचारी और अधिकारी चाहे वह शिक्षित हो अथवा अशिक्षित। सभी लोगों के लिये आवश्यक सामग्री का चयन तथाउसे प्रदान करने का तरीका अत्यन्त व्यावहारिक बनाना चाहिए। शिक्षा ग्रहण करने वले भी इस विषय की उपादेयता पहचान सकें यह भी जरूरी है।

8. विदेशों में पर्यावरण संरक्षण हेतु अपनाये गये तरीकों की नवीनतम जानकारी (Latest Knowledge of Adopted Methods for Environmental Protection in Abroad)—पर्यावरण की समस्या विश्व्यापी है और अनेक देशों में जिसमें इंग्लैण्ड, अमेरिका, आस्ट्रेलिया, जर्मनी, स्वीडन, फिनलैण्ड, फ्रांस, डेनमार्क, जापान, कनाडा आदि शामिल हैं, इससे काफी सीमा तक छुटकारा पा लिया है। वे विश्व तापन (Global Warming), तेजाबी देश (Acid Rains) और ओजोन पर्त का क्षय (Ozone Layer Depletion) आदि समस्याओं के समाधान हेतु विज्ञान तथा तकनीकी ज्ञान का सहारा लेकर प्रयत्नशील हैं। ऐसे देशों की कार्य-योजनाओं का अध्ययन हम अपने लक्ष्य निर्धारण करने तथा उसकी क्रियान्विति में बहुत सहायक हो सकते हैं राष्ट्रसंघ के प्रयासों और प्रसारित निर्देशों तथा सुझावों की जानकारी भी उपलब्ध करनी चाहिए।

9. सरकार की नीति व कार्यविधि (Policy and Procedure of the Government)–वर्तमान की आवश्यकता को वरीयता देते हुए सरकार को पर्यावरण की नीति बनानी चाहिए तथा इस प्रकार की कार्यविधि अपनाई जानी चाहिए जिससे वांछनीय परिणाम प्राप्त हो सकें। अपने अधीन समस्त अधिकारी/कर्मचारियों को ऐसे स्पष्ट निर्देश होने चाहिये जिससे पर्यावरण विकृत के किसी कार्य से वह समझौता न करें। केवल महत्त्वाकांक्षी योजना को निरुत्साहित कर व्यावहारिक कार्य पक्ष को प्रधानता देना आवश्यक है। विश्व स्तर पर सोचो, लेकिन स्थानीय परिपेक्ष में काम

करो (Think Globally and Act Locally) के सिद्धान्त का अनुसरण उचित एवं उपयुक्त है। राजनीति और आर्थिक पक्ष से इस क्षेत्र को बचाना चाहिये और मानव कल्याण तथा उनके सुखी जीवन की कल्पना को योजना का आधार बनाना चाहिये।

10. लोगों की मानसिकता में परिवर्तन लाना (To Bring a Change in the Mentality of the People)—प्रत्येक व्यक्ति को यह सोचने की दिशा, कि अकेले मेरे असामान्य कार्य करने से क्या फर्क पड़ता है, को अब परिवर्तन की आवश्यकता है। सब मिलकर चाहे कोई अच्छा अथवा सही कार्य कर पाने में सफल न हों, लेकिन किसी एक व्यक्ति के अवांछनीय कृत्य से हाहाकार मच सकता है। लोगों में अब 'बूँद-बूँद जल भरहिं तलावा' की सोच को जगाना होगा। सभी लोग जो भी इस पृथ्वी पर रहते हैं उनका यह उत्तरदायित्व है कि वह इस पर्यावरण को शुद्ध स्वच्छ व सन्तुलित रखें।

11. पर्यावरणीय आचार संहिता का विकास करना (To Develop the Environmental Ethics)—पर्यावरण की समस्या मानव द्वारा ही उत्पन्न हुई है, विशेषत: उनकी अधिक आबादी और उनके गलत क्रियाकलापों द्वारा। अत: कटु सत्य यही है कि इनका हल भी मनुष्य द्वारा ही किया जाना चाहिये। यह उनका नैतिक दायित्व भी है और कर्त्तव्य भी। पर्यावरणीय आचार संहिता का निर्माण किया जाना चाहिये और उसका कठोरता से स्व:पालन करना चाहिये।

12. पर्यावरण के क्षेत्र में प्रशिक्षित व्यक्तियों की आवश्यकता (Need of Trained Personnels in The Field of Environment)—पर्यावरण के क्षेत्र में हर स्तर पर, उच्च अधिकारी से लेकर निम्न कर्मचारी तक, प्रशिक्षित व्यक्तियों के उपलब्ध न हो पाने के कारण पर्यावरण सम्बन्धी योजनाओं की सफल क्रियान्विति नहीं हो पा रही है। उचित प्रकार से क्रियान्वयन का मानीटरिंग भी आवश्यक है। पर्यावरण को अलग से एक कार्य समझकर नहीं किया जाना चाहियें बल्कि इसे प्रत्येक विभाग के कार्यों से जोड़ना चाहिये, तभी एक सही प्रस्तुतीकरण सम्भव है।

13. पर्यावरण दावों के लिये विशेष न्यायालय (Special Courts for Environment Suits)—पर्यावरण विकृत करने वाले व्यक्ति अथवा संस्थान को तत्काल विशेष न्यायालयों के माध्यम से पर्यावरणीय काननू के अन्तर्गत सजायें होनी चाहिये। इससे अन्य लोगों को भी अपने आप को सुधारने का अवसर मिलेगा।

14. जनहित याचिकाओं को प्रोत्साहन (Encouragement to Public Interest Litigation)—पर्यावरण के संकट से सताये ये व्यक्ति अकेले कोई कदम उठाने में असहाय पाते हैं जिनके कई कारण हैं न्यायालयों द्वारा अत: व्यक्ति, समुदाय,

संस्था अथवा अन्य किसी भी प्रकार से उठायें गये प्रकरणों का जनहित याचिका मानकर स्वीकार कर उन्हें प्रोत्साहन देना चाहिये।

15. नगर नियोजन को महत्त्व (Importance To Town Planning)–नगर नियोजन में आबादी के बहुत पास प्रदूषण फैलाने वाले उद्योग न हों तथा हरित पट्टी (Green Belt) से नगर घिरा हो, यह तभी सम्भव है जबकि नगर नियोजन को महत्त्व दिया जाये जो अत्यन्त आवश्यक है। बस स्टैण्ड, रेलवे स्टेशन, मनोरंजन स्थल, प्रोवीजन एवं अन्य स्टोर आदि कहाँ हों यह भी नगर नियोजन के अन्तर्गत लिया जा सकता है, जिससे रहने वाले व्यक्ति पर्यावरणीय विपदाओं से अधिक से अधिक दूर रहें।

16. अवशिष्टों का पुनः चक्रण (Recycling of Wates)–ऊपर हमने औद्योगिक, कृषि व अन्य अवशिष्टों के निस्तारण की बात कही है, लेकिन अनेक पदार्थ/वस्तुएँ ऐसी हैं जिनका उपयोग के बाद पुनःचक्रण (Recycle) किया जा सकता है। इनमें कागज, प्लास्टिक, लोहे के स्क्रेप्स, शीशे के टुकड़े आदि प्रमुख हैं। कूड़ा-कचरा तो इन दिनों खाद के रूप में चक्रित, अनेक देशों में किया ही जा रहा है।

17. पर्यावरण के क्षेत्र में शोध (Research in the Field of Environment)–विज्ञान और टैक्नोलोजी की निरनतर प्रगति ने पर्यावरण क्षेत्र को कई नई दिशायें दी हैं तथा कई समस्याओं को हल करने की पेशकश भी की है जिन्हें इसलिये प्रयोग में नहीं लिया जा सकता है क्योंकि वह महँगी हैं। शोध के माध्यम से कम व्यय वाली तकनीक का विकास किया जना चाहिये।

18. पर्यावरण साहित्य का निर्माण और उसका वितरण (Production and Distribution of Environmental Literature)–ऐसे पर्यावरण साहित्य का निर्माण किया जाना अपेक्षित है, जो सरल, स्पष्ट, सही और लोगों को ग्राह्य हो। मूलभूत बिन्दुओं की स्पष्टता से ही पर्यावरण की आन्तरिक स्थित का मान जनमानस को दिया जा सकता है। यह व्यवस्था भी साथ में आवश्यक है कि इस साहित्य का व्यापक वितरण और प्रसार हो।

19. मीडिया की प्रभावी भूमिका (Effectie Role of Media)–समाचार पत्र, पत्रिकाएँ, आकाशवाणी, और दूरदर्शन की भूमिका बहुत ही व्यापक और स्पष्टरूप से नियत की जानी चाहिये । पर्यावरण के किसी भी क्षेत्र की जानकारी प्रस्तुत करते समय उससे पाठक श्रोताओं और दर्शकों को भय से भी बचाना चाहिये तथा उनके मनोबल को बढ़ाना चाहिये। उल्लेखनीय है कि मीडिया द्वारा अनौपचारिक शिक्षण मनुष्य की मनोवृत्तियों में ऐसा परिवर्तन ला सकता है जिससे वह पर्यावरण

विकृति को दूर करने तथा पर्यावरण सुधार लाने में अपनी महती भूमिका निभा सकें।

20. बढ़ती आबादी पर नियन्त्रण (Control on Growing Population)–पर्यावरण ही नहीं बल्कि लगभग सभी समस्याओं के मूल में कारण बढ़ती आबादी है जिस पर नियन्त्रण करना बहुत कठिन हो रहा है। इसी वजह से प्राकृतिक संसाधनों का अधिक उपयोग अन्य वस्तुओं की अधिक आवश्यकता, प्रदूषण में वृद्धि और अन्तत: पर्यावरण ह्रास हो रहा है। किसी भी प्रकार इसे नियन्त्रित करने से ही पर्यावरण समस्याओं की कमी हो सकती है।

21. पर्यावरणीय प्रभाव मूल्यांकन की आवश्यकता (Need of Environmental Impact Assessment)–किसी भी नये उद्योग को प्रारम्भ करने से पूर्व उसका पर्यावरणीय प्रभाव मूल्यांकन कराया जाना अत्यन्त आवश्यक कर देना चाहिये नहीं तो भविष्य में हो सकने वाली घटनाओं, दुर्घटनाओं से बचना/बचाना बहुत मुश्किल होगा। साथ ही उद्योग अपनी स्वयं की व्यवस्था से स्वीकार योग्य उत्सर्जन (Acceptable Emissions) और यथासम्भव शुन्य स्तरीय जलस्राव (Zero Level Effluent Discharge) करेंगे। यह आवश्यक शर्त अनुबन्धित होनी चाहिये।

स्वच्छ पर्यावरण की सुखद कल्पना
(Pleasant Imagination of Clean Environment)

अब पर्यावरण की गुणवत्ता अथवा अच्छे और स्वच्छ पर्यावरण की बात करें। एक अच्छा पर्यावरण क्या है? इस पर अनेक लोगों के अनेक मत हो सकते हैं जो इस बात पर निर्भर करते हैं कि उसके सोचने का रहने का और यहाँ तक कि खाने-पीने का और काम करने का तरीका क्या है? पर फिर भी सभी इस बात में एकमत होंगे कि कूड़ा-करकट, धूल, रोग, प्रदूषण, शोर, कलह, गरीबी और निम्न स्तर सभी पर्यावरण की गुणवत्ता को कम करते हैं। साथ ही अधिक भीड़, तनाव, डर, चिन्ताएँ, विद्रोह और अस्वस्थता भी जीवन की सुन्दरता को क्षति पहुँचाते हैं। अत: अच्छे जीवन को जीने के लिये इन दोनों अस्वस्थता भी जीवन की सुन्दरता को क्षति पहुँचाते हैं। अत: अच्छे जीवन को जीने के लिए इन दोनों प्रकार की अनचाही बातों से दूर रहना आवश्यक है। हम यही स्वीकार कर सकते हैं कि जीवन की गुणवत्ता का ठोस आधार पर्यावरण की गुणवत्ता ही हो सकती है। अत: शुद्ध पानी, स्वच्छ भोजन, निरापद वायु साफ-सुथरा आवास और बिना किसी प्रदूषण के वातावरण एक अच्छे पर्यावरण के आवश्यक घटक है लेकिन जीवन जीने के लिये मानसिक रूप से स्वस्थ होना और प्रकृति से विरासत में मिले विभिन्न पदार्थों का ठीक से उपयोग करना भी उतना ही आवश्यक है।

सुन्दर भविष्य हेतु हमारा उत्तरदायित्व
(Our Responsibilities for a Happy Future)

पर्यावरण के परिप्रेक्ष्य में एक विहंगम अवलोकन हमने यहाँ किया है। इस सन्दर्भ में हमें यह देखना है कि विश्वच की अनेक पर्यावरणीय समस्याओं में से हमें अपने देश में किन-किन समस्यओं से जूझना है? उनके दूर करने के क्या उपाय या तरीके हो सकते हैं? हमारी क्षमताएँ साधन सुविधाएँ क्या और कितनी है? हम उन्हें सूचीबद्ध कर सकते हैं। प्राकृतिक संसाधनों की उपलब्धता और उचित उपयोग, वायु, जल, भूमि और इनके प्रदूषण के कारण और निवारण, ध्वनि प्रदूषण, बढ़ती जनसंख्या, शहरीकरण, औद्योगीकरण, ग्रीन हाउस प्रभाव, ओजोन पर्त का क्षय, नम भूमि और बंजर भूमि की समस्याएँ, स्वचालित वाहनों से प्रदूषण, पर्यावरणीय कानून, ऊर्जा व उसके वैकल्पिक स्रोत, राष्ट्रीय पर्यावरण नीति और पर्यावरणीय शिक्षा आदि यह विचार बिन्दु हो सकते हैं जिन पर हमें शांति से सोचना है तथा उन पर जनसाधारण की जिम्मेदारी निश्चित करनी है। हमारा सुन्दर भविष्य हमारे अपने उत्तरदायित्व को निवाहने में निहित है।

प्रश्न (Questions)

निबन्धात्मक प्रश्न (Easy Type Questions)

1. पर्यावरण को विश्व स्तर पर सोचने के मुख्य कारण क्या थे?
2. प्राकृतिक पर्यावरणीय समस्याएँ कौन-कौन सी होती हैं?
3. पर्यावरण की विकृत करने की कोई 3 (तीन) बाधाओं का विवरण दीजिये।
4. कभी-कभी हमें अपना भविष्य बहुत निराशावादी लगता है, आखिर क्यों?
5. स्वच्छ पर्यावरण के बारे में हमारी क्या संकल्पनायें हैं?

लघुत्तरात्मक प्रश्न (Short Answer Type Questions)

6. पर्यावरण क्या है?
7. बढ़ती आबादी ने पर्यावरण को कैसे विकृत किया है?
8. पर्यावरण को ठीक रखने के लिये सभी पर्यावरणीय शिक्षा को स्वीकारा है? यह कैसे उपलब्ध हो सकती है?
9. पारिस्थितिक तन्त्र के बिगड़ने से पर्यावरण पर क्या प्रभाव पड़ता है?
10. शहरीकरण की समस्या को कैसे प्रस्तुत करेंगे?

वस्तुनिष्ठ प्रश्न (Objective Questions)

1. शुद्ध वायु अधिनियम सर्वप्रथम किसने बनाया?

(अ) ब्रिटिश सरकार (ब) अमेरिका सरकार

(स) कनाडा सरकार (द) फ्रांस सरकार

2. पर्यावरण की समस्या को सबसे अधिक विकृत किसने किया?

(अ) जनसंख्या वृद्धि (ब) औद्योगीकरण

(स) शहरीकरण (द) ऊर्जा का अधिक उपयोग

3. वनों की अधिक कटाई तथाभूगर्भ जलके अधिक दोहन से निम्न क्षेत्र में वृद्धि हुई है–

(अ) नमभूमि (ब) बंजर भूमि

(स) रेगिस्तान (द) मैदान

4. विश्व में प्रति वर्ग किमी में कुल व्यक्तियों के रहने का स्थान उपलब्ध है–

(अ) कार्बनडाइऑक्साइड (ब) मीथेन

(स) नाइट्रस ऑक्साइड (द) नाइट्रोजन

5. जिन आकाश पिण्डीय वस्तु में अपना स्वयं का प्रकाश होता है, वह कहलाते हैं–

(अ) ग्रह (ब) तारे

(स) निहारिकायें (द) क्षुद्र ग्रह

6. किस ग्रह पर चन्द्रमाओं की संख्या सबसे अधिक है?

(अं) शनि (ब) बृहस्पति

(स) शुक्र (द) मंगल

7. सूर्य की शेष आयु लगभग है–

(अ) 5 अरब वर्ष (ब) 50 अरब वर्ष

(स) 500 अरब वर्ष (द) 5,000 अरब वर्ष

8. 'फोबोस' किस ग्रह का उपग्रह है?

(अ) यूरेनस (ब) नेपच्यून

(स) मंगल (द) प्लूटो

9. सूर्य की संरचना में सबसे अधिकता किस तत्व की है?

(अ) ऑक्सीजन (ब) ऑर्गन

(स) हाइड्रोजन (द) हीलियम

रिक्त स्थानों की पूर्ति कीजिये–

1. वायुमण्डल में कार्बन डाइऑक्साइड की मात्रा .... है।
2. .... भी जल जनित रोग है।
3. सिरिंज, ग्लूकोज को बोतलें .... अवशिष्ट के अन्तर्गत आती हैं।
4. .... प्रदूषण से व्यक्ति चिड़चिड़ा, बहरा और ब्लड प्रेशर का मरीज हो सकता है।
5. लकड़ी .... प्राकृतिक संसाधन है।

निम्न प्रश्नों में सत्य/असत्य चिन्हित कीजिये–

1. 'बृहस्पति' एक तारा है। (सत्य/असत्य)
2. 'उपग्रहों' को 'चन्द्रमाओं' के नाम से भी कह सकते हैं। (सत्य/असत्य)
3. सौरमण्डल का सबसे भारी ग्रह 'शनि' है। (सत्य/असत्य)
4. पृथ्वी के सबसे निकट ग्रह 'शुक्र' है। (सत्य/असत्य)
5. 'यूरेनस' अपनी धुरी पर पूर्व से पश्चिम की ओर घूमता है। (सत्य/असत्य)

2

सौर मण्डल
(Solar System)

प्रस्तावना (Introduction)

लगभग पिछले 2000 वर्ष की अवधि में अब ऐसे प्रमाणित तथ्य सामने आये हैं जिनके आधार पर अनेक सिद्धान्तों को प्रभावी रूप से स्वीकार किया जा सकता है। इनके पीछे ठोस वैज्ञानिक आधार और विशेषज्ञों का गहन अध्ययन है।

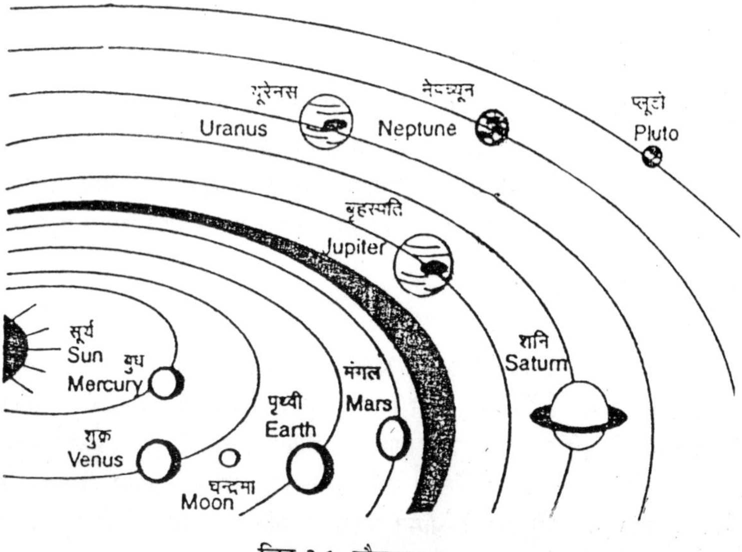

चित्र 2.1: सौरमण्डल

ब्रह्माण्ड में अनेक प्रकाश पुँज हैं, उनमें अपना प्रकाश है, वह सामान्यतया एकजुट रहते हैं अलग-अलग रहना एक अपवाद है। इन्हें तारे (Stars) कहते हैं। सूर्य भी एक तारा है। ब्रह्माण्ड में अनेक सूर्य हैं।

2. सूर्य के चारों ओर घूमने वाले आकाशीय पिण्ड यह (Planets) कहलाते हैं। इनमें अपना प्रकाश नहीं होता है बल्कि ये सूर्य से रोशनी प्राप्त करते हैं। स्पष्ट है कि इन ग्रहों का केन्द्र बिन्दु सूर्य होता है।
3. हमें दिखने वाला सूर्य पूरे ब्रह्माण्ड में अनेक सूर्यों में से एक है। इसके चारों ओर चक्कर लगाने वाले ग्रहों की संख्या 9 हैं–

   (1) बुध (Mercury), (2) शुक्र (Venus), (3) पृथ्वी (Earth), (4) मंगल (Mars), (5) बृहस्पति (Jupiter), (6) शनि (Satum), (7) अरुण (Uranus), (8) वरुण (Neptune) और (9) प्लूटो (Pluto)।

   यह सभी ग्रह अपनी धुरी पर स्वयं भी निश्चित गति से घूमते हैं और सूर्य को केन्द्र मानकर निश्चित गति से उसका भी चक्कर लगाते हैं।
4. प्रत्येक ग्रह के चारों ओर चक्कर लगाने वाले आकाशीय पिण्ड उपग्रह (Satellites) कहलाते हैं। इन्हें चन्द्रमा (Moon) भी कहते हैं। अलग-अलग ग्रहों के उपग्रहों की संख्या अलग-अलग है। पृथ्वी का केवल एक उपग्रह 'चन्द्रमा' है। ये उपग्रह भी सूर्य से ही रोशनी प्राप्त करते हैं। अब तक जाने गये उपग्रहों की कुल संख्या 63 है।
5. इनके अतिरिक्त भी असंख्य संख्या में 'क्षुदग्रह' (Asteroids) तथा 'धूमकेतु' (Commets) हैं, जो आकाश मण्डल में ग्रहों के आसपास घूमते रहते हैं।

उपर्युक्त वर्णन में हमने एक सूर्य तथा उसके चारों ओर चक्कर लगाने वाले ग्रहों तथा उपग्रहों एवं अन्य आकाशपिण्डीय वस्तुओं को सम्मिलित किया है। यह पूरा तन्त्र 'सौर मण्डल' कहलाता है। अब हम संक्षिप्त में इन सभी पर चर्चा करना चाहेंगे।

सूर्य (Sun)

सौर मण्डल का केन्द्र बिन्दु और पूरे मण्डल का संचालक सूर्य ब्रह्माण्ड के तन्त्र में इस प्रकार स्थित है कि वह अपने किसी अदृश्य केन्द्र बिन्दु जो उससे 32,000 प्रकाश वर्ष की दूरी पर है, के चारों ओर 250 मिलियन वर्ष में एक चक्कर लगाता है (जिसे वैज्ञानिक अब 'अंतर्रेखीय वर्ष' कहते हैं) और इस प्रकार अपने आप को नियंत्रित रखता हैे। इसकी औसत परिभ्रमण गति 250 किमी/सेकण्ड है।

सूर्य की संरचना हाइड्रोजन (71%), हीलियम (26.5%) तथा अन्य तत्व (2.5%) से हुई है। इसमें ऊर्जा इसके अन्दर ही के तत्वों के संघर्ष से उत्पन्न होती है और इस संघर्ष में उसकी लगभग 1,000 अरब पाउण्ड हाइड्रोजन वाले सेकण्ड व्यय हो जाती है। सूर्य कितना बड़ा है, इसकी संरचना की विशालता का इसी से अनुमान

लगाया जा सकता है कि तब भी सूर्य का कार्यकाल 5 अरब वर्ष रहेगा, लेकिन इसके बाद भी उसका अस्तित्व समाप्त नहीं होगा, बल्कि वह एक ऐसे लाल विशाल पिण्ड के रूप में रहेगा जिसका कई हजार गुना आयतन हो जायेगा ओर हजारों गुना ही अधिक प्रकाशवान होकर चमकेगा (यद्यपि यह भयानक और भयावह स्थिति ही होगी)।

ऐसा अनुमान है कि तब पास के ग्रह बुध और शुक्र पिघल जायेगें। पृथ्वी के महासागर वाष्प बन कर उड़ जायेंगे। पृथ्वी स्वयं एक वीरान चट्टान के रूप में रह जायेगी जो असाधारण गर्म होगी। पृथ्वी पर जीवन समाप्त हो जायेगा।

सूर्य की पृथ्वी से दूरी लगभग 149.8 मिलियन किलोमीटर है। इसका व्यास 1.384 मिलियन किसी और अन्दर का तापमान 15 मिलियन K (केल्विन)[2] इकाई है। बाहरी सतह का औसत तापमान जहाँ से हमें गर्मी मिलती है, 5,770°K है (अधिकतम तापमान 11,000°K तक मापा गया है)।

सौर परिवार का प्रमुख केन्द्र सूर्य अपने आप में इतना विशाल गर्म गैसीय पिण्ड समेटे हुए हैं कि इसका भार पृथ्वी के भार से 3,33,000 गुना (पृथ्वी का भार = 5.975×10^{24} किलोग्राम) है तथा पूरे सौर मण्डल की 699/700 भाग सामग्री से निर्मित है। पूरे सौर मण्डल की लगभग समस्त ऊर्जा का स्रोत केन्द्र भी यही है।

पृथ्वी से सूर्य की औसत दूरी लगभग 1540 मिलियन किमी इतनी लम्बी है कि यदि एक वायुयान 1,000 किमी प्रति घंटे की गति से चले तो उसे पृथ्वी से सूर्य तक पहुँचने में 17 वर्ष से अधिक समय लगेगा। सूर्य से भारी ऊर्जा 10^{26} जूल (Joules) प्रति सकण्ड की गति से मिलती है, जो उसी के चारों ओर फैल जाती है। केवल इसका थोड़ा भाग पृथ्वी को मिलता है जिसकी मात्रा 173×10^{15} जूल प्रति सेकण्ड है। इसका भी एक-तिहाई भाग वायुमण्डल की ऊपरी पर्त से टकराकर लौट जाता है। वस्तुत: बहुत कम ऊर्जा ही पृथ्वी को मिल पाती है।

ग्रह (Planets)

सूर्य के चारों ओर चक्कर लगाने वाले 9 ग्रह हैं जिन्हें मोटे तौर पर दो भागों में विभाजित किया गया है–प्रथम विभाजन में उन चार ग्रहों (बुध, शुक्र, पृथ्वी तथा मंगल) को सम्मिलित किया गया है जो पृथ्वी के वायुमण्डल की परिधि में आ जाते हैं। इनमें 'पृथ्वी' सबसे बड़ा और सबसे अधिक घनत्व वाला ग्रह है। ये सभी ग्रह चट्टानी है। दूसरे विभाजन में चार ग्रह, बृहस्पति, शनि, यूरेनस तथा नेपच्यून आते हैं जो अपेक्षाकृत बहुत बड़े हैं और इनके कई-कई उपग्रह हैं। इनकी संरचना में अधिकांश प्रतिशत भाग हाइड्रोजन व हीलियम जैसे तत्वों का है। ये सभी अधिक गति से घूमने वाले हैं और घने वायुमण्डल से आच्छादित हैं।

सबसे अधिक दूरी के ग्रह प्लूटो की अपनी अलग ही श्रेणी है, जो प्रथम श्रेणी में ग्रहों के प्रकार से अधिक घनत्व वाला है।

सभी ग्रह अलग-अलग अपनी-अपनी धुरी पर एक निश्चित गति से घूमते हैं तथा (यूरेनस को छोड़कर) दीर्घ वृत्ताकार में पश्चिम से पूर्व की ओर सूर्य का चक्कर लगाते हैं। केवल यूरेनस (अरुण) अपनी धुरी पर पूर्व से पश्चिम की ओर घूमता है। सभी ग्रहों के पथ एक-दूसरे के लगभग समावर्ती हैं।

आओ अब इन ग्रहों और उपग्रहों पर चर्चा करें–

1. बुध (Mercury)

यह ग्रह अनेक विशेषताएं लिये है। सभी ग्रहों में सबसे छोटा, सूर्य से निकटतम और सबसे तेज चाल वाला यह ग्रह है। सबसे अधिक घनत्व वाला 'बुध' ग्रह का आवर्तनकाल सबसे अधिक और परिभ्रमण समय सबसे कम हैं इस पर वायुमण्डल का अभाव हैं दिन अत्यधिक गर्म व रातें अत्यधिक ठण्डी होती हैं। किसी प्राणी मात्र के इस ग्रह पर अस्तित्व की कोई सम्भावना ही नहीं है। इस ग्रह का आवर्तन व परिभ्रमण समय इस प्रकार का है कि इसका एक भाग सदैव सूर्य के सामने रहता है, अत: जब इसका एक भाग प्रकाशित रहता है तब दूसरा भाग अन्धकार में रहता है। ऐसी स्थिति में जब सूर्य की किरणें जिस भाग पर पड़ती हैं, तब उस सतह का तापमान 427 डिग्री सेल्सियस तक हो जाता है। (इतना गर्म कि सीसा भी पिघल जाये) तथा दूसरी ओर अन्धकार में आने वाली सतह का तापमान –173 डिग्री सेल्सियस को छू लेता है (इतना ठंडा जितना कम तापमान सबसे दूरी वाले ग्रह प्लूटो पर भी नहीं)।

2. शुक्र (Venus)

सूर्य से दूसरे स्थान पर का ग्रह 'शुक्र' आकाश का सबसे चमकीला (सूर्य व चन्द्रमा के बाद) ग्रह है। यह पृथ्वी के सबसे निकट है तथा इसमें पृथ्वी के जैसे कई समानताएँ हैं। आकार व संहिता में समानता रखने वाला शुक्र ग्रह घने बादलों से ढका हुआ है जिससे उसकी सतह को देखना अति कठिन है। बादलों के ऊपर वायुमण्डल में कार्बन डाइऑक्साइड की अधिकता है। आक्सीजन तथा जलवाष्प की अत्यन्त न्यूनता से प्राणी मात्र के जीवन की कल्पना नहीं की जा सकती। सतह का तापमान पानी के क्वथनांक (उबलने का तापमान 100 डिग्री सेल्सियस) से कुछ अधिक रहता है।

3. पृथ्वी (Earth)

सूर्य से तीसरे स्थान पर का ग्रह जिस पर एक उपग्रह (चन्द्रमा) है यह सुन्दर पृथ्वी है। जिस पर हम रहते हैं। यह बनावट में लगभग गोल है (ध्रुवों पर चपटी तथा

भूमध्यरेखा पर उभरी हुई है) जिसका व्यास लगभग 12,750 किमी है। अपनी धुरी पर 24 घन्टे (23 घंटे, 56 मिनट, 4.09 सेकण्ड) में घूम जाती है तथा $365\frac{1}{4}$ दिन (365 दिन, 5 घंटे 48 मिनट, 45.51 सेकण्ड) में सूर्य के चारों और दीर्घ वृत्ताकार में चक्कर लगा लेती है।

इस ग्रह की बनावट, संरचना तथा इसके कार्यकलापों के बारे में विस्तार से अगले अध्याय में जानेंगे।

4. मंगल (Mars)

सूर्य के चौथे स्थान पर आने वाला ग्रह मंगल को लाल ग्रह के नाम से भी जानते हैं। इस ग्रह पर वायुमण्डल तथा जल वाष्प की सम्भावना से क्या यहाँ मानव जीवन सम्भव है। यह आज तक चर्चा का विषय है। पृथ्वी की तरह ध्रुवों पर चपटी है मंगल ग्रह पृथ्वी के आधे से कुछ अधिक व्यास (6780 किमी) का है तथा इसका सतही क्षेत्रफल और आयतन क्रमशः पृथ्वी के 0.291 तथा 0.153 है। मंगल पर दो उपग्रह हैं जिन्हें फोबोस (Phobos ⇒ Fear ⇒ डर) तथा डीमोस (Deimos ⇒ Terror ⇒ भयानक) नाम दिया गया है।

5. बृहस्पति (Jupiter)

सूर्य से पाँचवें स्थान पर तथा सौर मण्डल के बाहरी क्षेत्र के ग्रहों में यह सौर परिवार में सूर्य को छोड़कर सबसे बड़ा है। ध्रुवों पर बहुत अधिक चपटा तथा मध्य में उभरा हुआ यह ग्रह इतना बड़ा है कि इसमें एक हजार से भी अधिक पृथ्वी समा सकती हैं। (1318 गुना)। संरचना की दृष्टि से यह अपेक्षाकृत छोटी ठोस चट्टानों से निर्मित है जिस पर बर्फ की मोटी तह है तथा सबसे ऊपरी भाग वायुमण्डल से ढँका है जिसमें अमोनिया और मीथेन गैस की अधिकता है। इसी कारण इसका घनत्व 1.33 ग्राम घन सेमी है। पृथ्वी के व्यास से लगभग 11 गुना व्यास तथा 120 गुना सतही क्षेत्रफल लिए बृहस्पति संहिता तथा आयतन में सौर परिवार के सभी सदस्यों के मिलकर बन सकने वाले ग्रह से भी बड़ा है। बहुत कम तापमान देने तथा जहरीले वायुमण्डल के कारण वहाँ प्राणी जीवन की सम्भावना नगण्य है। अब तक इसके 6 उपग्रहों की जानकारी मिली है।

6. शनि (Saturn)

सभी ग्रहों में सबसे ज्यादा आकर्षक तथा बृहस्पति से कम लेकिन अन्य सभी ग्रहों में अपेक्षाकृत विशालकाय ग्रह शनि अनेक विशेषताऐं लिये सूर्य से छठे स्थान पर है। शनि बृहस्पति से भी अधिक चपटा है और चट्टानी पिंड, बर्फ की पर्त तथा हाइड्रोजन (क्रमशः 35 प्रतिशत, 20 प्रतिशत तथा 45 प्रतिशत) के आवरण से

निर्मित है। अत: इसका धनत्व बहुत कम पृथ्वी का 13 प्रतिशत (0.715 ग्राम/घन सेमी) है और इसी कारण यह ही एक ग्रह है जो इस विशेषता के कारण पानी पर तैर सकता हैं दूसरी विशिष्टता इस ग्रह के चारों ओर के छल्ले है, जो इस ग्रह के साथ-साथ कक्ष में घूमते हैं। यह छल्ले किसी वस्तु के छोटे-छोटे कणों से मिलकर बने हैं जिनकी कुल संहिता शनि ग्रह की संहिता के 127,000 से अधिक नहीं है। शनि पर मौसम परिवर्तन की सम्भावना नहीं है, क्योंकि यह अपने कक्ष में लगभग लम्बवत् घूमता हैं मानव जीवन अपेक्षित वायुमण्डल के अभाव में असम्भव है। इसके उपग्रहों की संख्या 20 है।

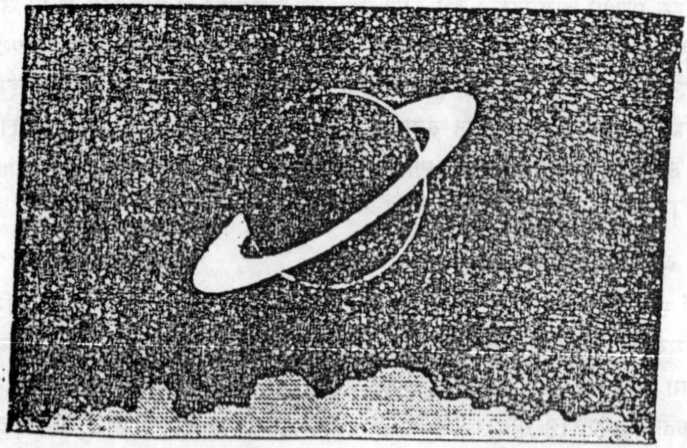

चित्र 2.2: शनि

8. यूरेनस और नेपच्यून (Uranus and Neptune)

यह सौर परिवार के दोनों सदस्य, जिन्हें क्रमश: 'अरुण' तथा 'वरुण' के नाम से पुकारते हैं, यद्यपि सूर्य से विभिन्न दूरियों पर हैं पर अनेक समानताएँ लिये हैं। बृहस्पति और शनि से बहुत छोटे और कम सतही तापमान वाले ये ग्रह ध्रुवों पर चपटे और मध्य में उभरे हुए, कम घनत्व वाले, अपनी-अपनी धुरी पर तेज गति से घूमने वाले लगभग एक सा ही वायुमण्डल रखते हैं। प्रत्येक का व्यास पृथ्वी के व्यास के लगभग चार गुना है। और दोनों पर ही मीथेन गैस की सम्भावना व्यक्त की गई है इसी समानता के कारण खगोलशास्त्री इन्हें सहोदरभाई की संज्ञा देते हैं। इनके उपग्रहों की संख्या क्रमश: 15 व 8 है।

यूरेनस ग्रह की एक विशेषता यह है कि यह ग्रह अपनी कीली पर पूरब से पश्चिम की ओर घूमता है जबकि अन्य सभी ग्रह पश्चिम से पूरब की ओर घूमते हैं।

9. प्लूटो (Pluto)

सौर परिवार का सूर्य से सबसे अधिक दूर पर (लगभग 5900 मिलियन किमी) प्लूटो सबसे छोटा ग्रह है। इसके बारे में अधिक जानकारी अभी तक नहीं है, लेकिन ये समझा जाता है कि यह पानी ओर मीथेन के एक जमे हुए बर्फीले पिंड से निर्मित है। इसका एक उपग्रह चेरोन (Charon) है जो मूल ग्रह लगभग आधे आकार का है।

उपग्रह (Satellite)

सौर मण्डल में ग्रहों के अतिरिक्त कुछ ऐसे आकाशीय पिंड हैं जो ग्रहों के चारों ओर घूमते हैं। अलग-अलग गोलीय आकार के इन पिण्डों में अपना प्रकाश नहीं होता है, बल्कि यह भी सूर्य का प्रकाश है। इन्हें उपग्रह कहते हैं खगोलशास्त्री इन्हें 'चन्द्रमा' के नाम से भी पुकारते हैं अब तक की जानकारी के अनुसार विभिन्न ग्रहों पर कुल उपग्रहों की संख्या 63 है। पृथ्वी जिस पर हम रहते हैं, उस पर केवल एक उपग्रह है, जिसे हम 'चन्द्रमा' के नाम से जानते हैं इसकी महत्त्वपूर्ण भूमिका के कारण ही इसकी हम आगे चर्चा कर रहे हैं।

चन्द्रमा (Moon)

पृथ्वी ग्रह पर एकमात्र उपग्रह 'चन्द्रमा' अब तक के जाने गये चन्द्रमाओं में सबसे बड़ा है। 3,475 है। व्यास वाले चन्द्रमा की पृथ्वी से औसत दूरी 3,85,000 किमी है।

पृथ्वी के चारों ओर चक्कर लगाने का समय $27\frac{1}{3}$ दिन (27 दिन, 7 घंटे, 43 मिनट और 11.47 सेकण्ड) था। लगभग इतने ही समय में वह अपनी कीली पर घूम जाता है। अब चन्द्र यात्रियों ने चंन्द्रमा की संरचना का आँखों देखा विवरण दे दिया है जिनसे किसी अनुमान की बात समाप्त हो गई है। उनके अनुसार चन्द्रमा पर पहाड़ी भाग है, मैदान है। वहाँ न तो पानी है और न ही किसी प्रकार का वायुमण्डल। सतही तापमान दिन मे अधिकतम 100 डिग्री सेन्टीग्रेड तथा रात में न्यूनतम –180 डिग्री सेन्टीग्रेड तक हो जाता है। पृथ्वी के निवासियों को इसके दो विशेष लाभकारी कार्य हैं पहला यह कि सूर्य से रोशनी प्राप्त कर पृथ्वी को 'रोशनी' देता है तथा दूसरे सूर्य के साथ मिलकर 'ज्वार-भाटा' उत्पन्न करता है जिससे अनेक प्रकार के व्यावहारिक तथा व्यावसायिक लाभ मिलता हैं।

सौर मण्डल का पृथ्वी पर पर्यावरणीय प्रभाव (Environmental Effect of Solar System on Earth)

सौर परिवार के सूर्य तथा पृथ्वी के उपग्रह चन्द्रमा का पृथ्वी पर पर्यावरणीय प्रभाव बहुत संक्षिप्त विवरण में बाँधा नहीं जा सकता। कुछ प्रमुख बिन्दुओं को समेकित कर यहाँ प्रस्तुत करने का प्रयास मात्र सम्भव है।

चन्द्रमा सम्बन्धी सांख्यिकी (Lunar Statistics)

• पृथ्वी से दूरी	3,85,000 किमी
• व्यास	3,476 किमी
• परिधि	10,927 किमी
• सतही क्षेत्रफल	38 मिलियन वर्ग किमी
• तापमान	– 170°C से 127°C तक
• अपनी धुरी पर घूमने का समय (आवर्तन काल Rotation Period))	27 दिन 7 घंटे 43 मिनट 11.47 सेकेण्ड
• पृथ्वी के चारों ओर घूमने का समय (परिभ्रमण काल Revolution Period))	27 दिन 7 घंटे 43 मिनट 11.47 सेकेण्ड
• पृथ्वी के चारों ओर घूमने की गति (Speed)	3,700 किमी/घण्टा
• आयु	4.60 बिलियन वर्ष
• गुरुत्वाकर्षण शक्ति	पृथ्वी की 1/6
• संहिता	पृथ्वी की 1/81
• आयतन	पृथ्वी का 1/50
• वायुमण्डल	लगभग शून्य

1. सूर्य से पृथ्वी को रोशनी, ताप व ऊर्जा मिलती है जिससे प्राणीमात्र व पेड़-पौधे और वनस्पति का जीवन सभाव हो पाया है।
2. सूर्य से ही रोशनी प्राप्त कर चन्द्रमा रात में पृथ्वी को रोशनी देता है।
3. सूर्य की रोशनी की उपस्थिति में ही पेड़-पौधे और अन्य वनस्पति फोटो-सिन्थेसिस की प्रक्रिया से कार्बन डाइऑक्साइड गैस का अवशोषण कर ऑक्सीजन निकलती है। जिससे प्राणी जीवन चलता है।
4. सूर्य के ताप से पृथ्वी के अनेक प्रदूषण स्यंव ही प्राकृतिक रूप से नष्ट हो जाते हैं।
5. सूर्य के ताप से ही जल का वाष्पीकरण होता है जिससे वर्षा होती है।
6. पृथ्वी अपनी कीली पर 24 घंटे में पूरा चक्कर लगा लेती है, अत: सूर्य के सामने वाले हिस्से में प्रकाश अर्थात् दिन और पीछे वाले हिस्स में अंधेरा

अर्थात् रात हो जाती है। इसका मतलब है कि पृथ्वी के आवर्तन से दिन-रात बनते हैं।

7. पृथ्वी के सूर्य के चारों ओर परिभ्रमण से मौसम बनते हैं। दिन और रात का छोटा बड़ा होना भी इसी से सम्बन्धित है।
8. सूर्य और चन्द्रमा की विशेष स्थिति से पृथ्वी पर चन्द्रग्रहण और सूर्यग्रहण होते हैं जो विशेष स्थिति में पृथ्वी, चन्द्रमा और सूर्य की स्थिति प्रदर्शित करते हैं।
9. ज्वार-भाटा का सम्बन्ध भी सूर्य और चन्द्रमा की पृथ्वी से सापेक्ष स्थिति के कारण है जिससे अनेक व्यावहारिक लाभ हैं।

इस पूरे सौर परिवार के वर्णन से हमें पृथ्वी की तथा पूरे सौर मण्डल में विभिन्न अन्य ग्रहों और उपग्रहों की जानकारी मिली है जिसके आधार पर हम यह निश्चित रूप से कह सकते हें कि पूरे सौर मण्डल में पृथ्वी ही एक ऐसा सुन्दर ग्रह है जिस पर जीवन सम्भव है तथा जहाँ मानव अत्यन्त स्वतन्त्रता, स्वच्छन्दता तथा शांति से रह सकता है। विशिष्ट पर्यावरण के कारण उसे सभी प्रकार की प्राथमिक आवश्यकताओं की पूर्ति भी यहाँ निर्बाध रूप से सम्भव है।

फोटोसंश्लेषण (Phtosynthesis)

यह एक भोजन-निर्माण प्रक्रिया (Food-making Process) है जो वस्तुतः सूर्य के प्रकाश और गर्मी से हरी वनस्पतियों द्वारा सम्पन्न किया जाता हैं वनस्पतियों में विद्यमान हरित पदार्थ क्लारोफिल (Chlorophyll) सूर्य प्रकाश को आत्मसात् कर लेता है और प्रकाश ऊर्जा को रासायनिक ऊर्जा में परिवर्तित कर देता है। इस प्रक्रिया में कार्बन डाइआरॅक्साइड और जल मिलकार कार्बोहाइड्रेट्स और ऑक्सीजन का निर्माण कर देते हैं जिससे वनस्पति उपज में वृद्धि हाती है। यह वनस्पति प्राणी जगत् (Animala) का भोजन बनता है।

श्वसन (Respiration)

हरे पौधे व वनस्पतियाँ कार्बन डाईऑक्साइड और पानी को फोटोसिन्थेसिस प्रक्रिया से भोजन और ऑक्सीजन में परिवर्तित कर देते हैं। इसके साथ ही वनस्पति और प्राणी जगत् भोजन का उपयोग आक्सीजन की सहायता से सम्पन्न करते हैं और दैनिक कार्यकलापों के लिये शक्ति उत्पन्न कर देते हैं। कार्य करने में उत्पन्न हुई ऑक्सीजन और भोजन समाप्त हो जाता है तथा कार्बन डाइऑक्साइड और जल वापस मिल जाता है। इसे श्वसन (Respiration) कहते हैं यह 'फोटो संश्लेषण' (Photosynthesis) की विपरीत क्रिया है, लेकिन इन दोनों प्रक्रिया और संक्रियाओं से पृथ्वी स्तर की 'कार्बन डाइऑक्साइड' और 'ऑक्सीजन' का सन्तुलन बना रहता है।

प्रश्न (Questions)

निबन्धात्मक प्रश्न (Easy Type Questions)

1. सूर्य की उत्पत्ति कैसे हुई? विवेचना कीजिये।
2. सौर-मण्डल को परिभाषित करते हुये बताइये कि सूर्य से दूरी के प्रकार से उन्हें क्या-क्या नाम दिये हैं?
3. सौरमण्डल से हमें क्या-क्या लाभ मिले हैं? स्पष्ट कीजिये।
4. 'प्रकाश संश्लेषण' और 'श्वसन' कुल मिलाकर पृथ्वी पर ऑक्सीजन तथा कार्बन डाईऑक्साइड का सन्तुलन बनाये रखते हैं। कैसे?
5. सूर्य से 'मौसम' कैसे बनते हैं?

लघुत्तरात्मक प्रश्न (Short Answer Type Questions)

6. 'अंतरिक्षीय वर्ष' किसे कहते हैं?
7. आवर्तन काल और परिभ्रमण काल में क्या अन्तर है?
8. 'सहोदर भाई' कहे जाने वाले ग्रहों की समानता बताइये।
9. सूर्यग्रहण कैसे होता है?
10. 'शनि' ग्रह का संक्षिप्त विवरण दीजिये।

3

पृथ्वी
(Earth)

प्रस्तावना (Introduction)

पृथ्वी विज्ञान के शोधकर्त्ताओं के अनुसार अन्तरिक्ष में सूर्य के चारों ओर घूमने वाला एक बहुत बड़ा प्रकाशवान तारा अचानक तेजी से अनेक टुकड़ों में विखंडित हो गया। यह विस्फोट इतना भयानक और तीव्र था कि अन्तरिक्ष में ही उसके टुकड़े काफी दूर-दूर तक बिखर गये। उसी विस्फोट के एक बड़े टुकड़े से पृथ्वी का निर्माण हुआ। प्रारम्भ में यह पृथ्वी गैसीय रूप में आग के गोले जैसे गर्म थी। धीरे-धीरे यह ठंडी हुई। गैसीय पदार्थ के कुछ भाग के द्रवित होने से वायुमण्डल की रचना हुई जिसने पृथ्वी को इर्द-गिर्द घेर लिया। इसी वायुमण्डल की सहायता से ही हमें जीवित रहने के लिये प्राण वायु मिलती है। कुछ गैसीय पदार्थ ठंडा होकर पानी

चित्र 3.1: पृथ्वी

के रूप में द्रवीभूत हो गया जिससे महासागर निर्मित हुए। पृथ्वी के अन्दर जल भी इसी द्रवीकरण का परिणाम है। एक अन्य भाग ठंडा होकर चट्टान समतल या इसी प्रकार ठोस रूप में परिणित हो गया जो प्राणी जाति के रहने का आधार बना है।

इसके अलावा भी कई अन्य मत हैं जो पृथ्वी के निर्माण का ब्यौरा अलग-अलग प्रकार से देते हैं, लेकिन वे सभी समान रूप से इस बात को स्वीकार करते हैं कि पृथ्वी सहित आज हमारी जानकारी में आने वाले अनेक ग्रहों का निर्माण इसी प्रकार अन्तरिक्ष में घूमने वाले विभिन्न या किसी आकाशीय पिंड के टूटने और उसके छोटे-छोटे टुकड़ों से मिलकर बनने से हुआ जो बाद में गुरुत्वाकर्षण के कारण सूर्य के चारों ओर निश्चित प्रक्रिया के अनुसार घूमने लगे। वस्तुत: 'पृथ्वी' ग्रह का भी इसी प्रकार निर्माण हुआ।

तो यह है छोटी सी कहानी पृथ्वी की प्रारम्भिक उत्पत्ति की। पर आज जो रूप पृथ्वी का हमारे सामने है उसकी निर्माण प्रक्रिया इतनी सरल नहीं रही है जितनी वह प्रतीत होती है। मानव जीवन का इतिहास तो केवल 540 हजार वर्ष पुराना है, जबकि पृथ्वी की उत्पत्ति का इतिहास लगभग 5 अरब वर्ष पूव का है। अत: किसी ने क्या देखा? किस प्रकार वर्तमान रूप उभरा? यह भी शोधकर्त्ताओ का अपना अनुमान है।

ऐतिहासिक पृष्ठभूमि (Historical Background)

भूगोलवेत्ताओं ने बताया कि पृथ्वी का आकार नारंगी की तरह गोल है जो सिरों पर चपटी है और बीच में गोलीय। इसकी परिधि 40,000 किमी और व्यास 12,800 किमी है। इसके गर्भ में छिपे हैं अनेक खनिज जो मानव जीवन के लिये प्राकृतिक संसाधनों के रूप में उनके जीवन के आधार बने हैं। भू-पटल और उसके निर्माण में विभिन्न तत्वों का अनुमान भी ज्ञात कर लिया गया है जो सरणी 3.1 में दिया है।

यह पृथक्-पृथक् या समूह में मिलकर यौगिक बनाते हैं जिन्हें पृथ्वी विज्ञान में खनिज के नाम से जाना जाता हैं अनेक चट्टाने इन्हीं खनिजों से मिलकर बनी हैं यहाँ पानी को भी खनिज के रूप में माना जाता है।

पृथ्वी पर द्वीपों, प्रायद्वीपों तथा महाद्वीपों का वर्गीकरण और नामकरण बहुत बाद की बात रही। जब मानव इस योग्य हुआ कि वह अपना जीवन सुख से काटने लगा तो वह अपने रहने के स्थान से दूर अलग-अलग स्थानों की जानकारी में लग गया। कोलम्बस द्वारा अमरीका तथा वास्कोडिगामा द्वारा भारत को जानाकरी उसका उदाहरण है। अन्य स्थानों की जानकारी के साथ ही–

(1) चारों ओर से पानी से घिरे भू-भाग को द्वीप जैसे ग्रीनलैण्ड, न्यू गाइना, बोरनिओ,

(2) समुद्र में बाहर निकले भू-भागों को प्रायद्वीप जैसे–आयरलैड, इटली और

(3) बड़े-बड़े महासागरों से घिरे भू-भागों को महाद्वीप जैसे उत्तरी अमरीका, अफ्रीका, एशिया, यूरोप, आस्ट्रेलिया कहा जाने लगा।

सारणी 3.1 : पृथ्वी के भूपटल (Crust) में विभिन्न खनिज तत्वों की मात्रा

तत्त्व संख्या	*नाम तथा चिन्ह*		*भार प्रतिशत*	*आयतन प्रतिशत*
8	ऑक्सीजन	(O)	46.60	93.77
19	पोटेशियम	(K)	2.59	1.83
11	सोडियम	(Na)	2.83	1.32
20	कैल्सियम	(Ca)	3.63	1.03
14	सिलीकोन	(Si)	27.72	0.86
13	एल्युमिनियम	(Al)	8.13	0.47
26	लोहा	(Fe)	5.00	0.43
12	मैग्नीशियम	(Mg)	2.09	0.29
	अन्य तत्त्व		1.41	—
	योग		100.00	100.00

यह है धरती की रचना का इतिहास, जिस पर हम शांति से रहकर जीना चाहते हैं।

एब बात और है जो बहुत महत्त्वपूर्ण है। यह आवश्यक नहीं कि पृथ्वी का जो रूप हम आज देख रहे हैं, जो पहाड़-पठार, द्वीप-महाद्वीप, सागर-महासागर हमारी आज की जानकारी में है, वे आगे भी इसी रूप में रहें।

कौन जाने कभी कोई भयंकर भूकम्प के फलस्वरूप बड़े-बड़े पहाड़ धँसकर नीचे चले जायें अथवा किसी महासागर की चट्टानें उभरकर ऊपर आकर इसका नया रूप ही बदल दें। तब पृथ्वी का नया रूप क्या होगा, उसे कौन जानता है? वैसे दिन-प्रतिदिन की प्राकृतिक प्रक्रियाएँ, जैसे ग्लेशियरों का बनना और उनका गतिमय होना, पर्वतों का पानी से कटना तथा उसके कणों से समुद्र-झील या महासागर के तलों का ऊँचा हो जाना, कहीं अधिक पानी के एकत्रीकरण से भूमि भाग का जलमग्न हो जाना आदि इस प्रकार की है जिनसे निरन्तर पृथ्वी के रूप में परिवर्तन हो रहा है। शोधकर्त्ता भी जोर देकर आज यही कहते हैं कि पृथ्वी के ठंडा होने

का क्रम रुका नहीं है, वह अभी भी अन्दर से काफी गर्म है और ठंडी होने की प्रक्रिया में किसी प्रकार के भी परिवर्तन सम्भव है।

पृथ्वी की संरचना (Earth's Constitution)

पृथ्वी की बनावट और संरचना काफी जटिल है, लेकिन सामान्य रूप में यह एक नारंगी के आकार का पिण्ड है जो ध्रुवों पर चपटी तथा मध्य में (भूमध्य रेखा पर) उभरी हुई है। एक बड़े आकार का पिण्ड (आयतन 1.083×10^{12} घन किमी, भार 5.975×10^{24} किग्रा) 29.76 किमी प्रति सेकण्ड की तेज गति से घूमकर अपने आपको एक निश्चित चक्र पथ पर व्यवस्थित एवं सन्तुलित रखता है।

खगोलशास्त्रियों के अनुसार पृथ्वी के बाहरी भाग को चार भागों में विभाजित किया गया है–

(अ) स्थलमण्डल (Lithosphere)–इसमें समस्त बाहरी भू-पटल, जिसमें सागर/महासागर की सतहें भी सम्मिलित हैं, हाता है। इसकी मोटाई लगभग 50 किमी मानी जाती है।

(ब) जलमण्डल (Hydrosphere)–वे भाग जो सागर/महासागर/झीलों/नदियों में आते हैं, जलमण्डल के भाग हैं। जलमण्डल व स्थलमण्डल के आयतन में 7 : 3 का अनुपात है।

(स) वायुमण्डल (Atmosphere)–भूभाग और जलमण्डल को चारों ओर से वायु के खोल से ढक लेने वाले आवरण को वायुमण्डल कहते हैं। इसमें स्थलमण्डल व जलमण्डल दोनों ही समाहित हो जाते हैं। इसकी अधिकतम सीमा भू-भाग की सतह से लगभग 10,000 किमी तक स्वीकार की गई है।

(द) जीवमण्डल (Biosphere)–पृथ्वी का वह भाग जिस पर जीवन सम्भव है, उसे जीवमण्डल (Biosphere) कहते हैं। यह एक अपेक्षाकृत पतला-सा आवरण है जो पृथ्वी के भू-पटल की ऊपरी सतह पर एक छिलके की तरह माना जा सकता है, जिसमें जल, स्थल और वायुमण्डल का थोड़ा-थोड़ा भाग सम्मिलित है। इसकी मोटाई भू-पटल की सतह से लगभग 7 किमी ऊपर तथा 8 किमी गहराई तक है।

स्थलमण्डल (Lithosphere)

स्थलमण्डल पृथ्वी का वह भाग है जिस पर हम निवास करते हैं, जिस पर पेड़-पौधे वनस्पति उगते हैं, जिसके अन्दर अनेक प्राकृतिक संसाधन भरे हैं और जो मिट्टी, चट्टानें तथा पिघले पदार्थों से ठोस पिण्ड रूप में बना है। ये पूरी पृथ्वी का 3/10 भाग है, शेष 7/10 भाग जल क्षेत्र में आता है।

इस ठोस भाग की आन्तरिक रचना जिसमें स्थूल रूप से विभिन्न घटकों को दर्शाया गया है। इसका बिल्कुल अन्दर का भाग जिसे 'G' से दर्शाया है 'G' से दर्शाया है 'इनर कोर (Inner Core)' कहलाता है। इसे 'आन्तरिक सतभाग' भी कहा जाता है। इस भाग की मोटाई (व्यास) लगभग 1,300 किमी है तथा यहाँ के पदार्थ का घनत्व 13 ग्राम प्रति घन सेमी है। इसके चारों ओर पिघले हुए पदार्थ का भाग 'E' और 'F' है जिसकी मोटाई लगभग 2,080 किमी है और उसे 'आउटर कोर' (Outer Core) कहते हैं।

इस आउटर कोर (Outer Core) से ऊपर B, C तथा D भाग की ठोस पर्तों को मेन्टल (Mental) कहते हैं जिसकी कुल मोटाई लगभग 2,900 किमी है। इसके ऊपर का भाग A जो 12 से 60 किमी मोटाई का है, भूपटल (Crust) कहलाता है। यह ऊपरी भाग चट्टानों से निर्मित है तथा इस क्षेत्र में खनिज सम्पदा के भण्डार माने जाते हैं।

पृथ्वी की इस रचना के सबसे अन्दर इनर कोर (Inner Core) के भाग को जो ऊपर से 6,370 किमी की गहराई पर है, तापमान 4,000 डिग्री सेन्टीग्रेड तक होता है। यह ऊँचाई के अनुसार कम होता-होता ऊपर सामान्य तापक्रम 30°C से 40°C पर आ जाता है।

स्थलमण्डल की सबसे ऊपरी सतह पर बनावट और भौगोलिक स्थिति के अनुसार स्थानों को अलग-अलग निम्नलिखित नाम दिये गये हैं–

1. **महाद्वीप (Continents)**–पृथ्वी के वह बड़े-बड़े क्षेत्र जो लगभग चारों ओर पानी से घिरे हुए है, महाद्वीप कहलाते हैं। एक-एक महाद्वीप में कई-कई देश हो सकते हैं। विश्व में कुल सात (एशिया, अफ्रीका, उत्तरी अमरीका, दक्षिणी अमरीका, यूरोप, आस्ट्रेलिया तथा अन्टार्कटिका) महाद्वीप है।

2. **पहाड़ (Mountains)**–भू-पटल पर ऊँचे उठे हुए भागों से निर्मित चट्टानी स्थानों को पहाड़ कहते हैं। छोटी ऊँचाई वाले भाग पहाड़ी (Hills) के नाम से जाने जाते हैं। इनका ऊपरी भाग नुकीला होता है और इन्हें चोटियाँ (Peaks) कहते हैं। बगल की सतहें तिरछी खड़ी (steep) होती हैं। एवरेस्ट (Mt. Everest) तथा कंचनजंघा (Kanchanjunga) की ऊँचाई क्रमश: 8.848 तथा 8,579 मीटर है ज़ो विश्व में सबसे ऊँची है।

3. **मरुस्थल (Deserts)**–भारी रेत से बने भू-भागों को मरुस्थल अथवा रेगिस्तान कहा जाता है यहाँ पानी नितान्त न्यून होता है, अत: आबादी अथवा पेड़ वनस्पति आदि नहीं होती है। सहारा (उत्तरी अफ्रीका) तथा थार (उत्तरी पश्चिमी भारत) ऐसे ही मरुस्थल हैं।

4. द्वीप (Islands)–ऐसे भू-भाग जो सभी ओर से पानी से घिरे होते हैं, उन्हें द्वीप कहा जाता है। विश्व में अनेक द्वीप हैं जैसे–श्रीलंका (हिन्द महासागर), आइसलैण्ड (उत्तरी अटलान्टिक) आदि।

जलमण्डल (Hydrosphere)

जलमण्डल पृथ्वी का यह भाग है जो भू-भाग के चारों ओर पानी और बर्फ के रूप में चिपटा हुआ है यह पूरी पृथ्वी का 7/10 भाग है और लगभग 1460 मिलियन घन किमी (1 अरब 46 करोड़ घन किमी) भाग में है। इस पूरी जल मात्रा का अधिकांश भाग (लगभग 97 प्रतिशत) महासागर और समुद्रों में है जो पीने योग्य नहीं हैं। शेष 3 प्रतिशत पानी नदियों, झीलों, भूगर्भ में, ध्रुवों पर बर्फ के रूप में और वायुमण्डल में पानी की वाष्प के रूप में हैं, जिमें से भी वाष्पीकरण (evaporation) तथा निर्जलन (precipitation) क्रिया से केवल 37,500 घन किमी ही (0.0025 प्रतिशत) पीने के काम में आ सकता है।

(अ) महासागर (Ocean)–यद्यपि विशाल जल के मुख्य भण्डार महासागर एक-दूसरे से लगे हैं, लेकिन तब भी भूगोलवेत्ताओं ने इन्हें महाद्वीपों की स्थिति के अनुसार अलग-अलग नाम दिये हैं। ये मुख्यत: पाँच हैं–

1. प्रशान्त महासागर (Pacific Ocean)–यह सबसे बड़ा और पृथ्वी के 35.25 प्रतिशत (16,52,42,000 वर्ग किमी) भाग में फैला हुआ है। अधिकतम चौड़ाई 16,880 किमी और अधिकतम गहराई 11,516 मीटर (Mindanao Deep) लिये हुए यह महासागर सबसे पुराना माना जाता है।

2. अटलाण्टिक महासागर (Atlantic Ocean)–दूसरा विशाल महासागर पृथ्वी के 20.9 प्रतिशत (8,65,60,000 वर्ग किमी) क्षेत्र में है और इसकी अधिकतम गहराई 8,381 मीटर (Milwankee Deep) है।

3. हिन्द महासागर (Indian Ocean)–पृथ्वी के दक्षिण में स्थित यह महासागर पृथ्वी के 14.65 प्रतिशत (7,34,30,000 वर्ग किमी) क्षेत्र को घेरे हुए है। इसकी अधिकतम गहराई 7,725 मीटर (Planet Deep) है।

4. आर्कटिक महासागर (Aretic Ocean)–पृथ्वी के उत्तर में 1,32,80,000 वर्ग किमी में फैला यह महासागर बर्फ के रूप में जमा है जो व्यावहारिक रूप में किसी कार्य में नहीं आता है।

5. अंटार्टिका महासागर अथवा दक्षिणी महासागर (Antartica Ocean)–यह भी आर्कटिक महासागर की तरह पृथ्वी के दक्षिणी ध्रुव पर है और वर्ष के अधिकांश समय जमा रहता है।

(अ) समुद्र (Seas)–पृथ्वी पर पानी के बड़े अन्य भण्डारों को समुद्र का नाम दिया गया है, जो वस्तुत: चारों ओर द्वीप-महाद्वीपों से घिरे हैं। 16 बड़े समुद्रों में कैरीबियन समुद्र (Carribbean Sea) भूमध्य सागर (Mediterranean Sea), मैक्सिको की खाड़ी (Gulf of Mexico), हडसन की खाड़ी (Hudsen Bay), काला सागर (Black Sea), लाल सागर (Red Sea), बाल्टिक सागर (Baltic Sea), फारस की खाड़ी (Persian Gulf) आदि प्रमुख हैं।

(ब) नदियां, झीलें और प्रपात (Rivers, Lakes & Falls)–पृथ्वी पर अन्य जल स्रोतों में नदियां, झीलें और जल प्रपात प्रमुख हैं, जिनकी संख्या अनगिनत है। इसमें भी नदियों की उपयोगिता सर्वाधिक है क्योंकि ये व्यापार में भी सहायक सिद्ध होती हैं और इनके सहारे अनेक नगर और आबादी सुविधा प्राप्त होने के कारण बस जाते हैं विश्व की सबसे बड़ी पाँच नदियाँ–

1. अमेजन (Amazon)–दक्षिणी अमेरिका (6,750 किमी),

2. नील (Nile)–अफ्रीका (6,670 किमी),

3. मिसीसीपी–मिसोरी (Mississippi-Missouri)–अमेरिका (5,970 किमी), यांग टीसी क्यांग (Yangtze Kiang)–चीन (5,471 किमी) और ओबी (Obi)–रूस (5,150 किमी) है। भारत की गंगा नदी (River Ganges) की लम्बाई 2,655 किमी विश्व में क्रम से 31वाँ स्थान रखती है।

वायुमण्डल

यह विभिन्न गैसीय पदार्थों, जो सब मिलकर वायु के नाम से कही जाती है, इसका एक ऐसा आवरण है जो पृथ्वी की चारों ओर से घेरे रहती है और उसे हर एक प्रकार से सुरक्षित रखती है। वैसे सिद्धान्तत: वायुमण्डल स्वंय भी पृथ्वी का ही भाग हैं।

वायुमण्डल पृथ्वी की सतह से लगभग 10,000 किमी से भी अधिक ऊँचाई तक का वह भाग है जिसमें विभिन्न गैसें तथा अन्य पदार्थ अलग-अलग ऊँचाई तक रहते हैं। ये अपने आप अलग-अलग गोलीय कक्षा में बँट जाते हैं जिनके अलग-अलग नाम दे दिये गये हैं।

1. अधोमण्डल (Trosophere),
2. समतापमण्डल (Stratosphere),
3. मध्यमण्डल (Mesosphere)
4. आयनमण्डल (Ionosphere) और
5. बाह्यमण्डल (Exosphere)।

यह बताना बहुत कठिन है कि पृथ्वी की सतह से वायुमण्डल की अन्तिम पर्त कितनी ऊँचाई पर है? पर वैज्ञानिक आधार पर ऐसा अनुमान है कि यह 10. 000 किमी अथवा इससे भी कुछ अधिक ऊँचाई तक हो सकती है। वायुमण्डल में बढ़ती ऊँचाई के साथ-साथ वायु का घनत्व कम होता जाता है, लेकिन एक निश्चित ऊँचाई के बाद पुनः वायु का घनत्व बढ़ने लगता है। इससे अलग-अलग ऊँचाई पर वायुमण्डल की विधि प्रकार से रचना के कारण उसकी कार्य शैली में परिवर्तन आ जाता है।

मोटे तौर से वायुमण्डल को पाँच भागों में बाँटा गया है–

1. अधोमण्डल (Troposphere)–इसे 'क्षोभमण्डल' भी कहते हैं। यह पृथ्वी की ऊपरी सतह से 8 से 16 किमी की ऊँचाई तक होता है। वायुमण्डल की लगभग 80 प्रतिशत संहिता तथा जलवाष्प इस भाग में रहती है। मौसम आदि का बनना एवं अन्य इसी प्रकार की क्रियाएँ भी इसी भाग में होती हैं। इस भाग में ऊँचाई के साथ-साथ प्रति किमी ऊँचाई पर 6.5°C तापक्रम कम होता जाता है। आँधी, तूफान, बादल गर्जन तथा तड़ित की क्रियाएँ इसी मण्डल में घटित होती हैं अतः मौसम विज्ञानी इस मण्डल की भविष्वाणी करते रहते हैं, क्योंकि यह सुविधाजनक रूप में ज्ञात हो जाता है।

2. समतापमण्डल (Stratosphere)–अधोमण्डल की ऊपरी सतह से प्रारम्भ होकर पृथ्वी से 48 किमी की ऊँचाई तक 'समतापमण्डल' की सीमाएँ हैं। इसी मण्डल की ऊपरी सतह पर ओजोन (O_3) की पर्त है जो पृथ्वी का सुरक्षा कवच है। यही पर्त सूर्य से आने वाली अल्ट्रावॉयलेट (पराबैगनी), किरणों को पृथ्वी पर आने से रोकती हैं। जो त्वचा कैंसर का मुख्य कारण होती हैं इस भाग में ऊँचाई के साथ-साथ तापमान बढ़ता जाता है। इस भाग में मौसम सम्बन्धी कई गतिविधियाँ नहीं होती, अतः गर्जन, आँधी, तूफान आदि से मुक्त रहता हैं।

3. मध्यमण्डल (Mesosphere)–यह पृथ्वी से 80 किमी ऊँचाई तक है तथा समताप मण्डल से ऊपर है। यह ही वह स्थल है जहाँ सूर्य की किरणों से उत्पन्न ऊर्जा और ओजोन की पर्त का वास्तविक द्वन्द्व होता है। यहाँ फिर ऊँचाई के साथ-साथ तापमान गिरता जाता है। 80 किमी॰ की ऊँचाई पर यह –109°C तक हो जाता हैं।

4. आयनमण्डल (Ionosphere)–मध्यमण्डल से ऊपर 300 से 400 किमी की ऊँचाई तक आयन मण्डल कहलाता है। यह अंतरिक्षीय विकिरण (Cosmic radiation) से जीवमण्डल की रक्षा करता है तथा रेडियो तरंगों के अवशोषण और परावर्तन को प्रभावित करता है।

5. **बाह्यमण्डल (Exosphere)**—इस मण्डल की ऊँचाई 400 किमी से प्रारम्भ होती है और सैद्धान्तिक रूप से 1,000 किमी तक होती हैं इस मण्डल में हाइड्रोजन तथा हीलियम गैस की प्रधानता रहती है। इसे वायुमण्उल की अन्तिम पर्त माना जाता हैं

जैसाकि पहले वर्णन किया है कि वायुमण्डल की अधिकतम सीमा 10,000 किमी तक हो सकती है। अत: इस शेष भाग में अब तक की जानकारी के अनुसार केवल अणु हाइड्रोजन (Atomic Hydrogen) का होना बताया गया है।

जीवमण्डल (Biosphere)

यहां इससे मिलती-जुलती परिभाषाएँ अनेक भू-वैज्ञानिक ने 'जीवमण्डल' की दी हैं और सभी ने इसी बात को कहा है कि जीवनमण्डल वास्तव में अपने आप में स्वतन्त्र रूप से कोई क्षेत्र विशेष नही है, बल्कि यह एक जैविक वस्तुओं (Living things) और उनको घेरे रखने वाली अजैविक वस्तुओं (Non-living things) के बीच होने वाले परस्पर क्रियाकलापों का कार्यस्थल हैं वस्तुत: यह स्थलमण्डल, जलमण्डल और वायुमण्उल से लगा यह भाग है जहाँ पर जीवन सम्भव है, क्योंकि मनुष्य और उससे सम्बन्धित सभी वस्तुएँ इसी भाग में जो पृथ्वी के अर्द्धव्यास के 0.25 प्रतिशत से अधिक नहीं है, होती हैं। अत: पृथ्वी का यह सबसे अधिक महत्त्वपूर्ण भाग है। एक पतली झिल्ली-सा गोलीय आवरण पृथ्वी के भू-पटल और वायुमण्डल के बीच, जिसे मिट्टी की तह जोड़ती है, जीवमण्डल की वास्तविक स्थिति है।

जीवमण्डल में वायुमण्डल द्वारा आक्सीजन तथा अन्य गैसें उपलब्ध होती हैं जो जीवन के आधार है साथ ही सौर ऊर्जा भी वायुमण्डल जिसमें से ही होकर सूर्य किरणों के रूप में पृथ्वी की सतह पर पहुँचती है जिसमें सभी जैविक क्रियाएँ सम्पन्न होती हैं। जीवमण्डल पर 99.98 प्रतिशत ऊर्जा सूर्य से ही प्राप्त होती है। जलमण्डल से पीने तथा अन्य कार्यों हेतु जल की पूर्ति होती हैं स्थलमण्डल सभी वस्तुओं तथा क्रियाओं का केन्द्र स्थल है। सब मिलाकर सभी जैविक तथा अजैविक वस्तुओं के परस्पर समन्वय तथ स्थायित्व का यह एक व्यवस्थित क्षेत्र है।

जीवमण्डल में किसी क्रिया का प्रारम्भ सौर ऊर्जा से ही होता है जो सूर्य किरणों के रूप में पृथ्वी पर अ.ती है। इस ऊर्जा की सहायता से हरे पौधे (जिनसे क्लोरोफिल होता है। फोटोसिन्थेसिस क्रिया के अन्तर्गत कार्बन डाइऑक्साइड और जलवाष्प को कार्बोहाइड्रेट्स पौधों द्वारा स्वयं से समाशोषित कर लिये जाते हैं जो ऊर्जा के रूप में व्यवस्थित रहते हैं। यह ऊर्जा शाकाहारी (Herbivores) पशुओं द्वारा घास अथवा छोटी वनस्पति खाने से तथा फिर मांसाहारी पशुओं (Camivores) द्वारा

शाकाहारी पशुओं के खाने से और आगे बड़े पशुओं द्वारा छोटे मांसाहारी पशुओं के खाने से क्रमवार एक भोजन श्रृंखला के रूप में चलती रहती है। मनुष्य जिसकी श्रेणी शाकाहारी और मांसाहारी (Omnivores) दोनों में आती हैं अपने में ऊर्जा वनस्पति तथा पशु दोनों से लेता हैं सभी वनस्पति तथा पशुओं (मनुष्य सहित) की अधिकतर ऊर्जा उनकी अपनी जीवन-क्रिया के संचालन में ही समाप्त हो जाती हैं लेकिन जो बच जाती हैं वह मृत पदार्थ (Dead matter) के रूप में रह जाती हैं। यहाँ यह बताना उचित होगा कि भोजन श्रृंखला के दो मुख्य अंग होते हैं–

1. उत्पादक (Producers or Autotrophs) विशेषत: हरी वनस्पति, जो स्वयं अपना भोजन तैयार करते हैं, तथा

2. उपभोक्ता (Consumer or Heterotrophs) विशेषत: पशु (मनुष्य सहित), जो उपलब्ध भोजन का उपभोग करते हैं।

चलती भोजन श्रृंखला में एक का भोजन दूसरे को तथा दूसरे का भोजन तीसरे को ओर इस प्रकार क्रम चलता रहता हें और यह पिरामिड शेर अथवा मनुष्य (Apex शीर्ष) पर जाकर रुक जाता है, जिन्हें हम इस तन्त्र का नियन्त्रक भी कह सकते हैं।

मृत पदार्थ (जिसमें पशु भी सम्मिलित हैं को अपघटित करने वाले जीवाणु (Decomposers) पुन: इसको मूल तत्वों के रूप में ले जाते हैं। कार्बन डाइ-ऑक्साइड पानी और ताप को जीवमण्डल में छोड़ देते हैं तथा शेष मिट्टी में मिल जाता हैं आगे यह क्रम चलता रहता है तथा प्राकृतिक रूप से सभी व्यवस्था सन्तुलित तथा नियन्त्रित रहती है। मनुष्य, पशु, पौधे, (वनस्पति) तथा जीवाश्मों का जीवनचक्र चलता रहता है।

सार्वभौमिक जीवन चक्र (Global Life Cycles)

पृथ्वी के भू-पटल पर लगभग 100 ऐसे तत्व हैं, जो प्राकृतिक रूप में उपभाग हेतु उपलब्ध हैं, जिनमें से लगभग एक-तिहाई का उपभोग जीवधारियों द्वारा आवश्यक रूप से किया जाता हैं शेष का उपभोग आवश्यकतानुसार होता हैं ये तत्त्व नष्ट नहीं होते हैं बल्कि, एक विशेष संक्रिया चक्र से गुजरते हैं और अन्त में पुन: अपने पुराने रूप में प्रकृति में ही आ मिलते हैं। इनमें की एक सूची जिनमें वह तत्व समेकित है जो जीवधारियों के लिये विशेष भूमिका का निर्वाह करते हें, यहाँ दी जा रही हैं–

1. **पूर्णतया गैसीय रूप में**–ऑक्सीजन, हाइड्रोजन, नाइट्रोजन तथा कार्बन।

2. **आंशिक गैसीय रूप में**–सल्फर तथा जल।

3. सामान्यतया गैसीय रूप में नहीं–कैल्सियम, पोटेशियम, सिलीकोन, फॉस्फोरस, मैग्नीशियम, सोडियम, क्लोरीन, लोहा, एल्युमिनियम, सीजियम और मर्करी।

इन सभी के संक्रिया चक्र हैं, लेकिन इस अध्याय के परिवश में हम इनमें से अत्यन्त महत्त्वपूर्ण केवल–

(1) जलचक्र,

(2) ऑक्सीजन चक्र,

(3) नाइट्रोजन चक्र,

(4) कार्बन चक्र,

(5) ऊर्जा चक्र और

(6) ताप ऊर्जा का ही वर्णन करेंगे।

1. जल चक्र (Water Cycle)–विश्व में जल के अथाह भण्डार हैं जो महासागर, सागर, झीलों, नदी एवं अन्य स्थानों (भूमिगत जल तथा ध्रवों पर बर्फ के रूप में) पर संगृहीत हैं। जल चक्र में प्रारम्भिक क्रिया सूर्य की प्रचण्ड गर्मी से महासागर तथा पृथ्वी की सतह पर के समुद्रों, झीलों, नदियों तथा अन्य जल स्रोतों से जलवाष्प बनकर ऊपर आसमान में जाने से शुरू होती है। जलवाष्प से बादल बनते हैं और ये बादल वायुमण्डल में वायु की दिशा में गतिमान रहते हैं। इनकी ऊँचाई भी वायुमण्डल के तापमान पर निर्भर करती है। ज्यादा तापमान पर ये और ऊपर चले जाते हैं और जहाँ तापमान कम अथवा आर्द्रता होती है वहाँ पर अपना स्थान बनाते हैं। अधिक आर्द्रता पाकर ये वर्षा की बूँदों के रूप में नीचे आ जाते हैं तथा महासागर और पृथ्वी की सतह पर बरस जाते हैं।

जो पानी पहाड़ों पर गिरता है उसका कुछ भाग चट्टानी पहाड़ियों से बहकर नदी के रूप में बहता है। इसमें से कुछ मिट्टी में समा जाता है तथा शेष झीलों, बड़े जलाशयों एवं तालाबों में आ जाता हैं इससे अधिक जल अन्तोगत्वा समुद्र और महासागरों में जा मिलता है। पहाड़ों पर के पानी का कुछ भाग सीधे अन्दर ही अन्दर पहाड़ियों में चला जाता है जो झरनों के रूप में गिरता है या फिर बहुत नीचे जाकर भूमिगत जल में मिल जाता है। मिट्टी में का भी पानी वनस्पति के उगाने के अतिरिक्त भूमिगत जल का भाग बनता है, लेकिन ये बात निश्चित है कि पानी के आने-जाने की इस चक्रीय क्रिया में अन्त में जल की स्थिति पूर्व की भाँति स्थिर रहती हैं जल चक्र मुख्यत: जल के वाष्पीकरण (evaporation) तथा निर्जलन (precipitation) से क्रियाशील रहता है।

2. आक्सीजन-चक्र (Oxygen Cycle)–ऑक्सीजन का महत्त्व विशेषत: दो प्रकार से आँका जाता है। प्रथम तो यह प्राण वायु के रूप में मनुष्य तथा पशुओं की श्वसन क्रिया का आवश्यक अंग है तथा दूसरे यह सभी जीवित वस्तुओं की आन्तरिक संरचना का महत्त्वपूर्ण भग है। इसके अतिरिक्त भी क्योंकि पृथ्वी पर

सभी महत्त्वपूर्ण जैविक तत्त्वों के क्रियाकलाप ऑक्सीकरण (oxidation) तथा अपचयन (Reduction) की आवश्यक क्रिया से ही सम्भव हैं, अत: ऑक्सीजन की वहाँ भी अत्यन्त उपयोगिता है।

जीवमण्डल में ऑक्सीजन की उपलब्धता अथवा कमी का सर्वाधिक दायित्व पृथ्वी पर रहने वाले प्राणियों पर ही है। मनुष्य वायुमण्डल से ऑक्सीजन ग्रहण करता है तथा नि:श्वसन में कार्बन डाइऑक्साइड छोड़ता है और इस प्रकार वह ऑक्सीजन की मात्रा में कमी तथा कार्बन डाइऑक्साइड की मात्रा में वृद्धि करता है। इसके अतिरिक्त दैनिक उपयोग में ईंधन दहन से भी वह और ऑक्सीजन की मात्रा में कमी ले जाता है और इस क्रिया से प्राकृतिक रूप से संचित कार्बन को वायुमण्डल में छोड़कर अप्रत्यक्ष रूप से कार्बन डाइऑक्साइड की मात्रा में वृद्धि करता हे, लेकिन यह बढ़ी हुई कार्बन डाइऑक्साइड सूर्य के प्रकाश में वनस्पति द्वारा अपनाई जाने वाली फोटो-सिन्थेसिस क्रिया के फलस्वरूप, ऑक्सीजन में परिवर्तित हो जाती है और इस प्रकार ऑक्सीजन के भण्डारों में कोई कमी नहीं आती है। यहाँ यह बात उल्लेखनीय है कि ऑक्सीजन केवल वायुमण्डल में ही नहीं है, बल्कि इसकी भारी मात्रा महासागरों के पानी में घुलनशील ऑक्सीजन के रूप में भी है जिससे वायुमण्डल की ऑक्सीजन की मात्रा की कमी की स्थिति में इन भण्डारों से स्वत: ही ऑक्सीजन मिल जाती है और इस तरह जीवमण्डल पर इन दोनों गैसों का सन्तुलन बना रहता है तथा ऑक्सीजन का चक्र चलता रहता है।

3. नाइट्रोजन चक्र (Nitrogen Cycle)–वायुमण्डल में नाइट्रोजन की मात्रा सबसे अधिक (लगभग 78 प्रतिशत) है लेकिन सीधे-सीधे इसका उपयोग नहीं हो पाता है। अत: इसको वनस्पति के उपयोग में लाने के लिए किसी घुलनशील लवणों अमोनिया अथवा अमीनो ऐसिड्स के यप में परिवर्तित करना होता है जिससे वह मिट्टी में मिलकर तथा वहाँ से पौधों की जड़ों द्वारा वनस्पति में समाहित होकर उनमें प्रोटीन के रूप में व्यवस्थित हो जाये। यह संक्रिया प्राय: वायुमण्डल में तड़ित अथवा फोटोकैमिकल क्रिया द्वारा सम्पन्न होती है। यहाँ से यह नाइट्रोजन भोजन शृंखला के जरिये जीव प्राणीधारियों का अंग बनती है और कालान्तर में मृत जीव या पदार्थों के रूप में पहुँचती है।।तब अपने आप में जटिल रासायनकि संक्रियाओं में से गुजर कर नाइट्रोजन का कुछ भाग वायुमण्डल की वायु में पहुँच जाता है तथा अन्य शेष भाग मिट्टी से नाइट्रेट्स के रूप में रह जाता है यह नाइट्रेट पुन: वनस्पति के उपयोग में आ जाता है तथा क्रम चलता रहता है।

4. कार्बन चक्र (Carbon Cycle)–व्यावहारिक रूप से सभी कार्बनिक पदार्थ फोटोसिन्थेसिस की क्रिया के अर्न्तगत कार्बन डाइऑक्साइड और जल से कार्बोहाइड्रेट

में परिवर्तित हो जाती है। इस क्रिया मे पानी के परमाणु (H_2O) में से हाइड्रोजन विखंडित होकर कार्बन डाइऑक्साइड के साथ मिल जाती है तथा ऑक्सीजन स्वतन्त्र होकर वायुमण्डल में आ जाती है। ऑक्सीजन तथा कर्बन डाइऑक्साइड एक-दूसरे पर अवलम्बित हैं तथा एक-दूसरे के जीवनदाता हैं। केवल ध्यान यही देना है कि इन क्रियाओं में संलग्न पेड़-पौधे तथा वनस्पति को पूरा संरक्षण मिले, जिनसे यह चक्र नियमित रूप से चलता रहे।

5. ऊर्जा चक्र (Energy Cycle)–जीवमण्डल की समस्त गतिविधियाँ सौर ऊर्जा (Solar Energy) से सम्पन्न होती है जिसका प्रतिशत समस्त जीवमण्डल पर प्राप्त ऊर्जा का क्लोरोफिल 99.9S% है। यह सौर ऊर्जा पेड़-पौधे और हरी वनस्पतियों में विद्यमान क्लोरोफिल के साथ रासायनिक ऊर्जा में परिवर्तित हो जाती है और कार्बोहाइड्रेट्स ओर ऑक्सीजन का निर्माण करती है। यह स्वयं पौधों का भी भोजन बनती है तथा प्राणीमात्र के आहार का आधार बनती है। सर्वप्रथम शाकाहारी प्राणी इसका सेवन करते हैं (यहं प्राणी Herbivores कहलाते हैं)। यह प्राणी आगे ऐसे प्राणियों का भोजन बनते हैं जिन्हें Omnivores कहते हैं। यह शृंखला कई पदों तक चल सकती है। इसे पर्यावरणविदों ने भोजन शृंखला (Food Chain) का नाम दिया है।

जो वस्तुऐं बिना उपयोग के रह जाती हैं उन्हें विघटक (Decomposers) नष्ट-भ्रष्ट करके वापस मिट्टी में मिला देते हैं इस प्रकार यह चक्र चलता रहता है।

6. ताप चक्र (Heat Cycle)–प्राणी मात्र को सूर्य से मिलने वाली ताप ऊर्जा (Heat Energy) इतनी अधिक है कि उसका बहुत सीधा-साधा गणितीय फलन सम्भव नहीं है। एक गणना के अनुसार समुद्र तल पर भूमि पर प्राप्त होने वाली ताप ऊर्जा 15,000 कैलोरीज प्रति वर्ग मीटर प्रति मिनट है, अर्थात् 10 घंटे के औसत सूर्य प्रकाश से 90,00,000 कैलोरीज प्रति वर्ग मीटर प्रतिदिन हैं प्रतिदिन की सौर ऊर्जा जो पृथ्वी की सतह पर प्राप्त होती है वह 684 बिलियन प्रति वर्ग मीटर प्रतिदिन है। प्रतिदनि की सौर ऊर्जा जो पृथ्वी की सतह पर प्राप्त होती है वह 684 बिलियन मैट्रिक टन कोयले (6.84×10^{11} मैट्रिक टन) से उत्पन्न ताप के बराबन है। यह ऊर्जा पूरे विश्व की पृथ्वी की सतह पर 35 फीट मोटी बर्फ की तह को पिघला सकती है।

यह सौर ऊर्जा जिसे ताप ऊर्जा में प्रयोग में लें तो इसका 98% या तो अवशोषित हो जाती है या बिखर जाती है। शेष 2% ताप ऊर्जा का आधा अर्थात् 1% फोटो संश्लेषण क्रिया में काम में आ जाती है।

सूर्य का ताप अनन्त है। यदि हम अधिक ताप ऊर्जा का उपयोग करें तो वह हमें सुलभ हो सकती है और वर्तमान के किसी भी स्तर पर ऊर्जा की कमी को पूरा कर सकती है।

प्रश्न (Questions)

निबन्धात्मक प्रश्न (Essay Type Questions)

1. पृथ्वी की संरचना का विस्तार से विवरण दीजिये।
2. जीवमण्डल क्या है? क्या यहाँ प्राणी जीवन सम्भव है?
3. सार्वभौमिक चक्र को स्पष्ट करते हुये जल-चक्र समझाइये।
4. वायुमण्डल में 'ओजोन पर्त' कहाँ स्थित है? इसकी क्या भूमिका है?
5. पृथ्वी के स्थलमण्डल के अन्दर की रचना किस प्रकार की है? स्पष्ट करें।

लघुत्तरात्मक प्रश्न (Short Answer Type Questions)

6. पृथ्वी के भूपटल में कौन-कौन से खनिज बहुतायत से होते हैं?
7. अधोमण्डल प्राणी जगत क्यों अधिक महत्त्वपूर्ण है?
8. तापचक्र में सूर्य का कितना योगदान है?
9. भोजन शृंखला किस प्रकार चलती है?
10. पृथ्वी किस गति से सूर्य का चक्कर लगाती है? यह परिभ्रमण काल से किस प्रकार भिन्न है?

वस्तुनिष्ठ प्रश्न (Objective Questions)

1. पृथ्वी पर स्थल और जल का अनुपात है–

   (अ) 5 : 5 (ब) 7 : 3

   (स) 3 : 7 (द) 4 : 6

2. पृथ्वी के अन्दरूनी कोर का तापमान लगभग होता है–

   (अ) 4000°C (ब) 3000°C

   (स) 2500°C (द) 2000°C

3. विश्व में सबसे ऊँची पर्वत श्रेणी है–

   (अ) कचनजंगा (ब) नंगा पर्वत

   (स) माउन्ट एवरेस्ट (द) नंदा देवी

4. पृथ्वी का कुल सतही क्षेत्रफल है–

   (अ) 510 मिलियन वर्ग किमी

(ब) 149 मिलियन वर्ग किमी

(स) 361 मिलियन वर्ग किमी

(द) 322.6 मिलियन वर्ग किमी

5. विश्व की सबसे लम्बी नदी कौन-सी है?

(अ) अमेजन (ब) 149 मिलियन वर्ग किमी

(स) मिसीसिपी-मिसौरी (द) यांग टीसी क्यांग

निम्न प्रश्नों में सत्य/असत्य को चिन्हित कीजिये–

1. ओजोन पर्त प्राणी जीवन को अल्ट्रावायलेट किरणों से रखा करती है। (सत्य/असत्य)
2. बादल, तूफान, वर्षा आदि समताप मण्डल में होते हैं। (सत्य/असत्य)
3. भारी रेत से बने भूभागों को मरुस्थल या रेगिस्तान कहते हैं। (सत्य/असत्य)
4. हरे पौधों में फोटोसिन्थेसिस क्रिया सूर्य के प्रकाश में ही सम्पन्न हो सकती है। (सत्य/असत्य)
5. जल चक्र मुख्यतः जल के वाष्पीकरण तथा निर्जलन से क्रियाशील रहता है। (सत्य/असत्य)

4

पारिस्थितिकी
(Ecology)

प्रस्तावना (Introduction)

पर्यावरण को हमने पहले भी परिभाषित किया है। जो भी वस्तुएँ (जैविक अथवा अजैविक) हमें अपने आवरण में रखती हैं अथवा जिन वस्तुओं से हम घिरे हैं वही पर्यावरण के घटक हैं और मानव जीवन पर इन सभी को समेकित प्रभाव ही पर्यावरण कहलाता है। इसके आधार पर हम अपने जीवन को अच्छे या बुरे जीवन के रूप में नामांकित कर देते हैं और फिर एक अच्छे पर्यावरण की खोज का सिलसिला विस्तृत रूप से जानना महत्त्वपूर्ण ही नहीं बल्कि नितान्त आवश्यक है। मनुष्य (प्रत्येक जीवधारी) का पर्यावरण तथा पर्यावरण के विभिन्न घटकों के सम्बन्ध में अध्ययन को पारिस्थितिकी (Ecology) नाम दिया है जिस पर हम आगे चर्चा करेंगे।

पारिस्थितिकी क्या है? (What is Ecology?)

Ecology ग्रीक शब्द, Oikos = Home अर्थात् घर अथवा आवास और Logos = Study अर्थात् इस तन्त्र में जिसे 'परितन्त्र' भी कह सकते हैं, जितनी भी वस्तुएँ जीव-निर्जीव परस्पर सम्पर्क में आती हैं वह सब मिलकर इस प्रकार एक-दूसरे से संयोग करती हैं कि एक सन्तुलित व्यवस्था बनी रहती है। चाहे एक छोटे से तालाब का उदाहरण लें अथवा एक महासागर का। इनका अलग-अलग एक 'पारिस्थितिकी- तन्त्र' है जिसके आधार पर यह स्थिर रूप में अस्तित्व बनाये रखे हैं। इसी प्रकार वन (Forest) भी एक बड़ा, यद्यपि जटिल, परितन्त्र है, जो कितने ही कार्यों का सम्पादन कर पर्यावरण को सन्तुलित रखता है और स्वयं भी अपने आप को नियन्त्रित रखता है। इसी प्रकार जीवमण्डल (Biosphere) एक ऐसा बड़ा परितन्त्र है जिसमें अलग- अलग पारिस्थितिकी तन्त्र सम्मिलित हैं और जो पूरे को अथवा अलग-अलग सभी को व्यवस्थित रखता है।

लेकिन परितन्त्र (Ecosystem) का एक विशेषरूप में परिभाषित करना कठिन कार्य हैं इसकी व्यापक परिभाषा तलाशने से पहले हमें उन शब्दों की परिभाषा जाननी होगी जिसके आधार पर पास्थितिकी तन्त्र को व्यक्त कर सकें। वे निम्नवत हैं।

1. आबादी (Population)–एक निर्धारित स्थान में सामान्यतया एक ही जाति/प्रजाति के कार्यरत लोगों (जीवों) के समूह को आबादी कहते हैं। जैसे–किसी महासागर में व्हेल मछलियों की आबादी, कान्हा प्रोजेक्ट टाइगर में चीतों की आबादी, उत्तर प्रदेश में वृद्धों की आबादी आदि।

2. समुदाय (Community)–किसी एक स्थान पर कई प्रकार की आबादियों के समूह को समुदाय कहते हैं, जैसे–रणथम्भौर राष्ट्रीय उद्यान में वन्य जीव समुदाय, हरियाणा में दूध देने वाले जानवर समुदाय आदि।

3. आवास अथवा निवास (Habitat)–किसी जीवधारी का स्थान जहाँ वह रहता हो/बसता हो।

4. पर्यावरण (Environment)–जहाँ जीवधारी रहता/बसता हो, वहाँ की भौतिक तथा जैविक विशिष्टताएँ/विशेषताएँ अथवा लक्षण।

उपर्युक्त चार शब्दों के आधार पर हम किसी 'पारिस्थितिकी तन्त्र' को निम्न प्रकार परिभाषित कर सकते हैं–

'पारिस्थितिकी तन्त्र' किसी स्थान विशेष में रहने वाले जीवधारियों (वनस्पति, पौधे तथा पशु-मानव) में परस्पर तथा उनमें और पर्यावरण के मध्य होने वाले जटिल सम्बन्धों को बनाता है।

अथवा

एक 'पारिस्थितिकी तन्त्र' किसी स्थान की आबादी, समुदाय, आवास और पर्यावरण को समाहित करते हुए वह व्यवस्था है जिसमें जैविक और अजैविक वस्तुओं के बीच सभी पर्यावरणीय क्रियाएँ/संक्रियाएँ सम्पन्न होती हैं।

इससे हम यह निष्कर्ष निकाल सकते हैं कि 'पारिस्थितिकी तन्त्र' एक ऐसी स्वतन्त्र पर्यावरणीय इकाई है जो किसी जीव समूह और उसके इर्द-गिर्द भौतिक पर्यावरण के बीच सामंजस्य और समन्वय रखती है।

'पारिस्थितिकी तन्त्र' अथवा 'परितन्त्र' पर्यावरण के अजैविक घटक (वायु, जल, भूमि और सौर ऊर्जा, आदि) तथा जैविक घटक (वनस्पति तथा पशु) दोनों के पारस्परिक संक्रियाओं पर आधारित हैं यहाँ यह बताना उचित एवं सामयिक होगा कि इनकी क्रियाएँ/संक्रियाएँ ऊर्जा प्रवाह (Energy Flow) तथा पोषक चक्र (Nutrient Cycles) से सम्पादित होती है या यह कहें कि 'पारिस्थितिकी तन्त्र' एक

ऐसी मशीन है जिसमें ऊर्जा तथा पोषक तत्त्वों का ईंधन उसे गति प्रदान करता है। इस पर अधिक विवरण हम आगे दे रहे हैं।

पारिस्थितिकी तन्त्र के घटक (Components of the Ecosystem)

किसी भी पारिस्थितिकी तंत्र के चार मुख्य घटक होते हैं, वे निम्न हैं–

(1) अजैविक पदार्थ या वस्तुएँ (Abiotic Substances),

(2) उत्पादक जीवधारी (Producer Organisms),

(3) उपभोक्ता जीवधारी (Consumer Organisms), और

(4) विघटक जीवधारी (Decomposer Organisms)।

इनका संक्षिप्त विवरण यहाँ दिया जा रहा है–

1. **अजैविक पदार्थ (Abiotic Substances)**–अजैविक पदार्थ कार्बनिक अथवा अकार्बनिक दोनों ही हो सकते हैं जिनमें पानी, कार्बनडाइऑक्साइड, ऑक्सीजन, नाइट्रोजन, खनिज, लवण, अम्ल, क्षार, सभी तत्व एवं यौगिक (Entire range of Ele-ments and Compounds) आदि सम्मिलित हैं। किसी भी सम विशेष में ये जीवधारी को प्राप्त भी हो सकते हैं और कभी इनकी उपलब्धता कठिन भी हो जाती है। इनकी पारिस्थितिकी तन्त्र के क्रियाकलापों में महत्त्वपूर्ण भूमिका रहती है, लेकिन कौन-सा आवश्यक पदार्थ कितनी जल्दी उपलब्ध होता है या नही ही होता है इस पर भी परितन्त्र की स्थिरता तथा कार्यकुशलता निर्भर होती हैं

2. **उत्पादक जीवधारी (Producer Organisms)**–उत्पादक जीवधारी वह पादप (वनस्पति) और जीवाणु (Bacteria) होते हैं जो कार्बनिक यौगिकों का निर्माण करते हैं। इन्हें स्वयं उत्पादनकर्त्ता (Autotroph) भी कहते हैं। ये सूर्य की किरणों से प्राप्त ऊर्जा की सहायता से फोटोसिन्थेसिस संक्रिया के अन्तर्गत अकार्बनिक पदार्थों को कार्बनिक पदार्थों में बदल देते हैं और इस प्रकार अपना भोजन स्वयं बनाते हैं। विशेषत: हरे पादप या वनस्पति इसमें आती हैं। कुछ जीवाणु जो स्वयं अपना भोजन तैयार कर लेते हैं इस श्रेणी में गिने जाते हैं।

3. **उपभोक्ता जीवधारी (Consumer Organisms)**–ये वे सजीव जीवधारी (पशु तथा मनुष्य) हैं जो उत्पादक जीवधारियों द्वारा तैयार किये गये भोजन का उपभोग करते हैं। इस श्रेणी में आने वाले सजीव सदस्य स्वयं अपना भोजन नहीं बना पाते हैं अत: वह उत्पादकों द्वारा उपलब्ध कराये गये भोजन पर आश्रित होते हैं। इस संवर्ग के जीवधारियों को पुन: निम्न श्रेणी में विभाजित किया जा सकता है–

1. **प्राथमिक उपभोक्ता अथवा शाकाहारी जीव (Primary Consumers or Berbivores)**–इस श्रेणी के जीव पूर्णतया वनस्पति या छोटे-छोटे पादपों पर

आधारित होते हैं, इसी कारण इन्हें शाकाहारी जीवों की श्रेणी में रखा गया हैं जंगलों में खरगोश, हिरन, तालाबों और अन्य जल स्रोतों में छोटी मछलियाँ, घरों तथा अन्य स्थानों पर मवेशी (गाय, बकरी, भैंस आदि), छोटे जीव, चूहे आदि इस श्रेणी में आते हैं।

2. द्वितीय उपभोक्ता अथवा मांसाहारी जीव (Secondary Consumers or Carnivores)–इस श्रेणी के उपभोक्ता मांसाहारी होते हैं और उनका मुख्य भोजन वे शाकाहारी जीव होते हैं जो प्राथमिक उपभोकता के रूप में बताये गये हैं। यह कभी शाकाहारी भी हो सकते हैं, ऐसी स्थिति में वह प्राथमिक उपभोक्ता के लिये उपलब्ध भोजन का उपयोग कर लेते हैं। मनुष्य स्वयं इस नई श्रेणी का उभयहारी (Omnivores) कहलाता है जो स्वयं तो शाकाहारी है ही तथा शाकाहारी जीवों को भी भोजन के रूप में ग्रहण कर सकता हैं

3. तृतीय उपभोक्ता (Tertiary Consumers)–ये भी मांसाहारी उपभोक्ता होते हैं और इनका भोजन प्राय: मांसाहारी जीव (द्वितीय उपभोक्ता) होते हैं। इसके उदाहरण के लिए बाज (Hawk) उपर्युक्त है जो नेवला को खा जाता है जबकि नेवला चूहे को अपना भोजन बना लेता है। यह श्रृंखला और भी आगे जा सकती हो और किसी-किसी स्थिति में तो उपभोक्ता चतुर्थ, पंचम या अधिक भी हो सकते हैं।

4. विघटक जीवधारी (Decomposer Organisms)–विघटक जीवधारी प्राय: जीवाणु तथा कवक (फफूँदी) आदि होते हैं जो समाप्त प्राय: सामग्री (Dead matter) अथवा अन्य गंदगी या किसी प्रकार नष्ट हुई सामग्री को विभिन्न सरल और सामान्य पदार्थों में विघटित कर देते हैं। ये विघटित पदार्थ अजैविक वातावरण में घुल-मिल जाते हैं और तब उत्पादक जीवधारी पुन: इसका उपयोग कर सकते हैं। नि:सन्देह विघटकों की पूरे परितन्त्र को चलाये रखने में हुत महत्त्वपूर्ण भूमिका है, क्योंकि यह पूरे चक्र को पूरा करके तन्त्र में गति प्रदान करते हैं।

किसी भी सन्तुलित परितन्त्र में इन उपर्युक्त चारों घटकों का होना आवश्यक है। यह सम्भव है कि अलग-अलग स्थितियों में उपभोक्ताओं की क्रमबद्धता में अन्तर आ जाये, लेकिन सामान्यतया सभी घटकों की क्रियाशीलता सभी परितन्त्रों में होती है।

परितन्त्रों के प्रकार (Types of Ecosystems)

क्रियाशीलता (functional) की दृष्टि से परितन्त्रों में विभिन्न स्थितियों के अनुसार कुछ विभिन्नताएँ तथा विविधताएँ होती हैं जिनके अनुसार अलग-अलग प्रकार के परितन्त्र बन जाते हैं। उनमें से कुछ निम्न हैं–

1. अपूर्ण परितंत्र (Incomplete Ecosystem)–सामान्यतया सभी परितन्त्रों में चारों उपर्युक्त वर्णित घटक (अजैविक पदार्थ, उत्पादक जीवधारी, उपभोक्ता जीवधारी तथा विघटक जीवधारी) होते हैं, लेकिन कभी-कभी ऐसे उदाहरण भी होते हैं जिनमें एक या एक से अधिक घटकों की उपलब्धता न हो। तब ऐसी स्थिति में उस परितन्त्र को अपूर्ण परितन्त्र ही कहें। उदहारण के लिये किसी गहरे समुद्र की गहराई में रोशनी के अभाव में हरी वनस्पति तथा पादप पनप नहीं पाते अथवा उग ही नहीं पाते अर्थात् उत्पादक (Producers) ही नहीं होते। तब वहाँ के जानवरों का भोजन वह सामग्री होती है जो ऊपरी सतह से मृत जानवर, पौधे अथवा अन्य कार्बनिक पदार्थ नीचे पहुँच जाते हैं। ऐसी स्थिति में उपभोक्ता (Consumers) तथा विघटक (Decomposers) तो अवश्य हो जाते हैं, लेकिन उत्पादक नहीं होता। सारा परितन्त्र बाहरी उत्पादक के सहारे चलता रहता है। सैद्धान्तिक रूप से यह अपूर्ण परितन्त्र है। ऐसे और भी कई उदाहरण हो सकते हैं।

कोई एक बड़ा शहर जिसमें न तो उत्पादक है और न ही विघटक है अपूर्ण परितन्त्र का दिलचस्प उदाहरण है। शहर में विभिन्न प्रकार के शाकाहारी जीवों (चूहे, बिल्ली, कुत्ता, चिड़ियाँ, गाय, बकरियाँ आदि) के लिए वनस्पति अथवा उनके योग्य शाकाहारी भोजन की उपलब्धि नहीं है। उसे पूरा करने हेतु बाहर से चारा, पत्तियाँ आदि मँगानी होती हैं। इस प्रकार उत्पादक का कार्य बाहर से होता है या यों कहें कि उत्पादक की व्यवस्था बाह्य अथवा बाहरी होती है। इसके अतिरिक्त गंदगी, मृत पशु, मल-मूत्र आदि का निस्तारण भी शहर में नहीं हो पाता, अत: उसे भी बाहर निकालना होता है। इस प्रकार 'विघटक' की भूमिका का भी शहर में निर्वाह नहीं हो पा रहा होता है। तब ऐसा बिना दो महत्त्वपूर्ण घटकों के चलने वाला परितन्त्र (Ecosystem) अपूर्ण ही कहलायेगा।

2. स्वयं समर्थ परितंत्र (Self-Sufficient Ecosystem)–इस परितन्त्र को सामान्य परितन्त्र (Natural Ecosystem) अथवा स्वयं व्यवस्थित परितन्त्र (Self-Maintained Ecosystem) अथवा स्वयं नियंत्रित परितन्त्र (Self-Controlling Ecosystem) भी कहते हैं। इस प्रकार के परितन्त्रों में यदि कोई परिवर्तन या किसी वस्तु या घटक की कमी या वृद्धि होती है तो वहाँ के अन्य घटक स्वयं स्थिति को नियन्त्रण में ले आते हैं। एक जंगल के परितन्त्र का उदाहरण लें जिसमें बड़े पेड़ गिरते हैं, नये उगते हैं। अत: वहाँ की भोजन शृंखला (Food Chain), ऊर्जा प्रवाह (Energy Flow) और पोषक चक्र (Nutrient Cycle) में कोई व्यवधान नहीं आता है। यदि असामान्य रूप में कभी शकाहारी और मांसाहारी जीवों की संख्या के अनुपात में स्पष्ट अन्तर आ भी जाता है तो कुछ प्रकृति और कुछ परितन्त्र की सामान्य प्रक्रिया उसे ठीक-ठाक कर देती है।

3. **विकृत परितन्त्र (Degraded Ecosystem)**–ऐसे परितन्त्र मुख्यत: घास के मैदान अथवा वह चरागाह होते हैं जहाँ उत्पादक की कमी से शाकाहारी और मांसाहारी उपभोक्ताओं के प्रतिशत में एक साथ कमी अथवा अधिकता हो जाती है या इन दोनों उपभोक्ताओं के आवश्यक अनुपात में अन्तर आ जाता हैं ऐसी स्थिति में परितन्त्र विकृत होने लगता है और प्राय: अन्त में वह नष्ट ही हो जाता है।

4. **अनियन्त्रित परितन्त्र (Uncontrolled or Cultural Ecosystem)**–जब किसी परितन्त्र में मानव द्वारा ऐसी गतिविधियाँ शुरू कर दी जाती हैं जो सामान्यतया व्यक्ति विशेष के किसी विशेष लाभ में केन्द्रित हो तो वहाँ की स्थिरता और सन्तुलन समाप्त हो जाता हैं शाकाहारी जीवों को नष्ट करने से मांसाहारी जीवों का जीवन संकट में पड़ जाता है। इस स्थिति में उपज तो मनुष्य को मिल जाती है पर परितन्त्र समाप्त हो जाता है। कालान्तर में, उपज भी इस प्रकार के कार्यकलापों से प्रभावित होती हैं

परितन्त्रिक स्थायित्व (Ecosystem Homeostasis)

प्रत्येक परितन्त्र स्वयं में परिपूर्ण होता है लेकिन यदि किन्हीं कारणों से इसमें कोई अव्यवस्था आती है तो प्राकृतिक रूप से वह अथवा उसके सभी जैविक तथा अजैविक घटक उस अव्यवस्था को दूर कर पुन: तन्त्र को व्यवस्थित और स्थिर बना देते हैं परितन्त्र की यह सन्तुलित अवस्था 'परितंत्रिक स्थायित्व' (Ecosystem Homeostasis) कहलाती हैं।

इस स्थायित्व में जब विभिन्न क्रियाओं का महत्त्वपूर्ण योगदान है उनमें से दो प्रमुख क्रियाओं और उनकी कार्य प्रणालियों का यहाँ वर्णन करेंगे–

1. **ऊर्जा प्रवाह (Energy Flow)**–पर्यावरणीय व्यवस्था में ऊर्जा का महत्त्वपूर्ण स्थान है, क्योंकि इसी की सहायता से जैविक और अजैविक वस्तुओं में क्रियाएँ सम्पन्न होती हैं। अपने गुणधर्म के अनुसार ऊर्जा किसी भी दिशा में जा सकती है अथवा भेजी जा सकती है लेकिन वापस इसे उसी क्रम में लौटाया नहीं जा सकता। इसीलिए यहाँ 'ऊर्जा चक्र' के स्थान पर ऊर्जा प्रवाह शब्दावली को काम में लिया है क्योंकि यह एक रेखीयगति है चक्रीय नहीं।

सजीव प्राणधारी (Living Organisms) के लिए ऊर्जा का मूल स्रोत सूर्य ही है जिससे पृथ्वी की सतह पर ऊर्जा की अथाह मात्रा प्राप्त होती है, जो मोटे अनुमान के अनुसार 15,000 कैलोरी[1] प्रति वर्ग मीटर प्रति मिनट अर्थात् 9×10^0 कैलोरी प्रति वर्ग मीटर प्रतिदिन (यदि सूर्य दिन में 10 घन्टे रहता है) है। यह इतनी सौर ऊर्जा है कि इससे पूरी पृथ्वी की सतह पर 35 फीट मोटी बर्फ की पर्त को पिघलाया जा सकता है। वस्तुत: यह ऊर्जा 654 बिलियन मैट्रिक टन (684×10^9 mt) कोयले

से प्राप्त गर्मी के बराबर है, लेकिन यह सब ऊर्जा हमें उपलब्ध नहीं हो पाती है और अधिकतर (98 प्रतिशत) सौर ऊर्जा परावर्तित होकर बिखर जाती है। केवल 2 प्रतिशत भाग ही पृथ्वी के पास रहता है जिसमें से भी लगभग एक प्रतिशत सौर ऊर्जा ही हरी वनस्पतियों (पौधों) को मिल पाती है जो पर्यावरण के विभिन्न कार्यों में ऊर्जा के रूप में काम में आ सकती हैं

सौर ऊर्जा को हरे पादप ही काम में ले सकते हैं, जहाँ वे इसे अपने में कार्बन का अपचयन करके कार्बोहाइड्रेट्स तथा प्रोटीन के रूप में समाहित कर लेते हैं। जो वस्तुत: ईंधन के रूप में काम आता है। शाकाहारी जीवों द्वारा इन पादपों का भोजन के रूप में उपयोग ऊर्जा का एक स्थान से दूसरे स्थान तक हस्तान्तरण है। यह रेखीय गति है जिसे हम ऊर्जा प्रवाह के नाम से कहते हैं भोजन शृंखला का सम्पन्न होना इसी ऊर्जा प्रवाह के कारण ही संभव है।

2. जैविक-भू-रासायनिक चक्र (Bio-geo-chemical Cycles)–इस अध्याय से पूर्व हम बता चुके हैं कि पृथ्वी के जीवमण्डल क्षेत्र में पारिस्थितिकी तन्त्र के परिप्रेक्ष्य में सजीव जीवधारी तथा निर्जीव वस्तुओं के मध्य अनेक आवश्यक एक महत्त्वपूर्ण तत्त्वों का प्रभाव पड़ता है। ये तत्त्व, विशेषत: कार्बन, हाइड्रोजन, ऑक्सीजन, नाइट्रोजन, फॉस्फोरस और सल्फर हैं जो प्रतिदिन अनेक क्रियाओं से गुजरते हैं, लेकिन प्रकृति में कुछ ऐसी व्यवस्था है कि सभी संक्रियाओं में से होकर भी ये तत्व अपने मूल रूप से एक निश्चित अवधि में वापस आ जाते हैं और आगे की क्रिया में पुन: निरन्तर सहायक होते हैं। यह प्रकृतिदत्त व्यवस्था जैविक-भू-रासायनिक चक्र कहलाता है।

इस सम्बन्ध में पिछले ही अध्याय में हमने अत्यन्त महत्त्वपूर्ण कार्बन चक्र (Carbon Cycle), जल चक्र (Water Cycle), ऑक्सीजन चक्र (Oxygen Cycle) तथा नाइट्रोजन चक्र (Nitrogen Cycle) के कार्यों का विवरण दिया है।

अच्छे परितन्त्र के लिये आवश्यकताएँ
(Requirements of a Good Ecosystem)

उपर्युक्त विस्तृत विवेचवना के आधार पर हम एक अच्छे परितन्त्र के लिए अपेक्षित आवश्यकताएँ निम्न प्रकार समेकित कर सकते हैं–

1. परितन्त्र के आवश्यक घटक, अजैविक पदार्थ, उत्पादक, उपभोक्ता और विघटक अवश्य रहने चाहिए।
2. ऊर्जा निरन्तर और यथेष्ट मात्रा में मिलती रहनी चाहिए। स्पष्ट है यह ऊर्जा सौर ऊर्जा ही है।

3. ऊर्जा प्रवाह के साथ भोजन श्रृंखला की नियमित क्रियाशीलता होनी चाहिए।
4. प्रकृति से आवश्यक तत्त्वों की उपलब्धि व्यवस्थित रूप से होती रहे।

निःसन्देह एक अच्छे परितन्त्र (Ecosystem) से एक अच्छे पर्यावरण की आश्वस्तता बनती है और अच्छा पर्यावरण वस्तुतः अच्छा जीवन देता है। अतः हम सभी को एक अच्छे पर्यावरण में रहने की आशा रखनी चाहिए जो हमारे सन्तुलित क्रियाकलापों से ही सम्भव है।

भोजन शृंखला और भोजन जाल (Food Chain and Food Web)

ऊर्जा के दो आधारभूत भौतिक नियम है–

1. पृथ्वी पर न तो ऊर्जा उत्पन्न की जा सकती है और न ही उसे नष्ट किया जा सकता है, यह एक रूप से दूसरे में बदल जाती है।

   (Energy on earth is neither created nor destroyed, it is transformed from one type to another.)—*First Law of Thermodynamics*

2. कोई ऊर्जा प्रक्रिया तब तक स्वतः संभव नहीं है जब तक उसका समेकित रूप किसी कारण विखण्डित नहीं हो जाय।

   (No energy process occurs spontaneously unless it is degradation or dissipation from a concentrated form to dispersed form.)

   — *Second Law of Thermodynamics*

इस दूसरे नियम से यह परिणाम निकाला जा सकता है कि ऊर्जा के परिवर्तन में कुछ उसका भाग बिखर जाता है। अतः प्रत्येक प्रक्रिया में ऊर्जा का शत-प्रतिशत उपयोग नहीं हो सकता।

उपर्युक्त दोनों नियमों को यहाँ देने का मुख्य आधार यह है कि कोई भी 'पारिस्थितिक तन्त्र' (Ecosystem) बिना ऊर्जा के बना नहीं रह सकता। अतः यह जानना बहुत आवश्यक है कि किसी पारिस्थितिक तन्त्र में कितनी ऊर्जा प्रवेश पाती है और प्रयोग में आने के बाद कितनी बाहर निकलती है। यह ऊर्जा का हस्तान्तरण ओर उपयोग ही भोजन शृंखला को जन्म देती है जिसका विस्तृत विवरण अभी हम कर रहे हैं।

भोजन शृंखला (Food Chain)

प्रकृति में सभी प्रकार के जीवों के भोजन क्रम को आहार शृंखला कहते हैं। इस शृंखला में केवल पेड़-पौधे स्वपोषित है जो प्रकाश संश्लेषण क्रिया द्वारा पर्यावरण के भौतिक तत्वों के सहयोग से अपना भोजन स्वयं निर्मित करते हैं। शेष सभी

जीव एक-दूसरे पर निर्भर है। भोजन का यही म आहार श्रृंखला कहलाता है। प्रथम पोषण स्तर के स्वपोषित जीवों पर प्रथम उपभोक्ता अर्थात् शाकभक्षी निर्भर है, शाकभक्षी जीवों पर मांसभक्षी जीव निर्भर है और इन सभी स्तर के जीवों और पेड़ पौधों पर सर्वहारी अर्थात् मनुष्य और अपघटक निर्भर है। भोजन की इसी प्राकृतिक व्यवस्थाओं को आहार श्रृंखला कहते हैं।

उत्पादक एवं उपभोक्ता की उक्त व्यवस्था को पारिस्थितिक तन्त्र की 'आहार श्रृंखला' का नाम दिया जाता है। सभी जीव अपने आहार के लिए एक भक्षण-भक्ष्य श्रृंखला में बँधे होते हैं। इसके एक छोर पर हरे पौधे तथा दूसरी ओर अपघटक होते हैं। आहार-श्रृंखला के कुछ उदाहरण निम्नलिखित हैं–

1. आर्द्रता (जल) + ताप + कार्बन डाई-आक्साइड पौधे व घासें अर्थात् जल, तापक्रम व कार्बन-डाइ ऑक्साइड का भोजन करके पौधे व घासें उगती हैं ये शुद्ध रूप में प्राथमिक उत्पादक हैं।
2. घास (पौधे) → बकरी → मनुष्य तथा
3. घास → हिरण → शेर आदि प्रमुख भोजन श्रृंखला है।

आहार ऊर्जा का एक प्राणी से दूसरे प्राणी तक जाने में लगभग 90% ऊर्जा का ऊष्मा के रूप में अपव्यय हो जाता है। इससे स्पष्ट है कि आहार श्रृंखला लम्बी नहीं हो सकती। एल्टन नामक जीव वैज्ञानिक ने बताया कि एक आहार श्रृंखला में पाँच-छः से अधिक कड़ियाँ नहीं होती हैं। प्रकृति में केवल एक सरल आहार श्रृंखला ही नहीं होती, अपितु कई सरल आहार श्रृंखलाएँ आपस में जुड़ी रहती हैं। ये अपस में अत्यन्त जटिल रूप में गुँथी रहकर आहार जाल (Food Web) का निर्माण करती हैं। यही कारण है कि एक प्राणी कई प्रकार के प्राणियों को अपना आहार बनाता है। ओडम ने आहार श्रृंखला के दो रूप बताए हैं–

(A) शाकवर्ती आहारश्रृंखला (Grazing Food Chain)। .

(B) अपरदी या ध्वंसावशेष आहार श्रृंखला (Detritus Food Chain)

(A) *शाकवर्ती आहार श्रृंखला*–यह पौधों से प्रारम्भ होकर शाक-भक्षियों (Herbivores) व मांसभक्षियों (Carnivors) से सम्बन्ध रखती हैं।

(B) *अपरदी आहार श्रृंखला*–यह मृत सड़े-सड़ाए, गले कार्बननिक पदार्थों से सम्बन्धित है। इससे सूक्ष्म जीव आहार ऊर्जा प्राप्त करते हैं। सूक्ष्म जीवों को अन्य अपरद-भक्षी प्राणी खाते हैं। इन अपरद-भक्षी प्राणियों पर अन्य मांसभक्षी प्राणी निर्भर करते हैं इस श्रृंखला के प्रारम्भ में मृत कार्बनिक पदार्थ पौधों और प्राणियो दोनों से प्राप्त कर सकते हैं।

विभिन्न पारिस्थितिक तन्त्रों से ज्ञात होता है कि प्रकृति में मुख्यरूप से निम्न-लिखित तीन आहार श्रृंखला पाई जाती हैं–

(i) प्रत्येक आगामी आहार स्तर पर जीव संख्या घटती जाती है।

(ii) तृतीय उपभोक्ता स्तर के जन्तु या तो अत्यन्त कम होते हैं या प्राय: नहीं भी पाये जाते हैं।

(iii) प्रत्येक आगामी आहार स्तर के जीवों को व्यष्टि जैव पुंज उत्तरोत्तर अधिक होता जाता है।

(iv) शाकाहारी जन्तु प्राय: जीवित पादप को चरते या खाते हैं।

(v) आहार श्रृंखला जितनी ही छोटी होगी उतनी ही अधिक जीव संख्या का भरण-पोषण सम्भव होगा।

पादप अथवा जन्तु → परोपजीवी → परपरोपजीवी जन्तु

परोपजीवी भोजन श्रृंखला वृहद् जीवों से लघु सूक्ष्म जीवों की ओर चलती है और किसी भी आहार-स्तर के जीव से आरम्भ हो सकती हैं सामान्यत: जीवधारी जितना ही छोटा होगा, उसके प्रति ग्राम जैव भार में चयापचय दर उतनी ही तीव्र होगी। सिद्धान्तत: परोपजीवी श्रृंखला आखेटक आहार श्रृंखला से छोटी होनी चाहिए, क्योकि परोपजीवी पोषक आश्रय जीव के जैव भार का तीव्र गति से क्षय करने की क्षमता रखते हैं। वस्तुत: प्रकृति में परपरोपजीवी अत्यन्त विरल दशाओं में पाये जाते हैं।

तृतीय प्रकार की आहार श्रृंखला–यह मृतोपजीवी आहार श्रृंखला है। यह मृत जैविक पदार्थों से सूक्ष्म जीवों की ओर अग्रसर होती है। सभी प्रकार के परितन्त्रों में मृतोपजीवी ऊर्जा-प्रवाह पथ का कार्य अत्यन्त महत्त्वपूर्ण एवं उग्र होता है, क्योंकि समस्त जैविक मृत अवशेषों का विघटन करके अपघटक सृजक जीवों के लिए पुन: उपलब्ध कराते हैं। मृतोपजीवी सूक्ष्म जीवों की क्रिया से विघटित होकर ह्यूमस या जीवांश बनता है थिनमैन ने इसके लिऐ अक्कारक (Reducer) तथा लिण्डेमान ने अपघटक (Decomposer) शब्दों का प्रयोग किया है।

ओडम ने प्रथम स्तर के उपभोक्ता जीवों को चारण शाकाहारी (Grazing herbivores) भी कहा है। इस मायम से निर्मित आहार श्रृंखला को 'चारण आहार श्रृंखला' (Grazing Food Chain) नाम दिया है। जलीय परितन्त्र, घास के मैदानों व कृषि स्थलों में यही आहार श्रृंखला पाई जाती हैं चारण से पौधों व घासों का जो शेष भाग मृत कार्बनिक पदार्थ की भाँति भूमि-तल पर पड़ा रहता है, उससे ध्वंसावशेष आहार श्रृंखला बनती है। इसका उपभोग सामान्यत: दो प्रकार के जीवों द्वारा कियां जाता है–

1. **लघु जन्तुओं द्वारा**–दीमक, गोलकृमि, कोषस्थ, जन्तु, सहस्रपदी जन्तु, केंचुए आदि।

2. शाकाणु, कवकानि एवं एक-कोशीय जन्तुओं द्वारा।

पडवर्थस तथा हीथ के परीक्षणों से ज्ञात होता है कि मृदा-स्थिति ये जन्तु बहुत सी पादप पत्तियों के विघटन का कार्य करते हैं। उन पर सूक्ष्म जीवों की क्रिया का मार्ग प्रशस्त करने में इनका कार्य भाग अत्यन्त महत्त्वपूर्ण है। ध्वंसावशेष आहार श्रृंखला को सामान्यत: निम्नलिखित प्रकार से प्रकट किया जा सकता है–

पादप ध्वंसावशेष → मृत केंचुए → अपघटक शाकाणु मृत

जंगलों में लगभग 90% ऊर्जा प्रवाह पादप ध्वंसावशेष आहार श्रृंखला के माध्यम से उत्पन्न होता हैं स्थानीय पारिस्थितिक तन्त्र में आहार श्रृंखला तथा जीव-संख्या में सृजक स्तर पर जैव भार सर्वाधिक एवं उत्तरोत्तर स्तरों पर जैवभार क्रमश: घटता जाता है। इसे पारिस्थितिक स्तूप (Ecological Pyramid) की संज्ञा दी गई है।

जलीय पारिस्थितिक तन्त्र में सर्जक स्तर पर प्लवक पादपों (Plankton) का जैव भार कम होता है और उत्तरोत्तर आहार स्तरों में क्रमश: बढ़ता जाता है।

आहार श्रृंखला व पारिस्थितिक स्तूप से यह सिद्ध होता है कि प्रकृति में निम्नलिखित प्रकार के संख्या स्तूप पाए जाते हैं–

1. प्रथम प्रकार के अन्तर्गत वे संख्या स्तूप आते हैं, जिनमें प्राथमिक सर्जक की अपेक्षा उत्तरोत्तर आहार स्तरों में पाए जाने वाले जीवों की संख्या क्रमश: घटती जाती है।
2. जब सर्जक पादप एक विशाल वृक्ष हो,तो उसके प्रथम उपभोक्ता स्तर के जन्तुओं की संख्या अत्यधिक होगी और क्रमश: उत्तरोत्तर आहार स्तरों के जीवों की संख्या घटती जाती हैं
3. तीसरे प्रकार के विलोम संख्या स्तूप परोपजीवियों संगठित आहार श्रृंखला में पाया जाता है, क्योंकि एक ही सर्जक पादप का अन्य किसी भी जीव पर पाए जाने वाले परोपजीवियों की संख्या विशाल होती है और पर-परोपजीवी संख्या भी परोपजीवी संख्या से अधिक ही होती हैं

प्रश्न–पादप अनुक्रमण (Plant succession) क्या है? जलक्रमक, मरुक्रमक अणु को समझाइये।

What is plant succession? Explain Hydrosphere and erosphere.

उत्तर–पादप समुदायों के परिवर्तन में लम्बे समय (अनेक पीढ़ियों) से चले

आ रहे संचयी एवं दिशात्मक प्रक्रम (Cumulative and Directional Process) को पादप अनुक्रमण (Plant Succession) कहते हैं।

प्रश्न (Questions)

निबन्धात्मक प्रश्न (Essay Type Questions)

1. पारिस्थितिकी क्या है? इसके आधार पर 'पारिस्थितिकी तंत्र' को स्पष्ट कीजिये।
2. अपूर्ण परितंत्र किसे कहते हैं? उदाहरण देकर समझाइये।
3. पारिस्थितिकी तंत्र के कितने घटक होते हैं? उनका संक्षिप्त विवरण दीजिये।
4. भोजन शृंखला किसे कहते हैं? इसकी गति के लिये कौन-सी ऊर्जा कार्य में आती हैं?
5. एक अच्छे परितंत्र के लिये क्या-क्या आवश्यक है?

लघुत्तरात्मक प्रश्न (Short Answer Type Questions)

6. 'आबादी' और 'समुदाय' में अन्तर बताइये।
7. 'उत्पादक जीवधारी' के उदाहरण दीजिये।
8. पारितान्त्रिक स्थायित्व किसे कहते हैं?
9. ऊर्जा चक्र और ऊर्जा प्रवाह की अलग-अलग उपयोगिता बताइये।
10. पर्यावरण की गुणवत्ता ही जीवन की गुणवत्ता को जन्म देती है, स्पष्ट कीजिये।

वस्तुनिष्ठ प्रश्न (Objective Questions)

11. खरगोश किस श्रेणी का उपभोक्ता है?

(अ) शाकाहारी (ब) मांसाहारी

(स) उभयचारी (द) विघटक

12. सौर ऊर्जा का कितना भाग ही पृथ्वी पर आ पाता है?

(अ) 2% (ब) 1%

(स) 98% (द) .01%।

13. विघटक जीवधारी की मुख्य भूमिका होती है–

(अ) नया उत्पादन करना

(ब) नष्ट हुई सामग्री सामान्य पदार्थों में ले आना

(स) उपभोक्ताओं की सहायता करना

(द) विकृत पारिस्थितिकी तंत्र

14. निम्न में से कौन 'विघटक' नहीं है?

(अ) बैक्टीरिया (ब) फफूंद

(स) मकड़ी (द) चूहा

15. जब एक ही भोजन की कई-कई भोजन शृंखला बन जाती है, तो उसे कहने लगते हैं–

(अ) भोजन तंत्र (ब) भोजन जाल

(स) भोजन प्रक्रिया (द) भोजन संश्लेषण

16-20 नीचे की सारणी में मिलान कीजिये–

अ	ब
पारिस्थितिकी तंत्र	वायु
तृतीय उपभोक्ता	सूर्य
भोजन शृंखला	हरे पौधे
अजैविक पदार्थ	मांसाहारी जीव
फोटोसंश्लेषण	वन।

5

प्राकृतिक संसाधन
(Natural Resources)

प्रस्तावना (Introduction)

प्रकृति ने मनुष्य को जो वस्तुयें निःशुल्क उपहार स्वरूप दी हैं उन्हें प्राकृतिक संसाधन कहा जाता है। किसी देश की भैगोलिक स्थिति, संस्थित, आकार, जलवायु, धरातल, भूमि, मिट्टी, वनस्पति खनिज, जल, हवा, जीव-जन्तु, जीवाश्म, ऊर्जा पदार्थ आदि प्राकृतिक संसाधनों की श्रेणी में सम्मिलित है। प्रकृति जब मनुष्य को हवा, धूप, प्रकाश, जल, उपजाऊ मिट्टी, प्राकृतिक वनस्पति आदि उपयोगी वस्तुयें देती हैं तो यह विदित है। कि इसके विपरीत जब वह बाढ़, भूकम्प, चक्रवात, सूखा और अन्य प्राकृतिक आपदायें लाती हैं जिनसे मानवीय जीवन संकटमय बन जाता है तो वह शत्रु के रूप में प्रतीत होती हैं।

साधनह्रास–प्राकृतिक वातावरण के मात्र के तत्व अथवा तत्व समुदाय जो मानव के लिये उपयोगी बन गये हैं, प्राकृतिक संसाधन हैं। वे स्वतः अलग-अलग तथा समवेत दोनों रूपों में मानव की सेवा करते हैं। वस्तुतः प्राकृतिक संसाधन जो वातावरण की उन दशाओं के योग का एक अंश है। जिनसे मानवीय अस्तित्व बना हुआ है, परन्तु फिर भी मानव इनके प्रति गम्भीर नहीं हैं। मानव अपने कु-कृत्यों से इनमें निरन्तर अशुद्धियाँ बढा रहा है, और इनका विनाश या ह्रास कर रहा है। प्राकृतिक संसाधन ह्रास तक शुरु होता है। जब मनुष्य उसकी अपेक्षा एवं अवमानना करने लगता है इस क्रम में पर्यावरण के प्रति किये गये अनैतिकपूर्ण कार्य तथा प्रदूषण विस्तार, वन विनाश, अधिक जनभार, संसाधनों का अनुचित दोहन आदि स्वनियमन जन्य क्षमता से अधिक हो जाता है तो उसके फलस्वरूप, पंर्यावरण और उसको निर्मित करने वाले तत्व या संसाधन पंगु होने लगते हैं इसे ही वैज्ञानिक भाषा में पर्यावरण ह्रास या संसाधन ह्रास कहते हैं। मार्क्स के मतानुसार प्राकृतिक संसाधनों का ह्रास तभी होता है जब उनके प्रति शत्रुतापूर्ण व्यवहार किया जाता

है। यदि उनके साथ सहयोग का रास्ता अपनाया जाये तो छोटी-मोटी क्षति को वे स्वयं संवर्धित कर लेते हैं जैव जगत की मूलभूत आवश्यकतायें इन्हीं से पूरी होती हैं। अत: स्वाभाविक है कि इनके दोहन में मानव समाज संयम से काम नहीं लेता है औद्योगिक राष्ट्रों तथा विकासशील देशों में यह प्रक्रिया अधिक प्रबल दिखाई देती हैं।

प्राकृतिक संसाधन ह्रास का प्रारूप—प्राकृतिक संसाधनों के प्रति मानवीय स्वार्थ एवं शोषणपूर्ण भावना के परिणामस्वरूप प्राकृतिक संसाधनों का ह्रास और उसके परिणाम की पुष्टि होती है।

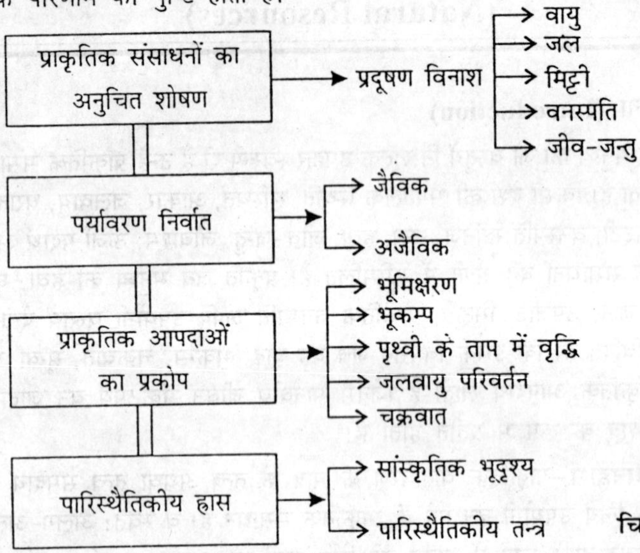

चित्र 5.1

निम्न चित्र से स्पष्ट है कि मानवीय हस्तक्षेप के कारण प्राकृतिक संसाधनों का प्रदूषण व विनाश हो रहा है। जल, थल एवं वायु आदि जो आधारभूत तत्व हैं, जब ये बिगड़ जाते हैं सम्पूर्ण प्रकृति का ढांचा अस्त-व्यवस्त हो जाता है। इन्हीं के परिणामस्वरूप प्राकृतिक आपदाओं में वृद्धि होती है।

प्राकृतिक संसाधनों के ह्रास का पर्यावरण पर प्रभाव प्राकृतिक संसाधन ही पर्यावरण के आधार है इनके ह्रास का अत्यन्त कुप्रभाव पर्यावण पर पड़ता है। जब स्वच्छ वायु, शुद्ध जल, उपजाऊ मिट्टी, वनस्पति, जलवायु, खनिज, कार्य-क्षमता, जनन क्षमता, जीवन अवधि आदि पर विपरीत प्रभाव पड़ता है मृदा प्रदूषण, जल प्रदूषण, वायु प्रदूषण आदि विविध प्रकार की बीमारियों को जन्म देती है। अत: इन तत्वों के ह्रास का मानव एवं पर्यावरण पर व्यापक प्रभाव पड़ता है।

स्वच्छ वायु की स्वच्छ वातावरण का सृजन करती है। परन्तु बढ़ते औद्योगिक, नागरीयकरण, यातायात साधनों ने वायु को प्रदूषित कर संगत लेने योग्य शुद्ध वायु को समाप्त कर दिया है। वायु में बढ़ती जहरीली गैसों का प्रीााव के कारण पृथ्वी का सम्पूर्ण पर्यावरण संकट में पड़ता दिखाई दे रहा है। वायु की तरह ही जीव जगत के लिये जल का विशेष महत्व है परन्तु मानव कुकृत्यों से धरातलीय ही नहीं भूमिगत जल में भी ऐसे तत्वों का विशेष महत्व है परन्तु ऐसे जल से बीमारियां उत्पन्न होती है। भूमि के साथ सौतेला व्यवहार मानव का स्वभाव बनता जा रहा है। अधिक उत्पादन की इच्छा से वह मिट्टी में रासायनिक उर्वरकों और कीटनाशक दवाओं के प्रयोग से उसकी मौलिकता को समाप्त कर रहा है जिसके परिणामस्वरूप उत्पादित कृषि फसलें और पेड़-पौधों के माध्यम से खाद्य शृंखला प्रदूषित होकर जीवधारियों एवं पर्यावरण को हानि पहुंचा रही है।

प्राकृतिक संसाधन ह्रास के कारण

यह सत्य है कि वर्तमान युग में जहां एक ओर आर्थिक, सामाजिक, वैज्ञानिक और तकनीकी उपलब्धियां असंख्य रूप से बढ़ी हैं वहीं इन सभी के कारण प्राकृतिक पर्यावरण और संसाधनों की गुणवत्ता का प्रतिकूल प्रभाव भी पड़ता है। प्राकृतिक संसाधनों के ह्रास के महत्त्वपूर्ण कारण निम्नलिखित हैं।

1. भौतिकवादी संस्कृति
2. औद्योगीकरण, नगरीकरण एवं यातायात वाहनों में वृद्धि
3. तीव्र जनसंख्या वृद्धि
4. कृषि और पशुपालन का विस्तार
5. अत्यधिक ऊर्जा की खपत
6. प्रोद्यौगिकी विकास।

1. भौतिकवादी संस्कृति–प्राकृतिक संसाधनों के ह्रास का सीधा सम्बन्ध मानव तथा प्रकृति के शत्रुतापूर्ण सम्बन्धों से है। वर्तमान भौतिकवादी संस्कृति में मानव इन संसाधनों का अविवेकपूर्ण उपयोग भी करता है। और उनकी गुणवत्ता में ह्रास भी उत्पन्न करता है। प्राचीन समय में विशेषरूप से इन संसाधनों के उपयोग के साथ धार्मिक आस्था को जोड़कर इनके संरक्षण और संवर्धन के प्रति उत्तरदायित्व निभाया जाता था। वृक्षों की पूजा, नदियों की आराधना और जल एवं वायु को देवता रूप न मानने के सम्बन्ध में संसाधनों के विनाश एवं ह्रास ने सब कुछ चौपट कर दिया है। इस संस्कृति के कारण संसाधनों के अविवेकपूर्ण दोहन में मानव ने सारी सीमाओं को पार कर लिया है। इसी कारण पर्यावरण असन्तुलन की समस्या उत्पन्न हो रही है।

2. औद्योगीकरण, नगरीकरण एवं यातायात वाहनों में वृद्धि–विज्ञान एवं तकनीकी विकास के कारण औद्योगिक विकास में वृद्धि के फलस्वरूप प्राकृतिक संसाधनों का शोषणपूर्ण भावना से दोहन तो हुआ ही साथ ही साथ, उद्योगों से निकलने वाले जहरीला अपशिष्ट पदार्थों के उचित प्रबन्धन के अभाव में वायु, जल और मिट्टी जैसे–आधारभूत साधनों की गुणवत्ता भी प्रभावित हुई है। वास्तव में औद्योगिक विकास से प्राकृतिक संसाधनों का जितना ह्रास हुआ उतना अन्य किसी कारण से नहीं। औद्योगिक विकास के कारण ही नगरीयकरण ह्रास हुआ उतना अन्य किसी कारण से नहीं। औद्योगिक विकास के कारण ही नगरीयकरण ह्रास हुआ उतना अन्य किसी कारण से नहीं। औद्योगिक विकास के कारण ही नगरीयकरण में तीव्र वृद्धि हुई, इसके परिणामस्वरूप, मानव जीवन स्तर में कमी आयी तथा जनसंख्या में तीव्र वृद्धि हुई, तथा जनसंख्या पलायन के कारण असन्तुलन की स्थिति उत्पन्न होकर अनेक समस्याओं का मार्ग प्रशस्त हुआ। नगरों में बढ़ता प्रदूषण, शुद्ध पेय जल का अभाव, स्वच्छ वायु की कमी, आवास समस्या, गन्दी बस्तियों का विस्तार आदि ऐसे तथ्य हैं जो नगरीयकरण के दुष्परिणाम है। समस्या, गन्दी बस्तियों का विस्तार आदि ऐसे तथ्य हैं जो नगरीयकरण के दुष्परिणाम हैं। इन सबसे प्राकृतिक संसाधनों के अतिरिक्त भार में वृद्धि हुई है तथा ह्रासमान की अवस्था उत्पन्न हुई है। यातायात वाहनों में वृद्धि भी औद्योगिक विकास और नगरीकरण विकास का ही परिणाम है। इनकी वृद्धि से ऊर्जा खपत में वृद्धि हुई और इसकी वृद्धि से वायु प्रदूषण और ओजोन मण्डल के ह्रास जैसे समस्याओं में वृद्धि हुई है। तालिका 5.1 में विश्व नगरीकरण वृद्धि से इस तथ्य की पुष्टि होती है।

तालिका 5.1 : विश्व में नगरीकरण की प्रवृत्ति (प्रतिशत)

क्षेत्र	1970	1975	1980	2000
विकसित देश	52.5	67.5	70.2	78.8
विकाशील देश	16.7	28.0	30.5	43.5
विश्व	29.0	39.3	4103	51.3

स्रोत : World Dev. Report, 1992.

3. तीव्र जनसंख्या वृद्धि–प्राकृतिक संसाधनों के ह्रास में तीव्र जनसंख्या वृद्धि सबसे महत्त्वपूर्ण कारण है। विश्व की बढ़ती जनसंख्या के कारण इन संसाधनों पर अतिरिक्त भार के कारण इनकी गुणवत्ता प्रभावित हुई है। विश्व जनसंख्या की तीव्र वृद्धि इसी शताब्दी में अंकित की गयी है। तालिका 5.2 इस तथ्य को उजागर करता है।

जनसंख्या वृद्धि की समस्या से विकासशील देश अधिक ग्रसित हैं। संसाधनों की कमी और अधिक जनसंख्या के कारण ऐसे देशों में गरीबी, अशिक्षा आदि भी पर्यावरण ह्रास का कारण बन गया है। जनसंख्या वृद्धि के कारण ससाधनों के ह्रास में बड़ी तीव्रता आयी है। इससे अनेकों साधनों की स्थिति बड़ी शोचनीय हो गयी है। जनसंख्या वृद्धि के कारण आज विश्व के लगभग 100 देशों में भोजन की गम्भीर समस्या बनी हुई है। कुछ देशों में तो पशुओं के लिये चारा भी उपलब्ध नहीं है। जिससे बड़ी संख्या में पशुधन नष्ट हो रहा है। गरीब लोगों के लिये ईंधन के रूप में लकड़ी भी उपलब्ध नहीं है। आरेख 5.2 से यह स्पष्ट होता है कि जिस प्रकार से विभिन्न दशकों में जनसंख्या वृद्धि हुई है उसी प्रकार विभिन्न वर्षों में हमारे जीव साधन तेजी से नष्ट हो रहे हैं जो साधनों के ह्रास में मानव के हस्तक्षेप को सिद्ध करता है।

तालिका 5.2 : विश्व जनसंख्या करोड़ में

वर्ष	जनसंख्या	वर्ष	जनसंख्या
1800	91.9	1980	4441.2
1900	151.1	1990	527.5
1920	181.1	2000	619.5
1940	229.5		
1960	302.7		

स्रोत : World Dev. Report, 1992 अनुमानित।

4. **कृषि और पशुपालन का विस्तार**–भूमि तथा वन जैव प्राकृतिक संसाधनों के ह्रास के कृषि विस्तान तथा पशुओं की अनियन्त्रित चराई महत्त्वपूर्ण है। मृदा का उपयोग आदि उसकी क्षमता के अनुसार किया जाये तो वह अपना संवर्धन स्वयं कर लेती है। परन्तु जनसंख्या वृद्धि के दबाव ने अधिकतम उत्पादन के कारण इस प्राकृतिक चक्र को अवरुद्ध कर दिया है।

5. **अत्यधिक ऊर्जा की खपत**–विकासशील देशों में ऊर्जा उपभोग की खपत की वृद्धि से जहां एक और ऊर्जा जीवाश्म संसाधनों का अभाव उत्पन्न हो रहा है। वहीं दूसरी ओर पर्यावरण का अत्यन्त आवश्यक संसाधन वायु भी प्रदूषित होकर ओजोन परत के ह्रास में तीव्रता उत्पन्न कर रही है, तथा ग्रीन हाउस गैसों में वृद्धि से अन्य प्राकृतिक संसाधनों में ह्रास उत्पन्न हो रहा है। ऊर्जा खपत में वृद्धि के कारण ही भारत तथा अन्य विकासशील देशों में वनों का विनाश तथा गोबर से

उत्पन्न उर्वरक का अभाव उत्पन्न हुआ है। गोबर खाद मिट्टी को संरक्षण प्रदान करता है। भारत में ऊर्जा खपत के उपयोग से निम्न तालिका 5.3 से ज्ञात होता है कि आने वाले समय में कुछ परिवर्तन आयेगा।

तालिका 5.3 : भारत में ईंधन का उपयोग (दस लाख टन)

ईंधन के स्रोत	खपत 1981	खपत 2001
कृषि निष्पाद	43	34
गोबर	77	61
जलाऊ लकडी	140	112

स्रोत–Citizen Report, New Delhi.

6. प्रौद्योगिकी विकास–आधुनिक युग में प्रौद्योगिकी विकास में ऊर्जा तथा अन्य संसाधनों के उपयोग में दैत्याकार वृद्धि की है। कोयला, पैट्रोल, गैस, और अन्य ऊर्जा संसाधनों के प्रयोग ने नई तकनीकी में उत्पादन दर को इतना अधिक बढ़ा दिया है कि केवल एक सौ वर्ष की अवधि में सभी प्राकृतिक संसाधन समाप्त होने का खतरा उत्पन्न हो गया है जबकि तकनीकी का उपयोग पर्यावरण विकास को ज्यान में रखकर किया जाना चाहिये था।

मानव जीवन जिन आधारभूत साधनों पर आधारित हैं और जिनसे उसकी भौतिक और सांस्कृतिक आवश्यकताओं की पूर्ति होती है वे सभी संसाधन कहलाते हैं, क्योंकि यह सभी प्रकृति से विरासत में मिले हैं और पर्यावरण की मुख्य घटक हैं, अत: इन्हें प्राकृतिक संसाधन (Natural Resources) कहते हैं।

प्राकृतिक संसाधनों के लिये निम्न परिभाषा दी गई है–

"Any part of our natural environment such as land, water, air, minerals, forests, range lands, wild-life, fish or even human population that man can utilize to promote his welfare may be regarded as a natural source."

(हमारे प्राकृतिक पर्यावरण का कोई भी अंग, जैसे भूमि, जल, वायु, खनिज, वन, चरागाह, वन्य जीव, मक्खी और यहां तक कि मनुष्य आबादी जिससे मनुष्य का कल्याण होता हो, प्राकृतिक संसाधन कहलाता है।)

Environment and Natural Resources Conservation P.R. Trivedi and K.N. Sudershan, p. 3.

राजीव सिन्हा ने अपनी पुस्तक Human Ecology में प्राकृतिक संसाधनों के लिये लिखा है–

Natural resources are those heavenly assets or divine gifts that have some utility. They are derived from the earth and the biosphere or atmosphere and exists independently of human activity.

(प्राकृतिक संसाधन वह ईश्वर प्रदत्त वस्तुएं हैं जिनसे कोई न कोई लाभ होता है। ये पृथ्वी, जीवमण्डल, वायुमण्डल से प्राप्त होती है और मानव क्रिया से स्वतन्त्र रूप से अस्तित्व में रहती हैं।)

सभी वैज्ञानिक उपलब्धियों का आधार भी मुख्यत: प्राकृतिक संसाधन ही होते हैं। ऐसे विश्व में उदाहरण हैं कि केवल वन सम्पदा अथवा पानी (नदी) के बाहुल्य ने देशों को प्रगति की चोटी पर पहुंचाया है। जापान के अपने भू-भाग के 70 प्रतिशत वन तथा कनाडा के अपनी भू-भाग के 47.3 प्रतिशत वन इन देशों की कहानी कहते हैं। दक्षिणी अमेरिका की अमेजन नदी (6,750 किमी लम्बी) और अफ्रीका की नील नदी (6,670 किमी लम्बी) ने इन देशों को और उसके किनारे-किनारे बसने वाले लोगों को कितना समृद्धशाली बनाया है, वह पूरे संसार से छिपा नहीं है। इन उदाहरणों ने लोगों को प्राकृतिक संसाधनों की संरक्षा और सुरक्षा (Conservation and Preservation) तथा उनके उचित उपयोग की बात को ठीक ठहराया है। जो देश इन संसाधनों की अवहेलना करते रहे और उनके दुरुपयोग के भागी रहे, वह आज पछता रहे हैं। इथोपिया, मध्य पूर्व के अनेक देश, फिलीपाइन्स आदि देश इस श्रेणी में हैं। यह बताने की आवश्यकता नहीं कि केवल एक प्रचुर मात्रा में साधन 'तेल' के आधार पर ईरान, इराक पूरे विश्व में अपना दबदबा बनाये हुए है। निश्चित ही प्राकृतिक संसाधन मनुष्य के भविष्य की जन्म-पत्री निर्णायक है, जिनकी संरक्षा-सुरक्षा, उपयोग और प्रबन्ध उचित रूप से किया जाना आवश्यक है।

प्रश्न 1. संसाधन की संकल्पना पर एक निबन्ध लिखिये।

Write an essay on Resource conce.

उत्तर–संसाधन भूगोल के मौलिक स्वरूप का ज्ञान इसकी आधारभूत संकल्पनाओं द्वारा सम्भव है, ये संकल्पनायें संसाधन भूगोल की केन्द्रीय समस्याओं एवं लक्ष्यों का प्रतिनिधित्व करती हैं। इन्हीं के द्वारा विषय को व्यापकता और सजीवता प्राप्त होती है। संसाधन की निम्नलिखित संकल्पनायें हैं–

• **1. संसाधन भूदृश्य की संकल्पना**–पृथ्वी तल पर मानव द्वारा संसाधन उत्पादन और उनके उपयोग से सम्बन्धित भौतिक व सांस्कृतिक तत्वों का जो मिला जुला स्वरूप निर्मित होता है वही संसाधन-भूदृश्य कहलाता है। संसाधन भूदृश्य में विशिष्ट क्षेत्र की संसाधन उपलब्धता और उनके उपयोग विधि सम्बन्धी विशेषताओं की अभिव्यक्ति होती है। संसाधन भूदृश्य कोई काल्पनिक वस्तु नहीं है। यह विभिन्न प्रदेशों के संसाधन उपयोग का भौतिक स्वरूप प्रदर्शित करता है। भूमि-मिट्टी और

जल संसाधनों के उपयोग से कृषि क्षेत्रों में उत्पादन से सम्बन्धित विभिन्न पदार्थों, तत्वों, उपकरणों आदि का जो स्वरूप बनता है उसे कृषि से सम्बन्धित संसाधन भूदृश्य कहा जाता है। इसी प्रकार उद्योग, खनिज एवं शक्ति पदार्थों से जो सम्बन्धित भूदृश्य का निर्माण होता है वह औद्योगिक भूदृश्य कहलाता है।

2. संसाधन गत्यात्मक हैं, स्थिर नहीं–संसाधन गत्यात्मक होते हैं, स्थिर नहीं। क्योंकि मानव की बढ़ती हुई मांग और आवश्यकतायें सीमित नहीं होतीं। ज्ञान विज्ञान ने निरन्तर एक के बाद एक तत्व एवं पदार्थों को परिवर्तित कर उसे मानव उपयोगी बनाया है। वर्तमान में मानव ने अपनी तकनीकी के विकास से संसाधनों को कार्यात्मक क्षमता में वृद्धि की है। 5.0 वर्ष पूर्व जितने कोयले से मानव ऊर्जा प्राप्त करता था वर्तमान समय में उतने कोयले से कई गुणा अधिक ऊर्जा प्राप्त करता है। चित्र 5.1 के माध्यम से स्पष्ट किया गया है कि यद्यपि वजन और आयतन (Volume) में उपयोग तथा दुरुपयोग द्वारा संचित संसाधन का ह्रास हो रहा है, परन्तु प्राविधिक ज्ञान की प्रगति के साथ उसकी प्रति इकाई और कुल उपयोग क्षमता में कई गुणा वृद्धि भी होती जा रही है। इस प्रकार हम देखते हैं कि "संसाधन मानवीय ज्ञान और प्रवीर्णता में वृद्धि के साथ बढ़ते हैं तथा मानवीय दोषों एवं गलतियों के परिणाम स्वरूप संकुचित भी होते हैं।"

3. संसाधन सकारात्मक ही नहीं प्रतिरोधों एवं तटस्थ तत्वों के साथ भी मिलते हैं–जहां पदार्थों के परिवर्तन एवं विस्तार के सकारात्मक प्रभाव से संसाधनों का निर्माण होता है वहीं साथ में प्रतिरोध भी रहते हैं जिम्मरमैन का मत है कि संसाधन और प्रतिरोध समान्तर रूप से साथ-साथ कार्य करते हैं। मानवीय आवश्यकता सन्तुष्टिकरण संसाधनों एवं प्रतिरोधों दोनों का परिणाम है, केवल संसाधनों का ही नहीं। मानव जो संस्कृति का एक महान निर्माता है, विनाश भी करता है। प्रकृति हमें कुछ वस्तु ऐसी देती है जो संसाधन के रूप में कार्य कर सकें जैसे कृषि उपजों के लिये भूमि, जल, एवं उद्योगों के लिये ऊर्जा, खनिज तेल एवं कोयला तथा खनिज पदार्थ आदि। इसी के साथ-साथ प्रकृति ने कुछ हानिकारक पदार्थ भी साथ में दिये हैं जैसे बंजर भूमि, बाढ़, तूफान, बीमारियां आदि, ये सभी मानव को हानि पहुंचाते हैं, इसलिये इन्हें प्रतिरोध कहा जाता है।

प्रकृति में कुछ ऐसे भी पदार्थ हैं, जो मानव को पक्ष अथवा विपक्ष में प्रभावित नहीं करते ऐसी वस्तुओं को तटस्थ तत्व (Neutral Stuff) कहा जाता है। उदाहरण के लिये आदि मानव के लिये कोयले का कोई महत्व नहीं था परन्तु ज्ञान में वृद्धि के साथ-साथ मानव ने उसे प्राप्त करने में अनेक कठिनाइयों पर विजय प्राप्त कर उसे शक्ति के रूप में प्रयोग किया। अत: जब तक हमारे ज्ञान से कोई वस्तु देशकाल

के लिये उपयोगी नहीं तब तक वह वस्तु तटस्थ है जैसे आदिम काल के मानव के लिये कोयले का कोई महत्व नहीं था। वर्तमान समय में भूगर्भ ज्वारभाटा तथा समुद्री तरंगों में अपार सम्भावित ऊर्जा के होते हुये भी उसको ऊर्जा के रूप में प्रयुक्त करने के प्रविधि विकसित नहीं हुई और वे आज हमारे लिये तटस्थ तत्व हैं संसाधन नहीं। अत: एक विकसित समाज अधिक संसाधन, कम प्रतिरोध और न्यूनतम तटस्थ तत्व रखता है परन्तु अविकसित समाज इसके विपरीत कम संसाधन, अधिक प्रतिरोध और अधिकतम तटस्थ तत्व रखता है।

4. संसाधन की संक्रियात्मकता–संसाधन की कार्यात्मक विशेषता सबसे अधिक महत्त्वपूर्ण है। वास्तव में संसाधन का अस्तित्व पूर्णत: मानव पर तथा मानव का अस्तित्व संसाधन पर निर्भर है। इस पृथ्वी पर अनेक तटस्थ प्राकृतिक तत्वों का भण्डार निहित है। परन्तु उन सभी को संसाधन की संज्ञा नहीं दी जा सकती है। जिम्मेरमैन ने संसाधन का अर्थ स्पष्ट करते हुए तीन प्रमुख तत्वों को महत्वपूर्ण माना है।

(*i*) वह जिस पर मनुष्य सहायता, अनुदान या आश्रय के लिये निर्भर हो।

(*ii*) वह जिससे मनुष्य की इच्छा की पूर्ति हो।

(*iii*) मानव की अवसर का लाभ उठाने या कठिनाइयों का सामने करने की शारीरिक एवं बौद्धिक क्षमता।

वास्तव में, मानव और पदार्थ के बीच कुछ कार्य सम्पन्न होने के पश्चात् ही वस्तुयें बनती हैं। उदाहरण स्वरूप, जब तक कोयला मानव के लिये अज्ञात वस्तु या उसमें वह सभी गुण थे पर वह क्रियात्मक नहीं था। परन्तु जब मानव कोयले के प्रयोग से परिचित हुआ तब से कोयला एक महत्वपूर्ण संसाधन माना जाने लगा। अत: संसाधन किसी वस्तु की वह कार्यात्मक क्षमता है जिसमें मनुष्य की आवश्यकताओं की सन्तुष्टि होती है।

5. मानवीय संसाधनों में ज्ञान सबसे बड़ा संसाधन है–जैसे-जैसे मानवीय ज्ञान एवं कलाओं में वृद्धि होती गयी है, नये-नये संसाधनों का आविष्कार होता गया है। वास्तव में, मानव द्वारा संसाधनों का निर्माण उसके अत्यन्त कष्टप्रद अनुभवों से भरा है। आधुनिक विज्ञान के अनगिनत चमत्कार किसी से छिपे नहीं हैं। इसके परिणाम स्वरूप ही अनेकों संसाधनों का निर्माण सम्भव हुआ है। अत: स्पष्ट है कि मानवीय ज्ञान में वृद्धि के साथ ही संसाधनों के निर्माण में वृद्धि हुई है।

हैमिल्टन का कथन है कि मानव तकनीकी ही वस्तु को मूल्यवान बनाती है। जैसे-जैसे मानवीय कलाओं में वृद्धि होती है, नये-नये पदार्थ संसाधन के रूप में परिवर्तित कर दिये जाते हैं। अपने तकनीकी ज्ञान के बल पर मानव ने प्रतिरोध

व तटस्थ तत्वों पर विजय प्राप्त की है और उन्हें अपने लिये संसाधन के रूप में परिवर्तित किया है।

प्राकृतिक संसाधनों का वर्गीकरण (Classification of Natural Resources)–प्राकृतिक संसाधनों का वर्गीकरण विभिन्न आधारों पर अलग-अलग किया गया है, जिससे उनके बारे में और अधिक विस्तृत रूप से जाना जा सके, लेकिन इनमें से दो प्रमुख वर्गीकरणों को हम यहां दे रहे हैं–

प्रथम वर्गीकरण (First Classification)

1. जैविक (Biotic)–इनमें वे सभी संसाधन सम्मिलित हैं, जिनमें जीवन होता है, जैसे पेड़-पौधे, वनस्पति, पशु-पक्षी, जीवाश्म (Microbes), मछली तथा अन्य जलीय जीव।

2. अजैविक (Abiotic)–इस संसाधनों में मिट्टी, जल, वायु, ऊर्जा, प्रकाश और खनिज आते हैं। तेल, कोयला, नेचुरल गैस, पत्थर, जलवायु को भी अजैविक संसाधनों में शामिल किया जाता है।

प्राकृतिक संसाधन
(Natural Resources)

समाप्त न होने वाले
(In-exhaustible)
सौर, आण्विक, वायु, जल
प्रकाश, ताप, जलवायु,
चन्द्रमा का गुरुत्वाकर्षण

समाप्त होने वाले
(In-haustible)
वन, वन्य जीव, मिट्टी
पशु-पक्षी, जीव-जन्तु, मछली,
खनिज, तेल, कोयला, अन्य ईंधन

बचाये रख सकने वाले
(Maintainable)

पूर्णतः समाप्त होने वाले
(Non-maintainable)
तेल, कोयला, वन एवं वन्य
जीवों की अनेक प्रजातियां

पुनः जीवित होने वाले
(Renewable)
वन, जीव-जन्तु, पौधे

देरी से जीवित होने वाले
(Late-Renewable)
मिट्टी

पुनः जीवित नहीं होने वाले
(Non-Renewable)
खनिज, जीवाश्म, ईंधन

चित्र 5.2

द्वितीय वर्गीकरण (Second Classification)–इस प्रकार के वर्गीकरण में संसाधनों को उनकी–

(1) उपलब्धता (Availability),

(2) समाप्त होने वाले (Exhaustible),

(3) पुन: जीवित होने वाले (Renewable),

(4) पुन: जीवित नहीं होने वाले (Non-renewable) तथा

(5) देर से पुन: जीवित हो सकने वाले (Late-renewable)।

संसाधनों में विभाजन करने का प्रयास करते हैं। इस प्रकार के विभाजन में कोई संसाधन दो वर्गों में भी आ जाता है तथा पाठक अपनी बुद्धि से किसी संसाधनों को नये वर्ग में रख सकते हैं यह उनका विवेक है।

प्राकृतिक संसाधनों को सुलभ और समझने के लिये वर्गीकरण को निम्न वर्गीकरण आरेख (Schematic Representation) में दिया जा रहा है–

यह सभी संसाधन पूरे पृथ्वी पर असमान रूप से उपलब्ध हैं। इसके साथ ही इनका अत्यधिक उपयोग अथवा दुरुपयोग भी होता है, जिससे केवल कुछ विकसित देश ही इनसे भरपूर लाभ उठाते हैं।

प्राकृतिक संसाधनों का महत्त्व व आवश्यकता (Importance and Need of Natural Resources)

प्राकृतिक संसाधन प्रकृति से मिली वह सम्पदा है जिससे मनुष्य और जीव-जन्तुओं के कल्याण और सुखमय जीवन के लिये ही अलौकिक शक्ति (ईश्वर) से बनाया है और हमें उपलब्ध कराया है। अब यह हम पर निर्भर करता है कि हम इसका किस प्रकार उपयोग करें, क्योंकि यह जीवन को चलाने के लिये आवश्यक तंत्र के क्रियाशील अवयव हैं।

(अ) महत्त्व (Importance)

प्राकृतिक संसाधनों के सन्दर्भ में निम्न बातें ध्यान देने योग्य हैं–

1. पृथ्वी पर के संसाधनों का न तो हर जगह वितरण समान है और न ही उपयोग।
2. संसाधनों की मात्रा की उपलब्धता उसे प्राप्त करने की क्षमता, तरीका और तकनीकी योग्यता पर निर्भर है।
3. संसाधनों का मूल्य उसकी उपलब्धता और मांग पर निर्भर करता हैं।

4. संसाधनों की कमी से उसका मूल्य बढ़ जाता है या जब किसी संसाधन की बहुत मांग हो तो भी मूल्य में वृद्धि होती है।
5. संसाधनों की कमी के कारण उसकी उपलब्धता हेतु देश में अन्दर या देश-विदेशों में परस्पर अनेक विवाद हो जाते हैं।
6. संसाधनों के असमान उपयोग से भी विवादास्पद स्थिति होती है जैसे-अमेरिका कम आबादी पर भी भारत की अधिक आबादी के बावजूद अधिक संसाधनों के उपयोग करता है।
7. बढ़ती जनसंख्या के कारण संसाधनों के भण्डार में कमी आई है।
8. संसाधनों के अंधाधुन्ध उपयोग अथवा दुरुपयोग से भी इनकी मात्रा को प्रभावित किया है। स्थिति यहां तक है कि कुछ संसाधन प्राय: समाप्त हो रहे हैं। उनके समाप्त होने से पूर्व निश्चय ही हमें उनके विकल्प खोजने होंगे।
9. अनेक विकासशील व अविकसित देश अपने संसाधनों को कम मूल्य पर विकसित देशों को बेच देते हैं। देश की अन्य प्राथमिकताओं की पूर्ति के लिये उन्हें ऐसा करना उनकी मजबूरी है।
10. संसाधनों के प्राप्त करने में पर्यावरण विकृति की सम्भावनायें भी रहती हैं।

प्राकृतिक संसाधनों की आवश्यकता निम्न प्रकार है–

1. यह हमें भोजन, ईंधन और जीने के लिये आवश्यक वस्तुयें जैसे–जल, वायु, प्रकाश, ताप आदि उपलब्ध कराते हैं।
2. व्यापार के लिये कच्चे माल की उपलब्धि के लिये प्राकृतिक संसाधन एक अच्छे स्रोत हैं।
3. तैयार सामान की गुणवता में निखार लाने में इनका उपयोग होता है, जैसे–कारें, प्लास्टिक की वस्तुएं, रेफ्रीजरेटर्स, मनोरंजन के और दैनिक जीवन में काम में आने वाले सामान।
4. आवास स्थल, फर्नीचर, सजावट, कलात्मक वस्तुओं के निर्माण में इनका उपयोग होता है।
5. शक्ति (Energy) के व्यापक स्रोत हैं, जैसे सौर ऊर्जा, पवन ऊर्जा, जलीय ऊर्जा, लहर ऊर्जा आदि।
6. पारिस्थितिक तंत्र को स्थायित्व प्रदान करते हैं।

प्रश्न 2. संसाधन संरक्षण का क्या अर्थ है? संसाधन संरक्षण की समस्या एवं सिद्धान्तों का वर्णन कीजिये।

Write do you mean by Resource Conservation? Discuss the problems and principles of resource conservation.

उत्तर–संरक्षण का अर्थ–संरक्षण शब्द अंग्रेजी के कंजर्वेशन (Conservation) शब्द का हिन्दी रूपान्तर है। यह साधारण शब्द भूगोल के पारिभाषिक शब्द के रूप में कुछ जटिल हो गया है विभिन्न कारणों से विद्वानों ने इसे अलग अर्थों में प्रयुक्त किया है। संरक्षण का अर्थ देश काल के अनुसार भी बदलता रहा है इसी कारण इसकी परिभाषा अत्यन्त कठिन है। सामान्यत: संरक्षण के विषय में दो दृष्टिकोण प्रचलित हैं, प्रथम प्राकृतिक विज्ञान का एवं द्वितीय सामाजिक विज्ञान का। इसमें पहला समाप्यनीयता और दूसरा प्राकृतिक क्षति पर बल देता है।

भूगोल विषय के सन्दर्भ में संसाधन संरक्षण से तात्पर्य विभिन्न संसाधनों का अधिकाधिक मनुष्यों द्वारा अनुकूल आवश्यकताओं की पूर्ति के लिये समुचित उपभोग है। इस सम्बन्ध में कुछ प्रमुख विद्वानों की परिभाषा इस प्रकार है–

1. **गिफर्ड पिंकाट**–"संसाधन संरक्षण आन्दोलन का प्रमुख प्रतिष्ठापक माना जाता है। इन्होंने संसाधन संरक्षण के सम्बन्धों में कहा है कि "संरक्षण में प्राकृतिक संसाधनों का विकास एवं सुरक्षा दोनों निहित हैं।"

2. **डॉ॰ मैकनाल के अनुसार**–"अच्छे संरक्षण का अर्थ किसी संसाधन का ऐसा उपयोग है, जिससे मनुष्य जाति की आवश्यकताओं की पूर्ति सर्वोत्तम रीति से हो सके। किसी संसाधन का सर्वोत्तम उपयोग उस समय होता है, जब वर्तमान एवं भविष्य की सम्भावित आवश्यकताओं में सन्तुलन रखा जाता है।"

उपयुक्त परिभाषाओं द्वारा संरक्षण की तीन प्रमुख विशेषतायें हैं–

(*i*) संरक्षण बचत प्रक्रिया है।

(*ii*) यह बर्बादी पर अंकुश लगाता है।

(*iii*) यह विवेकपूर्ण उपयोग को दर्शाता है।

3. **एल॰सी॰ ग्रे के अनुसार**–"संरक्षण से तात्पर्य वर्तमान एवं भविष्य के मध्य किसी संसाधन को उपयोग में लाने का संघर्ष है।"

4. **वैन हिज के अनुसार**–"संरक्षण विभिन्न संसाधनों का अधिकाधिक समय तक अधिकाधिक मनुष्यों द्वारा अनुकूल आवश्यकताओं की पूर्ति के लिये समुचित उपयोग है।"

5. **एली के अनुसार**–"संरक्षण व्रर्तमान पीढ़ी का भावी पीढ़ी के लिये त्याग है।"

संसाधन संरक्षण के प्रकार (Types of Resource-Conseration)

संसाधन संरक्षण के चार मुख्य प्रकार हैं–

(अ) निवास्थ संरक्षण–इसके अन्तर्गत वातावरण में मानव द्वारा किये जाने हस्तक्षेप सम्मिलित हैं जैसे पारिस्थितिकी संरक्षण।

(ब) सृजनात्मक संरक्षण–सृजनात्मक संरक्षण के अन्तर्गत उन भूदृश्यों का संरक्षण एवं उपयोग सम्मिलित है जो मनुष्य निर्मित है जैसे–आवागमन के मार्ग, बांध एवं वन्य विहार आदि।

(स) प्रकृति संरक्षण–इसके अन्तर्गत विभिन्न प्राकृतिक पदार्थो एवं उन जैव प्रजातियों का संरक्षण सम्मिलित है जो मनुष्य निर्मित है जैसे–आवागमन के मार्ग, बांध एवं वन्य विहार आदि।

(द) प्राकृतिक संरक्षण–इसके अन्तर्गत विभिन्न प्राकृतिक पदार्थों एवं उन जैव प्रजातियों का संरक्षणसम्मिलित है जिनके अस्तित्व को गम्भीर खतरा उत्पन्न हो गया है–जैसे दुर्लभ जड़ी-बूटियों वाले पौधों का संरक्षण, जंगली जीव-जन्तुओं का संरक्षण आदि।

(य) भूमि उपयोग संरक्षण–विभिन्न प्रकार के प्रतिस्पर्धा वाले भूमि उपयोगों का संरक्षण इसमें सम्मिलित है।

संसाधन संरक्षण की समस्या (Problem of Resource Conservation)

संसाधन संरक्षण एक जटिल समस्या है। हवाई टेकर महोदय ने इस जटिल समस्या के तीन कारण बताये हैं–

(*i*) जनसंख्या विस्फोट

(*ii*) प्राविधिक एवं औद्योगिक क्रान्ति

(*iii*) भौतिकवादी जीवन दर्शन एवं जीवन स्तर।

वर्तमान युग में तेजी से बढ़ती हुई जनसंख्या की आवश्यकताओं की पूर्ति में संसाधनों का अधिकाधिक शोषण हुआ है। आज के मानव में भौतिकवादी जीवनदर्शन में भावी पीढ़ी के लिये त्याग भावना का लोप रहा है। वह अधिकाधिक वस्तुओं का उपभोग करना चाहता है। हवा और जल को वह प्रकृति का अक्षय भण्डार मानकर उन्हें उपयोग भी कर रहा है और दूषित भी। नदियों, झीलों, व सागरों के स्वच्छ जल में शहरों का गन्दा सीवर विसर्जित कर रहा है। ऊँची-ऊँची चिमनियों द्वारा वायुमण्डल में जहरीला धुँआ छोड़ रहा है। उसने प्रकृति की समरसता को भंग कर दिया है। आज ओजोन परत तक खतरे में पड़ चुकी है। इस स्थिति में

मानव द्वारा निर्मित संसाधन बहुत कम समय तक उपलब्ध हो सकेंगे। इसका आंकलन करना अत्यन्त आवश्ययक हो गया है। वास्तव में 20वीं शताब्दी का आर्थिक भौतिक मानव संसाधनों का सबसे बड़ा विनाशक रहा है। अत: उनका संरक्षण आवश्यक है।

संसाधन संरक्षण के सिद्धान्त या उपाय (Measures of Resource Conservation)

वर्तमान समय में संसाधन संरक्षण एक विशिष्ट विज्ञान का रूप ग्रहण करता जा रहा है। फिर भी सभी संसाधनों के संरक्षण के लिये कोई निश्चित प्रणाली या नियम नहीं है, परन्तु कुछ विद्वानों ने ऐसे उपाय अथवा सिद्धान्त अवश्य प्रतिपादित किये हैं जो सभी देशों एवं संसाधनों पर लागू हो सकते हैं। इस प्रकार संसाधन संरक्षण के कुछ सर्वमान्य सिद्धान्त इस प्रकार हैं–

1. **विवेकपूर्ण उपयोग**–कोई भी प्राकृतिक उत्पादन तभी संसाधन बनता है जब मनुष्य के लिये वह लाभकारी सिद्ध होता है। मानव को चाहिये कि वह उस संसाधन का उपयोग अपने लाभ के लिये विवेकपूर्ण तरीके से करे। मनुष्य को चाहिये कि वह व्यक्ति स्वार्थ को त्यागकर संसाधनों को नष्ट करने, उसे छिपाकर कृत्रिम अभाव पैदा करने जैसे स्थितियों से बचे।

2. **बर्बादी पर प्रतिबन्ध**–संसाधनों के उत्पादन और उपभोग दोनों ही स्तरों पर होने वाली बार्बदी को रोकना चाहिये। खानों से खनिजों का पूर्णरूप से न निकाला जाना, खनिजों को विलग करने और उनके परिशोधन में बहुत से खनिज और अन्य उत्पादक नष्ट होना उत्पादन स्तर पर बार्बदी के उदाहरण हैं। इसी प्रकार उपभोग स्तर पर जल की बर्बादी, बिजली की बर्बादी, एवं ऊर्जा की बर्बादी महत्वपूर्ण उदाहरण हैं।

3. **विकल्पों की खोज**–किसी विशेष संसाधन के स्थान पर दूसरे सहज उपलब्ध संसाधन का प्रयोग ही विकल्पों की खोज है। ताप विद्युत के स्थान पर जल विद्युत के विकास से कोयले की बचत की जा सकती है। इसी प्रकार लोहे की बनी वस्तु के स्थान पर प्लास्टिक की वस्तुओं का प्रयोग आदि उदाहरण विकल्पों की खोज को सार्थक करता है।

4. **उत्पादन विकास**–अधिकांश संसाधन विकासशील हैं, संसाधनों का उत्पादन बढ़ाने के लिये, नये स्थानों की खोज, नई प्रविधियों और तकनीक का प्रयोग आदि द्वारा उत्पादन विकास कर संसाधनों को संरक्षण प्रदान कर सकते हैं।

5. **स्वामित्व का नियन्त्रण**–जब प्राकृतिक संसाधनों के शोषण का अधिकार व्यक्तिगत हाथों में होता है तो उसका परिणाम यह होता है कि वह व्यक्ति जिसका

संसाधनों पर अधिकार है, अपने व्यापक हितों को ध्यान में रखते हुये व्यक्तिगत स्वाार्थों की पूर्ति हेतु संसाधनों का दुरुपयोग करता है। अतः आवश्यक है कि व्यक्तिगत नियन्त्रण समाप्त कर साधनों का स्वामित्व सरकार अपने हाथ में ले जैसाकि कुछ देशों ने किया भी है।

6. प्रशिक्षण–प्रत्येक संसाधन का उत्पादन एवं उपयोग मुख्य रूप से नागरिकों से सम्बन्धित होता है। यदि किसी देश के नागरिक संसाधनों को सुरक्षा या संरक्षण के प्रति अपने दायित्व को नहीं समझते हैं तो, निश्चित वहां संसाधनों की बर्बादी होगी। यह समस्या केवल सरकार के कानून बनाने से भी हल नहीं हो सकती है। इसके लिये नागरिकों का जागरूक और प्रशिक्षित होना आवश्यक है। वही संसाधनों का विवेकपूर्ण उपयोग कर इनका संरक्षण करने में मद्दगार साबित हो सकते हैं।

संसाधन पर्याप्तता का सिद्धान्त (Principle of Resource Adequacy)

किसी देश काल, या प्रदेश में संसाधन पर्याप्त मात्रा में उपलब्ध हैं अथवा नहीं यह उस देश, काल या प्रदेश की जनसंख्या के लिये संसाधनों की मांग एवं उसके जीवन स्तर, उत्पादन स्तर तथा कुल उत्पादन आदि तथ्यों पर विचार करने पर स्पष्ट होगा। किसी प्रदेश या क्षेत्र में संसाधनों का लाभ उस क्षेत्र में प्राप्त संसाधनों की अपर्याप्त मात्रा को तकनीकी विधि से विदोहन कर एवं उपयोग के गुणों में विकास कर प्राप्त किया जा सकता हैं जनसंख्या और उसका जीवन स्तर संसाधनों की कुल मांग को प्रभावित करता है। किसी भी निश्चित स्तर पर उसकी मांग पूरी हो सकती है अथवा नहीं यह तथ्य मानवीय ज्ञान, तकनीकी स्तर तथा वहां उपलब्ध प्राकृतिक संसाधनों पर निर्भर करता है। मानव अपनी प्रकृति के अनुसार किसी भी प्रकार एकत्र किये गये संसाधन को प्राप्त करके ही नहीं रह जाता है बल्कि वह अपनी सीमित संसाधनों का वैज्ञानिक ढंग से उपयोग भी करता है। वह उनकी उत्पादन शक्ति बढ़ाता है तथा साथ ही प्राकृतिक संसाधनों की अल्पता को कम करने के लिये अपनी संख्या भी कम करने का प्रयास करता है। अतः प्राकृतिक संसाधनों और जनसंख्या के मध्य सम्बन्ध अत्यन्त गतिशील होते हैं और सक्रिय मानवीय क्रियाओं के कारण उनका पारस्परिक सम्बन्ध अत्यन्त परिवर्तनशील बने रहते हैं।

एकरमैन ने किसी क्षेत्र की जनसंख्या और संसाधनों के अन्तर्सम्बन्धों को एक समीकरण द्वारा स्पष्ट किया है। इस समीकरण को निम्नलिखित रूप में रखा जाता है।

जन॰ जी॰ स॰ गुण (प्रा॰, प्र॰ स्था॰) + आ॰ + व्या॰ – उपवि॰।

यहाँ जन॰ जनसंख्या; जी॰ जीवन स्तर; सं॰ कल संसाधन आधार; गुण॰ संसाधनों की प्राकृतिक भौतिक विशेषतायें एवं गुण; प्रा॰ प्राविधिकी; प्र॰ प्रशासनिक तकनीक

आदि; स्था॰ संसाधनों की स्थिरता या स्थायित्व गुणक; आ॰ आर्थिक उत्पादनों के तत्व; व्या॰ व्यापार संस्था सामाजिक आर्थिक राजनैतिक संस्थायें उपवि॰ संसाधनों की उपयोग विधि।

एकरमैन ने उपर्युक्त समीकरण के माध्यम से अनेक सहचरों को कुछ सीमित चरों में इकट्ठा करके दो मुख्य भागों में रखा है–

(*i*) संसाधनों का उपयोग

(*ii*) संसाधनों का उत्पादन।

इसमें मांग के अन्तर्गत जनसंख्या तथा जीवन स्तर और उत्पादन के कुल संसाधन आधार तथा जीवन स्तर को छोड़कर अन्य सांस्कृतिक विशेषताओं को सम्मिलित किया गया है।

6

जैविक विविधता
(Biodiversity)

प्रस्तावना (Introduction)

एक समय था, जबकि पृथ्वी पर की कृषि व्यवस्था तथा उस पर उत्पादित होने वाले खाद्य पदार्थों की मात्रा अथाह थी। लेकिन आज उस स्थिति में परिवर्तन आ गया है और अब वह केवल पर्याप्त (Enough) की श्रेणी में आ गयी है। संतोष यही है कि यह सामग्री पुन: प्राप्त की जा सकती है। अत: यदि बहुत बुद्धिमता से उत्पादन का प्रबन्धन हो तो पूरे विश्व में रहने वाले प्राणी वर्ग को उसके खाने-पीने और अन्य पदार्थों की पूर्ति की जा सकेगी। पर इसके लिये प्राकृतिक विविधता (Nature's Diversity) का उपयोग करना होगा, जिसे आज हम जैविक विविधता (Biodiversity) के नाम से नामित करते हैं।

प्रारम्भ में विश्व में खाद्यान्न की कमी को पूरा करने के उद्देश्य से 'हरित क्रान्ति' (Green Revolution) की कल्पना की थी, जिसे 1968 में संयुक्त राज्य के कृषि विभाग (United States Department of Agriculture) के निदेशक विलियम गैड (William Gaad) ने नाम दिया था। उन्होंने पाया कि अन्न की विशेष जाति से ही भारत और पाकिस्तान में गेहूं तथा फिॅलीपाइन्स में चावल का अधिक उत्पादन हुआ है। बाद में भारत में पांच मुख्य खाद्यान्न गेहूं (Wheat), चावल (Rice), मक्का (Maize), बाजरा (Pearlmillet) और ज्वार (Sorghum) पर शोध कर अधिक उत्पादन वाली किस्म तैयार की। वस्तुत: यही कृषि क्षेत्र में विविधता (Diversity in Agriculture Field) कहलाई।

पर शनै:-शनै: यह जाना जाने लगा कि यह विविधता सभी सजीव पदार्थों व वस्तुओं (Biotic Substances) में है, और प्रगति के लिये इसका उपयसोग सम्भव है, तभी से जैविक विविधता (Biological Diversity or Biodiversity) की उप-योगिता को प्रयोग में लाया जाने लगा।

आज जैविक विविधिता (Biodiversity) को निम्नांकित तीन स्तरों पर देखा जाता है--

1. प्रथम पारिस्थितिक तंत्र के स्तर पर–जैसे (अ) पहाड़ी पारिस्थितिकी तंत्र, (ब) मैदानी पारिस्थितिकी तंत्र, (स) रेगिस्तानी पारिस्थितिकी तंत्र, (द) तटीय पारिस्थितिकी तंत्र आदि।

2. द्वितीय प्रजातियों के स्तर पर–विशेषज्ञों ने विश्व में विभिन्न स्तर पर प्रजातियों का अंकन 15 लाख से 800 लाख तक किया है। सभी ने इन प्रजातियों की संख्या निर्धारण में अपने-अपने तर्क दिये हैं, पर यह निश्चय ही अनुमान लगाया जा सकता है कि यह संख्या काफी अधिक है।

3. तृतीय-प्रजातियों के अन्तर्निहित सतर पर–हर प्रजाति के अन्दर ही असंख्य प्रकार की विविधता और विभिन्नता सम्भव है। उदाहरण के लिये फिलीपाइन्स के Rice Research Institute में 90,000 चावल के दानों का संरक्षण किया गया है, जो अलग-अलग प्रकार का उत्पादन देते हैं।

इस तरह अब जैविक विविधता में सभी (1) प्राणी मात्र, (2) वनस्पति व पौधे, (3) बैक्टीरिया व सूक्ष्म जीव, (4) समस्त प्रजातियां तथा (5) सभी पारिस्थितिक तंत्र सम्मिलित हैं। इन सबके अन्तर्मिलन या अन्तक्रिया से पृथ्वी की समस्त आवश्यकताओं की पूर्ति होती है।

जैव विविधता (Biodiversity) की एक परिभाषा निम्न प्रकार दी गई है –

"Biodiversity is a term referring to the variations found among populations (genepools), species, communities and ecosystems."

(जैविक विविधता से आशय उस परिवर्तन से है जो आबादी, प्रजातियां, समुदाय और पारिस्थितिक तंत्र में मिलता है।)

आबादी (Population)–एक स्थान पर एक ही प्रजाति के लोगों का समूह।

प्रजाति (Species)–भिन्न-भिन्न प्रकार के प्राणी वर्ग अथवा वनस्पतियां।

समुदाय (Community)–एक स्थान पर कई प्रकार की आबादियों का समूह।

पारिस्थितिक तंत्र (Eco-system)–पूरे समुदाय तथा निर्जीव वस्तुओं के साथ एक कार्यरत तंत्र।

जैविक विविधता और उसका कार्यक्षेत्र
(Biodiversity and Its Scope)

जैविक विविधता के विषय में एक संक्षिप्त विवरण प्रस्तावना में प्रस्तुत किया गया है और साथ ही इसकी एक अधिकृत परिभाषा भी दी गई है। इससे यह तो स्पष्ट

है कि–"Biodiversity is a collective term that encompasses the variety of all living organisms—plants, animals and micro-organisms on earth. It includes diversity within species, between species and of ecosystems."

—Connect : Vol. XXI, No. 1, March, 1996

(जैविक विविधता एक समूहवाची शब्द है जिसमें पृथ्वी के सभी प्रकार के सजीव प्राणी, पौधे-प्राणी (पशु)-सूक्ष्म जीव जन्तु, समाहित हैं। वस्तुत: इसमें प्रजातियों के अन्दर, प्रजातियों के बीच तथा परितंत्र की विविधताएं सम्मिलित हैं।)

अत: जब भी हम जैविक विविधता की बात करते हैं तब हम पूरे पृथ्वी के परितंत्रों (स्थलीय जलीय और वायुमण्डलीय) के अन्दर के समस्त सजीव और निर्जीव वस्तुओं के पारस्परिक व्यवहार की बात करते हैं। इस विविधता ने ही जीने के लिये यथेष्ट भोजन-पानी-वायु-कपड़ा-मकान की प्रचुरता उपलब्ध कराई है तथा अनेक प्रकार की सांस्कृतिक विविधता को भी जन्म दिया है। कुछ विशेषज्ञ तो यहां तक कहते हैं कि यदि जैविक विविधता को आज के वर्तमान रूप में नहीं देखा जाता तो शनै:-शनै: परमपराऐं, रीति-रिवाज और अनेक प्रकार की पारम्परिक गतिविधियां ही समाप्त हो जाती, और इस पृथ्वी के समस्त प्राणी वर्ग अत्यन्त कठिन स्थिति को भुगतते हुये न अपने लिये कुछ जुटा पाते और न आने वाली पीढ़ियों के लिये कुछ छोड़ते।

जैविक विविधता के विशिष्ट योगदान को यहां बिन्दुवार समेकित किया गया है (यद्यपि इनका विस्तृत विवरण आगे इसी अध्याय में और भी दिया गया है)–

1. भोजन, पानी, औषधियों तथा उद्योगों के लिये कच्चा सामान,
2. पानी की स्वच्छता,
3. मिट्टी की पुन: संरचना तथा उसके उपजाऊपन का नियंत्रण और रखाव,
4. जलीय क्षेत्रों की सुरक्षा,
5. अधिक ताप का नियंत्रण,
6. वायुमण्डल का रख-रखाव आदि।

इनसे हम यह निष्कर्ष तो निकाल ही सकते हैं कि जैविक विविधता हमारे जीवन के हर क्षेत्र में नितान्त उपयोगी है।

जैविक विविधता की विश्वस्तर पर महत्ता को स्वीकारते हुये संयुक्त राष्ट्र ने एक विशेष सत्र का 1992 में आयोजन रीओ-डी-जैनीरो ने किया था। उसमें सभी आवश्यक विषय-वस्तु का विश्लेषण कर एक प्रतिवेदन के रूप में प्रसारित किया गया। यह प्रतिवेदन विशेषत:

(1) जैविक विविधता क्यों?

(2) जैविक विविधता की योजना और क्रियान्विति,

(3) जैविक विविधता की उपयोगिता,

(4) जैविक विविधता के क्रियान्वयन में सहयोग और भागीदारी, तथा

(5) विशिष्ट शब्दावली के स्पष्टीकरण को सार्वभौमिक उपयोग हेतु प्रस्तुत किया गया है। यह भी अपेक्षा की गई है कि सभी देश अपने-अपने स्तर पर जैविक विविधता की योजना तैयार कर उसका सफल क्रियान्वयन करें।

संयुक्त राष्ट्र द्वारा आयोजित सम्मेलन में जैविक विविधता का विश्लेषण: 5 जून, 1992, रीओ डी जैनीरो, ब्राजील

(Analysis of Biodiversity in United Nations Convention : 5th June, 1992 : Rio de Janeiro-Brazil)

इस अन्तर्राष्ट्रीय स्तर के सम्मेलन में जैविक विविधता का अन्तिम ड्राफ्ट तैयार किया गया जिसे वहां उपस्थित 100 राष्ट्रों के प्रतिनिधियों ने अनुमोदित किया। इसमें मूल दस्तावेज में 42 अनुचछेद थे तथा 2 परिशिष्ट I व II अन्त में जोड़े गये थे। उसके कुछ आवश्यक अंश यहां दिये जा रहे हैं–

(*a*) 'Conscious of the intrinsic value of biological diversity and of the ecological, genetic, social, economic, scientific, educational cultural, recreational and aesthetic values of biological diversity and its components.'

(जैविक विविधता के मूलभूत मूल्यों तथा जैविक विविधता के पारिस्थितिक, आनुवंशिक, सामाजिक, आर्थिक, वैज्ञानिक, शैक्षिक, सांस्कृतिक, मनोरंजनात्मक, सौन्दर्यपूरक तत्वों और उसके कारकों से अवगत होना।)

(*b*) 'Conscious also of the importance of biological diversity for evolution and for maintaining life sustaining systems of the biosphere.'

(विकास और जीवमण्डल के जीवन चक्र को बनाये रखने के लिये भी जैविक विविधता के महत्त्व को जानना।)

(*c*) 'Affirming that the conservation of biological diversity is a common concern of human kind.'

(स्वीकार करना कि जैविक विविधता का संरक्षण मानव कल्याण से सीधा सम्बन्धित है।)

(*d*) 'Reaffirming that states have sovereign rights over their own biological resources.'

(पुन: स्वीकार करना कि देशों को अपने जैविक संसाधनों पर पूरा अधिकार है।)

(*e*) 'Reaffirming also that states are responsible for conserving their biological diversity and for using their biological resources in a sustainable. manner.'

(पुन: स्वीकार करना कि देश अपनी जैविक विविधता का संरक्षण करने तथा अपने जैविक संसाधनों को बनाये रखने के प्रकार से उपयोग लाने के लिये उत्तरदायी है।)

(*f*) 'Concerned that biological divesity is being significantly reduced by certain human activities.'

(चिन्तित होना कि जैविक विविधता मनुष्यों के किन्हीं कार्यकलापों से महत्त्वपूर्ण ढंग से कम होती है।)

(*g*) 'Aware of the general lack of information and knowledge regarding biological diversity and for the urgent need to develop scientific, technical and institutional capacities to provide the basic understanding upon which to plan and implement appropriate measures.'

(जानना कि जैविक विविधता के सन्दर्भ में ज्ञान और सूचना तथा वैज्ञानिकी, तकनीकी और संस्थागत क्षमताओं, जिस पर योजनाएं और क्रियान्वित आधारित हैं, के विकास की महती आवश्यकता की मूलभूत समझ का सामान्य अभाव है।)

(*h*) 'Nothing that it is vital to anticipate, prevent and attack the cause of significant reduction or loss of biological diversity at source.'

(ध्यान में लाना कि स्रोत की जैविक विविधता के महत्त्वूपर्ण रूप से कम होने अथवा लुप्त होने के कारणों पर पूर्वानुमान रोकने तथा कारगर उपायों का किया जाना आवश्यक है।)

(*i*) 'Nothing also that where there is a threat of siginificant reduction or loss of biological diversity, lack of full scientific certainty should not be used as a reason for postponding measures to avoid or minimize such a threat.'

(यह भी ध्यान में लाना कि जब कभी जैविक विविधता के महत्त्वपूर्ण ढंग से कम होने अथवा लुप्त होने का भय हो तब उस भय को कम करने अथवा उससे बचने के लिये किये जाने वाले उपायों को किसी वैज्ञानिक सत्यता के अभाव के कारण समझना चाहिये।)

(*j*) 'Nothing further that the fundamental requirement for the conservation of biological diversity is the in situ conservation of ecosystems and natural habitats and the maintenance and errecovery of viable populations of species in their natural surroundings.'

(यह भी ध्यान में रखना कि जैविक विविधता के संरक्षण के लिये सामान्य आवास स्थल के परितंत्र का संरक्षण तथा वहां की प्रजातियों की आबादी का रख-रखाव एक मौलिक आवश्यकता है।)

(*k*) 'Nothing further that ex-situ measures preferably in the country of origin, also have an important role to play.'

(यह भी ध्यान में रखना की सामान्य आवास स्थल के बाहरी तंत्र, विशेषत: जहां से प्रजाति सम्बन्धित है, की भी बहुत महत्त्वपूर्ण भूमिका रहती है।)

(*l*) 'Recognizing the close and traditional dependence of many indigenous and local communities embodying traditional lifestyles on biological resources, and the desirably or sharing equitably benefits arising from the use of traditional knowledge, innovations and practices relevant to the conservaiton of biological diversity and the sustainable use of its components.'

(जानना कि जैविक विविधता और उसके घटकों के बनाये रखने के उपयोग के संरक्षण का देशी तथा स्थानीय समुदायों को जैविक संसाधनों के प्रति पारम्परिक निर्भरता और पारम्परिक ज्ञान, नवाचार और कार्यपद्धति के उपयोग से न्याय संगत लाभ अपेक्षित है।)

(*m*) 'Recognizing also the vital role that women play in the conservation and sustainable use of biological diversity and affirming the need for the full participation of women at all levels of policy-making and implementation for biological diversity conservation.'

(पहचानना, कि स्त्रियों की जैविक विविधता के संरक्षण तथा उसको बनाये रखने के कार्य में महत्त्वपूर्ण भूमिका रहती है और जैविक विविधता के संरक्षण के लिये नीति निर्धारण व क्रियान्वित हेतु हर स्तर पर स्त्रियों की सम्पूर्ण भागीदारी की आवश्यकता स्वीकार करना।)

(*n*) 'Stressing the importance of and the need to promote, international, regional ang lobal cooperation among states and inter-governmental organizations and the non-governmental sector for the conservaiton of biological diversity and the sustainbale use of its components.'

(जैविक विविधता के संरक्षण तथा उसके घटकों के उचित उपयोग के लिये देश, अन्तराष्ट्रीय संस्थाओं और अराजकीय क्षेत्रों में अन्तर्राष्ट्रीय, सम्भागीय तथा सार्वभौमिक स्तर पर आवश्यकता और महत्त्व पर बल देना।)

(*o*) 'Knowledging that the provision of new and additional financial resources and appropriate access to relevant technologies can be expected to make a sustainable difference in the world's stability to address the loss of biological diversity.'

(यह स्वीकार करना कि नवीन तथा अतिरिक्त वित्तीय संसाधन और प्रासंगिक तकनीक के उचित समावेश से ही विश्व से लुप्त हो रही जैविक विविधता में प्रभावी अन्तर की आशा की जा सकती है।)

(*p*) 'Acknowledging further that special provision is required to meet the needs of developing countries, including the provision of new and additional financial resources and appropriate access to relevant technologies.'

(यह भी स्वीकार करना कि विकासशील देशों की आवश्यकताओं की पूर्ति के लिये विशेष निवेश, नवीन तथा अतिरिक्त वित्तीय संसाधन और प्रासंगिक तकनीकों का उचित समावेश सहित, की आवश्यकता है।)

(*q*) 'Nothing in this regard the special condition of the least developed countries and small island states.'

(इस सन्दर्भ में न्यूनतम विकसित देश और छोटे द्वीप समूहों को विशेष स्थितियों में रखने का ध्यान रखना।)

(*r*) 'Acknowledging that substantial investments are required to conserve biologically diversity and that there is the expectation of a broad range of environmental, economic and social benefits from those investments.'

(यह स्वीकार करना कि जैविक विविधता के संरक्षण के लिये पर्याप्त निवेश की आवश्यकता होती है और इस निवेश से पारिस्थितिक, आर्थिक और सामाजिक लाभों की भारी मात्रा में आशा की जा सकती है।)

(*s*) 'Recognizing that economic and social development and poverty eradication are the first and overriding priorities of developing countries.'

(यह स्वीकार करना कि आर्थिक और सामाजिक विकास तथा गरीबी उन्मूलन विकासशील देशों की प्रमुख प्राथमिकताऐं हैं।)

(*t*) 'Aware that conservation and sustainable use of biological diversity is of critical importance for meeting the food, health and other needs of the growing world population for which purpose access to and sharing of both genetic resources and technologies are essential.'

(अवगत होना कि जैविक विविधता तथा उसके बनाये रखने के उपयोग का संरक्षण विश्व की बढ़ती आबादी को भोजन, स्वास्थ्य और अन्य आवश्यकताओं की पूर्ति हेतु अत्यन्त महत्त्वपूर्ण है जिसके लिये आनुवंशिक संसाधन ओर तकनीकियों की उपलब्धता और हिस्सेदारी दोनों आवश्यक है।)

(*u*) 'Nothing that, ultimately, the conservation and sustainable use of biological diversity will strength friendly relations among states and contribute to peace for human kind.'

(सूचित होना कि अन्ततः जैविक विविधता का संरक्षण तथा उसके बनाये रखने का उपयोग देशों की मित्रता सम्बन्धों को दृढ़ करेगा और मानव जाति की शांति में योगदान करेगा।)

(*v*) 'Desiring to enhance and complement existing international arrangements for the conservation of biological diversity and sustainable use of its components.'

(इच्छा रखना कि जैविक विविधता का संरक्षण तथा उसके घटकों को बनाये रखने का उपयोग वर्तमान अन्तर्राष्ट्रीद व्यवस्थाओं में वृद्धि कर उसमें सम्पूर्णता प्रदान करेगा।) and (और)

(w) 'Determined to conserve and sustainable use of biological diversity for the benefit of present and future generations.'

(निश्चय करना कि जैविक विविधता का संरक्षण तथा उसको बनाये रखने का उपयोग वर्तमान तथा भविष्य की पीढ़ियों को लाभ देगा।)

यह उपर्युक्त सभी बिन्दु जैविक विविधता के महत्त्व तथा उसकी आवश्यकता को प्रतिपादित करते हैं। ये यह भी बताते हैं कि आज जैविक विविधता और उसके घटकों का संरक्षण अन्तर्राष्ट्रीय स्तर पर चर्चा का विषय है और पौधों, प्राणी वर्ग और सूक्ष्म जीव-जन्तुओं का जीवन और उनसे आधारित भूमि समुद्रीय तथा अन्य स्थानों का परितंत्र, जैविक विविधता पर ही निर्भर है।

कुछ परिभाषाएं (Some Definitions)

1. 'Biological diversity' means the variability among living organisms from all sources including *inter alie*, terrestrial, marine and other squatic ecosystms and the ecological complexes of which they are part; this includes diversity within species, between species and of ecosystems.

('जैविक विविधता' से तात्पर्य समस्त स्रोतों, भूमि, समुद्र, जलीय परितंत्र तथा परितंत्र समूहों से उपलब्ध प्राणी वर्ग की उस पारस्परिक क्रियाशीलता से है जिसके वह अंग है; इसमें प्रजातियों में अन्दर ही अन्दर तथा प्रजाति और परितंत्र के मध्य विविधता सम्मिलित है।)

2. 'Biological resources' include genetic resources, organisms or parts thereof, populations or any other biotic component of ecosystems with actual or potential use or value for humanity.

('जैविक संसाधन' में आनुवंशिक संसाधन, प्राणी वर्ग, आबादी और परितंत्र के सभी सजीव घटक सम्मिलित हैं, जो मानव कल्याण के वास्तविक अथवा सम्भावित उपयोग के लिये हैं।)

3. 'In-situ conservation' means the conservation of ecosystems and astural habitats and the maintenance and recovery of viable populations of species in their natural surroundings.

('In-situ' संरक्षण से आशय परितंत्र तथा आवास स्थल के संरक्षण और उसमें रहने वाली प्रजाति और आबादी के रखरखाव से है।)

4. 'Ex-situ conservation' means the conservation of components of biological diversity outside their natural habitats.

('Ex-situ' संरक्षण से आशय जैविक विविधता के उन घटकों के संरक्षण से है जो सामान्य आवास स्थल से बाहर होते हैं।)

5. 'Habitat' means the phase or type of site where an organism or population naturally occurs.

('आवास' से तात्पर्य उस स्थान है जहां एक प्राणी वर्ग अथवा आबादी सामान्यतया रहती है।)

6. 'Ecosystem' means a dynamic complex of plant, animal and micro-organism communities and their non-living environment interacting as a functional unit.

('परितंत्र' से मतलब पौधों, प्राणियों और सूक्ष्म जीव-जन्तु के एक ऐसे सक्रिय समूह से है जो किसी कार्यरत इकाई में निर्जीव पर्यावरण के साथ पारस्परिक क्रिया करता है।)

7. 'Domesticated or cultivated species' means species in which the evolutionary process has been influenced by humans to meet their needs.

('घरेलू अथवा तैयार की गई प्रजाति' से अर्थ उस प्रजाति से है जिसमें मानव ने अपनी आवश्यकताओं की पूर्ति हेतु विकास प्रक्रिया का समावेश किया है।)

8. 'Sustainable use' means the use of components of biological diversity in a way an at a rate that does not lead to the long term decline of biological diversity, thereby maintaining its potential to meet the need the aspirations of present and future generations.

('बने रहने अथवा बनाये रहने का उपयोग' से मतलब जैविक विविधता के घटकों का उपयोग उस प्रकार से तथा उस गति से है जिसमें जैविक विविधता में गिरावट अधिक समय तक न हो, और इस प्रकार वर्तमान तथा भविष्य की पीढ़ियों की सम्भावित आकांक्षाओं की पूर्ति हो सके।)

जैविक विविधता के घटकों को बनाये रखने का उपयोग (Sustainable Use of Components of Biological Diversity)

अनुच्छेद 10 से (From article 10)—प्रत्येक सन्दर्भित संस्था, जहां तक सम्भव व उपयुक्त हो—

(Each contracting party shall, as far as possible and as appropriate.)

(*a*) Integrate consideration of the conservation and sustainable use of biological resources into national decision making.

(यह विचार जोड़ेगा कि जैविक संसाधनों का संरक्षण और उनका उचित उपयोग राष्ट्रीय निर्णयानुकूल है।)

(*b*) Adopt measures relating to the use of biological resources to avoid or minimize adverse impacts on biological diversity.

(जैविक संसाधनों के उपयोग के सन्दर्भ में ऐसे उपाय अपनायेगी जिससे जैविक विविधता को लाभ अथवा कोई हानिकर असर न हो।)

(*c*) Protect and encourage customary use of biological resources in accordance with traditional cultural practices that are compatible with conservation or sustainable use/requirements.

(पारस्परिक रीति-रिवाजों के अनुसार जैविक संसाधनों के व्यावहारिक उपयोग को उत्साहित और सुरक्षित रखेगी जो उपयुक्त उपयोग/आवश्यंकता अथवा संरक्षण के अनुकूल हो।)

(*d*) Support local populations to develop and implement remedial action in degraded areas where biological diversity has been reduced.

(विकृत क्षेत्रों के विकास और क्रियान्वयन के लिये बनाई गई उपचारात्मक विधियों के लिये स्थानीय लोगों को सहारा देगी, जहां की जैविक विविधता कम हो गई हो।) and (और)

(*e*) Encourage comperation between its governmental authorities and its private sector in developing methods for sustainable use fo biological resources.

(जैविक संसाधनों के उचित उपयोग के लिये विकसित किये गये उपायों में राजकीय प्रशासन और निजी क्षेत्र के सहयोग को उत्साहित करेगी।)

पारिस्थितिकी तन्त्र में मानव (Man in Ecosystem)

मानव पारिस्थितिकी सूची स्तम्भ के शीर्ष पर स्थित है। मानव अपने वातावरण से न सिर्फ प्रभावित होता है वरन् इसे प्रभावित भी करता है। पारिस्थितिकी सूची स्तम्भ (Biological Pyramid) के निचले स्तरों पर स्थित अन्य जीवों, प्राथमिक उत्पादों एवं उपभोक्ताओं की भांति मानव सिर्फ अपनी जैविक आवश्यकताओं की पूर्ति नहीं करता वरन् उसकी अन्य सांस्कृतिक आवश्यकताएं (Cultural needs) भी हैं। अर्थात् वह किसी अन्य जीव जैसे वृक्ष या पशु की भांति अपनी शारीरिक आवश्यकताएं जैस-क्षुधा पूर्ति, श्वसन, स्वेदन आदि के लिये ही पारिस्थितिकी तन्त्र का उपयोग

करके चैन से नहीं बैठता। उसकी स्वेदन आदि के लिये ही पारिस्थितिकी तन्त्र का उपयोग करके चैन से नहीं बैठता। उसकी सांस्कृतिक आवश्यकताएं जैसे–वस्त्र, मकान, विभिन्न प्रकार की उपभोक्ता वस्तुएं, सौन्दर्य प्रसाधन, विलासिता के सामान, उसे अपनी निवास्य (Habitat) के संसाधनों का उपयोग करने को प्रेरित करती है। मनुष्य जीवमण्डल तथा भूमण्डल के विभिन्न तत्वों से अपने मानव-निवास्य (Human Habitat) का सृजन करता है। इस मानव निवास्य के संसाधनों के आधार पर कृषि, खनन, उद्योग, परिवहन तथा नगरीकरण की आवश्यकताओं की पूर्ति करता है।

मनुष्य अपनी विविध आवश्यकताओं की पूर्ति हेतु जिन संसाधनों तथा ऊर्जा स्रोतों को प्राप्त करता है वे उसे प्रकृति में क्रियाशील जैव-भू-रसायन चक्रों में हेर-फेर करने से प्राप्त होते हैं। जैसे–पूरा-जैव ईंधन स्रोतों का उपयोग करके मनुष्य कार्बन चक्र की नैसर्गिक प्रक्रिया में दखल देता है। उसी प्रकार उर्वरक हेतु नाइट्रोजन भी मनुष्य नाइट्रोजन चक्र के साथ छेड़छाड़ अथवा हेरफेर के क्रम में मनुष्य पारिस्थितिकी तन्त्र में विघ्न एवं अस्थिरता उत्पन्न करता है। यदि यह अस्थिरता सीमित पैमाने पर हुई है तो इसका पारिस्थितिकी तन्त्र पर विशेष कुप्रभाव नहीं पड़ता; परन्तु यह अस्थिरता बढ़ती जाये जो इसका दूरगामी प्रभाव पड़ सकता है। उदाहरण के लिये पुरा जैव ईंधन का सीमित उपयोग हो जिससे वायुमण्डल में विद्यमान कार्बनडाई ऑक्साइड की मात्रा का संतुलन बना रहे तो कोई बात नहीं, परन्तु पूरा-जैव-ईंधन से निकलने वाली कार्बनडाईऑक्साइड की मात्रा सतत् बढ़ती जाये, जैसा अभी हो रहा है, तो जलवायु पर दूरगामी प्रभाव पड़ सकता है, तथा सम्पूर्ण विश्व का पारिस्थितिकी संतुलन बिगड़ सकता है। इससे सभी जैव-भू-रासायनिक चक्र अव्यवस्थित हो सकते हैं। अन्ततः मनुष्य का पृथ्वी पर अस्तित्व ही संकट में पड़ सकता हैं ऐसी ही आशंका विश्व में बढ़ते प्रदूषण के कारण व्यक्त की जार ही है। वस्तुतः मानव का अपनी पारिस्थितिकी से वैसा ही सम्बन्ध है जैसे किसी गर्भस्य शिशु का उसकी माँ से। माँ, गर्भस्व शिशु के पोषण एवं मल-मूत्र विसर्जन दोनों का माध्यम होती है। मनुष्य भी अपनी निवास्य से विविध संसाधनों का उपयोग करके अपने पालन-पोषण एवं अन्य आवश्यकताओं की पूर्ति करता हैं परनतु इन संसाधनों एवं ऊर्जा के उपयोग से वस्तुओं का उत्पादन तथा उपयोग करने में वह विविध अपशिष्ट (Waste) पदार्थों का भी सृजन करता है। यदि उसने पारिस्थितिकी की सृजन क्षमता से अधिक संसाधनों का शोषण किया तो पारिस्थितिकी असन्तुलित हो जायेगा। यदि मनुष्य ने पारिस्थितिकी तन्त्र की निस्तारण क्षमता से अधिक अपशिष्ट पादार्थों को पर्यावरण में छोड़ा, तो भी पारि- स्थितिकी तन्त्र का संतुलन भंग हो जायेगा। वस्तुतः पारिस्थितिकी तंत्र में अस्थिरता उत्पन्न होने का खतरा इसी कारण उत्पन्न हुआ है कि मानव, पारिस्थितिकी तन्त्र की सृजन क्षमता से अधिक संसाधन

दोहन तथा उसकी निस्तारण क्षमता से अधिक अपशिष्ट पदार्थों का विसर्जन करने की उद्यत है।

जन सामान्य के लिये जैविक विविधता

(अ) जैविक विविधता की आवश्यकता एवं महत्व (Need and Importance of Biodiversity)–व्यावहारिक जीवन में जैविक विविधता के महत्व व आवश्यकता को साधारणतया क्रमबद्ध करना कठिन है, क्योंकि यह प्राणी मात्र के जीवन के हर क्षेत्र को किसी-न-किसी प्रकार लाभ पहुंचाता है और वस्तुतः हमें स्वस्थ, सुखी, प्रसन्नचित और स्फूर्तिमय रखता है। दैनिक जीवन के आधार पर एक सूची यहीं इसी क्रम में प्रस्तुत है–

1. हम जैविक विविधता में जीते हैं (We Live in Biodiversity)–पृथ्वी पर का सभी चीजें जो हमें निरापद रूप से मिल पाती हैं, उसका श्रेय जैविक विविधता को जाता है। पीने योग्य पानी, स्वच्छ वायु, उपजाऊ मिट्टी जिससे हमें अन्न मिलता है, इसी की देन है। पेड़ों से ऑक्सीजन का मिलना, फैक्ट्रीज से निकली कार्बन डाइऑक्साइड को आत्मसात करना, घर और कार्यालय को शुद्ध हवा उपलब्ध कराना, खेतों में अनेक जीवों से अन्न को सुरक्षित रखना, अनेक कीड़े-मकोड़ों की सहायता से मिट्टी को उपजाऊ बनाना आदि विविध कार्य जैविक विविधता की महत्ता को ही बताते हैं। एक प्रकार से हम यह कह सकते हैं कि यह हमें सुखमय जीवन के विभिन्न आयामों का स्रोत केन्द्र है।

2. खाने पर हमें जैविक विविधता मिलती है (We Find Biodiversity at the Dinner)–खाने की मेज पर उपलब्ध भोज्य सामग्री (अन्न, मांस, मछली, अंडे), दूध-दही, आइसक्रीम, फल, सब्जियां, अचार और अन्य सामग्री सभी प्रत्यक्ष और परोक्ष रूप से जैविक विविधता का प्रतिफल हैं। खेतों से आहार, पशुओं से दूध, समुद्र से मांसाहारी पदार्थ, मुर्गियों से अंडे आदि जीव विविधता (Genes diversity) से निरन्तर मिलती रहती है। जैविक विविधता गुणवत्ता (Quality) बनाये रखती है।

3. जैविक विविधता हमें स्वस्थ रखती है (Biodiversity Keeps us Healthy)–जैविक विविधता का एक और महत्त्वपूर्ण योगदान इसके द्वारा प्रतिपादित जंगल और वन्य प्रजाति से सम्बन्धित है। वह है कि यह हमें स्वस्थ रखती हैं। एक समय था जब कि विश्व की शत-प्रतिशत औषधियां केवल पेड़-पौधों अथवा विभिन्न पशुओं और जीव-जन्तुओं से ही प्राप्त होती थी और आज से कोई 50 वर्ष पूर्व भी कोई 3 अरब मनुष्य जंगली जड़ी-बूटियों और उनसे निर्मित विभिन्न दवाइयों पर ही आधारित थे। आज भी अनेक शोधों के बावजूद इन विविध प्रजातियों

को नकारा नहीं गया है। चीन में 5100 प्रजातियां, अमेरिका में 3000 प्रजातियां का आज भी उपयोग एन्टीबायोटिक तथा अन्य दवाइयों में प्रयोग होता है। भारत में तो पूरा आयुर्विज्ञान उपचार प्रणाली इन घरेलू और जंगली पेड़-पौधों पर आधारित है। अनेक एलोपैथिक उपचारों में केवल नाम अंग्रेजी के हैं, जबकि दवाई में अन्तर्वस्तु (Contents) सभी सामान्य पौधों के सत्य है। निश्चित ही यह प्रभावी उपचार प्रणालियां जैविक विविधता की पहचान कराती है।

4. जैविक विविधता हमें भोजन, आवास और कपड़ा उपलब्ध कराती है (Biodiversity Provides Food, Shelter and Cloths for us)—किसी भी देश के कृषि क्षेत्र केवल अन्न उपजाने तथा अन्य उत्पादन देने के साध्य ही नहीं हैं बल्कि इसके साथ-साथ यह जैविक विविधता के भण्डार भी हैं, जिनकी सुरक्षा और संरक्षण से ही हम रह पा रहे हैं और जी पा रहे हैं। आवास हेतु लकड़ी, कपड़ों हेतु रूई, ऊन व अन्य पदार्थ और पेट भरने हेतु अनेक प्रकार के अन्न, फल, सब्जियां, मांस, मछली, दूध, क्रीम और इन सभी अनेकानेक किस्में जैविक विविधता की ही देन है।

5. जैविक विविधता पारिस्थितिकीतंत्र को स्थायित्व प्रदान करती है (Biodiversity Stables the Ecosystem)—किसी भी आबादी तथा प्रजाति का अस्तित्व तथा आवास विशेष में निर्जीव वस्तुओं से इनकी पारस्परिक संक्रिया से ही सम्भव है जिससे उनके पारिस्थितिक तंत्र की स्थिरता सुनिश्चित होती है। जैविक विविधता इन सभी पारिस्थितिक तंत्रों को नियमित रूप से चलते रहने में और उनको स्थायित्व प्रदान करने की महती भूमिका निभाती है।

6. जैविक विविधता हमारे व्यक्तित्व में नयापन लाती है (Biodiversity Renews Our Spirit)—हमारी पारम्परिक गतिविधियों में विविधताओं की समाविष्टि ने मनुष्य के जीवन में अनेक परिवर्तन किये हैं। केवल भोजन, आवास और कपड़ा ही नहीं बल्कि, आमोद-प्रमोद की विविधता, रीति-रिवाजों में से पारम्परिक एकाकीपन का अलगाव, रहने-सहने के नये रंग-ढंग, स्वस्थ और स्वच्छ जीवन शैली की पद्धति वार्तालाप का उल्लासित ओर उमंग भरा तरीका आदि सभी ने मनुष्य के व्यक्तित्व में एक ऐसा नयापन ला दिया है जिससे जीवनदर्शन का स्वरूप प्रसन्नतामय सुखमय और शांतिपूर्ण हो गया है। अप्रत्यक्ष रूप से यह सब जैविक विविधता के फलस्वरूप है।

इनके अतिरिक्त भी जैविक विविधता का योगदान हम निम्न प्रकार भी पाते हैं—

7. जैविक विविधता हमें पारम्परिक शैलियों से सम्बन्ध जोड़े रखती है। (Biodiversity keeps us in touch with our traditions.)

8. जैविक विविधता हमारी आर्थिक सम्पन्नता में वृद्धि करती है।

   (Biodiversity boosts our economy.)

9. जैविक विविधता हमें आश्चर्य में डालती है।

   (Biodiversity feels us to wonder.)

10. जैविक विविधता हमारे ग्रह की सुरक्षा करती है।

    (Biodiversity protects our planet.)

11. जैविक विविधता हमारी पृथ्वी को स्वच्छ रखती है।

    (Biodiversity keeps our earth clean.)

12. जैविक विविधता हर क्षेत्र में वृद्धि करती है।

    (Biodiversity makes progress in all fields.) आदि।

इस प्रकार जैविक विविधता की आवश्यकता और उसके महत्व को हम किस स्तर तक स्वीकारते हैं, यह हमारा अपना दृष्टिकोण है।

(ब) जैविक विविधता की सुरक्षा और संरक्षण के लिये वांछनीय कार्य
(Steps for Preserving and Conserving the Biodiversity)

जन साधारण में और उनके परिवार के सभी सदस्यों को जैविक विविधता के महत्त्व को समझना चाहिये। अत: यह आवश्यक है कि उनके प्रति दिन के कार्यकलाप, चाहे वह घर में हों, चाहे बाहर, चाहे शहर में शापिंग को जायें अथवा पर्यटन पर, चाहे जगते हों या सोते हों, इस उद्देश्य से सम्पन्न हो कि जैविक विविधता नष्ट न हो, दुरुपयोग न हो क्योंकि आपका कोई गलत कार्य व्यवहार अप्रत्यक्ष ही कई असाधारण हानि कर सकता हैं पुस्तक की सीमा को देखते हुए केवल बिन्दु यहां दिये जा रहे हैं, विस्तार पाठक स्वंय करें।

1. अपने घर के बगीचे को जैविक विविधता का संरक्षण केन्द्र बनायें (यथासम्भव स्थानीय पौधों को महत्त्व दें।)
2. पानी का बुद्धिमतापूर्ण उपयोग करें, रिसते नलों को रोकें, लॉन संस्कृति को हतोत्साहित करें (बचे पानी से डैम भरे जा सकते हैं, जिससे अधिक जरूरत का उत्पादन हो सकता है)।
3. घर के कटे-टूटे वृक्ष-झाड़ियों को यूं ही रहने दें (यह पक्षियों के आवास स्थल बनेंगे)।
4. अपने घर तथा आस-पड़ोस के स्थान तथा रास्ते और सड़कों पर उग रहे जंगली पौधों को रहने दें (इनमें असंख्य जैविक विविधता भरी पड़ी है जिन्हें हम जानते नहीं, सम्भव है कि इनमें अनेक औषधीय पौधे भी हों)।

5. खरीदारी करते समय अनचाहे पैकिंग की औपचारिकता से बचें, आखिर घर पर आकर इन्हें डस्टबिन में डाल देगें (प्राकृतिक संसाधन बचें तो जैविक विविधता संरक्षित होगी)।
6. प्लास्टिक थैले (Carry Bags) का उपयोग न करें (यह घरों में, संस्थानों में ड्रेनेज को रोकेगी, नदियों में अन्य जल स्रोतों के जानवरों की जानें लेंगी, वस्तुत: जैविक विविधता के सामान्य चक्र में बाधा डालेंगी)।
7. स्थानीय दवाइयों का प्रयोग करें, जी मिचलाने में अमृतधारा, एण्टीसेप्टिक लोशन के लिये नमक और फिटकरी, खून रोकने को हल्दी, खांसी के लिये अडूसा के पत्तों का रस आदि (जैविक विविधता का इससे अच्छा उपयोग क्या हो सकता है?)
8. पुन: चक्रीय (Recycled) कागजों का पुस्तक, कापियां तथा ऑफिस कार्य में उपयोग करें (लाखों पेड़ों को बचाना और मिलियन्स घन मीटर पानी की बचत सम्भव है।)
9. घर में वृक्षों को गिरी पत्तियों से खाद बनाइये (यह अच्छी गुणवत्ता की भी होगी और पैसों की बचत अलग)।
10. मिट्टी की सुरक्षा कीजिये इसे बरसाती पानी अथवा अन्य प्रकार से बह रहे जल के साथ जाने से रोकिये; मिट्टी बांधने वाले पौधे (Soil Binding Type Planatation) लगाइये (एक चम्मच पर मिट्टी में अरबों-खरबों बैक्टीरिया तथा सूक्ष्म जीव हो सकते हैं, जिनसे पूरे देश की भोजन समस्या हल करने के लिये अन्न उपजाया जा सकता है।)

इनसे हम एक निष्कर्ष निकाल सकते हैं, कि जैविक विविधता के मुख्य आधार (1) जल, (2) मिट्टी, (3) पौधे या वनस्पति तथा (4) बैक्टीरिया और सूक्ष्म जीव हैं जिनके प्राणीमात्र से सुखमय जीवन सम्भव है।

वन एवं पर्यावरण मंत्रालय भारत सरकार द्वारा जैविक विविधताओं का संरक्षण

(Conservation of Biodiversity by the Ministry of Forests and Environment Government of India)

पर्यावरण एवं विकास की समस्याओं के निवारण तथा अनेक प्राणी जगत् की आवश्यकताओं की पूर्ति हेतु, जिनमें प्राकृतिक संसाधनों के संरक्षण और उनके सतत् उपयोग को उच्च प्राथमिकता दी गई है, भारत सरकार के वन एवं पर्यावरण मंत्रालय ने कई कार्यक्रमों को स्वीकृति देकर उन पर क्रियान्वित प्रारम्भ की है। प्रत्येक कार्यक्रम

में भविष्य में निरन्तर क्रमवार वृद्धि किये जाने का भी प्रावधान रखा गया है जिससे कार्यक्रम में न तो कोई शिथिलन आये और न ही उसकी वृद्धि में रोक हो। इनमें मुख्य हैं–

(अ) जीवमण्डल रिजर्व्स (Biosphere Reserves),

(ब) नम भूमि (Wetlands).

(स) कच्छ वनस्पति (Mangroves) और

(द) प्रवाल भित्तियों (Coral Reers)।

इन पर संक्षिप्त विवरण हम यहां प्रस्तुत कर रहे हैं–

(अ) जीवमण्डल रिजर्व्स (Biosphere Reserves)–किसी भी स्थान के स्थाई विकास को संरक्षित रखने और उसे नष्ट होने से बचाने में वहां की वनस्पति (Plants), प्राणी (Animals) और सूक्ष्म जीव-जन्तु (Micro-organisms) की संख्या और उनका अपने पारिस्थितिक तंत्र (Ecosystem) में समन्वय होना अत्यन्त आवश्यक और महत्त्वपूर्ण है। इसी जैविक विविधता (Biodiversity) के कारण कुछ देश बहुत समृद्ध और खुशहाल है तथा अन्य देश अनेक प्राकृतिक आपदाओं के शिकार हो रहे हैं। पिछले 50 वर्षों के समय में लगभग 30% से 40% तक वन क्षेत्र कम हुये अनेक बीमारियों तथा भोजन के अभाव से बहुत अधिक प्राणी समाप्त हो गये और पर्यावरणीय असंतुलन ने सूक्ष्म जीव-जन्तुओं को नष्ट कर दिया। पर फिर भी भारत ने अपनी जैविक विविधता को काफी सीमा तक बचाये रखा है। पूरे विश्व के केवल 2.20% क्षेत्रफल (भारत–3.28×10^6 km^2; विश्व 149.0×10^6 km^2) में आज 16% से अधिक मनुष्य और 20% से अधिक पशुओं की संख्या है, यह विश्व में लगभग सर्वाधिक है। वर्तमान में विश्व की कुल वनस्पति प्रजातियों का लगभग 7% (47,000 प्रजातियां) तथा प्राणी जगत की 6% ($1,000 प्रजातियां) भारत में है। इसी से इस देश की समृद्धि की जानकारी से परिचित हुआ जा सकता है।

इन सभी प्रजातियों के संरक्षण तथा देश की अन्य प्राकृतिक विविधताओं को पनपते रहने के लिये भारत सरकार के वन एवं पर्यावरण मंत्रालय ने आज तक 13 जीवमण्डल रिजर्व्स की स्थापना की है, जिनका विवरण प्रस्तुत सारणी में दिया है–

इन जीवमण्डल रिजर्व्स के अतिरिक्त भी अन्य रिजर्व्स की स्थापना का कार्य भी प्रगति पर है। इन रिजर्व्स के मुख्य उद्देश्यों को निम्न प्रकार समेकित किया गया है–

1. वनस्पति, प्राणी जगत् और सूक्ष्म जीव-जन्तुओं की सम्पूर्णता तथा विविधता का संरक्षण करना।

सारणी 6.1 : देश के जीवमण्डल रिजर्व्स

	नाम	प्रदेश	क्षेत्रफल (वर्ग किमी में)	नोटिफिकेशन वर्ष
1.	नीलगिरी	तमिलनाडु, केरल और कर्नाटक	5520	1986
2.	नंदा देवी	उत्तरांचल	5861	1988
3.	नोकरेक	मेघालय	820	1988
4.	मानस	असम	2837	1989
5.	सुन्दरवन	पश्चिमी बंगाल	9630	1989
6.	मनार की खाड़ी	तमिलनाडु	10500	1989
7.	ग्रेट निकोबार	अंडमान एंड निकोबार	885	1989
8.	सिमलीपाल	उड़ीसा	4374	1994
9.	डिबु डैइखोवा	असम	705	1997
10.	डेहान्ग डेबाना	अरुणांचल प्रदेश	5112	1998
11.	पंचमढ़ी	मध्य प्रदेश	4927	1999
12.	कंचनजंगा	सिक्किम	2620	2000
13.	अगस्तस्यमल्लाई	केरल	1701	2001

(To conserve diversity and integrity of plants, animals and micro-organisms.)

2. पारिस्थितिकी संरक्षण तथा अन्य पर्यावरणीय पहलुओं पर शोधों को प्रोत्साहित करना।

   (To promote research on ecological conservation and other environmental aspects.)

3. पर्यावरणीय शिक्षा, जाग्रति तथा प्रशिक्षण की सुविधायें प्रदान करना।

   (To provide facilities for education, awareness and training relating environment)

4. पारिस्थितिकीय दृष्टिकोण से वैयक्तिक, सामाजिक तथा सांस्कृतिक परिवेश का बनाये रखने में योगदान देना।

   (To contribute in keeping individual, awareness and cultural status with environmental viewpoint.)

देश का 53,791 वर्ग किमी का भू-भाग (1.63%) इन रिजर्व्स क्षेत्र के अन्तर्गत

आता है जो पारिस्थितिकी की जैविक विविधता के संरक्षण के लिये नि:संदेह उत्साहवर्द्धक है।

(ब) नमभूमि (Wetlands)–नमभूमि पृथ्वी पर सबसे अधिक उत्पादक पारिस्थितिकी तंत्र है और मानव तथा प्राणी जगत के कार्यकलापों के लिये इतनी उपयोगी है कि इसका संरक्षण किया जाना बहुत महत्त्वपूर्ण बन गया है। अनेक क्रियाकलापों जैसे–

(1) जल शुद्धि (Water Purification),

(2) पानी के बहाव का नियंत्रण (Regulation and Control of Water Flows),

(3) मछली पालन (Fisheries),

(4) वनस्पति, प्राणी जगत् और सूक्ष्म जीव जन्तुओं के आश्रय स्थल (Habitats for Plants, Animals and Micro-Organisms),

(5) मनोरंजन और पर्यटन स्थल (Places for Recreation and Tourism),

(6) जल शोषक (Water Absorbant),

(7) प्रदूषण कम करने (Lessening the Pollution),

(8) भोज्य पदार्थ उत्पादक (Producer of Foods),

(9) बाढ़ नियंत्रण (Flood Control),

(10) नदियों से बने नमभूमि क्षेत्र तलछट की गंदगी को कम करना (Reduction of Sediment Loads),

(11) अपशिष्ट जल का उपचार (Treatment of Waste Water), आदि में,

इनकी भूमिका पूरे विश्व में स्वीकारी गई है।

नम भूमि उस भूमि को कहा जा सकता है जो जलमग्न हो अथवा जिस पर पानी जमा हो, चाहे वह प्राकृतिक रूप से हो या कृत्रिम रूप से, स्थायी हो या अस्थायी, पानी बहता हुआ हो या रुका हुआ, तीखा-खारा पानी हो अथवा नमकीन हो (जिसमें समुद्री जल के क्षेत्र भी शामिल हैं।)

ऐसे क्षेत्रों में दल-दल, छिछले तालाब, बड़े तालाबों के किनारे के भाग, बाढ़ से घिरे मैदान, झीलें आदि शामिल होते हैं। प्राय: यह नदी के किनारे अधिक पनपते हैं।

भारत में भी ऐसे नम भूमि क्षेत्रों से लाभ लेने के लिये एक ठोस योजना के निर्माण हेतु एक राष्ट्रीय नमभूमि समिति का गठन सन् 1987 में किया, जिसका मुख्य कार्य था–

(1) नमभूमि क्षेत्रों का चयन (Recognition of Wetlands).

(2) क्रियान्वयन की रूपरेखा (Outline of Action Plan) तथा

(3) राज्य सरकारों की भूमिका (Role of State Governments)

इस राष्ट्रीय समिति ने नमभूमि संरक्षण कार्यक्रम के अन्तर्गत मुख्य कार्यकलाप निम्न प्रकार अभिशासित किये–

1. प्राथमिकता वाले नमभूमि क्षेत्रों के लिये प्रबन्ध कार्य योजनायें तैयार करना और इनका कार्यान्वयन करना।

   (Formation and implementation of management action plans of identified wetlands)

2. पर्यावरणीय मुद्दों और नमभूमि के प्रबन्ध से सम्बन्धित अनुसंधान कार्य-कलापों को ठोस पारिस्थितिकी आधार पर बढ़ावा देना।

   (Promotion of research activities relating to environmental issues and management of wetlands on sound ecological basis).

3. भारत में नमभूमि संसाधनों की स्थिति और समय के साथ-साथ उनकी क्षति का मूल्यांकन।

   (Assessment of wetlands resources in India and their loss in time series.)

4. राष्ट्रीय महत्त्व की नम भूमियों का पता लगाना।

   (Identification fo wetlands of national importance.)

5. अन्तर्राष्ट्रीय सहयोग।

   (International Cooperation.)

6. मानीटरिंग और मूल्यांकन।

   (Monitoring and Evaluation)।

इन बिन्दुओं के आधार पर प्रदेश स्तर पर निर्मित संचालन समितियों (Steering Committees) ने जिन नमभूमियों को शिनाख्त की उनकी संख्या 22 है, जिन पर निर्धारित योजनानुसार कार्य चल रहा है।

इसके अतिरिक्त केवलादेव घना पक्षी विहार (राजस्थान) का भी चयन किया है, जिसमें मुर्गाबी प्रजाति के संरक्षण की बात है।

पूर्वी कोलकाता (प० बंगाल) तथा पिछोला (राजस्थान) नमभूमि क्षेत्र जो शहरी क्षेत्र में आते हैं और जिनके लिये प्रदूषण नियंत्रण की विशेष उपचार की जरूरत है, पर राष्ट्रीय झील संरक्षण योजना के अन्तर्गत ध्यान दिया जा रहा है।

सारणी 6.2 : भारत में राष्ट्रीय स्तर पर चयनित नम भूमि

क्र॰सं॰	*नमभूमि*	*राज्य*	*नोडल शैक्षिक संस्था*	
1.	कोलेरू	आन्ध्र प्रदेश	ओस्मानिया विश्वविद्यालय	
2.	वूलर	जम्मू एंड कश्मीर	जम्मू व कश्मीर विश्वविद्यालय	
3.	चिलका	उड़ीसा	उत्कल विश्वविद्यालय	
4.	लोकटक	मणिपुर	मणिपुर विश्वविद्यालय	
5.	भोरा	मध्य प्रदेश	भोपाल विश्वविद्यालय	
6.	सांभर	राजस्थान	जोधपुर विश्वविद्यालय तथा काजरी	
7.	पिछौला	राजस्थान	उदयपुर विश्वविद्यालय	
8.	अष्ठमुडी	केरल	केरल विश्वविद्यालय	
9.	हरिके	पंजाब	पंजाब कृषि विश्वविद्यालय लुधियाना	
10.	उजनी	महाराष्ट्र	पुणे विश्वविद्यालय	
11.	कजली	पंजाव	N.A.	
12.	रेनुका	हिमाचल प्रदेश	N.A.	
13.	काबर	बिहार	N.A.	
14.	सस्थामकोटवा	केरल	N.A.	
15.	सुखना	चंडीगढ़	N.A.	N.A. = अप्राप्त
16.	नलसरोवर	गुजरात	N.A.	(Not avilable)
17.	सो मोरारी	जम्मू एंड कश्मीर	N.A.	
18.	रोपड़	पंजाब	N.A.	
19.	पोंगबांध	हिमाचल प्रदेश	N.A.	
20.	चन्द्रताल	हिमाचल प्रदेश	N.A.	
21.	दीपर बील	असम	N.A.	
22.	पूर्वी कोलकाता	पश्चिमी बंगाल	N.A.	

अन्तर्राष्ट्रीय महत्त्व की नमभूमियों में जिमें कुक्कुट आवास (Waterflow Habitat) को प्राथम्किता दी गई है, निम्न को चयनित किया गया है–

1. विल्कर (उड़ीसा)

2. केवलादेव घना (राजस्थान)

2. सांभर (राजस्थान)

4. वूलर (जम्मू एंड कश्मीर)

5. लोकटक (मणिपुर)

6. हरिके (पंजाब)।

भारत ने रामसर कन्वेंशन पर हस्ताक्षर पर अपने आप को नमभूमि संरक्षण कार्यक्रम में महत्त्वपूर्ण भागीदार बना लिया है। उन्होंने इस क्षेत्र में अभी और 25 नम भूमियों की शिनाख्त करने का उत्तरदायित्व लिया है।

(स) कच्छ वनस्पतियां (Mangroves)–कच्छ वनस्पति क्षेत्र, लवण सह्य वन परि-प्रणालियों (Salt Tolerant Forest Ecosystms) हैं जोकि विश्व के उष्ण कटिबन्धीय (Tropical) तथा उप उष्ण कटिबन्धीय (Sub-tropical) अन्तर्ज्वारीय (Intertidal) क्षेत्रों में मुख्य से पाये जाते हैं। इन क्षेत्रों में बड़ी तादाद में पादप और जीव-जन्तु प्रजातियां पाई जाती हैं जोकि विकास के लम्बे समय के साथ चली आ रही हैं। इनमें लवण सहन करने की अभूतपूर्व क्षमता देखने को मिलती है। ये तटरेखा को स्थिर करती हैं तथा समुद्र की तरंगों के विरुद्ध बचाव का कार्य करती हैं। इनके आसपास में रहने वाले लोगों को प्रचुर जैविक विविधता के आजीविका के स्रोत उपलब्ध होते हैं। कुछ वनस्पति क्षेत्र मधुवाटिका (Apiary) उद्योगों के सबल आधार बनते हैं।

भारतीय प्रशांत क्षेत्र (Indian Pacific Region) अपने प्रचुर कच्छ वनस्पति क्षेत्रों के लिये जाना जाता है। भारत में वृहद कच्छ वनस्पति क्षेत्र अनुमानत: 6740 वर्ग किमी है जोकि विश्व के कच्छ वनस्पति क्षेत्र का लगभग 7% है। भारत के कुल वनस्पति क्षेत्र का लगभग 80%, पश्चिम बंगाल के सुन्दरवन तथा अण्डमान और निकोबार द्वीप समूह में मिलता है। शेष आन्ध्र प्रदेश, तमिलनाडु, उड़ीसा, महाराष्ट्र, गुजरात, गोवा तथा कर्नाटक में फैला हुआ है।

कच्छ वनस्पति क्षेत्रों को संरक्षण तथा प्रबन्धन हेतु राष्ट्रीय स्तर पर कार्यक्रम सन् 1986 से चलाया गया। सन् 1986-87 में ही 15 क्षेत्रों की शिनाख्त कर ली गई थी जिन पर सत्रवार योजनाएं तैयार की गईं। प्रत्येक वर्ष इनमें से कुछ क्षेत्रों को कार्य करने की स्वीकृति (मय वित्तीय सहायता के) भारत सरकार द्वारा प्रदान कर दी जाती है। चयनित 15 कच्छ वनस्पति क्षेत्र निम्न हैं–

1. अण्डमान निकोबार (अण्डमान और निकोबार द्वीप समूह)
2. सुन्दरवन (पश्चिमी बंगाल)

3. भीतर कनिका (उड़ीसा)
4. कोरिंगा (आन्ध्र प्रदेश)
5. गोदावरी डेल्टा (आन्ध्र प्रदेश)
6. कृष्णा एस्चुरी (आन्ध्र प्रदेश)
7. महानदी डेल्टा (उड़ीसा)
8. पिचावरम (तमिलनाडु)
9. पोइन्ट कैलीमर (तमिलनाडु)
10. गोवा (गोवा)
11. कच्छ की खाड़ी (गुजरात)
12. कुण्डापुर (कर्नाटक)
13. अचरा-रत्नागिरी (महाराष्ट्र)
14. मुधूपेट (तमिलनाडु)
15. खम्भात की खाड़ी (गुजरात)।

सन् 1999 में आये भीषण तूफान ने उड़ीसा में भयानक त्रासदी उत्पन्न कर दी थी, जिसमें बंगाल की खाड़ी क्षेत्र को जल ने भारी विनाश किया था। उस समय निम्न कच्छ वनस्पति क्षेत्रों (15) का विशेषरूप से चयन किया था जो समुद्री किनारे पर थे–

1. सुंदरनरेखा (उड़ीसा)
2. देवी और धामरा (उड़ीसा)
3. रामनन्द (तमिलनाडु)
4. दक्षिण कन्नड़ (कर्नाटक)
5. देवगढ़ (महाराष्ट्र)
6. विजयदुर्ग (महाराष्ट्र)
7. कुन्डलिका और रेवडन्डा (महाराष्ट्र)
8. मुम्ब्रा दीवा (महाराष्ट्र)
9. वैतराना (महाराष्ट्र)
10. वसाई मनोरी (महाराष्ट्र)
11. श्रीवर्धन (महाराष्ट्र)
12. वारल (महाराष्ट्र)

13. टर्मवाडी (महाराष्ट्र)
14. कलसूरी (महाराष्ट्र)
15. पांडेचेरी (पांडिचेरी)।

यद्यपि, इन कच्छ वनस्पति क्षेत्रों की प्रगति जानने हेतु विभिन्न सम्बन्धित राज्यों के वन एवं पर्यावरण मंत्रियों की बैठक नियमित रूप से होती रहती है तथापि इस सन्दर्भ में मई 2000 में हुई बैठक में निर्धारित योजनानुसार कार्य करने की स्थिति पर संतोष व्यक्त किया गया। यह जानकारी भी दी गई कि 615 वर्ग किमी में कच्छ वनस्पति की क्षेत्र वृद्धि पिछले 10 वर्षें में हुई है, जो नि:सन्देह प्रशंसनीय है।

(द) प्रवाल भित्तियां (Coral Reefs)–'प्रवाल' जिसे अंग्रेजी में Coral कहते हैं, एक विशेष प्रकार के प्राणी (Animal) के लिये प्रयुक्त होता है। यह प्राणी एक चूने के बने खोल में चिपका रहता है तथा वहीं बढ़ता है तथा लम्बवत् आकार में समुद्री चट्टान के रूप में उभरता जाता है। यह चट्टानी आकृति कुछ इस प्रकार से निर्मित होती है कि इनका ऊपरी भाग समुद तल की सतह तक रहता है।

प्रवाल भित्तियां उथले जल (Shallow water) एवं समुद्री उष्ण कटिबन्धीय पारि-प्रणालियों (Tropical Marine Ecosystem) से सम्बन्धित होती हैं तथा इनमें प्राणी जात (Fannal) और वनस्पति जात (Floral) की प्रचुर विविधता (Rich Diversity) होती है। इनसे तटीय निवासियों को कच्चवा माल (विशेषत: Calcium Carbonate) प्राप्त होता है और क्षति तथा कटाव से नाजुक तटीय रेखा की सुरक्षा में इनका बहुत महत्त्वपूर्ण योगदान होता है।

भारत में प्रवाल भित्तियों के संरक्षण के लिये निम्न क्षेत्रों को चुना गया है –

1. अण्डमान एवं निकोबार द्वीप समूह
2. लक्षद्वीप
3. मन्नार की खाड़ी तथा
4. कच्छ की खाड़ी

(य) राष्ट्रीय उद्यान और वन्य जीव अभ्यारण्य (Natural Parks and Wildlife Sanctuaries)–विविध प्रकार के वन्य जीव और सघन वृक्षों की अनेक प्रजातियों के संरक्षण हेतु अनेक राष्ट्रीय उद्यान तथा वन अभ्यारण्य का रख-रखाव भारत सरकार के वन एवं पर्यावरण मंत्रालय की देख-रेख में किया जा रहा है। इनकी संख्या मार्च 2002 तक निम्नांकित है–

1. राष्ट्रीय उद्यान 89

2. वन्य जीव अभ्यारण्य 489

इनका विस्तृत विवरण आगे अध्याय में दिया गया है।

यही नहीं बल्कि, ऐसे वन्य जीव जिनकी संख्या देश में निरन्तर घट रही है उनके लिये प्रोजेक्ट स्कीमें चलाई जा रही हैं, जिनमें (1) चीता (2) हाथी (3) गेंडा आदि प्रमुख हैं। इनका विवरण भी आगे अध्यायों में दिया गया है–अवलोकन करें।

(र) वनस्पति उद्यानों की वित्तीय सहायता (Financial Assitance to Botanical Gardens)–इनकी संख्या देश में सैंकड़ों में हैं। इनमें पादप अनुवंशी संसाधनों के संरक्षण तथा प्रचार सम्बन्धी कार्यकलापों की वृद्धि का कार्य (To augment the activities for conservation and propagation of plant genetic resources) सम्पादित किया जाता है। यह योजना सन् 1991-92 में प्रारम्भ की गई थी तथा इसमें वह विंश्वविद्यालयों और महाविद्यालयों के वनस्पतिशास्त्र विभाग सम्मिलित कर लिये जाते है। जो पादपों की विशेष प्रजातियों का संरक्षण करते हैं। प्रति वर्ष एक पूर्व निर्धारित समिति द्वारा कुछ ऐसे विशिष्ट उद्यानों को वित्तीय सहायता स्वीकृत की जाती है।

(ल) केन्द्रीय चिड़ियाघर प्राधिकरण (Central Zoo Authority)–केन्द्रीय चिड़ियाघर प्राधिकरण देश के चिड़ियाघरों को स्थिति सुधारने के बारे में तथा चिड़ियाघर के पशुओं को रखने और प्रजनन के लिये सुविधाऐं बढ़ाने के लिये तथा उन्हें ठीक से साधारण जनता को दिखाने के लिय प्रस्तुत करने का महत्त्वपूर्ण कार्य करता है। वर्तमान में इनकी संख्या लगभग 200 हैं। प्राधिकरण के मुख्य कार्यों को निम्न प्रकार समेकित किया जा सकता है–

1. चिड़ियाघर में रखे जाने वाले पशुओं को रहने की व्यवस्था, उनकी देखभाल तथा नियमित शारीरिक जांच।
2. चिड़ियाघर के लिये निर्धारित मानदण्डों पर मूल्यांकन तथा उनका स्तर निर्धारण।
3. पशुओं का उचित प्रकार से प्रजनन तथा आनुवांशिक विविधता को बनाये रखना।
4. चिड़ियाघर में कार्यरत कर्मचारी तथा अधिकारियों की नियमित एवं उचित प्रशिक्षण व्यवस्था।
5. पशुओं के बारे में अधिक-से-अधिक जानकारी को जनता तक उपलब्ध कराना।

इस प्राधिकरण का गठन 1992 में हुआ। इसका मुख्यालय नई दिल्ली में है। इसके चेयरमैन पदेन वन एवं पर्यावरण मंत्री होते हैं तथा 10 अन्य सदस्यों में से एक व्यक्ति पूर्णकालिक होता है, जो सचिव का कार्यभार सम्भालते हैं।

(व) राष्ट्रीय प्राणि उद्यान (National Zoology Park)–यह उद्यान राष्ट्रीय स्तर का दिल्ली में है और 176 एकड़ भूमि में फैल हुआ है। इसमें 1200 पशु तथा 135 दुर्लभ प्रजातियों के पक्षी वर्तमान में हैं। लोगों को नई जानकारी देने हेतु यह बहुत लाभकारी रहा है।

इसके अतिरिक्त भी कुछ अन्य प्रसिद्ध प्राणि उद्यान हैं, जो विभिन्न राज्य सरकारों के स्तर पर कार्यरत हैं–

1. पदभजा नायडू हिमालय प्राणी उद्यान, दार्जिलिंग (पश्चिम बंगाल),
2. श्री चमराजेन्द्र प्राणी उद्यान, मैसूर (कर्नाटक), ,और
3. नन्दनकानन प्राणी उद्यान, भुवनेश्वर (उड़ीसा)।

जैविक विविधता के नष्ट होने की आशंका
(Threats to Bidiversity)

जैविक विविधत की आवश्यकता (Need), महत्त्व (Importance), उपादेयता (Utility), विस्तार (Scope), संरक्षण (Conservation) तथा इससे सम्बन्धित पहलुओं पर हमने पूर्व में विस्तार से चर्चा की है। इमने यह भी प्रयास किया है कि अन्तर्राष्ट्रीय स्तर पर आयोजित 'जैविक विश्व विजेता सम्मेलन' (International Convention on Biodiversity) ने वर्तमान में इस पर ध्यान देने की किस स्तर पर अभिशंसा की है। इसके प्रतिवेदन के अनुच्छेद 13 (Article 13) में जैविक विविधता के लिये जन शिक्षा और जागृति (Publication Eduation and Awareness) में तो इसे जनसंचार (Media)द्वारा जनहित में प्रचारित करने तथा शिक्षा में पाठ्यक्रम में समावेश करने को कहा है (मूल दस्तावेज के अंश फुटनोट में दिये हैं)।

लेकिन जैविक विविधता के कम होने/नष्ट होने, लुप्त होने में मनुष्य की बड़ी भूमिका है, उसके ही अनेक क्रियाकलापों में ऐसा होता है उन्हें हम यहां बिन्दुवार समेकित कर प्रस्तुत कर रहे हैं–

1. तीव्र अवनीकरण (Tropical Deforestation),
2. प्रजाति संकटग्रस्त क्षेत्रों की अवहेलना
   (Neglect of Species Threatened Areas),
3. जैविक आक्रमण (Biological Invasions),

4. मृदा, जल और वायुमण्डल का प्रदूषण
(Pollution of Soil, Water and Atmosphere),
5. सार्वभौमिक जलवायु परिवर्तन

(Global Climatic Change),
6. आबादी वृद्धि की तेज गति से प्राकृतिक संसाधनों का अधिक उपभोग (Use of more Natural Resources due to high rate of Population Growth),
7. कृषि, वानिकी और मत्स्य उद्योग में निरन्तर गिरावट
(Steadily Narrowing inAgriculture, Forestry and Fisheries Industries),
8. पर्यावरण संरक्षण के रखरखाव के विरुद्ध आर्थिक नीतियां और व्यापार (Economic Policies and Trade against Maintenance of Environmental Conservation)
9. जैविक विविधता के संरक्षण के लिये योजना और नीतियों के निर्माण का अभाव (Absence in making to Plans and Policies for the Conservation of Biodiversity), और (and)
10. सामान्य जन को सूचना और ज्ञान का अभाव
(Lack of Information and Knowledge for Common Man)।

जैविक विविधता (Biodiversity) के सन्दर्भ में अब यह आवश्यक हो गया है कि–

(1) सभी क्षेत्र की विभिन्न प्रजातियों को अच्छे परितंत्र में रख उन्हें पनपने और उनमें वृद्धि होने में भरपूर सहयोग दिया जाये,

(2) अन्तर्राष्ट्रीय स्तर पर के सुझावों के अनुरूप राष्ट्रीय जैविक विविधता नीति (National Bidoviersity Policy) बनाई जाये,

(3) राज्य स्तर पर उपलब्ध साधन सुविधा और क्षमता के अनुकूल क्रियान्वयन योजनाओं का निर्माण हो,

(4) आम आदमी को जैविक विविधता के सभी पहलुओं से अवगत कराया जाय। इसी से जहां एक ओर देश में विभिन्न क्षेत्रों में आत्मनिर्भरता बढ़ेगी वहीं दूसरी ओर देश का व्यापार के क्षेत्र में आर्थिक सम्पन्नता सुनिश्चित है। अच्छा और भरपेट भोजन स्वच्छ पानी, साफ हवा, सुधरे आवास, रुचिपूर्ण पहनावा और मन की अथाह शान्ति और सुख को आम आदमी तक पहुंच जाने की अपूर्व कल्पना

प्रश्न (Questions)

निबन्धात्मक प्रश्न (Essay Type Questions)

1. 'जैविक विविधता' से आप क्या समझते हो? इन्हें किन-किन स्तरों पर देखा जाता है?
2. 'जैविक विविधता' का कार्यक्षेत्र क्या है? समुद्रीय क्षेत्र की सुरक्षा क्यों आवश्यक है?
3. 'जैविक विविधता' के संरक्षण में राष्ट्रीय स्तर पर क्या प्रयास हुये हैं?
4. 'जैविक विविधता' से क्या-क्या लाभ हैं? आर्थिक योगदान पर अपने विचार लिखिये।
5. जीवमण्डल रिजर्व्स क्या हैं? इनके चयन के पीछे क्या मुख्य उद्देश्य रहे हैं? क्या यह जैविक विविधता का संरक्षण करते हैं?

लघुत्तरातमक प्रश्न (Short Answer Type Questions)

6. 'जैविक विविधता' की कोई एक परिभाषा लिखिये।
7. 'जैविक विविधता' का प्राणी वर्ग की स्वस्थता में क्या योगदान है?
8. 'जैविक विविधता' के संरक्षण में स्त्रियों की भूमिका का महत्त्व बताइये।
9. 'जैविक विविधता' के संरक्षण में आम आदमी किस तरह अपना योगदान दे सकता है?
10. 'कच्छ वनस्पति' से क्या आशय है? भारत में ऐसे क्षेत्र कहां-कहां पर हैं?

वस्तुनिष्ठ प्रश्न (Objective Questions)

11. 'जैविक विविधता' पर अन्तर्राष्ट्रीय सम्मेलन कहां आयोजित हुआ था?
    (अ) पेरिस (फ्रांस) में (ब) रीओ डी जैनीरो (ब्राजील) में
    (स) देहली (भारत) में (द) सिडनी (आस्ट्रेलिया) में
12. एक स्थान पर कई प्रकार की आबादियों के समूह को कहते हैं–
    (अ) प्रजाति (ब) समुदाय
    (स) पारिस्थितिक तंत्र (द) भीड़
13. 'जैविक विविधता' को नष्ट करने में किसकी भूमिका सम्भव है?
    (अ) जल (ब) मिट्टी
    (स) पौंधे (द) पोलिथीन बैग्स

14. भारत में वर्तमान में जीवमण्डल रिजर्व्स की संख्या कितनी है?

    (अ) 12 (ब) 16

    (स) 18 (द) 20

15. राष्ट्रीय स्तर पर कितने नमभूमि क्षेत्रों की आज तक शिनाख्त कर ली गई है?

    (अ) 16 (ब) 18

    (स) 20 (द) 22

निम्न प्रश्नों के हां/नहीं में उत्तर दीजिये–

16. जनसंख्या वृद्धि जैविक विविधता को कम करने का एक कारण है। (हाँ/नहीं)

17. चिल्का (उड़ीसा) झील अन्तर्राष्ट्रीय महत्व का नमभूमि क्षेत्र है। (हाँ/नहीं)

18. भारत में जैविक विविधता की राष्ट्रीय नीति का निर्माण हो चुका है। (हाँ/नहीं)

19. चिड़ियाघर जैविक विविधता संरक्षण का एक केन्द्र है। (हाँ/नहीं)

20. क्या रेगिस्तान जैविक विविधता को प्रभावित करते हैं? (हाँ/नहीं)

7

वायु
(Air)

प्रस्तावना (Introduction)

वायु जीवन के लिये एक आवश्यक तत्व है इसके बिना जीवधारियों को जीवन सम्भव नहीं है। वायुमण्डल में ऑक्सीजन के असीमित भण्डार है। स्पष्ट है कि अपेक्षित मात्रा में वायु ही उसके जीवन को सामान्य रूप से चलाती है। इसके साथ ही वायु की स्वच्छता भी आवश्यक है जिससे मनुष्य का जीवन बिना किसी हानि (अस्वस्थता) के चलता रहे।

वायुमण्डल केवल वायु का भण्डारण ही नहीं है जिससे हमारी श्वसन क्रिया चलती रहती है वरन् यह एक विभिन्न गैसीय पदार्थों का ऐसा आवरण है जो पृथ्वी को चारों ओर से घेरे रहती है और विशेषत: सूर्य से आने वाली अत्यधिक ताप की किरणों से उसकी रक्षा करती है। यही आवरण पृथ्वी तथा पृथ्वी पर रहने वाले मनुष्य, पशु तथा पौधों को सौर (Solar) और अतरक्षीण विकिरण (Cosmic Radiation) से होने वाली हानि से भी रक्षा करता है। यह एक ऐसा सुरक्षा कवच है जिसमें बन्द रही पृथ्वी की सभी क्रियाएं और उस पर निवारण करने वाले जीवधारी के सभी क्रियाकलाप अत्यन्त स्वतन्त्रता और स्वच्छन्दता से निष्पादित होते हैं।

यह प्राकृतिक संसाधन हमें विरासत में मिला है और इसकी मात्रा भी इतनी अधिक है कि जब तक पृथ्वी पर सृष्टि रहेगी तब तक सभी जीवधारियों के कितने भी उपयोग किये जाने पर भी इसके समाप्त होने की सम्भावना नहीं है। भौतिकवेत्ताओं ने यह अनुमान लगाया है कि पृथ्वी के सभी ओर की वायु की मात्रा लगभग 5.200 $\times 10^{12}$ मैट्रिक टन है (एक घनमीटर वायु का तोल समुद्री सतह पर 1,170 ग्राम होता है)। और यह मात्रा लगभग स्थिर ही रहती है, चाहे इनके अवयवों के अनुपात में अन्तर आ जाये।

वायु का संयोजन (Composition of Air)

वायु विभिन्न गैसों का मिश्रण है। वायु में विभिन्न गैसों का अनुपात निम्न प्रकार है।

वायु में विभिन्न गैसों का अनुपात

क्र॰सं॰	गैसों के नाम	मात्रा प्रतिशत (आयतन से)
1.	नाइट्रोजन	78.00 प्रतिशत
2.	आक्सीजन	20.95 प्रतिशत
3.	आर्गन	0.93 प्रतिशत
4.	कार्बन डाइऑक्साइड	0.04 प्रतिशत
5.	नीओन	0.001 प्रतिशत
6.	हीलियम, क्रिप्टोन, जेनोन, मीथेन, हाइड्रोजन, ओजोन, धूल के कण, पानी की भाप	0.079 प्रतिशत (प्रत्येक 0.001% से कम)
	कुल	100.00 प्रतिशत

वायु के विभिन्न अवयवों का विशिष्ट योगदान (Specific Contribution of Different Constituents of Air)

मनुष्य की श्वसन से मनुष्य के शरीर में सभी क्रियाएं सम्पन्न होती हैं वायु मनुष्य के लिये अत्यन्त आवश्यक है। इसके अतिरिक्त–

(1) सूर्य से आने वाली हानिकारक अल्ट्रावायलेट (Ultraviolet) किरणों को पृथ्वी पर आने से रोकना,

(2) सूर्य के ताप से पृथ्वी को गर्म रखना,

(3) बादलों के पानी को दूर-दूर तक ले जाकर बरसाना,

(4) सुनने-सुनाने का माध्यम बनना,

(5) इन्डस्ट्रीज तथा अन्य प्रकार से उत्पन्न विषैली गैसों को बहुत ऊपर तक ले जाकर उन्हें विरल बनाना आदि भी अनेक कल्याणकारी कार्य वायु द्वारा ही किये जाते हैं, लेकिन इसमें सम्मिलित होने वाली गैसों का भी बहुत प्रतयवी योगदान होता है। वायु में सम्मिलत विभिन्न अवयवों का योगदान निम्नवत है–

1. ऑक्सीजन की भूमिका (Role of Oxygen)–यह हमारी श्वसन प्रक्रिया का मुख्य स्रोत तथा साधन है। किसी भी प्रकार के जलने-जलाने में ऑक्सीजन का होना आवश्यक है। वस्तुत: जहां भी ईंधन के रूप में किसी भी पदार्थ का उपयोग किया जाता है वहीं ऑक्सीजन की उपस्थिति अवश्यम्भावी है। किसी भी रासायनिक संक्रिया में ऑक्सीजन की भूमिका अवश्य रहती है, वरना यह सक्रिया ही सम्भव नहीं, जैसे–सेब से सिरका बनना, कच्चे आमों के आचार बनाने से पहले उन्हें धूप और हवा में सुखाना आदि।

2. नाइट्रोजन की भूमिका (Role of Nitrogen)–नाइट्रोजन सामान्यतया एक निष्क्रिय गैस मानी गई है और इसका एक विशेष गुण यही है कि यह जलने की तेजी को कम करती है। इसी कारण सब चीजें आग पकड़ते ही बहुत तेजी से नहीं जलती। लेकिन इस गैस का विशिष्ट योगदान मिट्टी में मिलकर पौधों को जीवन देना होता है। नाइट्रोजन खाद के रूप में भी फसल उत्पादन के उपयोग में लाया जाता है।

3. कार्बन डाइऑक्साइड की भूमिका (Role of Carbon dioxide)–हरे पौधे सूर्य की रोशनी से ऊर्जा प्राप्त कर जल वाष्प और कार्बन डाइऑक्साइड से भोजन तैयार करते हैं, जो शाकाहारी जीवों का जीवन आधार बनता है। इस प्रक्रिया को फोटोसिन्थेसिस के नाम से जाना जाता है। कार्बन डाइऑक्साइड स्वयं तो पौधों में समाहित हो जाता है और बदले में ऑक्सीजन उत्पन्न करता है जिससे प्राणी अपनी श्वसन क्रिया में उसका उपयोग कर सकें।

4. जल वाष्प की भूमिका (Role of Water Vapours)–जल वाष्प के दो प्रमुख कार्य हैं। प्रथम तो यह वर्षा और पहाड़ों पर जमने वाली हिम (Snow) के लिये आवश्यक है। दूसरे यह कार्बन डाइऑक्साइड के साथ मिलकर पृथ्वी से लौट रही (Reflected) सूर्य की किरणों को रोककर उन्हें अवशोषित कर लेती हैं जिससे पृथ्वी को ताप मितता है। इस ताप से वर्षा का होना, अधिक पेड़-पौधों का उगना, प्राणी जगत् को भोजन उपलब्ध कराना आदि बहुत करीब से सम्बन्धित हैं।

5. ओजोन की भूमिका (Role of Ozone)–यह ऑक्सीजन का ही एक रूप है जिससे ऑक्सीजन के तीन अणु मिले होते हैं। इसी से रासायनिक भाषा में इसे O_3 से व्यक्त करते हैं। सूर्य से आने वाली हानिकारक अल्ट्रावायलेट किरणों को पृथ्वी पर आने से रोकने में इसी गैस का मुख्य योगदान है। अल्ट्रावायलेट किरणें त्वचा कैन्सर को जन्म देती हैं। जो बहुत हानिकारक रोग है।

6. धूल के कणों की भूमिका (Role of Dust Particles)–वैसे तो धूल के कणों का वायु में रहना कोई अच्छा लक्षण नहीं है, क्योंकि एक प्रकार से यह

वायु को शुद्धता को नष्ट करती है। पर इन कणों के कई व्यावहारिक लाभ हैं–

(1) वायु में रहकर उसे भारी बनाती है, जिससे उसका छितराना तथा यूँ ही सभी तरफ बह जाना कम होता है, और

(2) प्रकाश की किरणों से उत्पन्न प्रकाश में इनकी सहायता से किसी भी वस्तु का दिखना सहज हो जाता है।

वायु के व्यावहारिक उपयोग (Practical Use of Air)

वायु की उपयोगिता के बारे में हमने अभी-अभी उसकी महत्त्वपूर्ण भूमिका के रूप में कुछ विवरण दिया है और अधिक उपयोगों को हम यहां समेकित करने का प्रयास कर रहे हैं–

1. प्राणी वर्ग के लिये श्वसन प्रक्रिया का स्रोत व साधन,
2. स्वचालित वाहनों में ब्रेक्स (Brakes),
3. वायु दबाव के रूप में उपयोग : पहियों में हवा, फुटबाल और गुब्बारों में हवा,
4. गैस और वाष्प के रूप में रेफ्रीजरेटर और एअर कन्डीशनर्स में उपयोग,
5. हवाई जहाजों की उड़ान में दिशा तथा ऊँचाई नियंत्रित करना,
6. एअरक्लीनर्स कमरे, फर्श और अन्य स्थानों की सफाई,
7. इण्डस्ट्रीज में इलेक्ट्रोस्टेटिक प्रेसीपिटेटर के रूप में उपयोग,
8. एअर रूम, कूलर्स में प्रभावी उपयोग : गर्म हवा को कम तापमान में गुजार कर ठंडा करना,
9. तेज गति से होने पर पवन ऊर्जा का उत्पादन, और
10. अस्थमा के रोगियों को चिकित्सीय उपयोग आदि।

वायु की गुणवत्ता (Quality of Air)

स्वच्छ वातावरण हमारे जीवन के लिये अत्यन्त आवश्यक है। वायु गुणवत्ता का स्तर दो श्रेणियों में विभाजित किया जाता है।

1. परिवेशी वायु गुणवत्ता मानदण्ड (Ambient Air Quality Standards)– यह वह मानदण्ड है जो हमारे निवास तथा कार्य करने के स्थान के आसपास प्राय: रहता है। इसी से जनसाधारण अधिक प्रभावित होता है। अधिक मात्रा के प्रदूषकों से सामान्य जीवन अस्त-व्यस्त होना स्वाभाविक है और उससे अनेक प्रकार के रोगों से ग्रसित होने की आशंका बनी रहती है।

2. उत्सर्जित मानदण्ड (Emission Standards)–यह वायु के मानदण्ड किसी कार्य के सम्पन्न होने से उत्सर्जन क्रिया के फलस्वरूप होते हैं। इन्हें निष्पादित मानदण्ड (Standards of Performance) भी कह सकते हैं। मुख्यत: यह दो प्रकार के हैं–

(1) उद्योग सम्बन्धी (Industrial) और

(2) स्वचलित वाहन सम्बन्धी (Vehicular)।

राष्ट्रीय स्तर पर परिवेशी वायु गुणवत्ता मानदण्ड

प्रदूषक	*समयावधि*	*परिवेशी वायु में सान्द्रता (माइक्रोग्राम प्रति घनमीटर)*		
		उद्योग क्षेत्र	*आवासीय क्षेत्र*	*संवेदनशील क्षेत्र*
सल्फर डाइऑक्साइड (SO_2)	वार्षिक औसत	80 μg/m³	60 μg/m³	15 μg/m³
नाइट्रोजन डाइऑक्साइड (NO_2)	यथा	80 μg/m³	60 μg/m³	15 μg/m³
सस्पेन्डेड पार्टीकल्स (SPM)	यथा	360 μg/m³	140 μg/m³	70 μg/m³
कार्बन मोनोऑक्साइड (CO)	8 घंटे	5.0 mg/m³	2.0 mg/m³	1.0 mg/m³
लैड (Lead) (Pb)	वार्षिक औसत	1.0 μg/m³	0.75 μg/m³	0.50 μg/m³

वायु से प्रभावित समस्याएं (Air Prone Problems)

वायु से प्रभावित समस्याओं को निम्नलिखित चार रूपों में विभाजित किया गया है–

(1) विश्वतापन (Global Warming),

(2) अम्लीय वर्षा (Acid Rains),

(3) ओजोन पर्त की क्षीणता (Ozone Layer Depletion), और

(4) स्मोग (Smog)।

इसका विश्लेषण कर रहे हैं। यह भी प्रयास किया जा रहा है कि समस्या के कारणों की जानकारी होने पर उसे कम करने या उससे पूर्णत: बचने के उपाय क्या सम्भव हैं। यदि समस्या अन्तर्राष्ट्रीय स्तर की है तो विश्वस्तर पर क्या-क्या प्रावधान आज चलन में हैं। आइये जानें–

ग्लोबल वार्मिंग (Global Warming)

संयुक्त राष्ट्र ने अपने पर्यावरण कार्यक्रम में उल्लेख किया है; आज मानवता के समक्ष ग्लोबल वार्मिंग सबसे भयावह खतरा है। इसके लिये हमारी आर्थिक गतिविधियां जिम्मेदार है। ग्लोबल वार्मिंग का प्रभाव पूरी परिस्थितिकी पर पड़ेगा। समाज का हर अंश प्रभावित होगा। इसके परिणानस्वरूप समुद्री जल स्तर बढ़ेगा, स्वास्थ्य संबंधी दिक्कतें, असमय मौसमी बदलाव और सामाजिक कठिनाइयां उत्पन्न होंगी।

ग्लोबल वार्मिंग का विस्तार (Extent of Global Warming)

1. विश्व मौसम संगठन के अनुसार भूतल का औसत तापमान पिछली शताब्दी के दौरान 0.45 डिग्री से 0.60 डिग्री सेंटीग्रेड तक बढ़ा।
2. तापमान वृद्धि मुख्य रूप से 1910 से 45 और 1976 से 2000 के बीच हुई। 20वीं शताब्दी का सबसे गर्म साल पिछले 15 वर्षों में से एक रहा।
3. लगभग पूरे विश्व में 90 का दशक सबसे गर्म दशक और 98, 1961 के बाद सबसे गर्म वर्ष रहा।
4. पिछली शताब्दी में सभी महादेशों में वर्ष एक फीसदी बढ़ा है। ऊँची जगहों पर ज्यादा वर्षा हो रही है। उष्ण कटिबंधीय क्षेत्रों में वर्षा कम हो गई है।
5. पिछली शताब्दी में समुद्री जल स्तर 15 से 20 सेंटीमीटर बढ़ा है। 2 से 7 सेंटीमीटर वृद्धि समुद्री जल प्रसार से हुआ।
6. 1950 के दशक की तुलना में समुद्री जल ताप बढ़ा है।
7. पहले मौसमी बदलाव प्राकृतिक होते थे। यद्यपि पौधों की श्वसन क्रिया और उनके सड़ने गलने से वायुमण्डल में निकलने वाला CO_2 मानवीय क्रियाकलापों से दस गुणा ज्यादा होता है, लेकिन फिर भी औद्योगिक क्रान्ति पूर्व स्थिति संतुलित थी। वह CO_2 पौधे और समुद्र अवशोषित कर लेते हैं।

ग्लोबल वार्मिंग के कारण (Cause of Global Warming)

1. औद्योगिक क्रांति से पहले मानवीय क्रियाओं से वायुमंडल बहुत कम दूषित होता था। औद्योगिक क्रांति के बाद सब कुछ बदल गया, खेती, जीवन शैली आदि। औद्योगीकरण बढ़ गया। इन वजहों से हम अपने जलवायु और वातावरण को बदलते रहे हैं।
2. औद्योगिकरण के बाद से वायुमंडल में CO_2 की मात्रा 3.0% मीथेन, 100% नाइट्रस ऑक्साइड 1.5% बढ़ी है। इससे ही पृथ्वी के वायुमंडल की ताप अवशोषण क्षमता बढ़ी।

3. ग्रीन हाउस गैसें तो पहले ही विश्व में ऊर्जा संतुलन बिगाड़ चुकी हैं। यह असंतुलन पृथ्वी पर आने वाले प्रकाश के एक फीसदी के बराबर है। यही एक फीसदी दुनिया भर में व्यवसायिक रूप में होने वाले ऊर्जा उपभोग के 100 गुणा से भी ज्यादा बैठता है।
4. ग्रीन हाउस गैसों का उत्सर्जन मुख्यत: जलाए गए कोयले, तेल और प्राकृतिक गैस से होता है।

इन गैसों की मात्रा वायुमंडल में पिछले 4,00,000 वर्षों के उच्चतम बिंदु पर पहुंच गई है। भौतिकी के नियमानुसार यह पृथ्वी के जलवायु तंत्र को प्रभावित करने वाले कारक का काम करेगी। अमरीका दुनिया के कुल ग्रीन हाउस गैस का 25 फीसदी उत्सर्जित करता है। वहां 80 फीसदी उत्सर्जन विद्युत उत्पादन और वाहनों से होता है। मात्र 20 फीसदी कोयला, प्राकृतिक गैस पाइपलाइन, रासायनों, बेकार चीजों से निकलने वाले मिथेन से होता हैं।

ग्लोबल वार्मिंग के परिणाम (Effects of Global Warming)

तटीय क्षेत्रों को वर्ष के तरीके में आए बदलाव से जल श्रोतों पर असर पड़ रहा है। मीठे पानी के स्रोत में खारा पानी मिल रहा है। जंगल और मरुस्थलों पर एक नया संकट छा गया है। गर्मी और पानी के कारण होने वाले रोग बढ़े हैं। आर्थिक गतिविधियों पर प्रतिकूल प्रभाव पड़ रहा हैं

* समुद्री घास या रीफ्स कम हो रहे हैं मछलियों का उत्पादन भी कम हो जायेगा।
* दुनिया की आवादी 6.5 अरब हैं। इसमें से 2 अरब जनसंख्या समुद्र तट से 100 किलोमीटर के दायरे में रहती है। उस पर तूफान और बाढ़ का खतरा बढ़ जाएगा। करोड़ों लोग पहाड़ी ढ़लानों और अर्ध मरुस्थलीय क्षेत्रों में रहते हैं। इन क्षेत्रों में वर्षा न होने से अक्सर फसल प्रभावित होती है।
* बढ़ती गर्मी और मानसून की अनिश्चितता से कटिबंधीय क्षेत्रों में पैदावार में कमी आ सकती है।
* तुवालु और किरिबती जैसे द्वीपों में बढ़ता समुद्री जल स्तर तटवर्ती सड़कों और फसलों को बर्बाद कर रहा है। वहां लोगों को मूल देश, जैसे न्यूजीलैंड आदि में पलायन करवाने के लिये योजना बनाई जा रही है, ताकि इस शताब्दी के अंत तक द्वीप खाली किया जा सके।

अफ्रीका के किलीमंजारी के हिम खंड 15 साल में पूरी तरह पिघल जाएंगे। पृथ्वी के गर्म होने के कुछ फायदे भी होंगे। कम वर्षा वाले क्षेत्रों में जलवायु

परिवर्तन से वर्षा होगी और पैदावार बढ़ेगी। ज्यादा CO_2 के कारण पौधे जल्दी बढ़ रहे हैं। प्रकाश संश्लेषण से ज्यादा CO_2 अवशोषित कर रहे हैं।

लेकिन ये फायदे बहुत कम हैं और नुकसान बहुत ज्यादा। वैज्ञानिकों का कहना है कि CO_2 की मात्रा तुरंत घटा कर भी जलवायु को पूरी तरह उसके प्रभाव से मुक्त नहीं कराया जा सकता। जलवायु तंत्र में परिवर्तन होने में समय लगता हैं ग्रीन हाउस गैस वायुमंडल में दशकों शताब्दियों तक बनी रहती है।

इस दिशा में वैश्यिक प्रयास (Global Efferts)

संयुक्त राष्ट्र ने इस समस्या को गंभीरता से लेते हुए बहुत सारे कदम उठाए। उनमें से कुछ महत्वूपर्ण कदम निम्न हैं–

* 1979 में पहला जलवायु सम्मलेन आयोजित हुआ। इसमें जलवायु परिवर्तन को गंभीर माना गया। सरकारों से मनुष्य के क्रियाकलापों से हो रहे परिवर्तन को रोकने की अपील की गई। विश्व जलवायु कार्यक्रम की शुरुआत विश्व मौसम संगठन और वैज्ञानिक संघों के संयुक्त तत्वाधान में की गई।
* 1988 में आई॰पी॰सी॰सी॰ का गठन किया गया।
* पर्यावरण और विकास विश्व परिषद का गठन किया गया।
* 80 के दशक के उत्तरार्ध और 90 के दशक के पूर्वार्ध में बहुत सारे सम्मेलन हुए।
* 1990 में आई॰पी॰सी॰सी॰ ने पहली रिपोर्ट पेश की। वैज्ञानिक सबूतों के आधार पर जलवायु परिवर्तन की बात स्वीकार की गई। रोकने के लिये व्यूह रचना का सुझाव दिया गया।
* 1990 में ही द्वितीय विश्व जलवायु सम्मेलन हुआ। जलवायु परिवर्तन पर एक समझौते का ढांचा बनाने की बात की गई। जलवायु परिवर्तन सम्मेलन द्वारा दिये गये सिद्धानों का समर्थन किया गया। जलवायु परिवतन को मानव जाति के लिये समस्या माना गया। विभिन्न देशों के लिये विकास प्रक्रिया को अलग स्तरों पर जिम्मेदारी निश्चित की गई।
* 1992 में रियो जनेरों में हुए पृथ्वी शिखर वार्ता में 154 राष्ट्रों और यूरोपीय संघ ने संयुक्त राष्ट्र द्वारा जलवायु परिवर्तन को रोकने के लिये तैयार किए गए मसौदे पर हस्ताक्षर किया। मसौदे में एजेंडा-21 के अनुसार सन् 2000 तक ग्रीन हाउस गैसों को 90 के स्तर पर लाने की बात की गई।
* 1995 में आई॰पी॰सी॰सी॰ ने 2000 वैज्ञानिकों और विशेषज्ञों द्वारा तैयार दूसरी रिपोर्ट पेश की। निष्कर्ष निकाला गया कि जलवायु को मनुष्य प्रभावित कर रहा है। और लड़ने हेतु सस्ते सुझाव दिये गए।

* 1997 में संयुक्त राष्ट्र आम सभा की विशेष सत्र बुलाया गया और रियो जनेरो के बाद की स्थिति की समीक्षा की गई।
* 1997 में ही क्योटो (इक्वाडोर) में राष्ट्रों के प्रतिनिधियों का सम्मेलन हुआ। इस सम्मेलन में ग्रीन हाउस गैसों के उत्सर्जन के लिये बनाए गए अंतर्राष्ट्रीय मानदण्डों से कानूनी रूप में बांधने हेतु समझौता हुआ।
* क्योटो समझौते के अनुसार सन् 2008-12 के दौरान राष्ट्रों को ग्रीन हाउस गैसों का उत्सर्जन 90 के स्तर से कम से कम पांच फीसदी नीचे करने को कहा गया। 178 राष्ट्रों ने इसे स्वीकृति दी। अमरीका अलग रहा।
* क्योटो समझौते में विश्व के 55% ग्रीन हाउस गैस उत्सर्जन के लिये जिम्मेदार 55 देशों से औपचारिक स्वीकृति देने को कहा गया। अमरीका द्वारा अस्वीकृति के बावजूद यह अमल में लाया जाएगा। अमरीका मानता है कि इससे उसकी अर्थव्यवस्था प्रभावित होगी।
* आई॰पी॰सी॰सी॰ ने 2001 में तीसरी रिपोर्ट पेश की।
* जोहान्सबर्ग सम्मेलन 2002 यह अब तक के अंतराष्ट्रीय सम्मेलनों में सबसे महत्त्वपूर्ण था। इस आयोजन विभिन्न सम्मेलनों में सबसे महत्त्वूपूर्ण था। इसका आयोजन विंभिन्न सम्मेलनों में निर्धारित लक्ष्यों को फलीभूत करने हेतु ठोस कार्य पद्धति बनाने के लिये हुआ था। सम्मेलन अपेक्षित सफलता नहीं पा सका।

ग्रीन हाउस प्रभाव (Green House Effect)

हमारी पृथ्वी पर ऊष्मा का प्रमुख स्रोत सूर्य है। प्रकृति के नियम के अनुसार पृथ्वी सूर्यताप से गरम होने के पश्चात् जब ठण्डी होने लगती है, तब ऊष्मा पृथ्वी से विसरित होकर वायुमण्डल में विलीन हो जाती है। परन्तु मानवीय हस्तक्षेप के कारण यह नियम अवरुद्ध हो रहा है तथा वातावरण एक नाजुक मोड़ पर पहुंच चुका है। इसका बदलता हुआ रूप पृथ्वी के विनाश का कारण बन सकता है। इस सन्दर्भ में ग्रीन हाउस गैसें अर्थात् कार्बन डाइ ऑक्साइड, क्लोरोफ्लोरो कार्बन, नाइट्रिक ऑक्साइड, क्लोरो ऑक्साइड एवं मेथेन आदि अन्य ऊष्मारोधी गैसें पृथ्वी से विसरित होकर ऊष्मा का कुछ भाग अवशोषित कर लेती है एवं पुन: धरातल को वापस कर देती है। इस प्रक्रिया में वायुमण्डल के निचले भाग में अतिरिक्त ऊष्मा एकत्र हो जाती हैं विगत कुछ वर्षों से मानवीय क्रियाकलापों के कारण इन ऊष्मारोधी गैसों की मात्रा वायुमण्डल में बढ़ जाने के कारण वायुमण्डल के औसत ताप में वृद्धि हो गयी है, इसे ही "ग्रीन हाउस प्रभाव" (Green House Effect) कहा गया है। वास्तव में ग्रीन हाउस प्रभाव उस काल्पनिक कांच गृह की भांति कार्य करता है जिसकी चारों ओर की दीवारें एवं दत

कांच की बनी तथा धरातल दीवारों व छत के साथ पूर्णरूप से बन्द है इस कांच गृह से सूर्य का ताप आ तो जाता है परन्तु ताप उससे बाहर नहीं जा सकता है। ग्रीन हाउस प्रभाव में ऊष्मा रोधी गैसें सूर्य से आने वाली ऊष्मा को कांच गृह की भांति रोककर पृथ्वी पर ताप में वृद्धि कर रही है। जिससे भविष्य में ग्लोबल वार्मिंग की समस्या उत्पन्न होने का खतरा बढ़ रहा है। ऐसा अनुमान है कि अगर ग्रीन हाउस गैसें वायुमण्डल में बढ़ती रहीं तो 2050 ई॰ तक पृथ्वी के औसत तापमान में 5°C तक वृद्धि हो जायेगी। इसके कारण ध्रुवीय बर्फ की टोपियां (Polarice caps) पिघल जायेंगी जिसके फलस्वरूप समुद्र में अधिक जल एकत्र हो जायेगा और समुद्र तटीय भागों में बाढ़ आ जायेगी। वायुमण्डल में अधिक मात्रा में ऊष्मा अवरोधी गैसें जिनको ग्रीन हाउस कहा जाता है। ऐसी मुख्य गैस तथा उनके स्रोत निम्नलिखित हैं–

ग्रीन हाउस गैस	*स्रोत*
1. कार्बन-डाई-ऑक्साइड (CO_2)	जीवांश (Fossil) ईंधन व लकड़ी दहन
2. नाइट्रस ऑक्साइड (N_2O)	उर्वरक प्रयोग एवं जन्तु अपशिष्ट
3. मीथेन (CH_4)	बायोगैस तथा जीवाणु अपघटन
4. क्लोरोफ्यूरो कार्बन (CFCS)	फ्रिऑन (ठण्डा करने वाला पदार्थ)
5. हेलनस (हेलाकार्बन्स Cx, Gx, Brx)	अग्नि बुझाने वाले उपकरण

ग्रीन हाउस प्रभाव में वृद्धि के कारण (Causes of Increase in Green House Effects)–ग्रीन हाउस प्रभाव का प्रमुख कारण ग्रीन हाउस गैसों में वृद्धि है। इन गैसों में वृद्धि के मुख्य स्रोत इस प्रकार हैं –

1. औद्योगीकरण–औद्योगीकरण तथा घरों में जीवाश्मी, ईंधनों-कोयला, पेट्रोलियम आदि पदार्थों के उपयोग में वृद्धि के कारण वायुमण्डल में कार्बन डाईऑक्साइड गैस में अत्यधिक वृद्धि हुई है। लगभग 18000 वर्ष पूर्व हिमनद काल से अन्तर्हिमनद युग तक CO_2 गैस में 40% की वृद्धि हुई है। ग्रीन हाउस गैस प्रभाव में इस गैस का योगदान 60% से ज्यादा है। औद्योगिक क्रान्ति से पूर्व वायुमण्डल में कार्बन-डाई-ऑक्साइड की मात्रा 280 पी॰पी॰एम॰ थी जो 1991 में बढ़कर 353 पी॰पी॰एम॰ हो गई। अत: इन तथ्यों से प्रकट होता है कि औद्योगीकरण ग्रीन हाउस प्रभाव में एक महत्त्वपूर्ण कारण रहा है।

2. वनों का विनाश–वर्तमान समय में जनसंख्या वृद्धि के कारण विश्व में प्रतिवर्ष लगभग 7 करोड़ हैक्टेयर भूमि से वनों को हटाया जा रहा है। यदि वन विनाश की यही दर रही तो विश्व के 5% भूभाग पर वन रहना सम्भव नहीं। वनों

के विनाश से प्रकाश-संश्लेषण की क्रिया कम होती है जिसके परिणामस्वरूप कार्बन डाई ऑक्साइड स्तर में सन्तुलन कायम नहीं रहता है। वृक्षों के विनाश से प्रतिवर्ष दो अरब टन अतिरिक्त कार्बन वायुमण्डल में आता है और इस प्रकार वनों के विनाश से ग्रीन हाउस प्रभाव में वृद्धि होती है।

3. **क्लोरोफ्लोरो कार्बन का प्रयोग**—कुछ वैज्ञानिकों का मत है कि क्लोरोफ्लोरो कार्बन एवं मीथेन गैसों का ग्रीन हाउस प्रभाव की वृद्धि में 90% तक योगदान सम्भव है क्योंकि ये गैसें ओजोन परत को नष्ट करती हैं। वर्तमान समय में इन गैसों का प्रयोग रेफ्रिजरेटरों एवं गाड़ियों में प्रयोग होने वाले एयरकन्डीशनरों गद्देदार सीटों या सोफों में काम आने वाली फोम और रेजीन तथा सुगन्धित कॉस्मेटिक ऐरोसॉल स्प्रे के निर्माण में किया जाता है। इन गैसों के प्रयोग से मानव स्वास्थ्य के साथ-साथ पर्यावरण को भी खतरा उत्पन्न हो गया है।

ग्रीनहाउस गैसों में वृद्धि के दुष्प्रभाव (Adverse Green House Effects)—ग्रीन हाउस गैसों में वृद्धि के परिणाम अत्यन्त भयंकर होने की सम्भावना है। इसके प्रभाव का विवेचन निम्नलिखित रूप में किया जा सकता है।

1. **जलवायु में परिवर्तन**—ग्रीन हाउस प्रभाव का सबसे भयंकर दुष्परिणाम वातावरण में जलवायु परिवर्तन के रूप में प्रकट होना प्रारम्भ हो गया। जैसे-जैसे पृथ्वी के तापमान में वृद्धि हो रही है। इस परिवर्तन के परिणाम सामने आ रहे हैं। पर्वतीय क्षेत्रों में आज से 20 वर्ष पूर्व जहां पर हिमपात होता था उन स्थानों पर हिमपात होना बन्द हो गया यथा इतनी कम मात्रा में होने लगा कि उसका कोई लाभ नहीं रहा है। इसके कारण प्रतिवर्ष विभिन्न मौसमों में आकस्मिक, तापमान की वृद्धि या कमी तथा प्राकृतिक घटनाओं यथा-तूफान, चक्रवात, अतिवृष्टि, सूखा आदि के रूप में सामने आ रहे हैं। 1987 में संयुक्त राष्ट्र पर्यावरण कार्यक्रम विश्व मौसम विज्ञान संगठन ने अपनी रिपोर्ट में अग्रलिखित दो निष्कर्ष प्रस्तुत कर इस ओर ध्यान आकर्षित किया है—

(*i*) ग्रीन हाउस प्रभाव के कारण पृथ्वी लगभग 44 सी॰जी॰ अधिक गरम रहती है।

(*ii*) ग्रीन हाउस प्रभाव में मानव क्रियाकलापों का विशेष हाथ है जिससे जलवायु परिवर्तन का खतरा उत्पन्न हो रहा है।

2. **समुद्र तटीय क्षेत्रों में बाढ़ का खतरा**—पृथ्वी पर लगातार तापमान वृद्धि के कारण हिमऔपियों से बर्फ पिघलने की दर में वृद्धि हो रही है। एक अनुमान के अनुसार सन् 2050 ई॰ तक समुद्रों के जल स्तर लगभग 24 सेमी॰ की वृद्धि

की सम्भावना है। समुद्रों के जलस्तर में वृद्धि के कारण पहले से कम भूमि और कम होने तथा मानवीय बस्तियां विनाश के परिणाम सामने आने आवश्यक है।

3. प्राकृतिक वनस्पति का विनाश एवं कृषि उत्पादन में कमी–ग्रीन हाउस प्रभाव के कारण जैसे-जैसे कार्बन डाइ ऑक्साइड गैसों में वृद्धि हो रही है, प्राकृतिक वनस्पति की प्रकाश संश्लेषण क्रिया प्रभावित होकर वनस्पति विनाश का कारण बन रही है। भारतीय वानिकी अनुसंधान के महानिदेशक डॉ० एन० तिवारी के अनुसार ग्रीन हाउस प्रभाव के कारण प्राकृतिक वनस्पति की अनेक जातियां नष्ट हो जायेंगी तथा उनके स्थान पर अन्य नुकसानदायक जातियों में वृद्धि हो जायेगी। दूसरी ओर कृषि उत्पादन में गिरावट आ जायेगी।

4. अन्य प्रभाव–ग्रीन हाउस प्रभाव के अन्य दुष्परिणामों में अनावृष्टि, अतिवृष्टि की सम्भावनाओं में वृद्धि, ऊष्मा स्रोतों का अभाव तथा विभिन्न प्रकारों के रोगों में वृद्धि के होने की सम्भावना है। ऐसी कठिन परिस्थितियां उत्पन्न होने पर विकासशील देशों के पास पर्याप्त वैकल्पिक उपायों का सर्वथा अभाव था, इसलिये इसका प्रभाव विध्वंसक है।

ग्रीन हाउस प्रभाव को रोकने के उपाय–ग्रीन हाउस प्रभाव में वृद्धि का मुख्य कारण मानव क्रियाकलाप है अत: इस प्रभाव को विध्वंसक मानते हुये निम्नलिखित उपाय महत्त्वपूर्ण हो सकते हैं–

1. वनीकरण कार्यक्रम को सभी स्तर ग्राम, शहर, पर्वत, मैदान आदि क्षेत्रों में विशेषरूप से क्रियान्वित किया जाये।
2. जीवाश्म ईंधन का कम से कम उपयोग किया जाये तथा वैकल्पिक ऊर्जा स्रोतों का विकास किया जाये।
3. मिथेन तथा क्लोरोफ्यूरो कार्बन गैसों के प्रयोग पर प्रतिबन्ध लगाया जाये।
4. इस समस्या को दूर करने के लिये जनसाधारण को जागरूक किया जाये तथा पर्यावरण असन्तुलन के खतरों से अवगत कराने के लिये रियो, ब्राजील, एवं पृथ्वी सम्मेलन जैसे गोष्ठियों का समय-समय पर स्थानीय स्तर पर आयोजन किया जाये।

अम्लीय वर्षा (Acid Rain)

अम्लीय वर्षा–तेल शोधनशालाओं, कल-कारखानों और वाहनों द्वारा निकले धुयें के रूप में सल्फर ऑक्साइड गैस वायु में घुलकर रासायनिक अभिक्रिया से सल्फ्यूरिक अम्ल (Sulphuric Acid) बन जाती है। यह तत्त्व वर्षा के जल में मिलकर धरातल

पर आ जाता है जो अपने अम्लीय प्रभाव द्वारा जैव-अर्जन पदार्थों का क्षरण करता है। इसी प्रक्रिया को अम्लीय वर्षा कहा जाता है। साधारणत: वर्षा जल का पी०एच० मूल्य 5 माना जाता है, परन्तु जब इस जल में अम्लीय तत्व घुल जाते हैं तो इसका पी० एच० मूल्य घटकर 4 हो जाता है। यह जल सभी प्रकार के जैव एवं अजैव पदार्थों के लिये अत्यन्त घातक होता है। इन तत्त्वों के प्रमुख स्रोत कल कारखाने एवं ऊर्जा वाहन हैं। ऐसे देश या क्षेत्र जहां पर वाहनों एवं कल कारखानों की संख्या अधिक है इन भागों में अम्लीय पदार्थ वायु में अधिक पाये जाते हैं। वास्तव में यह वायु प्रदूषण का ही एक रूप है जिसका प्रभाव जल में घुलकर धरातल को प्रदूषित करता है इसलिये इसका प्रभाव इसके उत्पादक क्षेत्रों के अतिरिक्त ऐसे स्थानों पर भी देखा जाता है जहां वाहन व कल कारखानों की संख्या अधिक नहीं होती है। विश्व में विकसित एवं औद्योगिक देश इस प्रदूषण से अधिक प्रभावित हैं। नार्वे, स्वीडन, जर्मनी, ब्रिटेन तथा संयुक्त राज्य अमेरिका इस प्रभाव के कारण मनुष्यों ने पानी पीना भी छोड़ दिया है। कनाडा और संयुक्त राज्य अमेरिका में अम्ल वर्षा को झील विनाशक कहा जाने लगा है क्योंकि इसके कारण झील के सभी जीव नष्ट हो रहे हैं।

अम्लीय वर्षा की प्रक्रिया—विभिन्न औद्योगिक इकाइयों की चिमनियों, स्वचालित वाहनों (Automobiles) तथा ऊर्जा पदार्थों के जलने से CO_2, SO_2 व NO_2 आदि गैसें वायुमण्डल में पहुंचने से वायुमण्डल में उपस्थित जल के साथ ये गैसें रासायनिक अभिक्रिया से अम्ल में बदल जाती हैं। CO_2 जल के साथ अभिक्रिया करके कार्बोनिक अम्ल (H_2CO_4) तथा SO_2 व SO_3 जल के साथ अभिक्रिया करके सल्फ्यूरस तथा सल्फ्यूरिक अम्ल तथा (H_2SO_3, H_2SO_4) नाइट्रोजन ऑक्साइड भी जल व ऑक्सीजन के साथ क्रिया करके नाइट्रस (HNO_2) वह नाइट्रिक अम्लों (HNO_3) में बदल जाती है और वर्षा के जल के साथ मिलकर अम्लीय वर्षा के रूप में बरसने लगती है,

अम्लीय वर्षा का प्रभाव (Effect of Acid Rain)—अम्लीय वर्षा जैव तथा अजैव सभी तत्त्वों के लिये हानिकारक है। इसके कारण फसलें, पौधे, जीव-जन्तु, मानव, भवन, मिट्टी आदि सभी प्रभावित होते हैं। अम्लयुक्त जल से पौधों की पत्तियों की प्रकाश-संश्लेषण प्रक्रिया अत्यन्त मन्द पड़ जाती हैं जिस कारण पौधों को पोषण तत्त्व पर्याप्त मात्रा में नहीं मिलते हैं धीरे-धीरे पौधा मर जाता है या उसका विकास पूरा नहीं हो पाता है। लाइकेन (Lichen) के पौधों को अधिक सुग्राही (Sensitive) होने के कारण अम्ल वर्षा संकेतक के रूप में प्रयुक्त किया जाता है।

अम्ल वर्षा जल, पेड़-पौधों को हानि पहुंचाता ही है इसके अतिरिक्त, इस जल से झील, तालाब आदि का भी जीव-समुदाय प्रभावित होता है।

अम्लीय वर्षा का भवनों/ताजमहल पर प्रभाव—भारत में अम्लीय वर्षा के प्रभाव का मूल्यांकन ताजमहल पर देखा जा सकता है। मथुरा में स्थित तेल परिशोधन कारखाने में प्रयुक्त किये जाने वाले ईंधन से उत्पन्न धुएं में SO_2 की मात्रा अधिक रहती है। यह SO_2 वर्षा के जल के साथ वायुमण्डल से पृथ्वी पर सल्फ्यूरिक अम्ल के रूप में आता है। यह अम्ल संगमरमर जैसे पत्थरों को प्रभावित करता है। इस औद्योगिक संस्थान के कारण ऐतिहासिक इमारत ताजमहल पर हानिकारक प्रभाव पड़ रहा है। यही तथ्य ध्यान में रखकर भारत के उच्च न्यायालय ने इस क्षेत्र में औद्योगिक संस्थानों की स्थापना पर प्रतिबन्ध तथा कारखानों में प्रदूषण रोधक यन्त्रों का लगाना अनिवार्य घोषित कर दिया है।

कार्बन डाइऑक्साइड गैस के उत्पन्न होने का मुख्य स्रोत जीवाश्म ईंधन का दहन है, जबकि सल्फर डाइऑक्साइड तथा नाइट्रोजन डाइऑक्साइड गैसों का अधिक भाग स्वचालित वाहनों के उत्सर्जन तथा उद्योगों की चिमनियों से निकलने वाले धुंए से होता है।

3. अम्लीय वर्षा से हानि (Damage due to Acid Rain)—अम्लीय वर्षा से होने वाली हानियों को निम्न बिन्दुओं में समेकित किया जा सकता है—

(क) वृक्ष और मिट्टी (Trees and Soil)—अम्लीय वर्षा से पेड़ों की पत्तियां जल जाती हैं, ऊपरी सिरे नष्ट होने लगते हैं, और तने कमजोर होते जाते हैं, जिससे पेड़ जल्दी गिर भी जाते हैं और नष्ट भी होने लगते हैं। सबसे अधिक असर मिट्टी पर पड़ता है। मिट्टी में विद्यमान अघुलनशील अल्यूमीनियम अम्लीय वर्षा से घुलनशील बन जाता है तथा मैग्नीशियम को भी नष्ट कर देता है जिनसे वृक्षों की शक्ति कम हो जाती है। अनेक देश इस समस्या के शिकार हुये हैं, जिनका हल सहज नहीं सूझता।

(ख) नदियां और झीलें (Rivers and Lakes)—अम्लीय वर्षा अपने साथ लाई मिट्टी को जब नदियों और झीलों में डाल देती हैं तो उनके जल की अम्लीयता बढ़ जाती है। घुले अल्यूमीनियम से जल में विषैलापन आ जाता है। परिणामस्वरूप जल के जानवरों की अकाल मृत्यु भारी मात्रा में होती है जिसका असर भोजन की उपलब्धता में कमी स्वाभाविक है। इन क्षेत्रों का परितंत्र वस्तुत: आशंका के घेरे में आ जाता हैं

(ग) इमारतें (Buildings)—जब अम्लीय वर्षा का अम्ल भवनों व इमारतों पर गिरता है तो सामान्यतया वह बिल्डिंग सामग्री से संक्रिया करता है। विश्व के अनेक ऊँचे-ऊँचे स्मारक, भवन आलीशान इमारतें इसका शिकार बनती हैं। स्थायी समाधान न हो सकने के कारण यह चिन्ता का विषय बना हुआ है।

(घ) बिना दोष के सजा (Punishment without Fault)—वायु के लिये कोई देश-विदेशीय सीमाएं नहीं हैं। अम्लीय गैसों को ले जाने वाली वायु हजारों किलोमीटर उड़कर चली जाती हैं और जहां कहीं भी उसे आर्द्रता मिलती है वहीं जल के साथ संक्रिया करके अम्लीय वर्षा के रूप में बरस पड़ती हैं। इस प्रकार कहीं की गैसें कहीं पहुंच जाती हैं।

(4) सम्भावित समाधान (Possible Solutions)—यद्यपि इस समस्या को पूरी तरह से हल तो नहीं किया जा सकता, पर फिर भी कुछ उपाय इसे कम करने के निम्न उपाय किये जा सके हैं।

1. ऐसे ऊर्जा के स्रोतों का उपयोग कम करें जिससे SO_2 या NO_2 का उत्सर्जन अधिक हो।
2. उद्योगों के स्क्रबर्स (Scrubbers) के उपयोग में उत्सर्जित होने वाली SO_2 गैस को स्रोत पर ही रोक लिया जाये।
3. द्विपहिया वाहनों का उपयोग कम किया जाये।
4. कारों में Catalytic Converter जगाये जाये।
5. पानी और मिट्टी में चूने का उपयोग करे, जिससे उनकी अम्लीयता कम हो सके।

ओजोन पर्त की क्षीणता (Ozone Layer Depletion)

पृथ्वी के चारों ओर का आवरण वायुमण्डल कहलाता है। इसकी ऊँचाई 16 से 29 हजार किलोमीटर तक मानी जाती है। परन्तु धरातल से केवल 800 किमी॰ ऊँचाई तक का वायुमण्डलीय भाग ही अधिक महत्त्वपूर्ण है। तापक्रम तथा वायुदाब के आधार पर वायुमण्डल को परिवर्तन मण्डल (Troposphere), ओजोनमण्डल (Ozonosphere), समतापमण्डल (Stratosphere) तथा मध्यमण्डल (Mesosphere) आदि ऊर्ध्वाकार विभाजन किया जाता है।

ओजोन परत या मण्डल (Ozonosphere)—समताप तापमण्डल के निचले भाग अथवा परिवर्तन मण्डल के सबसे ऊपर वाले भाग को ओजोनमण्डल कहते हैं। इस भाग में 15 से 35 किमी के मध्य ओपोण या ओजोन गैस की एक मोटी परत होती हैं यही परत ओजोन परत या ओजोनमण्डल कहलाती है। ओजोन गैस (O_3) में ऑक्सीजन के तीन परमाणु (एटम) होते हैं। यह गैस ऑक्सीजन में मिलती जुलती गैस है इसमें एक विशेष प्रकार की तीखी गंध होती है तथा इसका रंग नीला होता है। यही ओजोन गैस सूर्य से आने वाली हानिकारक गैसों या किरणों

मुख्यत: पराबैंगनी किरणों को पृथ्वी पर आने से रोकती हैं। अत: प्रकृति ने पृथ्वी और उसके जीवधारियों की सुरक्षा के लिये ओजोन परत को एक रक्षाकवच के रूप में वायुमण्डल में स्थापित किया हुआ है। वैज्ञानिकों के मतानुसार पराबैंगनी किरणों के सीधा सम्पर्क में आने से मनुष्य, जीव, वनस्पति आदि में रोग प्रतिरोधक क्षमता का क्षरण होता हैं मनुष्य में त्वचा का कैंसर, आंखों में मोतियाबिन्दु जैसे रोगों की वृद्धि होती है। समुद्री तथा स्थलीय जीव-जन्तु, कृषि उपज तथा वनस्पति एवं खाद्य पदार्थों पर भी इन पराबैंगनी किरणों का प्रतिकूल प्रभाव पड़ता है। इस प्रकार ओज़ोन परत पृथ्वी एवं उसके समस्त जीवधारियों के जीवन सुरक्षा में प्रगति का अनुपम उपहार है जिसे मानव अपने कृत्यों द्वारा नष्ट कर रहा है। मुख्यत: नगरीकरण, औद्योगीकरण तथा अत्यधिक जनसंख्या वृद्धि से यह परत नष्ट हो रही है। इसी ओजोन परत के नष्ट होने की प्रक्रिया ओजोन में छिद्र या ओजोन परत का क्षरण या विनाश कहलाता है।

ओजोन परत का पतला होना–ओजोन गैस के विनाश के कारण, ओजोन परत लगातार पतली हो रही है या उसमें छिद्र बन रहे हैं तथा बने हुये छिद्रों का विस्तार हो रहा है। विगत दो दशकों को इस समस्या की ओर अन्तर्राष्ट्रीय समूह विशेषरूप से चिन्तित है। ब्रिटेन के अण्टार्कटिका सर्वेक्षण दल (1985) ने अपने अनुभवों और शोध के आधार पर जो रिपोर्ट प्रस्तुत की उसके अनुसार अण्टार्कटिका में हेली खाड़ी के ऊपर ओजोन गैस की अधिक कमी है। इस रिपोर्ट में बताया गया है कि 1977 से 1984 के बीच ओजोन में लगभग 40% की कमी आयी है। विभिन्न देशों के अनुसंधानकर्त्ताओं के अनुसार सबसे अधिक चिन्ता का विषय यह है कि ओजोन परत बड़ी तेजी से पतली हो रही है। जापान के वैज्ञानिकों के आधार पर 1981 की अपेक्षा 1991 में ओजोन छिद्र ही तेरह गुना अधिक बड़ा हो गया है। स्टेट ऑफ दि वर्ल्ड 1992 के अनुसार उत्तरी गोलार्द्ध के घनी आबादी वाले क्षेत्रों में ओजोन परत अनुमान के विपरीत दुगुनी गति से पतली या सिकुड़ती जा रही है। वैज्ञानिकों ने अभी तक दो ओजोन छिद्रों का पता लगाया है। एक ओजोन छिद्र अण्टार्कटिका महासागर के ऊपर है तथा दूसरा ओजोन छिद्र, आर्कटिक महासागर के ऊपर बताया गया है। इसमें प्रथम छिद्र जो संयुक्त राज्य अमेरिका और कनाडा जैसे घनी आबादी क्षेत्र में पड़ता है, अधिक समस्या उत्पन्न करने वाला है। जबकि द्वितीय छिद्र का क्षेत्र जनशून्य होने के कारण अभी अधिक समस्यादायक नहीं है।

ओजोन परत के विनाश के कारण–ओजोन परत का विनाश करने वाले रासायनिक पदार्थों के स्रोत निम्नलिखित से सम्बन्धित है–

1. अत्यधिक औद्योगीकरण द्वारा निसृत जहरीला धुआं एवं गैस।
2. अधिक ऊँचाई पर उड़ने वाले जैट विमान से निकला जहरीला धुआं।
3. परमाणु बमों के विस्फोट से निकली गैसें।
4. ज्वालामुखी विस्फोट से निकली हाइड्रोजन क्लोराइड तथा हाइड्रोजन फ्लूराइड पदार्थ।

ऊपर लिखी निसृत गैसें धुआं, कण आदि वायुमण्डल में पहुंचकर ओजोन परत का विनाश कर रही हैं। वास्तव में ओजोन परत के विनाश में मानवीय कुकृत्यों के अतिरिक्त कुछ प्राकृतिक घटनायें भी महत्त्वपूर्ण कारण हैं जैसे–

उद्योग धन्धे रासायनिक पदार्थों का उपयोग--विश्व के विभिन्न देशों में असावधानीपूर्वक उद्योगों का विस्तार ओजोन परत के विनाश के लिये उत्तरदायी है। दुनिया के अनेक देश मनमाने ढंग से उद्योगों का जहरीला धुआं, रासायनिक पदार्थ जब वायुमण्डल में छोड़ते हैं तो वह वायु संचलन के कारण विभिन्न देश एवं क्षेत्रों में पहुंचकर वातावरण को हानि पहुंचाता है। उद्योगों से निकल वाले क्लोराफ्लोरो कार्बन वायुमण्डल में पहुंचकर ओजोन परत को लगातार क्षीण करता रहता है तथा क्लोरीन का एक परमाणु 100,000 ओजोन के अणुओं को नष्ट करता है। ये क्लोरीन परमाणु क्लारोफ्लोरो कार्बन (CFC_s) के विघटन से बनते हैं। इसकी रासायनिक क्रिया इस प्रकार है–

$$Cl + O_3 \rightarrow ClO + O_2$$
$$ClO + O \rightarrow Cl + O_2$$

फिऑन (Feon) सबसे अधिक घातक क्लोरोफ्लोरो कार्बन है, इसका प्रयोग रेफ्रिजरेटर, एअर–कण्डिश्नर, गद्दार सीट या सोफों में प्रयुक्त फोम तथा ऐरोसॉल स्पो में होता है। अतः इनके उपयोगों के कारण उद्योगों में सी॰एफ॰सी॰ गैस का उत्पादन लगातार होता है जिसके कारण यह गैस वायुमण्डल में पहुंचकर ओजोन परत का विनाश कर रही है। कैलिफोर्निया विश्वविद्यालय के वैज्ञानिक शेखड़ शेलैण्ड के मतानुसार–"सी॰एफ॰सी॰ की औसत आयु यदि सौ वर्ष मान लीजिये तो सौ वर्ष बाद इन गैसों का 37% अंश, 200 वर्ष बाद 13% अंश तथा 300 वर्ष बाद 4% अंश वायुमण्डल में फिर भी बना रहेगा जो पहले से ही काफी बड़ी मात्रा में नष्ट हुई ओजोन परत को और भी हानि पहुंचायेगा।"

ज्वालामुखी विस्फोटप–ओजोन परत को नष्ट करने में प्राकृतिक साधनों के अन्तर्गत ज्वालामुखी विस्फोटों से निकले धुयें के बादल 50 किमी॰ की ऊँचाई तक पहुंचकर समताप मण्डल तक हानि पहुंचाता है। मिशिगन टेक्नोलॉजिकल विश्व-

विद्यालय के शोधार्थियों के अनुसार प्रतिवर्ष ज्वालामुखी विस्फोटों से 1 करोड़ टन हाइड्रोजन क्लोराइड तथा 60 लाख टन हाइड्रोजन फ्लूराइड वायुमण्डल में पहुंचता है जो ओजोन परत के विनाश का मुख्य कारण है।

ओजोन सुरक्षा के उपाय (Measures of Ozone Layer Protection) – ओजोन सुरक्षा में सबसे महत्त्वपूर्ण उपाय उद्योगों से निकलने वाली गैस सी॰एफ॰सी॰ का उत्पादन बन्द करना या उत्पादन में अत्यधिक सावधानी का उपयोग करना उचित है। विश्व के अधिकतर देशों ने इस गैस के प्रयोग को सन् 2000 तक बन्द करने पर सहमति जतायी थी परन्तु यह अभी तक सम्भव नहीं हो सकता हैं यूरोप सहित विश्व के सभी वैज्ञानिक संगठन इस बात पर सहमत हैं कि अगर हमें ओजोन परत को बचाना है जो सी॰एफ॰सी॰ तथा ऐसे ही अन्य रसायनों का प्रयोग बन्द करना होगा।

(द) स्मोग (Smog)

1. समस्या और कारण (Problem and Cause) – यह शबद वस्तुत: SMOGUE का अपभ्रंश है: Smoke + Fogue (धुआँ + कुहरा) या यों कहें कि स्मोग एक धुएं, विषैली गैसें, वायु में तैरते अनेक तत्त्व व कार्बन के कण और पानी की भाप की मिली-जुली वह एक पर्त है जो पृवी से कुछ ऊँचाई पर वायुमण्डल में एक आवरणसा बनाकर कुछ आवासीय भागों को ढंग लेती है। कुछ देर बाद ही ऑक्सीजन की कमी के कारण लोगों को सांस की कठिनाई शुरू होती है और दम घुटने लगता हैं निष्कर्ष सैकड़ो-हजारों प्राणियों का जीवन-अन्त। कितनी भयावह स्थिति है, कल्पना करें। इसका मुख्य कारण उद्योगों की चिमनियों से निकलने वाले धुएं व उनसे ही निकलने वाले विभिन्न तत्त्वों के सूक्ष्म कण (Suspended Particulate Manner) हैं जिसकी कुछ भयावहता उद्योगों में लगाये जाने वाले नियंत्रण उपकरणों (Treatment Plants) तथा चिमनियों की ऊँचाई में वृद्धि करके कम तो किया जा सकता है, पर एकदम रोका नहीं जा सकता।

सर्वप्रथम इस प्रकार की घटना का उल्लेख 1940 में लास ऐंजिल्स (अमेरिका) का मिलता है, जबकि SMOG के कारण कई हजार मौतें हुई। 1952 की लंदन की घटना का तो अब नाम ही लंदन घटना (London Episode) पड़ गया है जिसमें 4-5 हजार लोगों की सांस लेने की कठिनाई के कारण दम घुटने से हुई मृत्यु का विवरण मिलता हैं इन प्रकरणों के आधार पर ही अब बड़े-बड़े उद्योगों के बहुत निकट आवासीय कॉलोनी के निर्माण को कम किया जा रहा है जिसे उपर्युक्त प्रकार की दुर्घटनाओं से बचा जा सके।

2. हानिकारक परिणाम–स्मोग, यह विषैला धुआं, श्वसन क्रिया को बुरी तरह प्रभावित करता है। दम घुटने लगता है, और यदि व्यक्ति काफी लम्बी अवधि तक इसमें फंस जाये तो वह मर भी सकता है। अस्थमा के रोगी की तो यह कुछ मिनट भी सहन नहीं है।

3. सम्भावित समाधान (Possible Solutions)–स्मोग कम-से-कम बने या बिल्कुल न बने यही इसका एक उत्तम और अन्तिम उपाय है। पर फिर भी वह स्थिति कैसे आये इस हेते कुछ सुझाव प्रस्तुत हैं–

- कम धुंऐ वाले ईंधन का प्रयोग करें। खाना बनाने के लिये LPG या CNG गैस का उपयोग हो तो उत्तम है।
- स्वचालित वाहनों के कम उपयोग से उत्सर्जित धुंए की मात्रा में कमी आयेगी। सामूहिक बस अथवा साइकिल काम में लें।
- द्विपहिया वाहन में टयूनिंग ठीक रखें, इससे उत्सर्जन की मात्रा कम होगी तथा धुंआ कम निकलेगा।
- कारों में (Caralytic Converters) का उपयोग करें वैसे अब नये models में इस उपकरण की आवश्यकता नहीं है।

4. केन्द्रीय सरकार द्वारा किये जा रहे उपाय (Measures Taken by Central Government)–भारत सरकार के वन एवं पर्यावरण मंत्रालय ने परिवहन विभाग तथा केन्द्रीय प्रदूषण नियंत्रण मण्डल के सहयोग से वायु में विभिन्न प्रकार के प्रदूषकों की जानकारी करने हेतु अनेक निगरानी केन्द्र स्थापित किये हैं लेकिन उनकी उपयोगिता केवल जानकारी प्राप्त करने तक सीमित है। कोई व्यावहारिक लाभ दिखाई नहीं देता। लाभ तो तभी होगा जबकि जनसाधारण में चेतना जागृत हो।

वायु प्राकृतिक संसाधन का एक प्रमुख अंग है, जिसको पूरे जीवनपर्यन्त आवश्यकता है। साथ ही वह स्वच्छ भी हो और निरापद भी। अत: यदि बहुत सारे कार्यों के सम्पन्न करने में आलस्य व कठिनाई हो तो एक बात अवश्य करें। भरपूर वृक्षारोपण करें, उनकी सुरक्षा करें। कम-से-कम आपके घर के तथा उसके आसपास के क्षेत्र की हरियाली से आप और आपका परिवार तो सुखी प्रसन्नचित और रोगरहित रहेगा।

प्रश्न (Questions)

निबन्धात्मक प्रश्न (Essay Type Questioins)

1. वायु क्या है? इसमें घटक गैसों की भागीदारी बताइये।
2. वायु के विभिन्न अवयवों की क्या-क्या विशिष्ट भूमिकायें हैं?

3. वायु के व्यावहारिक उपयोगों के बारे में बताइये।
4. विश्व तापमान क्या है? विश्वतापन में हरितगृह प्रभाव का क्या योगदान है?
5. ओजोन पर्त कहां स्थित है? इसे विघटन से बचाने के लिये क्या किया जाना अपेक्षित है?

लघुत्तरात्मक प्रश्न (Short Answer Type Questons)

6. वायु के विभिन्न गुण (Properties) क्या-क्या हैं?
7. हरितगृह गैसें कौन-कौन सी हैं और वह कैसे उत्पन्न होती हैं?
8. अम्लीय वर्षा के क्या कारण हैं? उससे क्या-क्या हानियां सम्भव है?
9. स्मोग गैसें बनती है? इस समस्या को कैसे कम किया जा सकता है?
10. हरितगृह प्रभाव को कम करने में वृक्षों की क्या भूमिका है?

वस्तुनिष्ठ प्रश्न (Objective Questions)

11. निम्न में से कौन-सी गैसें हरितगृह गैस नहीं है?
    (अ) मीथेन
    (ब) कार्बन डाइऑक्साइड
    (स) ऑक्सीजन
    (द) नाइट्रस ऑक्साइड
12. वायु में कार्बन डाइऑक्साइड की मात्रा लगभग है–
    (अ) 4.0%
    (ब) 0.4%
    (स) 0.04%
    (द) 0.004%
13. अम्लीय वर्षा का pH मान हो सकता है–
    (अ) 0 से 7 तक
    (ब) 7
    (स) 7 से अधिक 14 से कम
    (द) 14
14. विश्वतापन का मुख्य कारण है–
    (अ) अम्लीय वर्षा

(ब) ओजोन पर्त का विघटन

(स) हरितगृह प्रभाग

(द) स्मोग

15. स्मोग से मनुष्य को सबसे अधिक हानि निम्न प्रकार होती है–

(अ) साफ न दिखना

(ब) श्वसन रोग

(स) वायुमण्डल में ताप वृद्धि

(द) काली वर्षा का होना

रिक्त स्थानों की पूर्ति कीजिये

16. .... किरणें त्वचा कैन्सर का कारण बनती हैं।

17. कार्बनडाइऑक्साइड गैस के अवशोषण के लिये .... बहुत महत्त्वपूर्ण है।

18. .... गैस अम्लीय वर्षा लाती है।

19. पशु तथा मनुष्य के मलमूत्र से .... गैस का उत्सर्जन होता है।

20. वायु में गति होने पर उसे ...... कहते हैं।

8

जल
(Water)

प्रस्तावना (Introduction)

Goeche के अनुसार, "प्रत्येक वस्तु जल से ही उत्पन्न हुई है और प्रत्येक वस्तु जल के द्वारा ही जीवित है।"

जितने भी जीवधारी (प्राणी व पौधे) हैं उनकी संरचना में पानी का एक बड़ा भाग है। मनुष्य के स्वयं की बनावट में 65 प्रतिशत पानी है। यही नहीं बल्कि, उसकी सम्पूर्ण क्रियाओं में और उसके स्वयं के रखरखाव में भी पानी का महत्त्वपूर्ण योगदान होता है। यह हड्डियों के बीच के जोड़ों को चिकना बनाये रखता है, ताकि वे आपस में रगड़कर एक-दूसरे को हानि न पहुंचावें। ऊतक (Tissues) और पेशियों (Muscles) को घेर कर उन्हें आपस में चिपकने से रोकता है। शरीर के अत्यन्त महत्त्वपूर्ण अवयव जैसे ह्दय, मस्तिष्क आदि को पानी से बने द्रव का एक कवच संरक्षण प्रदान करता है। और तो और यह शरीर के अन्दर महत्त्वपूर्ण संचार माध्यम भी है तथा शरीर के विभिन्न हिस्सों के बीच सम्पर्क बनाये रखता है। यही पोषक तत्त्व, ऑक्सीजन, कार्बन डाइऑक्साइड का वाहक है और शरीर के मलिन पदार्थों को पसीना मल और मूत्र के जरिये से बाहर ले जाता है। इसी कारण पानी की कमी मनुष्य को सहन नहीं हो पाती आरैर अधिक जल की कमी से उसकी मृत्यु हो जाती है।

पेड़ों और वनस्पतियों में हरियाली इसी के कारण है। फल-फूल, सब्जी और कोई भी प्रकृति में उत्पन्न होने वाली वस्तु जल के बिना हो सके यह सम्भव नहीं। इसके बाद उसकी वृद्धि और उपयोगिता भी केवल जल के कारण है। मनुष्य को पानी की नितान्त आवश्यकता है। वृक्ष में 40 प्रतिशत तक पानी होता है। कुछ जलीय पौधों में तो जल की मात्रा 90 प्रतिशत तक हो सकती है। जैलीफिश (समुद्री जानवर) से 95 प्रतिशत, अंडे में 74 प्रतिशत और ककड़ी में 95 प्रतिशत जल

की मात्रा होती है।

जल संसाधन (Water Resources)

पृथ्वी तल का जल से ढका भाग जलमण्डल कहलाता है। जल पर्यावरण का जीवनदायी तत्त्व है। वनस्पति एवं जीव-जन्तु आदि अपने पोषक तत्त्वों की प्राप्ति जल के माध्यम से ही करते हैं। यह ठोस, द्रव तथा गैस तीनों के रूपों में पाया जाता है। वर्षा के द्वारा जो जल प्राप्त होता है उसे सम्पूर्ण जल का 97 प्रतिशत से अधिक भाग महासागरीय भागों में संचित अवस्था में है जिसका विशेष उपयोग जीवधारियों और मानव जगत के लिये नहीं हो पाता है। शेष बचे हुये 3% में 2.25% ध्रुवीय क्षेत्रों और पर्वतीय शिखरों पर हिमानियों के रूप में सुरक्षित है तथा 0.70% भूमिगत अवस्था में पाया जाता है। शेष रहे 0.5% जल भण्डार एक ऐसा भण्डार हैं जो मानव उपयोगी है और जीवधारियों के लिये अनुकूल होता है। इस प्राप्त हुये सुरक्षित जल का 80% प्रतिशत भाग वाष्पीकरण और वाष्पोत्सर्जन की क्रिया क्षेत्र से प्रभावित होकर वायुमण्डल को प्राप्त हो जाता है और इसी जल बजट का कुछ भाग पेड़-पौधों द्वारा वायुमण्डल की ओर उत्सर्जित किया जाता है। अत: ऐसी विषम परिस्थिति में जल क एक सूक्ष्म भाग ही प्रत्यक्ष रूप में धरातलीय सतह के ऊपर दिखाई देता है।

जल की संरचना (Constitution of Water)

जल एक यौगिक है जिसका एक अणु (Molecule) हाइड्रोजन के दो परमाणु (Atoms) तथा ऑक्सीजन के एक परमाणु (Atom) के मिलने से बना है। यौगिक होने के कारण इसकी संगठनात्मक रचना (H_2O) में कोई अन्तर होने का प्रश्न ही नहीं है चूंकि यह एक अच्छा विलायक है अत: स्थान, वातावरण तथा अनेक क्रिया-प्रक्रिया में कई चीजें इसमें मिल जाती हैं और यह अशुद्ध हो जाता है। अत: विशुद्ध जल का सामान्यतया मिलना बहुत कठिन है। प्रयोगशालाओं के उपयोग हेतु अवश्य आसवन क्रिया से शुद्ध जल प्राप्त किया जाता है।

जल के गुणधर्म (Properties of Water)

शुद्ध जल रंगहीन, स्वादहीन, गन्धहीन, हानिकर रसायनों और जीवाणुओं से मुक्त तथा परदर्शी होता है। यह हल्का होता है। यद्यपि इसका घनत्व आदर्श स्थिति में 4° सेल्सियस पर 1.0 (1 ग्राम प्रति घन सेमी) ही होता है पर तापमान कम होने के साथ-साथ घनत्व कम होता जाता है। स्पष्ट है तभी बर्फ के रूप में जल पानी की सतह पर तैरने लगता है। इसका जमाव बिन्दु (Freezing point) 0° सेल्सियस तथा क्वथनांक बिन्दु (Boiling point) 100° सेल्सियस होता है।

जल की उपलब्धता (Availability of Water)

भू-मण्डल में जल के अपार भण्डार हैं। इसकी विशालता का अनुमान इसी से लगाया जा सकता है कि यह वायुमण्डल और स्थलमण्डल के मध्य एक आवरण की तरह पृथ्वी को सब ओर से घेरे हुए है। यह पूरी पृथ्वी का 7/10 भाग है और आयतन में लगभग 1400 मिलियन घन किमी (एक अरब 40 करोड़ घन किमी) है। इस पानी के पूरे आवरण को जलमण्डल (Hydrosphere) कहते हैं। पृथ्वी की सतह का लगभग तीन-चौथाई तथा पूरे पानी की लगभग 97 प्रतिशत मात्रा महासागर तथा समुद्रों में सिमटी है जबकि शेष 3% अलग-अलग रूप में अलग-अलग स्थानों पर है।

विश्व में कुल पानी की मात्रा को स्रोतों के आधार पर दी गई सारणी में प्रस्तुत कर रहे हैं –

स्रोतों के आधार पर जलमण्डल में जल की मात्रा

(हजार घन किमी में)

क्र॰ सं॰ स्रोत	*जल का प्रतिशत*	*मात्रा (हजार घन किमी में)*
1. महासागरों में	97.2%	13,60,800.00
2. भूमि से घिरे समुद्र व खारी झीलों में	0.008%	112.00
3. ग्लेशियर्स तथा ध्रवों पर जमी बर्फ	2.15%	30,100.00
4. भूगर्भ में	0.625%	8,750.00
5. नदियों और मीठे जल की झीलों में	0.0091%	127.40
6. वायुमण्डल में	0.001%	14.00
7. अन्य भण्डारण	0.0069%	96.60
कुल जल मात्रा	100.00%	14,00,000.00

इसमें हम देखते हैं कि शुद्ध पानी की मात्रा 2.792% ही है जिसमें से 2.15% ग्लेशियर्स तथा ध्रुवों पर बर्फ के रूप में जमा है। अर्थात् कुल जल का 0.642% $\Rightarrow$ 6.65% (1% से भी कम) शुद्ध जल हमें उपलब्ध है। पीने के लिये पानी की उपलब्धता वाष्पीकरण (Evaporation) तथ निर्जलन (Precipitation) प्रक्रिया से ही अन्तिम रूप से होती है। Charles H. Southwick अपनी पुस्तक Ecology and the Quality of Our Environment में लिखित हैं कि यह वाष्पीकरण प्रक्रिया से

मिलने वाली मात्रा लगभग 37,000 घन किमी ही है। अत: पीने के पानी की कमी आज बढ़ती मांग के सन्दर्भ में की होने लगी है।

Wateer Newsletter, IRC. the Hague (Netherlands). No. 247, February 1997 ने पानी का वितरण निम्न प्रकार दिया है –

समुद्रों/महासागरों में	97.5%
ग्लेसियर, ध्रुवों तथा भूगर्भ,	2.5%
नदियों और झीलों में (शुद्ध जल)	
कुल	**100%**

इसके हिसाब से पीने योग्य पानी जो नदी, झीलों तथा अन्य भण्डारों में है, उसकी कुल मात्रा शुद्ध जल का 0.26% है। यह पृथ्वी के कुल जल का 0.007% ही है जो Renewable भी है और Sustainable भी।

विभिन्न स्रोतों से प्राप्त जल के गुणधर्म (Properties of Water Procured from Different Sources)

यह एक प्राकृतिक पदार्थ है जो हमें विभिन्न साधनों से प्राप्त होता है। इसके उपयोग की तथा इसके महत्त्व की चर्चा हम पहले भी कर चुके हैं। अब इनके कुछ गुण-धर्मों की चर्चा कर ते हैं।

1. महासागर तथा समुद्री जल (Ocean and Sea Water)–यह जल खारा तथा अनेक लवणों से युक्त है। स्थिर जल के अलावा वर्षा तथा नदियों के जल के मिलने से अनेक प्रकार की वायुमण्डल तथा सतही गन्दगियां इसमें आ मिलती हैं। अत: यह न तो पीने योग्य होता है और न किसी उद्योग अथवा खेती के काम आ सकता है। इसमें विभिन्न प्रतिशत में क्लोरीन, सोडियम, मैग्नीशियम, सल्फर, कैल्शियम, पोटैशियम, ब्रोमीन, स्ट्रांशियम और बोरोन के घुलनशील लवण होते हैं। इनके अतिरिक्त कार्बन, सिलीकोन, एल्युमिनियम, फ्लोरीन तथा आयोडीन भी सूक्ष्म मात्रा में मिश्रित होती है। अघुलनशील तथा तैरने वाले पदार्थों की कुछ मात्रा स्थान विशेष के आधार पर हो सकती है, क्योंकि उद्योगों और अनेक प्रकार के कारखानों से निकले हुए अपशिष्ट भी अन्तोगत्वा इन्हीं में जा मिलते हैं।

पानी की अधिकतम विशाल मात्रा (लगभग 97 प्रतिशत) लिये यह आवागमन के लिये सहायक साधन के अतिरिक्त पानी के जानवरों (विभिन्न प्रकार की मछलियां) की प्राप्ति के साधन भी बनते हैं।

महासागरों और समुद्रों को लवणता की तीव्रता इससे जानी जा सकती है कि सामान्यतया इनके प्रति 1 लीटर जल में नमक की मात्रा 35 ग्राम होती है। अत:

इस जल के सेवन से मनुष्य मर जाता है। मनुष्य अधिकतम 1 लीटर में 5 ग्राम नमक ही सहन कर सकता है।

2. नदियों का जल (River Water)–पहाड़ों की बर्फ से पिघला हुआ पानी व वर्षा का पानी नदियों के रूप में पृथ्वी पर बहने लगता है। इसमें रास्ते की गन्दगी और अनेक अनचाही वस्तुएं मिल जाती हैं। नदी के किनारे बसने वाले लोग इसमें कपड़े धोते हैं, बर्तन मांजते हैं और अपने घरों का कूड़ा-करकट तथा गन्दे पानी को भी इसी में डाल देते हैं। इस प्रकार साफ-सुथरा पानी गन्दा और पीने के अयोग्य हो जाता है, लेकिन पानी के निरन्तर और अधिक आवक से ये अशुद्धियां कम हो जाती हैं और इसे कहीं-कहीं छोड़ अन्य स्थानों से पीने के काम में ले लेते हैं। अपने देश में यह जल प्रापत करने का एक मुख्य साधन है।

3. वर्षा का जल (Rain Water)–समुद्र तथा पृथ्वी की सतह से वाष्प बनकर जल ऊपर वायुमण्डल में जाता है तथा वहां से आर्द्रता पाकर वर्षा के रूप में जमीन पर आ गिरता है। सामान्यतया इसमें कोई अशुद्धियां नहीं होती हैं और इस पानी का संचय कर पूरे वर्ष तक पीने व अन्य घरेलू कार्य हेतु काम में ले लेते हैं। भारत जैसे देश में जहां पानी प्राप्त करने के साधन बहुत सीमित हैं वहां इसे बहुत निरापद और श्रेष्ठ मानते हैं खेती में भी इस पानी का अधिकाधिक उपयोग होता है। यह पानी भूमिगत जल में भी वृद्धि करता है और कुओं और तालाबों में पानी की आपूर्ति में सहायक होता है।

वर्तमान में जहां उद्योगों तथा कारखानों से निकली हुई प्रदूषित गैसें जब वायु-मण्डल में इस बरसते पानी में मिल जाती हैं, तब यह वर्षा का पानी अशुद्ध हो जाता है। विशेषकर सल्फर डाइऑक्साइड तथा नाइट्रोजन के ऑक्साइड्स के साथ तो यह क्रमशः सल्फ्यूरिक तथा नाइट्रिक अम्ल बनाते हैं, जो इमारतों को और खड़ी फसलों को हानि पहुंचाते हैं।

4. झीलों का जल (Lake Water)–यह पृथ्वी की सतह पर प्राकृतिक रूप से बने हुए पानी के भण्डार हैं। इनका पानी शुद्ध, स्वच्छ, मीठा और पीने योग्य होता है। अन्य अनेक घरेलू कार्य हेतु भी इसका उपयोग करते हैं।

5. तालाब या पोखरों का जल (Tank or Pond Water)–गांव के निचले स्थानों पर वर्षा के पानी को इकट्ठे होने का स्थान मिल जाता है और यह स्थानीय संगृहीत पानी का भण्डार होता है। इसे सामान्यतया पोखर कहते हैं। किनारों पर लोगों की सुविधा के लिये पक्का कर देने से इसी को तालाब के नाम से बोलते हैं।

गांवों में पानी का यह एक आम और खास साधन होता है, लेकिन पशुओं के सीधे इसमें घुसकर पानी पीने से तथा लोगों द्वारा कपड़े धोने और कई प्रकार

की गन्दगियां करने से यह पानी अशुद्ध हो जाता है और सीधे पीने योग्य नहीं रहता।

6. झरनों का जल (Spring Water)–वर्षा का पानी पहाड़ी चट्टानों के बीच इकट्ठा हो जाता है और फिर धीमे-धीमे यह किसी स्थान से गिरने लगता है। यह अत्यन्त निर्मल और शुद्ध जल होता है जिसे सीधे पीने के काम में ले सकते हैं।

7. कुओं का जल (Well Water)–वर्षा का पानी जमीन द्वारा सोख लिए जाने पर भूमिगत जल बन जाता है। अत: जब जमीन को खोदते हैं तो यह पानी निकल आता है और खोदे हुए स्थान कुएं कहलाते हैं। इनमें पानी की सीमित मात्रा होती है लेकिन काम में लेने पर यह प्राकृतिक रूप से भूमिगत जल से अपना स्तर निरन्तर बनाये रखते हैं। ये स्रोत पीने तथा खेती के लिये समान रूप से काम में आते हैं।

इन कुओं को अधिक गहरा करने पर इनके पानी की मात्रा को बढा सकते हैं। ऐसे गहरे कुएं जिनका पानी कभी नहीं समाप्त होता, पाताल तोड़ कुएं कहलाते हैं, क्योंकि ये सीधे भूमिगत जल के भण्डारों से मिल जाते हैं।

8. बावडियों का जल (Open Well Water)–जिन कुओं का आकार बड़ा होता है और जहां पानी क पहुंचने के लिये सीढियां बनी होती हैं, वे बावड़ियां कहलाती हैं। इनका स्रोत तथा उपयोग दोनों ही कुओं के प्रकार का होता है। अन्तर केवल इतना है कि कुओं से पानी किसी रस्सी या हैन्डपाइप द्वारा खींचकर निकाला जाता है, वहीं बावड़ियों से सीधे किसी बर्तन से लिया जा सकता है।

बावड़ियों में लोगों के पानी से सीधा सम्पर्क होने से वह प्रदूषित हो जाता है। अपने देश के राजस्थान जैसे प्रदेश में जहां पूर्व में बावड़ियों का बहुत चलन रहा, वहां के लोग नासा रोग से ग्रसित होते रहे हैं, जो अत्यन्त जानलेवा और खराब रोग है। यदि इन्हें ढंककर रखें और इनका उपयोग ठीक हो तो यह पानी की पेयजल पूर्ति के अच्छे साधन होते हैं।

9. नलों का जल (Tap Water)–बड़े-बड़े पानी के भण्डार जैसे झील अथवा बांध अथवा गहरे कुएं के पानी को मशीनों द्वारा खींचकर और उसे सुविधाजनक तकनीकी से शुद्ध कर शहर या गावों के किसी ऊँचे स्थान पर बनाई गई टंकियों में पहुंचा दिया जाता है। जहां से यह पाइपों द्वारा घर-घर में उपलब्ध करा दिया जाता है। यह अपेक्षाकृत शुद्ध पानी होता है क्योंकि इसकी शुद्धता की नियमित जांच होती रहती है। यह पानी बहुत सीमित होता है, अत: इसका बहुत बुद्धिमता से आवश्यकतानुसार ही उपयोग करना चाहिए।

पानी के उपयोग (Uses of Water)

पानी के महत्त्व की चर्चा करते हुए पानी के उपयोग की बात पहले भी कही गई है पर फिर भी प्राथमिकता तथा व्यय की दृष्टि से पानी के उपयोग की बात करना अनुचित नहीं होगा।

भारत कृषि प्रधान देश है अत: उपलब्ध पानी का अधिकतम भाग कृषि पर ही व्यय होता है। उस पर भी बढ़ती आबादी के कारण पिछले दिनों से अधिक अन्न उपजाने की आवश्यकता हुई है इससे कृषि कार्य हेतु और अधिक पानी व्यय होने लगा है। देश का लगभग 60-70 प्रतिशत जल इस कार्य हेतु व्यय होता है।

दूसरे स्थान पर उद्योगों अथवा विभिन्न कारखानों में पानी का प्रयोग है। इनमें बहुत पानी व्यय होता है क्योंकि पानी के यहां विविध उपयोग हैं। संयन्त्रों को ठंडा करने के अतिरिक्त उत्पादन की प्रक्रियाओं में भी पानी का भारी उपयोग होता है। एक टन स्टील पिघलाने में 200 घन मीटर, एक टन निकल के लिए 4,000 घन मीटर तथा 1 टन कागज निर्माण के लिए 100 घन मीटर पानी की आवश्यकता होती है। इसी प्रकार एक टन नाइलोन के धागे निर्माण में 2500 से 5000 घन मीटर तक पानी का उपयोग होता है। शुद्ध पानी को संयन्त्र दूषित अथवा प्रदूषित कर बाहर निकालना हैं जो सामान्यत: पीने के पानी के स्रोतों से जा मिलते हैं। पर्यावरण के दृष्टिकोण से यह ठीक नहीं है। तथा स्वास्थ्य के लिये हानिकारक है। उद्योग चलाने वालों को इस निकलने वाले पानी को उपचार के बाद ही किसी स्रोत में मिलने देना चाहिए। अपने देश में इस क्षेत्र में पानी की खपत 15 से 20 प्रतिशत तक ही है, क्योंकि यहां उद्योग बहुत सीमित हैं। रूस में जहां उद्योगों की भरमार है, वहां का व्यय प्रतिशत 55 तक है।

पानी के व्यय के अनुसार तीसरे स्थान पर पीने का पानी है इससे घरलू कार्य हेतु सभी पानी को शामिल कर सकते हैं, जिसमें नहाना, कपड़े धोना, खाना बनाना, घर के बाग-बगीचों में पानी भी सम्मिलित है। यद्यपि इसकी कुल व्यय मात्रा खेती व उद्योगों की तुलना में कम है पर फिर भी बढ़ती आबादी के साथ इसका प्रयोग भी बढ़ रहा है। इस मद पर 5-10 प्रतिशत तक मात्रा व्यय होती है। अब जल से विद्युत उत्पादन भी होने लगा है। यद्यपि यह बहुत सीमित है, पर पानी का एक अच्छा भाग इस हेतु भी व्यय होता हैं

पानी का बढ़ता अभाव ओर उसके कारण (Increasing Scarcity of Water and Its Causes)

शुद्ध पानी के पूरे भूमण्डल पर इतने भण्डार हैं कि वह सिद्धान्त तथा व्यावहारिक दोनों तरह ही सामान्यतया समाप्त नहीं हो सकते, लेकिन ध्रुवों पर जमी बर्फ और

ग्लेशियर्स तथा भूमिगत जल का एक बड़ा भाग हमारे कार्य में नहीं आ सकता है। फिर भी समुद्र और सतही जल के वाष्पीकरण और निर्जलन प्रक्रिया के परिणमस्वरूप जो पानी हमें मिलता है, और जिसे, चाहे इस सीधे वर्षा अथवा नदी के बहते जल को एकत्रित कर प्रयोग करें, चाहे बांधों, झीलों और अन्य प्रकार से संगृहीत कर उपयोग में लेवें, वह मात्रा सीमित होते हुए भी काफी है। पृथ्वी पर यह मात्रा 37,000 घन किमी प्रतिवर्ष के हिसाब से उपलब्ध है, जो एक बड़ी मात्रा है और अभी कई शताब्दियों तक पानी की कमी की कोई चिन्ता करने का कारण नहीं है।

पर इन सबके होते हुए भी पानी के पूरे विश्व में, कुछ अपवादों को छोड़कर, सभी जगह अभाव की बात आ रही है। भारत में भी वही समस्याएं हैं, इनका अवलोकन करें–

1. बढ़ती आबादी (Growing Population)–बढ़ती आबादी ने पानी का उपयोग बेतहाशा बढ़ा दिया है। पीने के पानी के अतिरिक्त भोजन हेतु, कृषि कार्यों पर तथा औद्योगिक इकाइयों में पानी का अधिक उपयोग इसके मुख्य कारण हैं।

2. पानी का असमान वितरण (Uneven Water Distribution)–जल की मात्रा सभी जगह समान रूप से उपलब्ध नहीं है। अत: इस असमान वितरण ने समस्याएं उत्पन्न की हैं। जहां पानी अधिक है वहां न तो वहां के लोग पूरा उसका उपयोग कर पाते हैं, और न ही संचार माध्यम की न्यूनता से उसे कहीं ओर स्थानों पर भेज पाते हैं। अन्ततोगत्वा वह पानी बहकर समुद्र में जा मिलता है। अत: पानी के होते हुए भी अन्य कम पानी उपलब्ध वाले स्थान अभावग्रस्त लोगों की श्रेणी वाले स्थान पर बन जाते हैं।

3. बांधों तथा ऐनीकटों का निर्माण (Constructon of Dams and Anicuts)–पानी की उपलब्धि पूरे वर्ष भर अबोध गति से होती रहे इस हेतु स्वतन्त्रता प्राप्ति के बाद देश में बांधों के निर्माण का सिलसिला शुरू हुआ। बड़े-बड़े जंगल साफ कर बांध बनाये और फिर नदियों के पानी को इनमें संगृहीत करने का प्रयास किया। प्रारम्भ में तो इनकी अच्छी उपयोगिता दिखी, क्योंकि कृषि कार्य हेतु इन जल भण्डारणों का अच्छा उपयोग होने लागा था। पर बाद में कई समस्याएं आ गई। बांधों में मिट्टी के भराव के कारण उनकी भराव क्षमता कम हो गई और दूसरे नदियों का पानी जो बांध निर्माण से पूर्व लोगों के सीधे काम आता था, उस पर रोक लग गई। बांध अब यदा-कदा टूटने भी लगे और पानी के इस भण्डार ने विनाशलीला भी मचाई और पानी के बह जाने के कारण ये उतने उपयोग में भी नहीं आये।

इसके अतिरिक्त इन दिनों एक नयी योजना और प्रारम्भ हुई। इस योजना के अन्तर्गत जहां-जहां पर भी वर्षा का पानी आने की सम्भावना प्रतीत हुई वहीं छोटे-छोटे ऐनीकट बनाये गये। उस गांव को या कुछ गांवों को इससे चाहे कुछ स्थानीय लाभ भले ही मिला हो लेकिन पहले जिन जलाशयों में जहां काफी पानी इकट्ठा होता था वे अब खाली रहने लगे। इससे अब उस क्षेत्र के लाखों लोगों को पानी के अभाव का दुख भोगना पड़ रहा हैं

4. पानी का अधिक उपयोग (Excess Use of Water)–पानी के अधिक उपयोग अथवा अनचाहे उपयोग ने भी पानी का कृत्रिम अभाव उत्पन्न किया हैं पांच-सितारा होटलों में टब बाथ व्यवस्था, फ्लश शौचालय, खुले नलों पर नहाना अथवा कपड़े धोना या दांत मांजना, डिटरजेन्ट पाउडर का उपयोग आदि में पानी बेतहाशा व्यय होता है, जो पानी के अभाव का कारण बनते हैं, इस दुरुपयोग पर कितना पानी प्रति परिवार प्रतिदिन व्यय होता है इसका अवलोकन करें –

प्रति मनुष्य प्रति दिन जल का व्यय–

1. दांत मंजन करना (2 लीटर)
2. शौचालय फ्लश करना (15 लीटर)
3. नलों का रिसना (10 लीटर)
4. खुले नल के नीचे हाथ धोना (5 लीटर)
5. बर्तन धोना (10 लीटर)
6. कपड़े धोना (20 लीटर)
7. शॉवर का टब बाथ (20-200 लीटर)
8. सफाई करना (15-20 लीटर)
9. पीने के लिये पानी (3 लीटर)
10. अन्य खर्च (10 लीटर)

सामान्य व्यय = 100 लीटर

बाथ टब संस्कृति = 300 लीटर

जबकि भारत के लिये आवश्यक आदर्श जल की मात्रा केवल 40 लीटर मानी गई है। सभी लोगों को पानी की नितान्त आवश्यकता की पूर्ति के लिंये बनाई गई राष्ट्रीय जल नीतियां भी इस मात्रा के आसपास है।

5. पानी का प्रदूषण (Water Pollution)–उद्योगों से अपशिष्ट जल, जिनमें अनेक प्रकार की अशुद्धियां होती हैं, निकाल कर उन्हें यूं ही बिना साफ किये बहा दिया जाता है जो पानी के पीने के स्रोतों में जा मिलता है। इसी प्रकार घरेलू

सीवेज का अन्तिम मिलन स्थल कोई न कोई पानी का स्रोत होता है। इससे वे स्रोत जो लोगों के पीने के पानी की पूर्ति करते हैं, प्रदूषित हो जाते हैं और उनका उपयोग कम अथवा बन्द हो जाता है, जिससे पानी का अभाव होता है।

6. वर्षा जल को नहीं रोक पानी (Inability in Checking Rain Water)– एक तरफ वर्षा जल को ऐनीकट बनाकर रोकने से पानी का कृत्रिम अभाव होता है तो दूसरी तरफ ऐसी स्थिति भी आती है कि वर्षा जल जब नदी के रूप में बहता है तो उसका पूरा-पूरा उपयोग नहीं हो पाता और उसका अधिकांश पानी यूं ही समुद्र में जा मिलता है। यदि इस पानी को ऐसे स्थानों तक पहुंचाया जा सकता जहां पानी का अभाव है तो दोनों ही समस्याएं सुलझ सकती थीं। इस हेतु कई बार राष्ट्रीय स्तर पर प्रयास हुए हैं, पर कोई निश्चित व्यावहारिक योजना तय नहीं हो सकती है।

पानी के सही उपयोग हेतु सुझाव
(Suggestions for Proper Use of Water)

पानी की उपलब्धता, उसके उपयोग के आधार पर आवश्यकता, कतिपय प्रकार से पानी का अभाव अथवा उसके दुरुपयोग को देखते हुए पानी के सही उपयोग हेतु कुछ सुझाव यहां दिये जा रहे हैं–

1. पानी का आवश्यकतानुसार, उचित एवं बुद्धिमत्तापूर्ण उपयोग करें। पानी अत्यन्त सीमित है उसको कल के लिए बचायें।
2. पानी को प्रदूषित न करें। इससे जहां पानी का अभाव होता है वहां प्रदूषित जल स्वास्थ्य के लिये भी हानिकारक है। उद्योगों और कारखानों में मालिकों को चाहिए कि वे अपशिष्ट जल को साफ करके ही बाहर निकालें। कुएं व अन्य स्थानों से जहां से पानी लेवें उन्हें ढंक कर रखें।
3. पानी का उचित संरक्षण करें। भारत जैसे देश में परम्परागत प्रणाली जिसमें टांके में वर्षा जल को इकट्ठा कर वर्ष भर उपयोग में लाने की व्यवस्था है, उपयोग में लायें।
4. पानी के दुरुपयोग को रोकें। घर के रिसते नल समय रहते ठीक हो तो काफी पानी बचाया जा सकता है।
5. पानी की बात को व्यक्तिगत विषय न समझें। इसमें आपका अपना परिवार ही नहीं बल्कि, पूरे समाज और पूरे देश का हित-अनहित जुड़ा है। राष्ट्रीय समस्या के सुलझाने में भागीदार बनिये मोहल्ले में शक्तिशाली समिति गठित कीजिए और जन-साधारण को जल की समस्याओं और उसके सम्भावित निदानों से परिचित कराइये।

जल समस्या समाधान हेतु राष्ट्रीय एवं अन्तर्राष्ट्रीय प्रयास
(National and International Efforts for Solving Water Problem)

1. संयुक्त राष्ट्र जल सम्मलेन, 1977 (U.S. Water Conference, 1977)– विश्व में जल प्रदूषण और पेय जल की उपलब्धि के महत्व पर विचार करने हेतु 1977 में संयुक्त राष्ट्र संघ ने पहला अन्तर्राष्ट्रीय स्तर का जल सम्मेलन आयोजित किया। इस सम्मेलन में प्रथम बार पेय जल और स्वच्छता के विषय को अन्य जल मुद्दों से अलग किया और यह सुझाव दिया कि शहरी तथा ग्रामीण क्षेत्रों को सन् 1990 तक जल उपलब्ध कराने के लिये, जल गुणवत्ता तथा मात्रा के वास्तविक मानकों के साथ, पूर्व में अभिशंसित अन्तर्राष्ट्रीय दशक नीति को अपनाने के कार्यक्रम सम्पन्न किये जाये। सम्मेलन के अनुमोदन किया कि प्रत्येक देश जल की अत्यधिक आवश्यकता वाली जनसंख्या को प्राथमिकता देते हुए सामुदायिक जल सप्लाई तथा स्वच्छता हेतु राष्ट्रीय योजनाएं तथा कार्यक्रम बनावें।

इसमें पारित प्रमुख निर्णयों के प्रमुख अंश निम्न हैं। –

(अ) पारित प्रस्ताव (Passed Resolution)

1. प्रत्येक धनाढ्य व निर्धन को जो किसी भी रंग व जाति का हो, अपनी मौलिक आवश्यकताओं की पूर्ति के लिये समुचित मात्रा में स्वच्छ पेय जल प्राप्त करने का अधिकार है।
2. यह सिफारिश की जाती है कि प्रत्येक राष्ट्र पेय जलदाय और जल-मल निष्कासन को प्राथमिकता देवें।
3. संयुक्त राष्ट्र संघ के सभी सदस्य देशों से अनुरोध किया जाता है कि इस सम्बन्ध में कार्यक्रम बनावें कि किस प्रकार वे 1990 तक ग्रामीण व नगरीय क्षेत्रों में स्वच्छ जल सुलभ करा पाना सम्भव कर सकेंगे।

(ब) वित्तीय लाभ (Financial Benefit)

1. कम अस्वस्थता के कारण कम मानव शक्ति का ह्रास।
2. देश में अधिक जन शक्ति की उपलब्धता।
3. आय वृद्धि।
4. अधिक रोजगार।

(स) पर्यावरणीय लाभ (Environmental Benefits)

1. स्वच्छ आवास, नगर और ग्राम।
2. भू-जल एवं सतही जल का कम प्रदूषण
3. जल स्रोतों का अधिक अच्छा उपयोग।

4. बाढ़ में कमी।
5. भू-क्षरण में कमी।

2. अन्तर्राष्ट्रीय पेयजल का स्वच्छता दशक (1981-90) (International Drinking Water Cleanliness Decade, 1981-90)—संयुक्त राष्ट्र ने पेय जल एवं स्वच्छता दशक 1981-90 घोषित किया था। इसके परिणामस्वरूप 1 अप्रैल, 1981 से भारत में जल दशक कार्यक्रम की शुरुआत कर दी गई ताकि 31 मार्च, 1991 तक देश की जनसंख्या के शत-प्रतिशत लक्ष्यों को पूरा किया जा सके। इस सन्दर्भ में किये गये कार्यों के अनुरूप लाभान्वित जनसंख्या का विवरण निम्न प्रकार रहा।

भारत में पेय जल और स्वच्छता सुविधाओं की स्थिति

क्षेत्र		*लाभान्वित जनसंख्या (प्रतिशत)*		
		1981	*1985*	*1990*
जलदाय	: नगरीय	72.3	72.9	86.4
	ग्रामीण	30.8	56.2	73.2
स्वच्छता	: नगरीय	55.1	28.4	44.7
	ग्रामीण	0.5	0.7	1.8

3. जल की आपूर्ति के लिये किये गये अनेक अन्य अन्तर्राष्ट्रीय प्रयास (Otheer Several International Efforts for Making Water Availability)

जल आपूर्ति हेतु प्रयास (1995 से अब तक)

क्र०सं० S.No.	समारोह/सम्मेलन Conference/Convention	स्तर Level	स्थान Place	तिथियां Dates	मुख्य विषय Main Theme
1	Third Global Forum	International	St. Michael Barbados (West Indies)	30 Oct. to 3 Nov. 1995	People and Water Partners for Life
2.	8th International Conference on Rain Water Catchment		Tehran (Iran)	21-25 April 1997	Rain Water Catchment for Survival
3.	Celebration of 'World Water Day'	All Countries	Different Places	22 March, 1996	Water for All.
4.	Global Water Symposium	International	Stockholm (Sweeden)	4-9 Aug., 1996	Safe-guarding Water Resources for

					Tomorrow
5.	Fourth Global Forum	International	Manila (Philippines)	3-7 Nov. 1997	Water and Sanitation for All
6.	International Conference on 'Water and Sustainable Development'		Paris (France)	19-23 Mar. 1998	Fresh Water for All.
7.	9th Stockholm Water Symposium		Stockholm (Sweeden)	9-12 Aug. 1998	Urban Stability through Integraded Water Management
8.	International Symposium		Paris (France)	2-4 June, 1999	The Learning Society and the Water
9.	Symposium on Efficient Water Use in Urban Areas		Kobe (Japan)	8-10 June 1999	Innovative Ways of Finding water for Cities
10.	9th International Conference on Rainwater Catchment		Petrolina (Brazil)	6-9 July, 1999	Rainwater Catchment System
11.	International Congress and Exhibition		Moscow (Russia)	29 May to 2 June, 2000	Water Ecology and Technology
12.	International Symposium on Integraded Water Resources Management		California (U.S.A.)	9 Apr. to 12 Apr 2000	Management of Water Quality and Quantity
13.	2nd World Water Forum and Ministerial Conference		Hague (Netherlands)	17-22 Mar. 2000	Water Future
14.	International Workshop on Floride		Bhopal (India)	23-24 June 2001	Strategies Management and Mitigation
15.	Fifth Global Forum on Water and Sanitation		Falls (Brazil)	24-29 Nov. 2000	Global Assessment
16.	10th International Conference on Rainwater Catchment		Mannheim (Germany)	10-14 Sep. 2001	Rainwater Harresting in Practice
17.	Stockholm Water Symposium		Stockholm (Sweeden)	13-16 Aug. 2001	Water Scarcity for the 21st

18	International Conference on Fresh Water	Bonn (Germany)	3-7 Dec. 2001	Century Water Reosurces Protection
19	1st International Conference on Water and Health	Ottawa (Canada)	12-15 May 2002	Protection of Drinking Water
20	World Water Day	All Countries	22 March 2002	Water for Development

4. भारत में राष्ट्रीय पेय जल मिशन (National Drinking Water Mission In India)—जल की बेरहम बरबादी अनियंत्रित प्रयोग, प्रदूषण और जल के लिये तरसते हजारों गांवों के करोड़ों लोगों की भलाई के लिये ठोस कदम के रूप में जल संसाधन की राष्ट्रीय परिषद में पेय जल की पूर्ति करने हेतु 1986 में राष्ट्रीय मिशन प्रारम्भ किया था। इस मिशन के तहत देश में उपलब्ध जल को प्राथमिकता के आधार पर क्रमशः पेय जल, कृषि, जल विद्युत, जल परिवहन, उद्योग आदि के क्रम में प्रयुक्त किये जाने के निर्देश तैयार हुए। इस नीति के अनुसार सन् 1991 तक देश की सारी आबादी को पीने का पानी उपलब्ध करवाने का संकल्प लिया गया।

सातवीं पंचवर्षीय योजना के प्रारम्भिक वर्ष 1985 में भारत में 1,61,772 ऐसे समस्या ग्रस्त गांव थे जहां या तो कोई स्वच्छ पेय जल स्रोत नहीं था या निकटतम जल स्रोत 1.6 किमी से अधिक दूर था। जल मिशन ने राष्ट्रीय स्तर पर सम्मेलन, गोष्ठियों व कार्यशालाएं आयोजित कीं, सर्वेक्षण कराये तथा देश में उपलब्ध समस्त वैज्ञानिक व तकनीकी जानकारी एकत्रित की। इसके आधार पर देश की पेय जल क्षेत्र की समस्त मूल समस्याओं का पता लगाया गया और समाधानों से सम्बन्धित विधिवत् कार्यक्रम बनाकर उनकी क्रियान्वित की गई।

राष्ट्रीय पेयजल मिशन कार्यक्रमों के अन्तर्गत निम्न उपमिशन रहे हैं–

1. खारेपन पर नियंत्रण
2. फ्लोरोसिस पर नियंत्रण
3. अधिक लोहे को दूर करना।
4. गिनी कृमि को दूर करना,
5. वैज्ञानिक तरीकों से जल स्रोतों का पता लगाना; जल संरक्षण और भूमिगत जल की सम्पूर्ति करना, और
6. जल गुणवत्ता की निगरानी रखना।

भारत की ८० प्रतिशत जनसंख्या गांवों में निवास करती है अत: गांवों में शुद्ध पेय जल उपलब्ध कराने को प्राथमिकता देने हेतु पेय जल मिशन को कृषि मन्त्रालय के ग्रामीण विकास विभाग के अन्तर्गत रखा गया है। गांवों को जलउपलब्ध कराने के लिये निम्नलिखित मानदण्डों को अन्तिम रूप दिया गया था–

1. मानवीय उपयोग के लिये प्रतिदिन प्रति व्यक्ति 40 लीटर स्वच्छ पेय जल।
2. मरुस्थलीय जिलों में पशुओं के लिये प्रतिदिन प्रति पशु 30 लीटर अतिरिक्त जल।
3. जल स्रोत 15 मीटर की न्यूनतम गहराई तथा 100 मीटर की ऊँचाई के अन्तर पर 1.6 किमी दूरी पर होना चाहिए।
4. उस जल को स्वच्छ जल माना गया है जो जीवाणु प्रदूषण (गिनी कृमि, हैजा, टायफाइड) से मुक्त हो और जिमें रासायनिक तत्व (अधिक फ्लोराइड, खारापन, अधिक लौह, आर्सेनिक, नाइट्रेट आदि) मौजूद न हों।

5. भारत में जल उपलब्धता के लिये किये जा रहे प्रयास (Efforts for Making Water Available in India)

(अ) राजीव पेय जल मिशन का गठन

(ब) प्रधानमंत्री पेय जल योजना : सबको पानी,

(स) मुख्यमंत्रियों द्वारा प्रदेशों में जल के दुरुपयोग रोकने की अपील,

(द) वर्षा जल की एकत्रीकरण योजना,

(य) पुरानी बावड़ियों और कुओं तथा बांधों की सफाई,

(र) लान (Lawns) संस्कृति को रोकने के लिये जन चेतना,

(ल) गांव-गांव तक पानी पहुंचाने के लिये बांधों और नदियों से वितरिकाओं (Tributaries) का निर्माण।

(व) प्रदेश और जिले स्तर पर स्वयंसेवी संगठनों द्वारा जल के बुद्धिमतापूर्ण उपयोग के लिये जन जागृति,

(श) जल संरक्षण हेतु टंकी (Underground Tanks) का अभिनव व निर्माण तथा

(ष) नये संकल और ऊँची मंजिलों के भवनों में वर्षा जल भण्डारण व्यवस्था आवश्यक आदि।

पानी अमूल्य है क्योंकि यह अप्राप्य है और जो भी जल उपलब्ध है उसका वितरण विश्वभर में समान नहीं है, अत: कुछ विकसित देश जहां इसका दुरुपयोग

कर रहे हैं, वहीं विकासशील तथा अविकसित इसकी एक-एक बूंद को तरस रहे हैं। वर्षा से जो जल हमें मिलता है, उसे एकत्र न कर पाने के कारण उसे हम यूं ही समुद्र में जाने दे रहे हैं समुद्रीय जल की लवणता को दूर करने की न तो हमारे पास तकनीक है और न ही इतना धन, क्योंकि यह बहुत खर्चीली प्रक्रिया है।

भारत की राजधानी दिल्ली में जल के दुरुपयोग की कहानी Down to Earth June 15, 2002 के अंक में अंकित की है। एक चार सदस्यीय उच्च वर्गीय परिवार का प्रतिदिन का जल व्यय निम्न प्रकार है–

व्यक्तिगत सफाई (Personal Cleaning)	720 लीटर
शॉवर बाथ (Shower Bath)	360 लीटर
फ्लश (Flush)	160 लीटर
पौधों को पानी (Watering Plants)	120 लीटर
कार का धोना (Washing Car)	300 लीटर
धुलाई की मशीन (Washing Machines)	140 लीटर
कुल	**1800 लीटर**

अर्थात् प्रति व्यक्ति व्यय = 450 लीटर

जबकि राष्ट्रीय औसत जिसको पाने के लिये पूरा देश चिंतित है वह केवल 40 से 60 लीटर प्रति व्यक्ति है। इसी प्रकार भारी जल व्यय अन्य बड़े शहरों, मुम्बई, कोलकाता, चेन्नई, बंगलोर आदि में भी हो रहा है। बिडम्बना यह है कि राजस्थान, गुजरात जैसे प्रदेशों के दूरस्थ गांवों में यह औसत 10 लीटर प्रति दिन प्रति व्यक्ति भी नहीं है और वह भी कई-कई किलोमीटर की दूरी से लाना पड़ता है। हमें सभी को बताना होगा–

देश के सभी लोगों को पानी तभी मिलेगा जब हम इसका बुद्धिमत्तापूर्ण उपयोग करेंगे और दुरुपयोग को रोकेंगे। अन्यथा शुद्ध पानी का वितरण भी पेट्रोल-डीजल की तरह पम्पों से नप कर ही मिलने लगेगा और कई लोगों द्वारा की जा रही भविष्यवाणी 'अगला विश्व युद्ध कहीं पानी पर ही न हो जाय' कहीं सच ही नहीं हो जाये।

प्रश्न (Questions)

निबन्धात्मक प्रश्न (Essay Type Questions)

1. जल के मुख्य स्रोत कौन-कौन से हैं? इनमें से शुद्ध जल की मात्रा कितनी है? बताइये।

2. जल के मुख्य उपयोग बताइये। भारत में सर्वाधिक जल किस उपयोग में आता है?
3. पानी के सही उपयोग के लिये कुछ सुझाव दीजिये।
4. पानी का घरेलू उपयोग भी दुरुपयोगी किस प्रकार होता है? अपना उत्तर उदाहरण देकर बताइये।
5. शुद्ध जल के लिये अन्तर्राष्ट्रीय स्तर पर किये जा रहे प्रयासों पर प्रकाश डालिये।

लघुत्तरात्मक प्रश्न (Short Type Questions)

6. शुद्ध जल के गुणधर्म बताइये।
7. महासागरीय जल मानव तथा पशुओं के उपयोग में क्यों नहीं लिया जाता हैं।
8. भारत में पेय जल उपलब्ध कराने का राष्ट्रीय औसत कितना अभिशंसित है? उसे पाने हेतु क्या प्रयास किये जाने अपेक्षित हैं?
9. वर्षा जल को एकत्रीकरण करने की कोई व्यावहारिक प्रक्रिया बताइये।
10. भारत के प्रत्येक व्यक्ति को यथेष्ट पीने का पानी कैसे उपलब्ध हो सकता है?

वस्तुनिष्ठ प्रश्न (Objective Questions)

11. जल का रासायनिक सूत्र है–

(अ) HO (ब) H_2O

(स) HO_2 (द) H_2O_2

12. विश्व जल दिवस प्रतिवर्ष किस दिन मनाया जाता है?

(अ) 5 जून (ब) 22 अप्रैल

(स) 16 सितम्बर (द) 22 मार्च

13. पीने पानी की कमी को दूर करने के लिये अब इस स्रोत की अभिशंसा की गई है–

(अ) भू जल (ब) नदियों का जल

(स) वर्षा जल (द) समुद्रीय जल

14. शुद्ध जल का pH मान होता है-

(अ) 0 (ब) 7

(स) 7 से कम (द) 7 से अधिक

15. शुद्ध जल में निम्न गुण धर्म नहीं होता है–

(अ) रंगहीन (ब) गन्धहीन

(स) स्वादहीन (द) भारहीन

रिक्त स्थानों की पूर्ति कीजिये–

16. विश्व में कुल पानी की मात्रा .... बिलियन घन किलोमीटर है।

17. महासागरों के जल में नमक की मात्रा लगभग .... ग्राम प्रति लीटर होती है।

18. जल का क्वथनांक बिन्दु (Boiling Point) ....°C होता है।

19. ध्रुवों को बर्फ पिघलने से महासागरों की जल सतह .... हो जायेगी।

20. पीने के पानी के फ्लोराइड की मात्रा .... से अधिक नहीं होनी चाहिये।

9

भूमि
(Land)

प्रस्तावना (Introduction)

भूमि पृथ्वी का वह भाग है, जिस पर हम निवास करते हैं, पशु-पक्षी और सभी जीव-जन्तु रहते हैं, जिस पर पेड़-पौधे और वनस्पति उगते हैं, जिसके अन्दर अनेक प्राकृतिक संसाधन (खनिज) भरे हैं। यह पूरी पृथ्वी का 3/10 भाग है और इसे स्थलमण्डल (Lithosphere) कहते हैं।

सामान्यतया, जिस ऊपरी पर्त पर हमारी दैनिक क्रियायें होती हैं वह भू-पटल कहलाता है और इसे ही हम अपनी चर्चा का विषय भी मानते हैं, क्योंकि ऊपर से यही मालूम होता है कि यह सतही भाग ही हमारा सभी कुछ है, लेकिन वस्तुस्थिति यह है कि यह भाग सभी क्रियाओं के अन्तिम परिणाम को ही प्रस्तुत करता है। अत: साधारण बोलने तथा समझने में हम भू-पटल को ही भूमि कह देते हैं, जबकि हमें अपने सभी कार्यों में स्थलमण्डल के लगभग सभी भागों की आवश्यकता होती है। पृथ्वी के खनिज जो हमारी अनेक आवश्यकताओं की पूर्ति करते हैं, भू-पटल के बहुत नीचे हैं। खेती जिस मिट्टी पर होती है और जिस पर अन्न पैदा होता है वह भू-पटल के नीचे ही है। भू-गर्भ जल और बड़े-बड़े पानी के भण्डारों (महासागर, समुद्र, झीलें, नदियां आदि) के नीचे के अन्तिम भाग भूमि से ही जा मिलते हैं। अत: व्यापक रूप में भूमि ठोस पिंड है जो अनेक चट्टानों से मिलकर बना है और जिसके ऊपरी भाग में अपेक्षाकृत कम कठोर भाग मिट्टी और अन्दर के भाग में खनिजों के संग्रह चट्टानें और अधिक तापमान के कारण निचले पदार्थ हैं।

पर्यावरण की दृष्टि से हमारी चर्चा इस पूरे भू-भाग से है और जब हम 'भूमि' शब्द का प्रयोग करेंगे तो इन सब उपर्युक्त बातों को अपने ध्यान में रखकर ही बात करेंगे।

मिट्टी वस्तुत: चट्टानों के टूटने-फूटने से बनती है जो पृथ्वी की विभिन्न भौतिक, रासायनिक तथा जैविक क्रियाओं द्वारा होती हैं अलग-अलग स्थानों पर अलग-अलग खनिज चूर्ण और नदियों के साथ लाई गई पहाड़ों के टूट-फूट और घिसे चूरे से मिलकर बने पदार्थ जब मैदानी क्षेत्र में एकत्रित होते हैं तो वह मिट्टी के नाम से जानी जाती है। अलग-अलग स्थानों की मिट्टी को उनके निर्माण में आने वाले घटकों के आधार पर अलग-अलग नाम से ही पुकारते हैं । इनमें ही रंगों के आधार पर भूरी मिट्टी, काली मिट्टी, पीली मिट्टी, लवणों अथवा खनिजों के आधार पर क्षारीय मिट्टी, आस्तिक मिट्टी, बनावट के आधार पर चिकनी मिट्टी, बालू मिट्टी, भुरभुरी मिट्टी, दोमट मिट्टी आदि वर्गीकरण किये गये हैं जो अलग-अलग गुण लिये होती हैं और अलग-अलग प्रकार की उपज के लिये उपयोग में आती हैं।

अलग-अलग प्रकार की मिट्टी में अलग-अलग गुणधर्म होते हैं और वे अलग-अलग प्रकार के उत्पादों हेतु उपयोगी होती हैं। पानी की कितनी मात्रा कौन सी मिट्टी सोख लेती है उससे भी उपज का सीधा सम्बन्ध हे, लेकिन ये अधिकारिक रूप से स्वीकार किया गया है कि ऊपरी सतह की 6 इंच (15 सेमी) मिट्टी में उन लवणों की अधिकता रहती है जिन पर उपजं निर्भर करती है।

ऊपरी सतह (Top soil layer) बहुत बारीक होती है और अनेक वर्षों में इसका निर्माण होता है और यही सभी प्रकार की उपज के लिये श्रेष्ठ मानी जाती है। इसकी निर्माण प्रक्रिया बड़ी जटिल तथा लम्बी अवधि में सम्पन्न होती है। ऊपर की सतह की एक इंच (2.5 सेमी) मिट्टी के बनने में सामान्यतया 100 से अधिक वर्ष लग जाते हैं जो प्रकृति के प्रकोप से अथवा हमारे त्रुटिपूर्ण कार्यों से अथवा ठीक से देख-रेख ने करने पर मिनटों में ही नष्ट हो जाती है। इसी कारण देश में अनाज उत्पादन में कमी होती है और अपने लोगों के जीने का सहारा अन्य देशों पर निर्भर हो जाता है, जिसका वे अनेक प्रकार से लाभ उठाते हैं। हमारे मूल्यवान खनिज एवं अन्य वस्तुओं को कम मूल्य पर लेकर वह निरन्तर समृद्धिशाली भी बनते जाते हैं और हमारे ही बलबूते पर अधिक सुख-सुविधाओं का भी उपयोग करते हैं।

भूमि इस प्रकार एक ऐसा केन्द्र बिन्दु है जो यदि सुरक्षित है तो न वह हमारे अच्छे आश्रय-स्थल के ही काम आता है, बल्कि, हमारे पेट भरने के लिये अन्न व अन्य उपजें, पीने के लिये स्वच्छ जल, प्रकृति संतुलन के लिये घने वृक्ष सभी कुछ उपलब्ध करता है, उनका आधार बनता है। बिडम्बना यह है कि विश्व की कुल भूमि की 2.5 प्रतिशत (एक चालीसवाँ) भाग ही भारत में भूमि है और विश्व की 16.7 प्रतिशत आबादी (102 करोड़ लगभग) इस पर रहती है। यही ही नहीं

बल्कि, विश्व की आधे से अधिक भैंसें और गायों तथा बकरियों का सातवां हिस्सा भारत में है। अत: भूमि की उपयोगिता भारत में केवल अन्न उपजाने में ही नहीं बल्कि इन पशुओं के लिए चारा जुटाने के लिए भी है। अधिक अन्न उपजाने की विवशता ने चारागाहों पर कृषि कार्य करना प्रारम्भ कराया है। उसका असर यह हुआ है कि मवेशी जंगलों की ओर बढ़े हैं। जंगलों की कमी ने प्राकृतिक सम्पदा की कमी के साथ-साथ पर्यावरण असन्तुलन को भी जन्म दिया है।

भूमि के प्रकार (Kinds of Land)

भूमि का उसके उपलब्ध प्रकार तथा उसके उपभोग के आधार पर हम निम्न वर्गीकरण करते हैं–

1. सामान्य भूमि (Natural Land)–यह भूमि वह भाग है जिस पर हमारी कृषि होती है और अन्न तथा अन्य आवश्यक वस्तुओं को जिस पर उत्पन्न किया जाता है। यह भूमि हमारे जीवन का आधार है, उपयोगी है, और देश की धरोहर है। इसकी मिट्टी अत्यन्त मूल्यवान है जिसकी सुरक्षा आवश्यक है।

इसी भूमि पर अनेक प्रकार के पेड़-पौधे व वनस्पति उगते हैं और घने जंगल भी इसी भूमि पर होते हैं। नवीनतम आंकड़ों के अनुसार भारत में भू-भाग के 25 प्रतिशत क्षेत्र में कृषि होती है जो सामान्य भूमि के अन्तर्गत आती है।

2. मिट्टी संसाधन (Soil Resources)–प्राकृतिक पर्यावरण के अन्तर्गत मिट्टी एक आधारभूत संसाधन है। इसके द्वारा सभी प्रकार के जीवधारियों की मूल आवश्यकताओं की पूर्ति होती है। मानव को भोजन वस्त्र तथा आवास से सम्बन्धित सामग्री मिट्टी से ही उपलब्ध होती है। पौधे मिट्टी में ही उत्पन्न होते हैं तथा पौधों के आधार पर पशु जीवित रहते हैं। मिट्टी की इसी महत्ता को ध्यान में रखते हुए जीवसूची स्तम्भ के शीर्ष पर मनुष्य, उसके नीचे पशु, पशु से नीचे फिर जीवाणु और इन सभी के आधार रूप में मिट्टी को प्रदर्शित किया जाता है। मिट्टी के महत्व को स्पष्ट करते हुये विलकोक्स (Wilcox) ने कहा है कि "मानव सभ्यता का इतिहास मिट्टी का इतिहास है तथा प्रत्येक व्यक्ति की शिक्षा मिट्टी से ही प्रारम्भ होती है।"

भू-गर्भिक दृष्टि से "मिट्टी अपक्षय क्रियाओं द्वारा चट्टानों से उत्पन्न होती है। चट्टानी कण, खनिज, पौधे व जीवश्मों के सड़ने गलने से उपजाऊ तत्त्वों का निर्माण होता है। इन्हीं तत्त्वों का जब प्राकृतिक या मानवीय कारणों से विनाश, ह्रास या कटाव हो जाता है तो यह प्रक्रिया मिट्टी ह्रास कहलाने लगती है। मिट्टी अपरदन अथवा ह्रास के अन्तर्गत मिट्टी में विद्यमान उपजाऊ तत्त्व या गुण किसी भौगोलिक कारक द्वारा एक स्थान से दूसरे स्थान पर पहुंच जाते हैं। मिट्टी ह्रास की समस्या

पृथ्वी के उन भागों में अधिक देखने को मिलती है जहां वनों का विनाश, भूमि का तेज ढाल तथा अनियमित सिंचाई प्रणाली विकसित होती हैं समुद्र तटीय क्षेत्रों में समुद्री लहरें मिट्टी का कटाव करती है, पर्वतीय क्षेत्र जहां तेज ढाल होता है वर्षा उपजाऊ मिट्टी को नष्ट करती है। पशु चरागाह क्षेत्रों में पशुओं की चराई और उनके खुर मिट्टी का ह्रास करते हैं।"

2. नमभूमि (Wetlands)–पानी के बड़े स्रोतों के आसपास की मिट्टी कभी इतना पानी समा लेती है कि भूमि दलदली हो जाती है और वह कृषि तथा किसी अन्य कार्य के उपयोग लायक नहीं रह जाती है। इसे नमभूमि कहते हैं वहां मकान या तो बन ही नहीं पाते हैं, और बनते हैं या पहले से अने होते हैं तो उनमें सीलन रहती है और पानी की बहुतायतता से प्रभावित रहते हैं। हमारे देश भारत में इस प्रकार की भूमि उन कृत्रिम नहरों के कारण हुई है जिनमें वर्षपर्यन्त पानी चलता है। हमारे देश भारत में इस प्रकार की भूमि उन कृत्रिम नहरों के कारण हुई है जिनमें वर्षपर्यन्त पानी चलता है और जिनसे पानी रिस-रिस कर पास की भूमि में पहुंचता रहता है। नि:संदेह अधिक उन्न उपजाने के लिये किये गये पानी पहुंचाने के प्रयास ने एक राष्ट्रीय स्तर की समस्या को जन्म दिया है जो बहुत चिन्ता का कारण बन रही है।

ऐसा प्रयास किया जा रहा है, कि एक तरफ तो निरन्तर पानी के स्रोतों से रिसने वाले पानी को किसी प्रकार रोका जाये तथा वहीं दूसरी ओर स्रोतों के किनारे-किनारे घनी वृक्षावली रोपी जाये जो ऐसे पानी को अपने आप में समाहित कर सके।

इसके विपरीत राष्ट्रीय स्तर पर नम भूमि को उपयोग की दृष्टि से हितकर माना है क्योंकि यह भारत में लाखों लोगों को भोजन (मछली पकड़ने, शिकार करने, झींगा संवर्धन आदि) तथा पशु-चारे की उपलब्धता आश्वस्त करते हैं। नम-भूमि या पक्षियों, सरीसृपों, मछलियों तथा अन्य प्राणी जातियां का पालन भी करते हैं जो अत्यधिक आर्थिक और जीव-सौन्दर्यपरक महत्त्व है। साथ ही बाढ़ नियंत्रण, एक्विकर रिचार्जिंग, जल गुणवत्ता का नियमन करने, एक्वाकल्चर तथा मुर्गावियों के प्रजनन स्थान हेतु सम्भावित स्थानों के रूप में इनकी महत्त्वपूर्ण भूमिका है। प्रदूषण उपशमन हेतु भी नम भूमि क्षेत्र का अपना महत्त्व है।

उपर्युक्त महत्त्व को देखते हुए राष्ट्रीय नम भूमि प्रबन्ध समिति ने देश में प्राथमिकता के आधार पर 22 नमभूमि क्षेत्रों का चयन किया है, जिन पर कार्य हो रहा है। विवरण अन्य अध्याय 'पर्यावरणीय समस्याएं (प्राकृतिक)' में देखें। भारत ने नमभूमि के बारे में एक रामसर कन्वेंशन पर हस्ताक्षर किये हैं, जिनके अन्तर्गत-

(1) चिल्का (उड़ीसा), (2) केवलादेव घना (राजस्थान), (3) हरिके (पंजाब), (4) लोकटक (मणिपुर), (5) सांभर (राजस्थान) तथा (6) वूलर (जम्मू एण्ड कश्मीर) नम-भूमि क्षेत्रों को राष्ट्रीय महत्व का माना है।

3. बंजर भूमि (Wastelands)–जो स्थान या तो एकदम चट्टानी हैं और जहां मिट्टी बिल्कुल नहीं है अथवा वह स्थान, जहां की ऊपरी मिट्टी (topsoil) प्राकृतिक प्रकोप या सुरक्षित न रख सकने की मनुष्य की त्रुटिपूर्ण क्रियाओं से बह गई हो, वह किसी भी प्रकार की उपज के योग्य नहीं रह जाते। जहां पानी के साधनों का भी अभाव होता है। यह बंजर भूमि क्षेत्र (Wasteland area) कहलाते हैं। वायु से, पानी से तथा अन्य क्रियाओं से सामान्य भूमि का बंजर भूमि क्षेत्र में परिवर्तित होने का क्रम हमारे देश का दुर्भाग्य रहा है तथा इसी से अनेक आर्थिक एवं सामाजिक समस्याएं उत्पन्न हुई हैं।

राष्ट्रीय स्तर पर राष्ट्रीय बंजर भूमि विकास बोर्ड (National Wasteland Development Board)–का गठन हुआ है जो बंजर भूमि को कृषि भूमि में परिवर्तन करने अथवा इस भूमि का और कोई अपेक्षाकृत अच्छा उपयोग हो सके, इस हेतु प्रयत्नशील है। इस बोर्ड के मुख्य उद्देश्य हैं–

1. वनरोपण गतिविधियों में अधिक तेजी लाना,
2. वनरोपण कार्यक्रम को लोगों, विशेषकर किसानों तथा भूमिहीनों तक ले जाना और इसमें महिलाओं की भागीदारी में वृद्धि करना,
3. अन्य सरकारी तथा गैर-सरकारी एजेन्सियों का अधिक-से-अधिक सहयोग प्राप्त करना,
4. ईंधन की लकड़ी तथा चारे के विकास पर अधिक बल देना, और
5. संस्थागत समर्थन प्राप्त करने के तौर तरीके ढूंढना।

इस क्रम में भारत सरकार ने विभिन्न राज्यों को निर्देश दिये हैं कि वे न्यूनतम निर्धारित प्रतिशत भूमि क्षेत्र को इस योजना के तहत पेड़-पौधे, वनस्पति अथवा अन्य किसी-न-किसी उपज के कार्य हेतु योजना बनाकर उनकी क्रियान्वित करें, जिनका विवरण निम्न प्रकार है–

– राजस्थान, मध्य प्रदेश और महाराष्ट्र	10 मिलियन हेक्टेयर क्षेत्र से अधिक
– देहली, उत्तर प्रदेश, गुजरात, कर्नाटक, आन्ध्रप्रदेश, दादरा हवेली (डामन एवं ड्यू सहित)	5 से 10 मिलियन हेक्टेयर क्षेत्र

- जम्मू-कश्मीर, हिमाचल प्रदेश,
पंजाब, हरियाणा, गोवा, केरल,
तमिलनाडु, उड़ीसा, पश्चिमी
बंगाल, बिहार, असम, सिक्किम,
मेघालय, त्रिपुरा, मिजोरम,
मणिपुर, नागालैण्ड और
अरुणांचल प्रदेश 5 मिलियन हेक्टेयर क्षेत्र से कम

इस हेतु अनेक कार्यक्रम योजना बजट (Plan Budget) के तहत शुरू किये गये हैं जिनमें 50 प्रतिशत से 100 प्रतिशत तक भारत सरकार द्वारा अनुदान स्वीकृत किया जाता है।

4. रेगिस्तानी भूमि (Desert Land)–ये मोटी बालू वाले क्षेत्र होते हैं जिनमें मिट्टी के कण बड़े होते हैं और इनमें पानी को सोखने की क्षमता कम अथवा नहीं ही होती है। अत: इन क्षेत्रों में उपज नहीं होती। दूसरे यह पानी के अभाव से भी ग्रस्त होते हैं। साथ ही पास में जंगलों के न हो पाने के कारण भी वातावरण में आद्रता नहीं समेट पाते और इस कारण वर्षा से भी वंचित रहते हैं। इस तरह ये क्षेत्र सीधे-सीधे रेगिस्तान ही हो जाते हैं। भारत का थार रेगिस्तान ऐसा ही क्षेत्र है जो 31.7 mh (मिलियन हेक्टेयर) में पंजाब, राजस्थान और गुजरात में फैला हैं अधिक पशु-चराई, पानी की कमी तथा जल और वायु द्वारा भूमि क्षरण ने इसे मरुस्थल बना दिया है और यह निरन्तर बढ़ रहा है।

5. कच्छ वनस्पति वाली भूमि (Mangroves Land)–यह भूमि सामान्यतया महासागर/समुद्र तटों तथा मुहानों की सीमा में होती है। इस भूमि की विशेषता यह है कि यहां की मिट्टी में नमक ग्रहण करने की शक्ति होती है। अत: इसी कारण इस प्रकार की भूमि मुख्यत: उष्णकटिबन्धीय और उप उष्णकटिबन्धीय अन्त ज्वारीय क्षेत्रों में होती है। यहां उत्पन्न वनस्पतियां जिन्हें कच्छ वनस्पतियां के नाम से बोलते हैं, समुद्र तटों को सिरि रखती हैं और समुद्र द्वारा कटाव को रोकती हैं। भारत में कच्छ वनस्पतियां कुल 6,740 वर्ग किलोमीटर लम्बी तट रेखा पर पाई जाती हैं जो विश्व की कुल कच्छ वनस्पति क्षेत्र का लगभग 7 प्रतिशत है।

भारत में इस क्षेत्र की भूमि के उत्पादन पर भी भारी जैव हस्तक्षेप है। तथा कई कारणों से अंधाधुंध और बेरहमी से इसका शोषण हो रहा है। इस शोषण को रोकने तथा इस भूमि की वनस्पतियों के संरक्षण और प्रबन्ध के लिये भारत सरकार

ने एक राष्ट्रीय कच्छ वनस्पति समिति (A National Mangrove Committee) गठित की है जिसके निम्न लक्ष्य रखे हैं–

1. प्राकृतिक पुनः उत्पादन (National Regeneration),
2. नर्सरी बनाना (Raising of Nuseries),
3. वनीकरण (Afforestation), और
4. शिक्षा एवं जागरूकता (Education and Awareness)।

इस सन्दर्भ में भारत ने 15 ऐसी कच्छ वनस्पति क्षेत्र भूमि की प्रारम्भिक रूप से शिनाख्त कर ली गई है जिन पर योजनाबद्ध कार्य प्रारम्भ हो रहा है। शनैः-शनैः कार्य प्रगति पर है। ये है –

1. उत्तरी अण्डमान (अण्डमान व निकोबार द्वीप समूह)
2. निकोबार द्वीप समूह
3. सुन्दरवन (पश्चिम बंगाल)
4. भतरकणिका (उड़ीसा)
5. कोरिंगा डेल्टा (उड़ीसा)
6. महानदी डेल्टा (उड़ीसा)
7. पिचवरम (तमिलनाडु)
8. गोवा (गोवा)
9. गोदावरी डेल्टा (आन्ध्र प्रदेश)
10. कच्छ की खाड़ी (गुजरात)
11. कुंडापुर (कर्नाटक)
12. अचरा रत्नागिरि (महाराष्ट्र)
13. बेम्बनाड (केरल)
14. प्वाइंट केलिमेरे (तमिलनाडु)
15. कृष्ण एस्चुअरी (आन्ध्र प्रदेश)।

सन् 1990 में इनके अतिरिक्त भी 15 कच्छ वनस्पति क्षेत्रों का विशेष चयन किया है,

भूमि का अनुचित उपयोग अथवा दुरुपयोग (Misuse or Improper Use of Land)–भारत में कुल भू-भाग का क्षेत्रफल 329 mh है। निरन्तर बढ़ती आबादी के अनुसार निश्चय ही प्रति व्यक्ति यह भू-भाग कम होता जा रहा है। आजादी

से पूर्व 1941 में यह 1.03 h था जो 1951 में 0.91 h. 1961 में 0.75 h, 1971 में 0.61 h, 1981 में 0.48 h. 1991 में 0.39 h. 1996 में 0.35 h तथा अब 2002 के अन्त में 0.31 h आ गया है। इसमें से वह भाग निकाल दें। और जो वन क्षेत्र के लिये सुरक्षित है अथवा जो नमभूमि अथवा बंजर भूमि के हिस्से में हो गया है ओर फिर शेष सारी भूमि पर (आवास के अलावा) कृषि करें तो भी शायद यह देश के लिये काफी नहीं होगी, क्योंकि कृषि योग्य भूमि पर भी निरन्तर दबाव पड़ रहा है। अत: भूमि के उचित उपयोग की बात बहुत महत्त्वपूर्ण है।

भूमि की उपलब्धता को हम एक और दृष्टि से भी देखें–

1. प्रति वर्ष लाखों हेक्टेयर भूमि से ऊपरी सतह (top soil) नदी तथा वर्षा के जल अथवा बाढ़ से बह जाती है।
2. जल और वायु से भूमि-क्षरण लगातार हो रहा है।
3. रासायनिक खादों तथा कीटाणुनाशक दवाइयों से भूमि प्रदूषित हो रही है।
4. मिट्टी का एक बहुत बड़ा भाग अन्य कार्यों में प्रयोग हो रहा है जैसे मकानों के लिये ईंटों के बनाने में मिट्टी का उपयोग।
5. मवेशी तथा अन्य जानवरों द्वारा चराने हेतु भूमि क्षेत्र में चरागाहों का विकास।
6. बढ़ती जनसंख्या के कारण सड़कें, विविध आवासीय कालोनियों, जनहित हेतु अस्पताल, पोस्ट ऑफिस अथवा अन्य विभागों हेतु भवन निर्माण।
7. सुविधा हेतु एअरपोर्ट, बस अड्डे अथवा अन्य संचार कार्यों हेतु भूमि का आवंटन और
8. खनन कार्य हेतु पट्टों का वितरण आदि।

अत: इस प्रकार भूमि क्षेत्र, जिसका कृषि हेतु उपयोग हो सके, कम हो रहा है। हमें जहां एक और अनावश्यक भूमि उपभोग को बन्द करना पड़ेगा वहीं ऐसे उपाय भी खोजने होंगे जिससे कृषि योग्य भूमि में उपज का प्रतिशत बढ़ जाये।

भूमि के नष्ट अथवा दूषित होने के कारण (Causes of Destruction of Pollution of Land)–भूमि का ठीक से उपयोग न हो पाने के कई कारणों को मोटे नौर से दो बिन्दुओं में विभाजित किया जा सकता है। जिस पर विस्तृत रूप से चर्चा करेंगे, वह ये हैं–

(अ) भूमि-क्षरण, तथा

(ब) भूमि-प्रदूषण।

(अ) भूमि-क्षरण (Soil Erosion)–भूमि-क्षरण एक ऐसा अभिशाप है जिसके द्वारा चाहे-अनचाहे, जाने-अनजाने जाने कितनी भूमि यूं ही नष्ट हो जाती

है। पिछले 100 से 200 वर्षों की अवधि में बनी मिट्टी की ऊपरी सतह (Top soil) कुछ ही दिनों में तेज वर्षा अथवा आंधी और तूफान से बह जाती है अथवा उड़ जाती है। मिट्टी नष्ट तो बहुत कम समय में ही हो जाती है, जबकि उसके बनने में बहुत समय लगता है। अत: मिट्टी की रक्षा करना बहुत आवश्यक और महत्त्वपूर्ण है।

यह भूमि-क्षरण जल और हवा दोनों से होता है–

1. जल द्वारा भूमि-क्षरण (Soil Erosion by Water)–जहां वनस्पति क्षेत्र विरल तथा अपर्याप्त होता है और जहां आस-पास से सघन पेड़ नहीं होते वहां की भूमि की मिट्टी की सतह धीमे-धीमे क्षय होती जाती है और उसका आभास भी नहीं हो पाता। वर्षा की बूंदों से भूमि की मिट्टी पर कटाव होता है और वर्षा जल के बहने के साथ ही मिट्टी भी बह जाती है। यदि तेज वर्षा होती है तो यह कटाव और भूमि क्षय और शीघ्र तथा अधिक होता है।

इससे बचाव के कई उपाय हो सकते हैं, जिनमें-

(1) भूमि की जुताई पानी की निकास व्यवस्था के लम्वत् करने से मिट्टी का कटाव और भूमि-क्षरण कम हो जाता है।

(2) खेतों व भूमि के आस-पास घने वृक्ष लगाये जायें क्योंकि वर्षा की तेज बूंदों को वृक्ष अपने ऊपर लेकर बूंदों की तेजी को कम करता है तथा फिर पानी को मिट्टी में से धीमे-धीमे जाने देता है और

(3) खेतों अथवा भूमि भाग के ऊपरी हिस्सों में, जहां से वर्षा के पानी की आवक है, छोटे-छोटे एनीकट बनाये जायें, इससे पानी उस ऐनीकट में रुक जाये तथा फिर उसे अपनी सुविधा से धीमे-धीमे कम गति से काम में ले सकें।

2. वायु द्वारा भूमि-क्षरण (Soil Erosion by Wind)–वायु के तेज प्रवाह से भी भूमि-क्षरण होता है। वायु अपने साथ मिट्टी के छोटे-छोटे कणों को भूमि से उठाकर बहुत दूर ले जाती है तथा वहां से पुन: वायु वेग के साथ ये मिट्टी कण एक तूफान के रूप से बहुत दूर उड़ जाते हैं और पिछले भूमि भाग का यूं ही छोड़ दिया जाते हैं

इसके बचाव के लिये भी जिन तरीकों को सुझाया गया है उनमें से–

(1) वायु की दिशा के विपरीत खेतों की रक्षा करना, तथा

(2) वायु की नमता बनाये रखना, जिससे मिट्टी सहज ही उड़ने न पाये, प्रमुख हैं।

अत: यह उचित है कि दोनों ही प्रकार के भूमि-क्षरण के कारणों से मिट्टी के क्षय को रोकने के लिये निम्न बातों का अपनाना आवश्यक है–

(*i*) पानी के बहाव अथवा वायु के प्रवाह के विरुद्ध रक्षा पेटियां (Shelter Belts) की व्यवस्था करना, तथा

(*ii*) खेतो के आस–पास सघन वृक्षावली लगाना।

इससे काफी सीमा तक भूमि क्षय रुक सकता है।

(ब) भूमि प्रदूषण (Soil Pollution)–भूमि के भौतिक, रासायनिक या जैविक गुणों में ऐसा कोई भी अवांछित परिवर्तन जिसका प्रभाव मनुष्य तथा अन्य जीवों पर पड़े या जिससे भूमि की प्राकृतिक गुणवत्ता तथा उपयोगिता नष्ट हो, भू-प्रदूषण कहलाता है। इसे और ध्यान से देखें–

1. मिट्टी की अम्लीयता (Soil Acidity)–ये विकार आर्द्र क्षेत्रों की भूमियों में पाया जाता है। आर्द्रता के कारण जब भूमि में हाइड्रोजन (H_2) आयन्स की आण्विक प्रगाढ़ता अधिक और हाइड्रोक्सिल (HCl) आयन्स अपेक्षाकृत कम होते हैं तो अम्लीय विकार उत्पन्न हो जाते हैं जिससे मिट्टी के घोल का पीएच. मान सदैव 7 से कम रहता है। इस विकार के कारण एल्युमिनियम लोहा अधिक घुलनशील होने से पौधों के लिये विष का कार्य करते हैं तथा मैंगनीज यौगिक की मात्रा बढ़ने से पौधों की अपचयन क्रिया रुक जाती है। मृद जीवाणुओं की क्रियाशीलता भी मन्द होती है। फसलों को कैल्सियम, मैग्नीशियम, मोल्बिडन, फॉस्फोरस कम मात्रा में उपलब्ध होता है जिसके फलस्वरूप, फसल उत्पादन में गिरावट आ जाती है। भूमि में सिलिका तथा क्वार्ट्ज की अधिकता होने से तथा जैविक पदार्थों के अपघटन से, क्षारों के निक्षालन होने तथा निरन्तर अमोनियम सल्फेट जैसे उर्वरकों का प्रयोग करने से भूमि में अम्लों की मात्रा बढ़ जाती है। इस विकार को सुधारने के लिये भूमि में चूने का प्रयोग, क्षारी उर्वरकों का प्रयोग, समुचित जल निकास व्यवस्था करके पोटाशयुक्त खादों का प्रयोग करके तथा अम्ल सहिष्णु फसलें उगाकर आदि क्रियाओं द्वारा दूर किया जा सकता है।

2. मिट्टी की क्षारीयता (Soil Alkalinity)–ये विकार शुष्क और अर्द्धशुष्क क्षेत्रों में अधिक वाष्पीकरण के कारण होता है। भूमि की ऊपरी सतह पर सोडियम कैल्शियम, मैग्नीशियम, पोटाश के क्लोराइड्स, बाई-कार्बोनेट्स तथा कभी-कभी नाइट्रेट्स भी पाये जाते हैं जिनके कारण ये विकार उत्पन्न होते हैं। इन मिट्टियों में हाइड्रोक्सिल आयन्स की सान्द्रता हाइड्रोजन आयन्स की अपेक्षाकृत अधिक होती है। इन मिट्टियों का पीएच. मान सदैव 7 से अधिक होता है।

ये विकार भूमि में क्षारीय लवणों के वाष्पीकरण से, जल निकास का उचित प्रबन्ध न होने से, नहरी जल से निरन्तर सिंचाई करने से, सोडियम नाइट्रेट्स आदि उर्वरकों के निरन्तर प्रयोग से होता हैं इस विकार का मिट्टी पर विषैला प्रभाव होता

है। पौधे अधिक मात्रा में सोडियम की मात्रा को अवशोषित करते हैं जिससे पौधों की वृद्धि तथा विकास नहीं होता है तथा भूमि की भौतिक, रासायनिक, जैविक दशा बिगड़ जाती है। इससे फसल उत्पादन न्यूनतम ही प्राप्त होती है।

इस विकार को दूर करने हेतु लवणों को खुरचकर, निक्षालन कर तथा बहाकर आदि क्रियाओं द्वारा हटाया जा सकता है तथा जिप्सन का प्रयोग, जैविक खादों का अधिक प्रयोग एवं क्षार सहिष्णु फसलें उगाकर भी क्षारीय विकार दूर किया जा सकता है।

3. रासायनिक और कीटनाशक दवाओं का भूमि पर प्रभाव (Effect of Pesticides and Chemical Fertilizers)–आज उत्पादन बढ़ाने के लिये खेतों में रासायनिक खादों, कीटनाशक, शाकनाशी एवं कवकनाशक रसायनों का प्रयोग दिन-प्रतिदिन बढ़ रहा है जिससे भूमि में हानिकारक तत्त्वों की मात्रा बढ़ने से भूमि प्रदूषित हो रही है। उदाहरण के लिये, अमोनियम सल्फेट उर्वरक का खेतों में लगातार प्रयोग करने से भूमि में अम्ल की मात्रा बढ़ जाती है। इसी प्रकार सोडियम नाइट्रेट से क्षारीय विकार पैदा हो रहा है। कीटों को नष्ट करने के लिये डी.डी.बी.एच. सी. जैसे अधिक हानिकारक विषों का अधिक मात्रा में प्रयोक किये जाने से भूमि में इन रसायनों का अंश कई वर्षों तक रहता है जिससे मृदा प्रदूषित होने के साथ-साथ इन विषों का अंश अनाजों में आने से मानव में नये-नये रोग व बीमारियाँ फैल रही हैं जो मानव समाज के लिये अभिशाप है।

भारत सरकार द्वारा अनाजों, शाकों आदि में डी.डी.टी. व बी.एच.सी. जैसे रसायनों का प्रयोग नहीं करने की सिफारिश की गई है।

रासायनिक उर्वरकों, कीटनाशक रसायनों का निरन्तर अधिक मात्रा में यदि प्रयोग किया जाता रहा तो मृदा प्रदूषण के कारण मृदा उत्पादन शक्ति का ह्रास तो होता ही रहेगा साथ ही साथ इस प्रदूषण का प्रतिकूल प्रभाव मानव स्वास्थ्य पर पड़ता रहेगा। उतपादन बढ़ाने के लिये रासायनिक उर्वरकों, कीटनाशक रसायनों का प्रयोग कम करके इनके स्थान पर जैविक खाद, भू-परिष्करण/यांत्रिक क्रियाओं को प्राथमिकता देनी होगी तभी हम भूमि प्रदूषण से मानव स्वास्थ्य को सुरक्षित रख सकते हैं।

बिगड़ी भूमि के पुन: सुधारने अथवा कृषि योग्य बनाने हेतु उपाय (Ways to Improve or Reclaim the Spoiled Land)–भूमि-क्षरण द्वारा कृषि योग्य भूमि के बचाव के उपाय पहले दिये हैं, लेकिन जो भूमि प्रदूषण से दूषित हो गई है अथवा खनन कार्य जैसी गतिविधि से नष्ट हो गई हैं, उसे पुन: कैसे प्राप्त करें? यह एक जटिल प्रश्न है। विशेषज्ञों ने इस हेतु सुझाव दिये हैं कि उन्हें पहले कृत्रिम

प्रकार से मिट्टी खाद के आवरण से युक्त कर इस रूप में लायें कि उस भूमि पर कोई चीज उगने की सम्भावना बने और फिर उनमें पहले भूमि सुधारने वाले फसलों को लगायें–तब आगे और अन्य वृक्ष, झाड़ियां आदि लगायें, इन्हें तब कृषि कार्य, सघन वृक्षावली, पानी संग्रह केन्द्र अथवा आमोद-प्रमोद स्थल के रूप में उपयोग में लिया जा सकता है। जो स्थान खनन से इतने खराब हो गये हों कि जगह उबड़-खाबड़ हो गयी हो तो वहां का लेण्डस्केप तैयार कराकर उसमें स्विमिंग पूल, खेलने के स्थान व बाग-बगीचे आदि लगाये जा सकते हैं।

एक बात की ओर और ध्यान दिया जा सकता है कि आज जब भी कोई विशेष आवास, बांध, स्टेडियम अथवा मनोरंजन स्थल के निर्माण की बात हुई या नई-नई कॉलोनियों के विकास की योजना बनी तब आवश्यकता के अनुसार कहीं से भी भूमि का आवंटन सुविधा की दृष्टि से कर लिया जाता हैं क्यों न इस खराब भूमि को उस कार्य हेतु उपयोग में लावें? जिससे दोनों की समस्याओं का समाधान एक साथ सम्भव है।

भूमि बहुत महत्त्वपूर्ण साधन है। इसके उचित उपयोग से हम आर्थिक रूप से सम्पन्न भी हो सकते हैं और विपरीत में असह्य स्थिति में भी आ सकते हैं। प्रत्येक मनुष्य के योगदान से ही देश की भावी स्थिति की अच्छी सम्भावनाएं बन सकती हैं। कहते हैं–अच्छी भूमि–अच्छा अन्न। अच्छा अन्न–अच्छा मन।

10

वन
(Forests)

प्रस्तावना (Introduction)

ऐसे क्षेत्र जो सामान्यतया उपेक्षित अथवा कृषिविहीन हों और जहां घने लम्बे वृक्ष उगे हों, वन की परिभाषा में आते हैं। इन्हें 'जंगल' भी कहते हैं, जिसकी मूल भावना सम्भवत: यही रही है कि जिसमें वन्य जीव भी रहते हों, लेकिन व्यावहारिक रूप से वनों का आशय उसकी विविध प्रकार की उपयोगिता के आधार पर भी स्वीकार की गई है।

वैधानिक दृष्टि से वनों का आशय उन क्षेत्रों से है जो वन अधिनियम में वर्णित विभिन्न श्रेणियों में से, किसी एक श्रेणी के अन्तर्गत घोषित कर दिये गये हों। पर्यावरण की दृष्टि से वन पेड़-पौधे और वनस्पति से आच्छादित वे क्षेत्र हैं जो वायुमण्डल की कार्बन डाइऑक्साइड को अवशोषित करते हैं और प्रकाश संश्लेषण की संक्रिया से वापस ऑक्सीजन देकर वायुमण्डल को सन्तुलित रखते हैं।

अत: निश्चय ही परिभाषा की दृष्टि से वन पेड़-पौधे, वनस्पति तथा जीव-जन्तु के ऐसे स्थल हैं जो प्राकृतिक संसाधन के महत्त्वपूर्ण घटक के रूप में जाने जा सकते हैं और जिन पर प्राणी मात्र (मनुष्य व पशु) का अस्तित्व टिका है।

इस परिभाषा से भारत देश जिसका भौगोलिक (भूभाग का) क्षेत्रफल 32,87,263 वर्ग किमी (329 mh) है वहां सन् 1999-2000 में वन 6,37,293 वर्ग किमी (63.7% mh) में हैं जो लगभग 19.39 प्रतिशत होता है, जबकि कृषि क्षेत्र लगभग 46 प्रतिशत है।

वनों का महत्व (Importance of Forests)

विज्ञान ने यद्यपि पिछले कई सौ वर्षों में इतनी प्रगति कर ली है कि अब दैनिक उपयोग में आने वाली वस्तुओं अथवा अनेक प्रकार के आवश्यक और सुख-सुविधा

के साधनों में वैकल्पिक पदार्थों का उपयोग कर लकड़ी के इस्तेमाल को कम कर दिया है, लेकिन फिर भी लकड़ी की खपत में कोई कमी नहीं है। कारण प्रथम तो जिन वस्तुओं को लकड़ी से बनाने में पहले भी प्राथमिकता दी जाती थी वहां बहुत अन्तर नहीं आया है, जैसे रेलवे में लकड़ी के स्लीपर, रेलवे कोच, कार्यालय के फर्नीचर, बड़े-बड़े भवनों के दरवाजे, खेल का सामान, संगीत के उपकरण आदि। भारत में तो लकड़ी का बहुत अधिक उपयोग शवदाह के लिये भी होता है। उसमें भी संस्कृतिक के अनुरूप कोई परिवर्तन नहीं हैं फिर जहां लकड़ी का उपयोग कम भी किया है उस कमी को बढ़ती जनसंख्या के दबाव ने पूरा कर दिया है।

वनों का प्रयोग केवल लकड़ी को ईंधन या कच्चे माल के रूप में प्रयोग करने तक सीमित नहीं है, बल्कि, इनके अनेक पर्यावरणीय एवं भौगोलिक महत्त्व हैं–

1. ये पानी और मिट्टी जैसे महत्त्वपूर्ण संसाधनों की सुरक्षा और संरक्षण (Preservation and Conservation) करते हैं। भूमि क्षरण रोकते हैं, भू-सतही जल को रोककर उन्हें स्वच्छ कर भूमिगत जल में भेजते हैं तथा जमीन की नम को बनाये रखते हैं।
2. ये नदियों के प्रवाह को नियमित करते हैं, उनके प्रदूषण को नियंत्रित करते हैं मिट्टी को बहाकर जाने से रोकते हैं, बाढ़ रोकते हैं, या कम करते हैं।
3. वन आच्छादित क्षेत्र वायुमण्डल की आर्द्रता बनारये रखते हैं, जिससे अधिक वर्षा की सम्भावना रहती है।
4. अनेक पशु-पक्षी और जीव-जन्तुओं को ये आश्रय-स्थल होते हैं। शेर जैसे वन्य जीव को आश्रय देकर पर्यावरण सन्तुलन की भूमिका निर्वाह करने में सहायक बनते हैं।
5. वनों से औषधियाँ प्राप्त होती हैं जिनसे अनेक अस्वस्थ लोगों का उपचार सम्भव है।
6. कई प्रकार के कुटीर उद्योगों को कच्चा माल उपलब्ध कराते हैं, जैसे– बेंत फर्नीचर, खिलौने आदि।
7. गोंद, लाख, कत्थ, शहद, रबड़, मोम और न जाने कितने प्रकार की गौण उपज वनों से प्राप्त होती हैं।
8. मनोरंजन स्थल के रूप में विकसित कर इन्हें आय का साधन बनाया जा सकता है।
9. जल-चक्र तथा वायु-चक्र में प्रमुख भूमिका निभाते हैं।

10. ये ऑक्सजीन (प्राण वायु) के संचित कोष स्थल हैं, जो कार्बन डाइ-ऑक्साइड को अवशोपित कर ऑक्सीजन देते हैं। अप्रत्यक्ष रूप से विश्वतापन रोकने में इनकी महती भूमिका है।
11. वन भूमि की उर्वरकता को बढ़ाते हैं। वृक्षों से भूमि पर गिरने वाली पत्तियाँ आदि सड़-गलकर मिट्टी को जीवाश्म की प्राप्ति होती है।
12. उद्योगों से होने वाले प्रदूषण को रोकते हैं। घनी वृक्षावली कई प्रकार की विषैली गैसों का अवशोषण करती है। वृक्ष ध्वनि प्रदूषण को भी कम करते हैं।

आर्थिक दृष्टि से एक पेड़ का मूल्यांकन कलकत्ता विश्वविद्यालय के एक कृषि वैज्ञानिक डा॰ तारक मोहनदास ने किया है। उनके अनुसार 50 वर्ष आयु के 50 टन भार वाले एक वृक्ष को यदि अगले 50 वर्षों तक जिन्दा रखा जाये तो उसका प्रतिदान निम्न प्रकार होगा–

विवरण	मूल्य (रुपयों में)
1000 किलो प्रतिवर्ष के हिसाब से 50 वर्षा में उत्पन्न 50,000 किग्रा ऑक्सीजन का 5 रु. की दर से	2.50 लाख
वायु प्रदूषण पर नियंत्रण	5.00 लाख
जल का पुनर्चक्रीकरण तथा आर्द्रता पर नियंत्रण	3.00 लाख
भू-क्षरण की रोकथाम तथा उर्वरा शक्ति में बढ़ोतरी	2.50 लाख
पत्तियों से प्रोटीन व वसा निर्माण	0.20 लाख
पशु-पक्षी, कीड़ों तथा पौधों का संरक्षण	2.50 लाख
कुल आर्थिक लाभ	15.70 लाख

यदि इसी पेड़ को काटकर इसकी लकड़ी बेची जाये तो उसका कुल अधिकतम मूल्य 5,000 रु. ही मिलेगा जो उपयुक्त का केवल 0.3 प्रतिशत है।

अत: यह स्पष्ट है कि वन हमारे लिये आर्थिक, पर्यावरणीय और भौगोलिक सभी दृष्टि से बहुत महत्त्वपूर्ण हैं। हमें इनकी रक्षा करनी चाहिये।

भारत की राष्ट्रीय वन नीति (National Forests Policy of India)

भारत की वनों के प्रबन्ध के लिये सबसे पहली राष्ट्रीय वन नीति सन् 1984 में बनाई गई जिसमें वनों की सुरक्षा (Preservation) तथा आरक्षित (Reserved) और

सुरक्षित (protected) वनों के निर्माण की ठोस व्यवस्था थी। इस नीति के अनुसार–

1. पहाड़ी ढलानों पर के वनों की सुरक्षा होनी चाहिए।
2. वनों का प्रबन्ध पूर्णतया व्यावसायिक होना चाहिए।
3. जहां भी कृषि योग्य भूमि वन क्षेत्र में आती हो उसे कृषि कार्य हेतु उपयोग में लानी चाहिए। साथ ही कृषि का स्थायी प्रकार भी होना चाहिए।
4. स्थानीय लोगों के लाभ के लिये उत्कृष्ट प्रकार के वन तैयार करने चाहिए।

स्पष्ट है कि यह नीति विशेषत: कृषि के विकास की ओर इंगित थी।

सन् 1921 में वनों को राज्य अधीन कर दिया गया लेकिन तब तक ईधन और लकड़ी की आवश्यकता की पूर्ति हेतु बहुत-सा वन क्षेत्र प्रथम विश्व युद्ध (1814-18) में नष्ट हो चुका था। दूसरे विश्व युद्ध (1939-45) में पुनः युद्ध की आवश्यकता के लिये वन कटे और रही सही वन कटने की प्रक्रिया लकड़ी से सम्बन्धित खोले गये कारखानों की पूर्ति के लिये जारी रही। आजादी के बाद जब जमींदारी समाप्त हुई तो सभी प्रकार के वन राज्य सरकार ने अपने अधीन ले लिए और उस समय की वस्तुस्थिति के आधार पर एन् 1952 में दूसरी राष्ट्रीय वन नीति घोषित हुई। इसमें यह प्रावधान था कि भू-भाग के 33.3 प्रतिशत में वन क्षेत्र होने चाहिए।

इस दूसरी राष्ट्रीय वन नीति (Second National Forest Policy) में विशेषत: यह बात इंगित की गई कि प्रत्येक प्रकार की भूमि को उसी प्रयोग के लिये आवंटित किया जाये जिस हेतु वह उपयुक्त है तथा जिससे अधिक-से-अधिक उत्पादन हो और भूमि की उपयोगिता भी बनी रहे। स्थानीय लोगों की आवश्यकताओं की यथासंभव पूर्ति का ध्यान रखा जाये तथा इस आवंटन प्रक्रिया में कोई काम ऐसा नहीं हो जिससे न तो सरकार को हानि पहुंचे और न ही भावी पीढ़ी को कोई स्थायी अभाव उत्पन्न हो। इस नीति में निम्नलिखित मूल सिद्धान्त किये गये–

1. वनों को कार्यमूलक आधार पर वर्गीकृत करना (आरक्षित वन, राष्ट्रीय वन, गांव के वन आदि)।
2. स्थानीय तथा सामान्य लोगों के कल्याण के लिए कृषि एवं वन-भूमि में सन्तुलन बनाये रखना।
3. वनों के अन्धाधुन्ध कटाव को रोकना तथा वानिकी का विस्तार करना।
4. विभिन्न आवश्यक एवं उचित उपयोग में लाने हेतु लकड़ियों की नियमित पूर्ति हेतु प्रयास करना।

5. नदियों के उद्गमस्थल, भू-रक्षण वाले क्षेत्र तथा समुद्रतटीय रेत के टीलों को रोकने के लिये वहां के क्षेत्र में लकड़ी की कटाई एकदम रोकना तथा वृक्षारोपण करना।

इस नीति में यद्यपि काफी वन संरक्षण की बात और मानव उपयोग की संकल्पना रखी गई थी पर, फिर भी व्यावहारिक रूप से प्रतयेक स्तर पर कई कठिनाइयां उभर कर आई और कईं सुझाव संशोधन के लिये उठे। अत: इस हेतु विशेषरूप से बनाई गई एक नवनिर्मित कमेटी ने 1976 में नई राष्ट्रीय वन नीति के लिये संशोधन सहित सुझाव प्रस्तुत किये। श्री आर.एस. पठान के अनुसार सन् 1988 में नवीनतम नीति में वन संसाधनों के प्रबन्धन में जन-साधारण की भागीदारी का प्रावधान है। स्वीकार करने के बाद यह तीसरी राष्ट्रीय वन नीति कहलाई। तब से वनों के प्रबन्धन में बहुत कठिनाइयां आई हैं, पर कोई नई वन नीति आज तक नहीं बन पाई है। प्रतिवर्ष कुछ सुझाव केवल कागजों तक सीमित रहते हैं।

वन (संरक्षण) अधिनियम, 1980 (Forest Conservation Act, 1980) – अन्य प्रयोजनों के लिए वन भूमि के अंधाधुन्ध अनारक्षण और उपयोग को रोकने के लिये सन् 1980 में वन (संरक्षण) अधिनियम अधिनियनित किया गया। इस अधिनियम के अन्तर्गत किसी आरक्षित वन को अनारक्षित घोषित करने या वन भूमि को गैर वन प्रयोजन के लिये उपयोग में लाने के लिये केन्द्रीय सरकार की पूर्व अनुमति आवश्यक होगी। वन भूमि को गैर वन भूमि के कार्य हेतु आवंटन के साथ ही यह प्रतिबन्ध भी है कि उतनी ही अथवा उसके समतुल्य क्षेत्र में वन (पेड़) लगाने होंगे।

भारत सरकार के पर्यावरण विभाग की 1986-87 की रिपोर्ट के अनुसार सन् 1980 से पूर्व जहां 1.5 लाख हैक्टेयर वन क्षेत्र प्रति वर्ष कट रहे थे, वहीं इस अधिनियम के बाद से केवल 5,5000 हेक्टेयर वन क्षेत्र ही औसत प्रति वर्ष वन क्षेत्र कटने लगे। उल्लेखनीय है कि अधिनियम 25 अक्टूबर, 1980 से प्रारम्भ हुआ था। विभिन्न वर्षों की उपयुक्त रिर्पोट बताती है कि नियमानुसार आवेदन करने पर लोगों को वन क्षत्र से गैर वन उपयोग हेतु भूमि का आवंटन हो रहा है और नियमित रूप से व्यक्ति तथा संस्थाएं इस हेतु भारत सरकार को आवेदन कर रही हैं। कार्य में गति लाने और लोगों को सुविधा देने के लिये भारत सरकार ने देश में 6 स्थानों (बंगलौर, भोपाल, भुवनेश्वर, लखनऊ, शिलॉग और चंडीगढ़) पर क्षेत्रीय कार्यालय खोल दिये हैं। राज्य सरकारों को ये निर्देश दिये हैं कि वे अपने क्षेत्र के आवेदन इन क्षेत्रीय कार्यालयों के मार्फत ही स्वीकार करायें।

वन (संरक्षण) अधिनियम, 1980 का संशोधन (Amendment of Forest Conservation Act, 1980)–वन (संरक्षण) अधिनियम, 1980 के उपप्रबन्धों के उल्लंघन को रोकने के लिये वर्तमान उपबन्धों को अधिक कठोर बनाने के वास्ते अधिनियम का संशोधन किया गया है जिसमें निम्नलिखित उपबन्ध शामिल हैं–

1. कोई भी राज्य सरकार अथवा अन्य आदेश जारी नहीं कर सकते जिसमें ये निर्देश दिये गये हों कि कोई वन भूमि अथवा उसका कोई हिस्सा केन्द्र सरकार की पूर्व स्वीकृति के बिना किसी व्यक्ति अथवा किसी ऐसे प्राधिकरण, निगम, एजेन्सी या किसी अन्य संगइन को पट्टे पर या अन्यथा दी जाये, जिसका स्वामित्व प्रबन्ध अथवा नियंत्रण सरकार के अधीन न हों।
2. वनेतर प्रयोजनों की परिभाषा में चाय, कॉफी, मसाले, रबर, ताड़, तिलहनी पौधों, बागवानी सम्बन्धी फसलों और औषधियों पौधों को शामिल करके उसके क्षेत्र का विस्तार किया गया है।
3. स्पष्टीकरण के तहत एक और अनुच्छेद जोड़ दिया गया है, ताकि उसमें ऐसे कार्यों को भी शामिल किया जा सके जो कि वन प्रयोजनों के भाग के रूप में वन संरक्षण, विकास और प्रबन्ध के लिये अनुप्रासंगिक हैं, क्योंकि मूल अधिनियम में इनका उल्लेख नहीं था, और
4. जो कोई भी अधिनियम की धारा 2 के उपबन्धों का उल्लंघन करेगा या उल्लंघन की प्रेरणा देगा उसको 15 दिन तक की सामान्य कैद का दण्ड दिया जावेगा। इसमें वे सरकारी कर्मचारी भी शामिल होंगे जो अपराध घटित होते समय प्रत्यक्षतः प्रभारी होंगे।
5. वन (संरक्षण) अधिनियम, 1980 की धारा 3 के तहत गठित सलाहकार समिति को संशोधित वन संरक्षण नियमों के अनुसार पुनर्गठित किया गया है। पर्यावरण और वनरोपण के क्षेत्र में तीन ख्याति प्राप्त हस्तियों को गैर सरकारी सदस्यों के रूप में समिति में शामिल किया गया है।

वन कानून (Forest Legislation)–प्रथम भारतीय वन अधिनियम सन् 1927 में बना जिसके अन्तर्गत राज्य सरकारों द्वारा वन-प्रबन्ध किया जाता रहा है, लेकिन उसके बाद 1952 और फिर 1988 की भारतीय वन नीति के घोषित हो जाने पर इस बात की आवश्यकता महसूस की जा रही है कि इस नीति परिवर्तनों के अनुकूल वन कानून में यथा प्रकार परिवर्तन/संशोधन हो। अतः पिछले वन अधिनियम में वांछनीय संशोधनों के आधार पर मसौदा तैयार कर राज्य सरकारों के पास उनके सुझावों के लिये भेज दिया गया है। गतिविधि प्रगति पर है।

देश में वनों की वर्तमान स्थिति (Present Status of Forests in the Country)–भारत के 329 mh भौगोलिक क्षेत्र में 63.73 mh (लगभग 19.39 प्रतिशत) वन क्षेत्र हैं जो सरकारी रिकार्ड में दर्ज हैं और ये सभी स्वीकारते हैं कि वास्तविक स्थिति में इस क्षेत्र में सभी स्थानों पर वन नहीं हैं, और कहीं-कहीं तो केवल खाली स्थान तक हैं। देश के विभिन्न राज्यों के भू-भाग तथा उनके क्षेत्रों की स्थिति देखें, तो अग्र प्रकार हैं–

देश के विभिन्न राज्यों के वन क्षेत्र

विभिन्न वर्षों में वन क्षेत्र की स्थिति

प्रदेश/केन्द्र शासित प्रदेश	भौगोलिक क्षेत्र (वर्ग किमी में)	वन क्षेत्र (वर्ग किमी में)			
		1995	1997	1999	वर्तमान स्थिति
1. आन्ध्र प्रदेश	275068	47112	43290	44229	16.08%
2. अरुणांचल प्रदेश	83743	68621	68602	68847	82.21%
3. असम	78438	24061	23824	23688	30.20%
4. बिहार	173877	26561	26524	26474	15.23%
5. गोवा (दमन, द्वीव सहित)	3702	1250	1257	1251	33.79%
6. गुजरात	196024	12320	12578	12965	6.61%
7. हरियाणा	44212	603	604	964	2.18%
8. हिमाचल प्रदेश	55673	12501	12521	13082	23.50%
9. जम्मू एण्ड कश्मीर	222236	20433	20440	20441	9.20%
10. कर्नाटक	191791	32382	32403	32467	16.93%
11. केरल	38863	10336	10334	10323	26.56%
12. मध्य प्रदेश	443446	135164	131195	131830	29.73%
13. महाराष्ट्र	307690	43843	46143	46672	15.17%
14. मणिपुर	22327	17558	17418	17384	77.68%
15. मेघालय	22429	15714	15657	15633	69.70%

विभिन्न वर्षों में वन क्षेत्र की स्थिति

प्रदेश/केन्द्र शासित प्रदेश	भौगोलिक क्षेत्र (वर्ग किमी में)	वन क्षेत्र (वर्ग किमी में)			
		1995	1997	1999	वर्तमान स्थिति
16. मिजोरम	21081	18576	18775	18338	86.99%
17. नागालैण्ड	16579	14291	14221	14164	85.43%
18. उड़ीसा	155707	47107	46941	47033	30.21%
19. पंजाब	50362	1342	1387	1412	2.80%
20. राजस्थान	342229	13280	13353	13871	4.05%
21. सिक्किम	7096	3127	3129	3118	43.94%
22. तमिलनाडु	130058	17766	17064	17078	13.13%
23. त्रिपुरा	10486	5538	5540	5745	54.79%
24. उत्तर प्रदेश	294411	33986	33994	34016	11.55%
25. पश्चिमी बंगाल	88752	8276	8349	8302	9.42%
26. उत्तरांचल	—	—	—	—	—
27. झारखण्ड	—	—	—	—	—
28. छत्तीसगढ़	—	—	—	—	—
29. दिल्ली	1483	26	26	88	5.93%
30. अण्डमान एण्ड निकोबार	8249	7615	7613	7606	92.21%
31. चंडीगढ़	114	07	07	07	6.14%
32. दादरा और नगर हवेली	491	204	204	202	41.14%
33. दमन एण्ड द्वीव	112	—	03	03	2.68%
34. लक्षद्वीप	32	00	00	00	00
35. पाण्डिचेरी	492	00	00	00	00
कुल	3287263	639600	633397	637293	**19.39%**
	328.73mh	63.96mh	63.34mh	63.73mh	

(अ) नये निर्मित राजयों के स्वतंत्र आंकड़े अभी उपलब्ध नहीं हैं, इन्हें–

(1) उत्तरांचल (उत्तर प्रदेश),

(2) झारखंड (बिहार) तथा

(3) छत्तीसगढ़ (मध्य प्रदेश) के साथ पढ़ें।

(ब) कुल वन क्षेत्र 1993/19.74%, 1995/19.46%, 1997/19.27% और 1999/ 19.39%

नेशनल रिमोट सेन्सिंग एजेन्सी (NRSA) के प्रतिवेदन के अनुसार प्रतिवर्ष वनों की कटाई के फलस्वरूप वन क्षेत्र में वनों का प्रतिशत निरन्तर कम हो रहा है और निश्चय ही अच्छे वनों (पेड़ों का घनत्व 30 प्रतिशत या अधिक) का प्रतिशत 15-16 प्रतिशत से अधिक नहीं हैं इसी प्रकार विरल वन क्षेत्र में वनों का प्रतिशत लगभग 9-10 प्रतिशत ही है। कुल मिलाकर वन क्षेत्र में वनों की स्थिति 11 से 12 प्रतिशत के मध्य है। इसमें वह भाग भी सम्मिलित है जो सामाजिक या अन्य वानिकी के माध्यम से बढ़ाया गया है। स्थिति का जायजा लें कि अपेक्षित 33 प्रतिशत (110 mh) वन क्षेत्र के मुकाबले 1952 में 23 प्रतिशत वन क्षेत्र (75 mh) माने गये और 50 वर्ष बाद 2002 के प्रारम्भ में 19.4 प्रतिशत (63.7 mh) वन क्षेत्र हैं अर्थात् अनेक प्रयासों के बावजूद प्रतिवर्ष देश में निरन्तर वन क्षेत्रों की हानि हो रही है। यदि यही स्थिति रही तो अगले 15 या 20 वर्षों में कितने वन क्षेत्र रह जायेंगे, यह विचारणीय प्रश्न है?

अत: हमारे सामाने वनों की जो यह दयनीय स्थिति है (कारण कि वास्तविक 10-12% वन क्षेत्रों पर किसी देश की स्थिरता और अस्तित्व कैसे रहता है, यह आश्चर्य है) इससे दो बातों की स्पष्ट आवश्यकता प्रतीत होती है।

(1) जो वन क्षेत्र 23 प्रतिशत हैं उनकी स्थिति सुधार कर उन्हें वास्तव में वन युक्त (पेड़ों से युक्त) बनाया जाये और

(2) वन क्षेत्रों का विस्तार 33 प्रतिशत हो अर्थात् लगभग 110 mh क्षेत्र में वन क्षेत्रों को फैलाया जाये। यह 33 प्रतिशत वन क्षेत्र की अभिशंसा कोई नई नहीं है। 1952 की राष्ट्रीय वन नीति मं यह प्रस्तावित थी और यह आश्चर्य है कि आज 50 वर्ष की लम्बी अवधि के अन्तराल में भी हम अपने किसी लक्ष्य को पाने में सफल नहीं हो सके हैं।

वन विनाश (Forest Depletion)

वर्तमान वैज्ञानिक तथा भौतिक सुख–सुविधाओं से सम्पन्न शताब्दी की सबसे बड़ी भूल वन विनाश है। वन विनाश का प्रारम्भ तो वास्तव में उसी दिन हो गया था

जिस दिन मानव ने कुल्हाड़ी तथा आग का आविष्कार कर लिया था, तब से आज तक, प्रारम्भ में धीरे-धीरे और फिर तीव्र गति से प्रकृति के इस उपहार का विनाश होता रहा है। यदि किसी क्षेत्र में जिस अनुपात में वन काटे जाते हैं परन्तु, वनों का पुन: स्थापन एवं विकास उस अनुपात में नहीं किया जाात तो ऐसी स्थिति वन विनाश कहलाती है। यह ध्रुव सत्य है कि वन किसी देश की अमूल्य सम्पदा हैं इसकी महत्ता आर्थिक लाभ तक ही सीमित नहीं वरन् सम्पूर्ण प्राकृतिक संसाधनों के संरक्षण एवं संवर्धन में विशेषरूप से जलवायु सन्तुलन में इसका विशेष योगदान है। परन्तु आधुनिक समाज की बढ़ती आवश्यकता तथा बदलती मान्यता ने इस सम्पदा का भारी मात्रा में विनाश किया है। विश्व के कुछ प्रमुख क्षेत्रों में वन विनाश की प्रक्रिया को देखने से ऐसा अनुमान लगाया जा रहा है कि 21वीं सदी मानव तथा जीवधारियों के लिये विनाश की शताब्दी बन जायेगी। ब्रुबेकर के अनुसार, 1900 ई० में विश्व वन का कुल क्षेत्र 700 करोड़ हैक्टेयर था जो 1975 ई० तक मात्र 289 करोड़ हैक्टेयर रह गया और यदि इसी दर से वनों का क्षेत्रफल सिकुड़ता गया तो पृथ्वी को वन विहीन होने में 20 वर्ष का समय भी नहीं लगेगा।

वन विनाश की विश्व स्थिति
(Global Situation of Forest Depletion)

वन-विनाश की स्थिति विश्व के विभिन्न भागों में तेजी से जारी है। इटली में यदि 10 पेड़ काटे जाते हैं तो उनके स्थान पर केवल 3 नये पेड़ ही रोपित किये जाते हैं। टर्की के मात्र 23% भू-भाग पर अब जंगल शेष बचे हैं। स्पेन में जंगलों की सर्वाधिक क्षति प्रतिवर्ष लगने वाली आग से हुई है। उष्ण कटिबन्धीय सदाबहार जंगलों का अस्तित्व भी खतरे में है। 'वर्ल्ड रिसोर्स इन्स्टीट्यूट (WRI) के अनुसार 1950 से 1983 के मध्य अमेरिका के 38% तथा अफ्रीका के 24% वन समाप्त हो गये हैं। नाईजीरिया के 5%, पेराग्वे के 4.7%, नेपाल के 4%, श्रीलंका के 3.5%, जमैका के 3% तथा एल्साल्वेडोर के 2.8% वन प्रतिशत कट रहे हैं। अफ्रीका देश सियरालिओन में कभी कुल क्षेत्रफल के 70% पर घने वन थे जो अब घटकर मात्र 3% भाग पर रह गये हैं। इण्डोनेशिया के एक तिहाई क्षेत्र के जंगल समाप्त हो चुके हैं

थाईलैण्ड में प्रतिवर्ष 4 लाख हैक्टेयर क्षेत्रफल के जंगल नष्ट किये जाते हैं। यहां वृक्षारोपण की तुलना में वृक्षों की कटाई की दर 30 गुनी अधिक है।

अमेरिकन प्रोग्राम फार नेचर कन्जर्वेशन के अनुसार कोस्टारिका के वन 1995 तक बिल्कुल समाप्त होने की संभावना व्यक्त की गई थी। 2,000 ई० तक पनामा

के वन भी विलुप्त होने की संभावना थी। सन् 2000 तक इण्डोनेशिया व बोर्नियो द्वीप पर अधिकांश वनस्पति नष्ट हो गई। ब्रुनेई में जहां कभी 2000 किस्म के पौधों थे वहां आज जंगल क्षेत्र सिकुड़कर बिखरी झाड़ियों व दलदली वनस्पति के रूप में तटीय भागों में सीमित हैं।

वैज्ञानिकों का अनुमान है कि यदि वन विनाश की दर यही रही तो आगामी 40-50 वर्षों में वायुमण्डल में CO_2 की मात्रा दुगुनी हो जायेगी।

वन-विनाश के कारण

विश्व में वन विनाश के महत्त्वपूर्ण कारण निम्नलितिखत हैं–

1. **औद्योगिक विकास**–वनों के विनाश में औद्योगिक क्रान्ति के पश्चात् अधिक वृद्धि हुई प्रारम्भ में उद्योगों के लिये खनिज प्राप्ति के उद्देश्यों के कारण खदानों (Openpit) के ऊपर स्थित वन क्षेत्रों को साफ किया गया। फिर खदानों से अधिक गहराई तक खनिज पदार्थ निकालने के लिये खोखले स्थानों को लकड़ी के मजबूत स्तम्भों से रोकने के लिये वनों को काटा गया। इसके पश्चात् खानों तथा औद्योगिक क्षेत्रों के लिये सम्पर्क मार्ग बनाने और रेलमार्गों में रेल लाइन को बिछाने के लिये वनों को साफ किया गया। प्रारम्भ में रेल इंजनों तथा उद्योगों में ऊर्जा के रूप में भी लकड़ी की आवश्यकता पूर्ति में वनों का विनाश किया गया। इस प्रकार विश्व में औद्योगिक विकास का मूल्य वनों के विनाश द्वारा प्राप्त किया गया है।

2. **कृषि विकास एवं विस्तार**–जनसंख्या वृद्धि के कारण खाद्यान्न आपूर्ति हेतु अधिक कृषि प्राप्त करने के लिये वनों को साफ करके कृषि क्षेत्रों का विस्तार किया गया। इस कारण वनों का भारी मात्रा में विनाश हुआ है।

3. **दावाग्नि**–प्रारम्भ में वनों के आपसी रगड़ या अन्य प्राकृतिक कारणों से वनों में आग लगती थी, परन्तु आज अनेक असामाजिक तत्त्व और मानव की असावधानियों के कारण वनों में आग लगने की घटनाओं में वृद्धि हुई है। इस कारण वनों का विनाश अधिक हुआ है।

4. **चारागाहों का विस्तार तथा अधिक मात्रा में पशुचारण**–विश्व के अनेक देशों में वन क्षेत्रों को साफ करके व्यवसायिक चरागाह क्षेत्रों का विस्तार किया गया है जिसके कारण वन नष्ट हुए हैं। दक्षिणी अमेरिका, आस्ट्रेलिया, न्यूजीलैंण्ड आदि देशों में भेड़पालन, डेरी व्यवसाय आदि के लिये पशुओं को चारे की पूर्ति हेतु बड़े-बड़े चरागाह वनों को काटकर ही बनाये गये हैं। वनों में खुले पशुओं

के चरने से भी वनों का विकास अवरुद्ध होने के कारण उनका विनाश हुआ है। मध्यपूर्व एशिया तथा भूमध्यसागरीय देशों में इसी समसया से वन क्षेत्र में कमी अंकित की गयी है।

5. **लकड़ी की बढ़ती आवश्यकता**—लकड़ी का उपयोग घरेलू ईंधन, घर की आन्तरिक साज-सज्जा तथा अन्य इमारती कार्यों के कारण भौतिक सुख सम्पदा पूर्ण समाज तथा निम्न वर्ग दोनों में ही लकड़ी की आवश्यकता में वृद्धि हुई है। लकड़ी की आवश्यकता पूर्ति के कारण वनों का अत्यन्त ही अनियोजित ढंग से विनाश किया गया है।

6. **ऊर्जा प्राप्ति**—लकड़ी आज भी ऊजाई ईंधन का महत्त्वपूर्ण साधन है। भारत की ग्रामीण क्षेत्रों में उपयोग होने वाली कुल ऊर्जा का 59.3% भाग जलाऊ लकड़ी से ही प्राप्त होता है। मैदानी भागों में रसोई ऊर्जा उपयोग का 37% रेगिस्तानी भागों में 65% तथा पर्वतीय भागों में 99% ऊर्जा जलाऊ लकड़ी से प्राप्त की जाती है। जलाऊ लकड़ी का सबसे अिक उपयोग हिमालय क्षेत्र की ग्रामीण बस्तियों में किया जाता है।

7. **वन आधारित विद्युत शक्ति गृह**—भारत में विद्युत पैदा करने के लिये भी वनों को काटा जाता है। अनुमान है कि 20 हजार किलोवाट घंटा बुड फ्यूल पावर प्रतिदिन उत्पन्न करने के लिये 18 टन शुष्क लकड़ी की प्रतिदिन आवश्यकता पड़ेगी।

8. **बांधों का निर्माण**—स्वतंत्रता प्राप्ति के बाद हमारे देश की लगभग 12% वन भूमि बांधों व नदी घाटी-परियोजनाओं के निर्माण में लगाई गई। बांधों के निर्माण के कारण डूबे क्षेत्रों से वनों का विनाश हुआ है। उत्तर प्रदेश में रामगंगा नदी पर कालागढ़ बांध बनाने से जिम कार्बेट नेशनल पार्क का 10% घना बन क्षेत्र डूब गया।

9. **सड़कों व रेलमार्गों का निर्माण**—स्वतन्त्रता प्राप्ति के बाद भारत में सड़कों व रेलमार्गों के निर्माण में तेजी आई है। इसके कारण वन विनाश हुआ है। पर्वतीय क्षेत्रों में सड़क निर्माण से जो मलवा निकलता है उससे हजारों पेड़ दब जाते हैं।

10. **झमिंग या स्थानान्तरणशील कृषि द्वारा वन विनाश**—भारत के उत्तरी-पूर्वी आदिवासी क्षेत्रों में 95 लाख हेक्टेयर भूमि पर झूमिंग कृषि की जाती है। इससे नागालैंड, अरुणाचल प्रदेश, असम, मणिपुर, मेघालय, त्रिपुरा तथा मिजोरम में वनों का क्षेत्र कम होता जा रहा है। बिहार, केरल, कर्नाटक, मध्य प्रदेश, महाराष्ट्र व सिक्किम में भी स्थानान्तरणशील कृषि द्वारा वन-विनाश हुआ है।

वन विनाश के परिणाम

प्रकृति का यह शाश्वत् नियम है कि जब भी इसका कोई तत्त्व दुर्बल होता है तो अन्य तत्त्व भी दुर्बल या नष्ट होने लगते हैं। वन प्रकृति का ऐसा ही आधाभूत तत्त्व है जिसके दुर्बल या नष्ट होने पर समस्त पारिस्थितिकीय तन्त्र प्रभावित होने लगता है। वन विनाश के महत्त्वपूर्ण प्रभाव इस प्रकार हैं–

1. पर्यावरण असन्तुलन–पर्यावरण जैव तथा अजैव तत्त्वों का मिश्रित रूप है। वन जैव पदार्थों में सर्वप्रमुख है अन्य जैव पदार्थ जैसे जीवन-जन्तु, पशु तथा मानव इस पर निर्भर हैं। इसके अतिरिक्त यह अर्जव पदार्थ जैसे–मिट्टी से भी सम्बन्धित है। समस्त पर्यावरण इन्हीं तत्त्वों की सुचारू क्रिया प्रणाली द्वारा सन्तुलन प्राप्त करता है। अत: यदि पर्यावरण के आधाभूत तत्त्व वन नष्ट हो जाते हें तो पर्यावरण में असन्तुलन उत्पन्न हो जाता है, जिसका प्रभाव जैव जगत के विनाश का कारण बन सकता हैं सर्वेक्षण द्वारा ज्ञान हुआ है कि वन विनाश द्वारा गत 100 वर्षों में वायुमण्डल में 165 कार्बन डाई-ऑक्साइड की वृद्धि हुई है जो मनुष्य के स्वास्थ्य के लिये हानिकारक है।

2. भूमि कटाव–वन भूमि अथवा मिट्टी का महत्त्वपूर्ण रक्षाकवच माना जाता है। जिस स्थान की वन सम्पदा नष्ट हो जाती है उस स्थान की भूमि नष्ट होने में अधिक समय नहीं लगता हैं विश्व में बढ़ते भूमि कटाव का मुख्य कारण वन विनश ही है। पर्वतीय क्षेत्रों में वन कटाव की अधिकता के कारण ही भूमिस्खलन की घटनाओं में निरन्तर वृद्धि हो रही है। भारत में भूमि क्षरण की समस्या कुछ क्षेत्रों में भयावह रूप धारण करती जा रही है। हिमालय के ढ़ाल तथा गंगा के मैदानी भागों में वन कटाव के कारण लाखों हैक्टेयर भूमि बांझ बनती जा रही है।

3. हिमस्खलन–वन विनाश हिमपाल और हिमाच्छादित क्षेत्रों को प्रभावित करते हैं। वनों के अभाव के कारण वायुमण्डलीय ताप में वृद्धि के फलस्वरूप हिमपात में कमी आ जाती है। हिमपात में कमी के कारण ऐसे क्षेत्रों में आर्द्रता की कमी उत्पन्न होकर भूमि कटाव में वृद्धि करती हैं इसके अतिरिक्त हिमनद पिघलकर पीछे हटते हैं तथा बड़े-बड़े हिमखण्ड टूटकर गिरने लगते हैं जिससे जन, धन एवं पर्यावरण की हानि होती है।

4. जैव विविधता का अभाव–वनों के विनाश के कारण प्रकृति के अनेक पेड़-पौधे जो वन क्षेत्रों में स्वत: उत्पन्न होते हैं तथा अन्य पादप जगत के लिये आवश्यक होते हैं। वन क्षेत्रों के अभाव में विलुप्त हो जाते हैं।

5. जीव जन्तु एवं वन्य जीवों पर संकट–जानवर और जंगल में अटूट सम्बन्ध

होता है। जंगल जानवरों के आश्रय स्थल माने जाते हैं। परन्तु जब जंगल ही समाप्त हो जाते हैं, फिर जानवरों का जीवन भी समाप्त हो जाता है। जीव-जन्तु औन वन्य जीव हमारी प्रकृति के आवश्यक अंग है। इनके अभाव के कारण ही वर्तमान समय में कीटनाशक दवाओं के प्रयांग की आवश्यकता उत्पन्न हुई है। जीवों का जीवन चक्र जीवों की जीवों द्वारा भोजन श्रृंखला द्वारा प्राकृतिक वरदान के रूप में मानव के कृषि कार्यों में सहयोग करती है, परन्तु वनों के अभाव में जीवों का क्रमबद्ध विकास अवरुद्ध हुआ है। इसी कारण नरभक्षी बाघों का प्रकाप बढ़ा है तथा जीवों जो प्राकृतिक सिस्टम मानव के हित में प्रकृति द्वारा बनाया गया था समाप्त हो गया है।

6. आर्थिक विकास में बाधा–वनों का आर्थिक विकास से सीधा सम्बन्ध है। वनों से अनेक उद्योगों को कच्चा माल प्राप्त होता है। अनमें गोंद, तेल, मोम, शहद, कत्था आदि मुख्य है। वनों के कटने या वन क्षेत्र घटने के कारण इन उद्योगों को कच्चे माल का अभाव उत्पन्न हुआ है। ऐसे कुटीर उद्योगों के बन्द होने की समस्या उत्पन्न हो गयी है। वनों के कटाव वृद्धि से कृषि विकास भी प्रभावित हुआ है। ईंधन की खपत तथा इमारती उपयोग के लिये लकड़ी की समस्या भी वन कटाव में वृद्धि के कारण जटिल हुई है।

वन संरक्षण के लिये केन्द्र सरकार द्वारा उपाय
(Efforts of Central Government For Forests Conservation)

वनों की खराब स्थिति को देखते हुये (केवल भूमि भाग के 19.39% क्षेत्र के वन) केन्द्र के लिये चिंता का विषय है। उन्होंने भी अनेक कार्यक्रम चलाकर वनों की वृद्धि के लिये नई दिशा दी है। वह है–

1. ईंधन के वैकल्पिक स्रोतों का उपाय (Use of Alternate Sources of Fuel)–ईंधन की लकड़ी के कारण वनों पर पड़ने वाले बोझ को कम करने के लिये वनों के आसपास बसे उन शहरों को LPG की आपूर्ति करने के लिये अभिनिर्धारित किया गया है जिनकी आबादी 500 से अधिक है। पैट्रोलियम और प्राकृतिक गैस मन्त्रालय इस आपूर्ति पर नियमित रूप से ध्यान देंगे। राज्य सरकारों को भी ऐसी सलाह दी गई है कि इन नगरों में मिट्टी के तेल की पर्याप्त आपूर्ति सुनिश्चित करें। वन क्षेत्रों से इमारती लकड़ी की तस्करी और अवैध कटाई को रोकने के लिये निवारक उपाय करने की भी सलाह दी गई है।

2. जैविक हस्तक्षेप से वनों की सुरक्षा (Protection of Forests from Biotic Interferences)–जैविक हस्तक्षेप से वनों की सुरक्षा के लिये आधारभूत

ढांचे के विकास की स्कीम 1986-87 से आरम्भ की गई थी। इस स्कीम के अन्तर्गत अवैध कटाई, अवैध कब्जे और चराई को रोकने के प्रभावी सुरक्षा उपाय करने के लिये राज्य सरकारों को 50% केन्द्रीय सहायता दी जाती है। इसका मुख्य लक्ष्य वनों की वृद्धि करना है।

3. वन-अग्नि नियंत्रण योजना (Forest Fire Control Strategy)–भारत में आधुनिक दावानल नियंत्रण पद्धतियों की शुरुआत नामक केन्द्रीय प्रायोजित स्कीम सन् 1992-93 से प्रारम्भ की गई है। इसमें निम्न उद्देश्य रखे गये हैं–

1. प्राकृतिक और कृत्रिम दोनों प्रकार के वनों की सुरक्षा तथा उनके संरक्षण को देखते हुये दावानल का नियमित करना,
2. दावानल की घटनाओं और उसके फैलाव को कम करके वनों की उत्पादकता में सुधार लाना,
3. दावानल को रोकने, उसका पता लगाने और उसके शमन में मूल सिद्धान्तों और तकनीकों का विकास, परीक्षण और प्रदर्शन करना, और
4. कार्मिकों को दावानल प्रबन्ध में भागीदारी के लिये तैयार करने हेतु उन्हें प्रशिक्षण कार्यक्रम जरिये प्रशिक्षित करना,

इन कार्यों हेतु चयनित राज्यों को शत प्रतिशत केन्द्रीय सहायता दी जाती हैं।

4. प्राकृतिक साधनों का संरक्षण (Conservation of Natural Resources)– प्राकृतिक संसाधनों के संरक्षण हेतु निम्न कार्यों को स्वीकृति तथा वित्तीय सहायता केन्द्र सरकार द्वारा दी गई है–

1. जीवमण्डल रिजर्व्स का चयन व उनका रख-रखाव।
2. नमभूमि, कच्ची वनस्पति तथा प्रवाल भित्तियां।
3. झील संरक्षण।
4. जैव-विविधता संरक्षण।
5. वनस्पति उद्यानों को सहायता और
6. औषधीय पौधों की अधिक उपज।

5. मरुस्थलीयकरण को रोकना (Combating Desertification)–अनुमान है कि भारत के भौगोलिक क्षेत्र की 61.9% भूमि शुष्क है और मरूस्थलीय समस्याओं से प्रभावित हैं जहां एक और पश्चिमी राजस्थान के जिलों तथा गुजरात तथा हरियाणा के आसपास के क्षेत्रों का गर्म रेतीले मरुक्षेत्रों के रूप में पता चला है वहीं दूसरी ओर जम्मू और कश्मीर तथा हिमाचल प्रदेश में दो-दो जिलों को ठंडे मरुक्षेत्रों के

रूप में पता लगाया गया है। मरुस्थलीकरण से निपटने के लिये भारत ने भी अन्तर्राष्ट्रीय कन्वेंशन पर अक्टूबर 1994 में हस्ताक्षर किये हैं।

6. वनोपज में हिस्सेदारी (Sharing in Forest's Produce)–जो वन क्षेत्र निरन्तर गिरावट पर हैं और वहां वनों से कुछ नहीं मिल पा रहा है, वहां पर केन्द्र सरकार ने एक नई केन्द्रीय प्रवृति योजना प्रारम्भ की है। आसपास के अनुसूचित जाति-जनजाति तथा ग्रामीण निर्धनों की सहायता से अवक्रमित वन क्षेत्रों में सुधार लाकर उन्हें उन्नत बनाना इस योजना का मुख्य उद्देश्य है। दैनिक पारिश्रमिक के अतिरिक्त कार्य करने वालों को वन उपज में से भी पूर्व निर्धारित भागीदारी मिलेगी। यह योजना 1992-93 से कार्यानिवत की जा रही है।

7. संयुक्त वन प्रबन्धन (Joint Forest Management)–यह योजना भी अवक्रमित वनों को उन्नत बनाने के लिये ही लगभग उपर्युक्त प्रकार की ही है। पर इसमें कोई भी अपनी भागीदारी सुनिश्चित कर सकता है। 1 जनवरी, 2000 में 10.25 मिलियन लोग 36 हजार ग्रामीण वन सुरक्षा समिति की सहायता से इस कार्य में लगे थे। कार्यप्रगति पर हैं राज्य सरकारें इन योजनाओं की मध्यस्थता करती हैं। वन मंत्रालय इस योजना की सहायता से 7 mh भूमि में से अधिकांश को सघन वनों में परिवर्तन कर लेने का लक्ष्य रखती है।

वन विनाश का सम्भावित समाधान
(Possible Solution of Forests Destruction)

कठिन प्रश्न होते हुए भी इसका उत्तर आसान है। कारण यह है कि उस स्थिति की हमें जानकारी है जब प्रकृति की हमारे ऊपर बड़ी कृपा थी। शुद्ध वायु, स्वच्छ जल, उवर्रक ओर प्रदूषण रहित भूमि तथा लहलहाते हुए वृक्षों वाले वन सभी हमें उपलब्ध थे। समय के साथ-साथ कुछ आवश्यकताओं ने और कुछ सुख-सुविधाओं की होड़ ने जीवन रक्षक पेड़ों की बर्बादी की। पर्यावरण सन्तुलन के लिए आवश्यक वनों को नष्ट कर दिया गया। अत: अब एक बार फिर पूरे देश को, देश के एक-एक व्यक्ति को पुरानी स्थिति प्राप्त करने हेतु जूझना होगा। सरकार को चाहे अपनी तीसरी भारतीय वन नीति 1988 में भी संशोधन करना पड़े, कुछ ऐसे कठोर प्रतिबन्ध लगाने होंगे, जिससे वनों की रक्षा हो सके और नये वृक्षों के लगाने की शुरुआत हो। इसके साध्थ ही जन साधारण में इस प्रकार चेतना जगानी होगी जिससे उनकी वृक्षों की सुविधा के लिये रुचि बढ़े।

लक्ष्य बहुत सीधा और स्पष्ट है। अपनी खोई वन सम्पत्ति (23 प्रतिशत वन क्षेत्र) को वापस लाना है और द्वितीय राष्ट्रीय वन नीति के अनुकूल (33 प्रतिशत

वन क्षेत्र तक) वनों का विस्तार करना है।

सरकार से अपेक्षा है कि वह तत्काल प्रतिबन्ध लगाये-

1. पेड़ों की कटाई एक साथ रोक दी जावे। केवल औषधि वाले वृक्ष अपवाद रहें।
2. कार्यालयों में फर्नीचर, स्कूलों में टेबिल-स्टूल, लकड़ी के न हों। वैकल्पिक यप से प्लास्टिक अथवा एल्युमिनियम का प्रयोग सम्भव है।
3. ईंधन के रूप में लकड़ी के विकल्प के रूप में सौर ऊर्जा तथा गोबर गैस का उपयोग किया जाये। जहां तक गैस उपलब्ध कराई जा सकती हो, उसे वितरित किया जाये।
4. शवदाह हेतु विद्युत शवदाह गृहों के उपयोग का चलन शुरू किया जाये। सुधरी हुई (विकसित शवदाह प्रणाली में लकड़ी कम व्यय होती है। उसका लाभ लिया जाये।)
5. कई संयंत्र जिनमें रंगाई-धुलाई के लिए लकड़ी का ईंधन के रूप में भारी मात्रा में प्रयोग होता है, उनमें भी कोई वैकल्पिक व्यवस्था की जानी चाहिए।
6. पशु-धन की चराई के लिए गोचरों की पुरानी पद्धति को अपनाया जाये। इससे उनके भोजन की व्यवस्था भी चलती रहेगी और वन रक्षा में भी सहायता मिलेगी।

इसके साथ ही सरकार निश्चित रूप से सहयोग करे, उनको-

1. जो वृक्ष लगाना चाहते हों, उन्हें पौधे उपलब्ध कराये जायें, तकनीकी जानकारी दी जाये।
2. जो राष्ट्रीय वन नीति के अनुसार चलें, उन्हें सम्मानित और पुरस्कृत किया जावे।
3. जो लोगों में वनों के प्रति संरक्षण और विस्तार हेतु रुचि जगायें, उनकी प्रशंसा की जाये। समाज में उनकी पहचान (recognition) बनाई जाये।

जनसाधारण को भी चाहिए कि वे अपने उत्तरदायित्व का राष्ट्रहित में निर्वाह करें। लकड़ी का उपयोग कम से कम करें और जो अधिक उपयोग करते हों उन्हें निरुत्साहित करें। जो वृक्ष लगे हों, चाहे वह घर में हों, स्कूल में, अस्पताल में, पंचायत में हों, सड़क के किनारे हों या गांव के बीच में, उनकी रक्षा करें। नये वृक्ष लगावें। यह आवश्यक है कि लोग अब यह समझें और अपने-अपने मानस में बिठायें कि वनों की रक्षा ही जीवन की रक्षा है।

प्रश्न (Questions)

निबन्धात्मक प्रश्न (Essay Type Questions)

1. वनों की उपयोगिता बताते हुये स्पष्ट करिये कि यह प्राणी जीवन्र के आधार हैं?
2. वनों को विनाश से कैसे बचाया जा सकता है?
3. गेहूं के भारी उत्पादन, पंजाब में वन क्षेत्र केवल 2.80% है, ऐसा क्यों? क्या इसकी तुलना हरियाणा के 2.18% से की जा सकती है?
4. वन क्षेत्र में वृद्धि हो, इस हेतु कोई ठोस योजना बताइये।
5. दूसरी राष्ट्रीय वन नीति में क्या मूल सिद्धान्त रखे गये थे? विवेचना करिये।

लघुत्तरात्मक प्रश्न (Short Answer Type Questions)

6. 'वन संरक्षण अधिनियम' की मूल बातें समेकित करिये।
7. जनसंख्या वृद्धि से वन क्षेत्रों पर क्या प्रभाव पड़ा?
8. लकड़ी के उपयोग को कम कैसे किया जा सकता है?
9. वन क्षेत्र को परिभाषित करिये।
10. वन क्षेत्रों की प्रशासनिक व्यवस्था क्या है?

वस्तुनिष्ठ प्रश्न (Objective Questions)

11. प्रसिद्ध वैज्ञानिक डा॰ टी. मोहनदास ने एक पेड़ से कितना वार्षिक लाभ बताया है?

    (अ) 15.07 लाख रु. (ब) 15.37 लाख रु.

    (स) 15.70 लाख रु. (द) 15.77 लाख रु.

12. वनों की भूमिका निम्न चक्र में नहीं होती है–

    (अ) जल (ब) वायु

    (स) कार्बन (द) फॉस्फोरस

13. भारत में सबसे अधिक प्रतिशत वन-क्षेत्र किस प्रदेश में है?

    (अ) मेघालय (ब) मिजोरम

    (स) नागालैण्ड (द) अण्डमान एण्ड निकोबार

14. पाण्डिचेरी में कितने प्रतिशत वन क्षेत्र है?

    (अ) 4.05% (ब) 0.00%

    (स) 2.80% (द) 2.68%

15. वन निम्न का मुख्य आधार है?

(अ) कच्चा माल (ब) कार्बन डाइऑक्साइड

(स) ऑक्सीजन (द) जीवों का आवास

16-20 प्रश्नों के उत्तर सामने कोष्ठक में दीजिये–

प्रथम राष्ट्रीय वन नीति कब बनी? ( )

वर्तमान में भारत में कितने प्रतिशत वन क्षेत्र हैं? ( )

शवदाह गृह में जलाने के लिये प्राय: किस ईंधन का प्रयोग होता है? ( )

स्कूल फर्नीचर में लकड़ी का कोई विकल्प क्या हो सकता है? ( )

वन संरक्षण अधिनियम किस वर्ष में बना? ( )

11

ऊर्जा
(Energy)

प्रस्तावना (Introduction)

ऊर्जा के बिना कोई प्राणी न तो गतिमान हो सकता है और न ही उसकी चेतनता विद्यमान रह सकती है। यह केवल ऊर्जा ही है जो वस्तुत: जड़ और चेतन में अन्तर स्पष्ट करती है। ऊर्जा को निम्नलिखित प्रकार से परिभाषित किया गया है–

"किसी कार्य को करने की क्षमता को ऊर्जा कहते हैं।"

(Energy is the capacity to perform work.).

यह परिभाषा विशेषत: प्राणी जीवन के सन्दर्भ में इस सीमा तक सम्बन्धित है कि अनेक प्रकार के जीवन आधारित कार्यों में, यहां तक कि सांस लेने तक में भी ऊर्जा का उपयोग होता है। ऊर्जा जीवन के अस्तित्व को बनाये रखने तथा उसको सुचारु रूप से चलाते रहने के लिए अति आवश्यक है, लेकिन अपने जीवन के अतिरिक्त अन्य जितने भी कार्य जो सम्पन्न होते हैं या किये जाते हैं, वह भी ऊर्जा से ही होते हें, अत: ऊर्जा को निम्नलिखित प्रकार से भी परिभाषित करते हैं–

"किसी तंत्र/संयंत्र/मशीन को चलाने के लिए उपयोग में लाई गई शक्ति को ऊर्जा कहते हैं।"

(Energy is the power used by any system/instrument/machine to work.)

इन दोनों स्थूल परिभाषाओं से यह स्पष्ट है कि जब भी कोई कार्य सम्पन्न होता है अथवा किया जाता है, उसमें जिस शक्ति का उपयोग होता है, उसे ही ऊर्जा (Energy) कहते हैं।

ऊर्जा के विभिन्न रूप (Different Forms of Energy)

ऊर्जा के विभिन्न रूपों में हम उन्हें निम्नलिखित प्रकार से समेकित करते हैं–

1. यान्त्रिक ऊर्जा
2. सौर ऊर्जा (Solar Energy)
3. तापीय ऊर्जा (Thermal or Heat Energy)
4. विद्युतीय ऊर्जा (Electric Energy)
5. रासायनिक ऊर्जा (Chemical Energy)
6. आण्विक ऊर्जा (Nuclear Energy)
7. चुम्बकीय ऊर्जा (Magnetic Energy)।

इन ऊर्जा के लिये विविध रूपों में 'सौर ऊर्जा' सूर्य से प्राप्त होती है। आण्विक ऊर्जा ईंधन-यूरेनियम 235 के विखण्डीकरण से मिलती है। गतिज ऊर्जा तथा स्थितिज ऊर्जा क्रमश: किसी वस्तु की गति से और अपनी स्थिति (गुरुत्वाकर्षण) के अनुसार प्राप्त होती है। शेष सभी ऊर्जाओं के रूप तापीय, विद्युतीय, चुम्बकीय और रासायनिक परस्पर परिवर्तन से हाते हैं, क्योंकि यह उल्लेखनीय है कि थर्मोडायनेमिक्स के प्रथम नियम के अनुसार ऊर्जा न तो उत्पन्न की जा सकती है और न ही इसे नष्ट किया जा सकता है; केवल उसका एक प्रकार से किसी दूसरे प्रकार में रूपान्तर हो सकता है। उदाहरण के लिए, वनस्पति, पेड़-पौधे सौर ऊर्जा को अपने में अवशोषित कर उसे रासायनिक ऊर्जा में परिवर्तित कर लेते हैं, जो उनके रवैये की वृद्धि तथा आगे संचालन हेतु कार्य में आती है। पशु जो इस वनस्पति में संरक्षित रासायनिक ऊर्जा का उपयोग करते हैं, वह अपने आपको ठीक-ठाक रखते हें तथा शेष ऊर्जा को तापीय ऊर्जा तथा गतिज ऊर्जा में बदल देते हैं और आगे बढ़ाकर अन्य को गति प्रदान करते हैं। निष्कर्ष तो यह है कि जीवन की सम्पूर्ण संक्रिया ऊर्जा के रूपान्तर (Conversion), उपयोग (Utility), संग्रहण (Storage) तथा स्थानान्तरण (Transfer) पर आधारित है और यह ऊर्जा का चलता रहता है जिससे प्राणी मात्र का जीवन गतिमय होता है।

ऊर्जा के स्रोत (Sources of Energy)

ऊर्जा के स्रोतों को वर्गीकरण की दृष्टि से निम्नलिखित तीन प्रकार से बांटते हैं-

1. प्रयोग के अनुसार (According to Their Use)

(अ) वाणिज्यिक ऊर्जा (Commercial Energy)–इसमें कोयला, तेल और प्राकृतिक गैसें, जल विद्युत तथा आण्विक ईंधन आते हैं।

(ब) गैर वाणिज्यिक ऊर्जा (Non-Commercial Energy)–इसमें मुख्यत: वन स्रोत से प्राप्त ईंधन, चारकोल सम्मिलित होते हैं। अन्य प्रकार के ईंधन उपले, कृषि अपशिष्ट तथा अनरू वनों, कपड़ा उद्योग, घरेलू अथवा उद्योगों का कूड़ा-करकट आदि भी इसमें शामिल किये जा सकते हैं।

2. प्राप्ति के अनुसार (According to Their Sources)

(अ) परम्परागत स्रोत (Conventional Source)–इसमें जीवाश्म ईंधन (Fossil Fuels) ही मुख्य हैं, जिनमें कोयला, तेल, गैस तथा लकड़ी को सम्मिलित किया जाता है।

(ब) गैर परम्परागत स्रोत (Non-Conventional Sources)–इसमें सौर ऊर्जा, आण्विक ऊर्जा, जल ऊर्जा, भू-तापीय ऊर्जा, पवन ऊर्जा, बायोगैस, समुद्रीय ऊर्जा, पशु तथा कृषि अपशिष्ट से प्राप्त ऊर्जा आदि सम्मिलित हैं।

3. पुन: पूर्ति के प्रकार से (According to Their Replenishment)

(अ) पुन: नवीन न होने वाले (Non-Renewal Sources)–इस श्रेणी में लगभग सभी परम्परागत स्रोतों से प्राप्त तेल, कोयला और गैस आते हैं। लकड़ी परम्परागत ईंधन स्रोत होते हुये भी इस प्रकार के स्रोतों में सम्मिलित नहीं की जाती हैं, क्योंकि यह पुन: उत्पादन किये जा सकने वाली वस्तुओं की श्रेणी में आती हैं।

(ब) पुन: नवीन हो सकने वाले (Renewal Sources)–इस विभाजन के अन्तर्गत शेष सभी स्रोत जिनमें सौर ऊर्जा, आण्विक ऊर्जा, विद्युत ऊर्जा, जल ऊर्जा, भू-तापीय ऊर्जा एवं अन्य इसी प्रकार से उत्पादित हो सकने वाली ऊर्जा को शामिल किया जा सकता है।

इस वर्गीकरण को एक दृष्टि में देखने हेतु उपयुर्क्त चित्र का अवलोकन करें।

ऊर्जा का महत्त्व और उसकी आवश्यकता
(Need and Importance of Energy)

ऊर्जा पृथ्वी पर सभी जीवित-अजीवित प्राणियों और वस्तुओं के अस्तित्व को बनाये रखने के लिए ही आवश्यक नहीं है, बल्कि, उनकी प्रगति और वृद्धि के लिए भी ऊर्जा का महत्त्वपूर्ण योगदान है। मनुष्य की सभी आवश्यकताओं की पूर्ति तथा उनका उचित उपयोग बिना ऊर्जा के सम्भव ही नहीं है। वस्तुत: उठना-बैठना, आना-जाना, खाना-पीना, मनोरंजन, आवागमन के साधन, सुख-सुविधाओं का उपयोग आदि सभी कार्यकलापों के लिए ऊर्जा की आवश्यकता है। अत: ऊर्जा का दो प्रकार से उपयोग होता है–

(1) अपनी मूलभूत आवशकताओं की पूर्ति के लिए तथा अपना स्वयं का जीवन जीने के लिए और

(2) अपने व अन्य देश की विकास की योजनाओं के लिए। निश्चय ही यह प्रत्येक देश की अपनी आर्थिक क्षमताओं पर निर्भर करता है कि वहां कितनी ऊर्जा उपलब्ध है? अथवा कितनी ऊर्जा उपलब्ध हो सकती है?

अब ऊर्जा केवल आवश्यकता के ही लिए ही नहीं बल्कि, आज वह देशों के समृद्धता नापने का मापदण्ड भी बन गया है, क्योंकि सीधे-सीधे अधिक ऊर्जा अधिक आर्थिक विकास को परिलक्षित करता है और आर्थिक सम्पन्नता किसी भी देश की विकास की छवि को विश्व पटल पर प्रस्तुत करती है। जैसे विकसित देश अमेरिका पूरे विश्व की ऊर्जा का तीन-चौथाई भाग से भी अधिक (लगभग 80%) अपने ऊपर खर्च कर लेता है, जबकि उसकी आबादी पूरे विश्व की आबादी का केवल 5% है। इसके विपरीत विश्व में ऐसे देश भी हैं, जहां इतनी विपन्नता है कि वे अपनी न्यूनतम आवश्यकताओं की पूर्ति भी नहीं कर पाते। यह उदाहरण विभिन्न देशों में ऊर्जा की असमानता बताते हैं और विश्वव्यापी संकट को भी प्रदर्शित करते हैं।

ऊर्जा संकट विश्वव्यापी है, इसके अनेक कारण हैं–

1. आज मनुष्य की प्राथमिकताओं में अन्तर आया है, अत: ऊर्जा की आवश्यकता प्रति व्यक्ति बढ़ गई है। सुख-सुविधाओं की उपलब्धता में भी ऊर्जा का ही योगदान है।
2. निरन्तर बढ़ती जनसंख्या ने अधिक ऊर्जा का उपयोग किया है, जो निरन्तर बढ़ती जाती है और ऊर्जा संकट की भागीदार बन रही है।
3. ऊर्जा का उपयोग भी बहुत उचित नहीं है। आवागमन के ही साधन-सुविधा की बात करें, 40 व्यक्ति एक बस द्वारा किसी स्थान पर पहुंचते हैं, तो वह उस ईंधन का 2.5% ही व्यय करते हैं जो प्रत्येक व्यक्ति के स्वतंत्र रूप से उसी स्थान पर कार से जाने पर होता है।
4. हम ऊर्जा का दुरुपयोग भी करते हैं। खाली कमरों में पंखे चलते हैं, बिजली जलती है, पर हम बन्द नहीं करते। हमें आलस्य भी है और परवाह भी नहीं हे, लेकिन हमारी इस आदत का प्रभाव ऊर्जा व्यय पर पड़ता है। और भी कई कारण हो सकते हैं जिनसे चहुंओर ऊर्जा संकट की समस्या मुंह फैलाये खड़ी दिखती है। विश्व प्रगति रुकने लगी है और अनेक छोटे देशों का अस्तित्व ही खतरे में पड़ गया है।

हम इस संकट से कैसे उबरें? निम्नलिखित तीन समाधान सम्भव हैं–

1. हम ऊर्जा का दुरुपयोग रोकें, किसी भी स्तर पर उसे नष्ट न होने दें।
2. हम ऊर्जा का उपयोग कम अथवा सीमित कर दें अथवा उतना ही करें जितनी ऊर्जा हमें उपलब्ध हो सकती हो।
3. हम अपने देश की आवश्कतानुसार योजनाएं तैयार करें और उतनी ऊर्जा की आवश्यक रूप से व्यवस्था करें जितनी अपेक्षित हो। परम्परागत तरीकों

से ऊर्जा उपलब्धि यदि सम्भव न हो तो गैर-परम्परागत तरीके के वैकल्पिक ऊर्जा के स्रोत खोजें और उनके उपयोग करें।

इस तीन समाधानों में से क्रम संख्या 1 व 3 दोनों को स्वीकार करने से ही प्रगति सम्भव है।

इसके अतिरिक्त भारत जैसे देश के लिए एक समाधान और बहुत व्यावहारिक है और वह है कि ग्रामीण क्षेत्र में ऊर्जा का अधिकतम भाग खाना पकाने में होता है, उस हेतु हम उपयोग करें–

(1) विरासत में मिलने वाले पशु-धन अवशिष्ट गोबर के उपलों का,

(2) सौर ऊर्जा से संचालित सौर कुकर का,

(3) गांव स्तर पर ही तैयार हो सकने वाली बायो गैस का, और

(४) कृषि अवशिष्टों का (इनका विवरण आगे दिया है) साथ ही परम्परागत तरीके से कम में आने वाले चूल्हों का नवीनतम तकनीक के आधार पर परिष्करण कर उनका उपयोग भी ऊर्जा की बचत में अत्यन्त सहायक हो सकता है।

घरेलू ऊर्जा के व्यय में बचत करने हेतु अन्य व्यावहारिक सुझाव यह भी है–

1. खाना बनाने में प्रशर कुकर्स का प्रयोग करें। कम समय में कम ऊर्जा व्यय पर शीघ्र खाना बनता है।
2. एक साथ ही पूरे परिवार का खाना बनाने तथा एक साथ खाने की आदत डालें इससे बार-बार खाना गर्म करने से छुटकारा मिल सकता है और ऊर्जा की बचत भी निश्चित है।
3. जो वस्तुएं जैसे दाल, चावल, अधिक देर से गलती हों, उन्हें कुछ समय पूर्व ही पानी में भिगो दें। वह जल्दी पकेंगे और ऊर्जा की बचत होगी।
4. सामूहिक चूल्हे (तंदूर) का रिवाज भी ईंधन बचत में सहायक है।

उपर्युक्त जितनी भी चर्चा की गई है, उसका विशेष प्रयोजन यही है कि ऊर्जा की आवश्यकता को अधिक प्रयोजनमयी कैसे बनाया जा सके? जिससे देश को गति में व्यवधान भी न हो ओर वहां के निवासी एव अच्छा सुखमय शांतिपूर्ण जीवन भी जी सकें।

भारत में ऊर्जा की वर्तमान खपत की स्थिति तथा भविष्य की मांग (Present Status of Consumption of Energy in India and Future Demand)

अन्य विकसित एवं विकासशील देशों की तरह भारत में भी आजादी के बाद से ही औद्योगिक क्षेत्र में उल्लेखनीय प्रगति की है, साथ ही देश के लोगों में रहन-सहन

का परिवर्तन तथा परिवहन की सुविधाएं, संचार व्यवस्था, आधुनिक कृषि उपकरणों का उपयोग, चिकित्सा तथा मनोरंजन आदि क्षेत्र में भी नये आयाम प्रस्तुत हुये हैं। इन सबसे निश्चित ही ऊर्जा की खपत में निरन्तर वृद्धि हुई है। ओ.पी. विमल एण्ड पी.डी. त्यागी के अनुसार भारत में कुल ऊर्जा खपत 1953-54 में 186.3 mtcr[2] थी जो 1978-79 में (25 वर्ष के अन्तराल में) 492.3 meter हो गई (जो लगभग $2\frac{1}{2}$ गुना है)। लेकिन जिस गति से ऊर्जा के उपयोग में वृद्धि हो रही है उसके अनुसार उसके अगले 20 वर्ष बाद भी सन् 2000-2001 तक 1181.3 तथा 2001-2011 तक 1,700.00 meter हो जायेगी (लगभग $3\frac{1}{2}$ गुना)। इसका संक्षिप्त विवरण अग्रांकित सारणी में दिया गया है–

1953-54 से 2000-2010 तक भारत में ऊर्जा खपत
(वणिज्यिक एवं गैर-वाणिज्यिक प्रकार सहित)

अवधि	ऊर्जा खपत विवरण meter (मिलियन टन कोल रिप्लेसमेंट)			प्रतिशत में	
	वाणिज्यिक	गैर वाणिज्यिक	कुल	वाणिज्यिक	गैर वाणिज्यिक
1953-54	60.4	125.9	186.3	32.4	67.6
1960-61	101.2	145.5	246.7	41.0	59.0
1965-66	14.0	159.6	306.6	47.9	52.1
1970-71	197.3	172.2	369.5	53.4	47.6
1975-76	252.7	194.6	447.3	56.5	43.5
1978-79	294.3	198.0	492.3	59.7	40.3
1987-88	499.2	202.8	702.0	71.1	28.9
2000-2001	1,017.8	163.5	1181.3	86.2	13.8
2001-2010	1,500.0	200.00	1,700.00	88.2	11.8

* Interpolated.

इस सारणी में एक जानकारी और मिलती है कि समय के साथ-साथ वाणिज्यिक ऊर्जा में खपत निरन्तर बढ़ी है तथा गैर वाणिज्यिक ऊर्जा की खपत में उसी अनुसार कमी हुई है। सम्भवत: यह अनुमान लगाया जाना भी कभी कठिन रहा होगा कि 1953-54 में वाणिज्यिक ऊर्जा की खतप 32.4%, 1987-88 में 71.1% हो जायेगी तथा जिसकी सम्भावना 2000-01 में 86.2% और 2001-2010 में 88.2% तक है।

ऊर्जा के परम्परागत स्रोत (Conventional Sources of Energy)

वाणिज्यिक ऊर्जा के स्रोत, जो कोयला, तेल व गैस तथा लकड़ी तक सीमित हैं, इस इतने भार को उठा पायेंगे यह सम्भावना बहुत कठिन है, क्योंकि विशेषज्ञों के

अनुसार इनमें से प्रथम तीन संसाधन जो पुन: नवीनीकरण नहीं (Non-renewable) की श्रेणी में आते हैं बहुत निकट भविष्य में समाप्त होने वाले हैं। निम्नांकित सारणी देखें–

भारत में खनिज स्रोतों से प्राप्त ऊर्जा का भण्डार एवं व्यय विवरण

संसाधन (स्रोत)	कुल भण्डारण	वार्षिक उत्पादन	उपलब्धता अधिकतम समय	विशेष विवरण
कोयला (मिलियन टन में)	80.950 mt	100-150 mt	500 वर्ष	400 फीट तक ही वर्तमान में निकाला जा रहा है और नीचे और अधिक सम्भावना
लिग्नाइट (मिलियन टन में)	2,000 mt	6 mt	350 वर्ष	
पेट्रोलियम (मिलिटन टन में)	200 mt	6-7 mt	50 वर्ष	एक सर्वे के अनुसार लगभग 3,000 mt भारत भूमि पर तथा 1,000 mt समुद्र में और मिलने की सम्भावना।
प्राकृतिक गैस	65 bm^3	1.5 से 1.6 bm^3	50 वर्ष	प्रतिवर्ष लगभग 1.0 bm^3 का उपयोग हो पाता है, शेष गैस नष्ट हो जाती है। भविष्य में और प्राप्त होने की सम्भावना।

इस सारणी से हम बड़े मोटे रूप से यह जान सकते हैं कि देश में परम्परागत ईंधन का वर्तमान स्टाक बहुत सीमित है और इसी कारण कुछ अन्य वैकल्पिक स्रोत खोजने ही होंगे। लकड़ी का वाणिज्यिक ऊर्जा के रूप में उपयोग देश के गिरते वन प्रतिशत को देखते हुए बहुत उपयुक्त नहीं है। अत: नवीनतम स्रोतों में जल शक्ति (Hydro Power) तथा आण्विक ईंधन (Nuclear Fuel) अथवा ऐसे ही अन्य ईंधन स्रोत का उपयोग उचित एवं श्रेष्ठ रह सकता है। वर्तमान में भी काफी

मात्रा में इन स्रोतों से ऊर्जा प्राप्त हो रही है तथा निकट भविष्य में कई अधिक गुनी वृद्धि सम्भव है। सौर ऊर्जा (Solar Energy) तथा अन्य कई स्रोत भी वैकल्पिक रूप में उपयोग मं लाये जा सकते हैं, उनका विवरण आगे दे रहे हैं।

ऊर्जा के गैर परम्परागत तथा वैकल्पिक स्रोत (Non-conventional and Alternate Sources of Energy)

1. वाणिज्यिक उपयोग हेतु (For Commercial Use)

(1) जल शक्ति (Hydro Power)—भारत में 'जल विद्युत ऊर्जा' की अधिकतम सम्भावनाओं की अधिकृत जानकारी ज्ञात करने के लिए केन्द्रीय जल एवं ऊर्जा आयोग (Central Water and Power Commission) ने एक विशाल सर्वेक्षण 1953-60 के मध्य किया। इसमें देश की विभिन्न नदियों अथवा उसके समूहों के संग्रहण क्षेत्र में बनाये जा सकने वाले 'जल विद्युत केन्द्र' पानी की उपलब्धता और अन्य सम्बन्धित बिन्दुओं को दृष्टिगत रखते हुए जल-विद्युत ऊर्जा काी मात्रा के सम्भावित उत्पादन का संकलन किया। उपर्युक्त आधार पर यह निष्कर्ष निकाला गया कि वर्तमान में पूरे देश में 41 मिलियन किलोवाट (41 mkw) जल विद्युत का दैनिक उत्पादन किया जा सकता है, जो 60 प्रतिशत गुणांक भार (Load Factor) से 216 ट्रिलियन वाट प्रति घंटा (216 Twh) होती है। 1980 में हो रहे उत्पादन 27 wh की तुलना में यह 8 गुनी है। अतः इस बहुत भारी मात्रा में 'जल ऊर्जा' का उत्पादन कर इसे वाणिज्यिक उपयोग में लाया जा सकता है।

इस ऊर्जा के उत्पादन की सर्वाधिक चर्चित विशेषता यह है कि इसमें बहुत ही सीधे-सीधे तरीके से जल को ऊपर से नीचे तक एक टरबाइन पर गिराने से ही जनरेटर को चालू कर विद्युत का उत्पादन किया जा सकता है। अधिकांश स्थानों पर जहां पानी स्वतः ही ऊँचाई से गिरता है वहां कोई अतिरिक्त ऊर्जा संयंत्र की भी आवश्यकता नहीं होती है, पर जहां बहते पानी को ऊपर उठाकर नीचे गिराने की प्रक्रिया विशेष प्रकार से बनाये गये ढलानों (Hydraulic Ramps) से करनी होती है, वहां यह कार्य प्राकृतिक वायु दबाव से चलने वाले पम्पों के उपयोग से किया जा सकता है और जिस पर कोई आवर्तक व्यय नहीं होगा। इसके अतिरिक्त यह केन्द्र प्रतिदिन पूरे चौबीसों घंटे महीनों तक बिना किसी रख-रखाव के चलते रह सकते है। प्रदूषण की तो कोई सम्भावना ही नहीं।

भारत में जल शक्ति की प्राप्य सम्भावनाओं की जानकारी हेतु अग्रांकित सारणी का अवलोकन करें।

भारत में जल विद्युत प्राप्त होने की सम्भावनाएं
(क्षेत्र-राज्य, नदियां तथा प्रोजेक्ट के प्रकार पर आधारित प्रतिशत में)

क्षेत्र व राज्य		नदियों का सम्बन्ध		प्रोजेक्ट का प्रकार	
दक्षिणी क्षेत्र		1. दक्षिणी भारत			
आन्ध्र प्रदेश	6.0	(अ) पश्चिम की ओर	10.4	(अ) बहती नदियां	25.0
कर्नाटक	8.2	बहने वाली नदियां		(ब) पानी का भण्डारण	75.0
केरल	3.7	(ब) पूर्व की ओर बहने	21.0		
तमिलनाडु	1.7	वाली नदियां			
योग	**19.6**	**योग**	**31.4**		
पश्चिमी क्षेत्र					
गुजरात	1.6	2. मध्य भारत की	10.4		
मध्य प्रदेश	11.2	नदियां			
महाराष्ट्र	4.6				
योग	**17.4**				
पूर्वी क्षेत्र					
बिहार	1.5				
उड़ीसा	5.0				
पश्चिमी बंगाल	0.1				
योग	**6.6**	**योग**	**10.4**	**योग**	**100.0**
उत्तरी क्षेत्र					
हिमाचल प्रदेश	4.5	3. गंगा बेसिन	11.4	(अ) उच्च शीर्ष* वाला	
जम्मू एण्ड	8.7	4. सिन्ध बेसिन	16.0	(High Head)	33.1
कश्मीर		(जितना भारत		(ब) मध्यम शीर्ष**	
पंजाब एण्ड		में है)		वाला (Medium	
हरियाणा	3.3			Head)	
राजस्थान	0.4			(स) निम्न शीर्ष***	
उत्तर प्रदेश	9.2			वाला (Low Head)	8.9
योग	**26.1**	**योग**	**27.4**		

उत्तर-पूर्व क्षेत्र					
असम (मेघालय, नागालैण्ड, मिजोरम सहित)	28.2	5. ब्रह्मपुत्र बेसिन	30.8		
मणिपुर	2.1				
योग	30.3	योग	30.8		
कुल योग	**100.0**	**कुल योग**	**100.0**	**योग**	**100.0**

* जिनकी ऊँचाई 1,000 फीट से अधिक है।

** जिनकी ऊँचाई 100 से 1,000 फीट के मध्य है।

*** जिनकी ऊँचाीं 25 से 100 फीट के मध्य है।

उपयुक्त सारणी बताती है कि देश के उत्तर-पूर्व क्षेत्र में जल विद्युत ऊर्जा की सर्वाधिक सम्भावनाएं (30.0 प्रतिशत) हैं। दूसरे स्थान पर उत्तरी क्षेत्र (26.1 प्रतिशत) आता है। यह वह क्षेत्र है जहां सामान्यतया, अन्य ऊर्जा संसाधन विशेषत: कोयला नहीं है। अत: व्यावहारिक रूप में इस प्रकार की ऊर्जा उस कमी को भी पूरा करती है जहां ऊर्जा पहुचाने की कठिनाई है।

2. आण्विक ऊर्जा (Nuclear Energy)–भारत में आण्विक ऊर्जा का उत्पादन कुल देश की ऊर्जा उत्पादन का लगभग 2.6% है। प्रति वर्ष के उच्च लक्ष्य निर्धारण पर कुल उत्पादन में वृद्धि होती है। सन् 1996-97 में यह लक्ष्य 250 बिलियन यूनिट* रखा था जिसमें आण्विक ऊर्जा का भाग लगभग 6.76 बिलयन यूनिट (अर्थात् लगभग 2.7%) था।

भारत आज विश्व के उन तेरह इने-गिने देशों (संयुक्त राज्य अमेरिका, रूस, यू.के., फ्रांस, कनाडा के बाद) में आता है जिन्हें 'आण्विक ऊर्जा केन्द्र' डिजाइन करने, बनाने, स्थापित करने और चलाने की स्वतन्त्र रूप से जानकारी हासिल है। अत: इसी विश्वास पर देश में ऊर्जा की कमी को पूरा करने के लिए इस क्षेत्र में सन् 2,000 तक 10,000 MWe ऊर्जा उत्पादन का लक्ष्य निर्धारित किया हुआ था। जिसे हम अभी तक भी पूरा नहीं कर पाये हैं।

वर्तमान में सात आणविक ऊर्जा केन्द्र, (तारापुर–2 × 160, राजस्थान–2 × 220, मद्रास–2 × 235 और नरौरा–1 × 235) कुल 1,465 MWe शक्ति के कार्यरत हैं।

सात केन्द्र, (नरौरा–1 × 235, ककरापार (गुजरात)–2 × 235, राजस्थान–2 × 235, और काइगा (कर्नाटक)–2 × 235 = 1,645 MWe निर्माणाधीन है। इसके अतिरिक्त 16 आणविक केन्द्रों (काइगा–4 × 235, तारापुर–2 × 500, राजस्थान–4 × 500 और कुदानकुलम–2 × 1000 + 6 × 500) = 8,940 MWe शक्ति की योजना को अन्तिम रूप दिया जा रहा है। यह आशा है कि निकट भविष्य में 12.050 MWe ऊर्जा इस क्षेत्र में बनने लगेगी।

आण्विक ऊर्जा के लिए इस समय 'यूरेनियम (U_{237}) का प्रयोग किया जा रहा है जिसका देश में कुल भण्डारण 22,000 टन आंका गया है जो अत्यन्त सीमित है, लेकिन दूसरे चरण में प्लूटोनियम तथा यूरेनियम (U_{238}) का प्रयोग होगा (प्लूटोनियम, U_{237} के उपयोग के बाद निकाला गया तत्त्व है)। तीसरे और अन्तिम चरण में U_{233} थोरियम का उपयोग किया जाना है जिसके देश में विशाल भंडार हैं। एक सर्वे के अनुसार केरल, रांची, पश्चिमी बंगाल) तथा बिहार में 4,50,000 टन थोरियम उपलब्ध है। इससे असीमित ऊर्जा उत्पादन समीव है जो 5 मिलियन Twh (पांच मिलियन ट्रिलियन वाट प्रति घंटा) तक हो सकती है। यह वर्तमान ईंधन (यूरेनियम) से सन् 2,000 तक निर्धारित लक्ष्य 500 Twh से दस हजार गुना है।

इस ऊर्जा पर व्यय अधिक है जो भारत जैसे देश के लिए सामान्यतया, बहुत कठिन कार्य है तध्था इसके विकिरण से होने वाले शारीरिक विकार के कारण भी इसे अधिक उत्साह नहीं मिल सकेगा।

2. गैर वाणिज्यिक उपयोग हेतु (For Non-Commercial Use)

(1) सौर ऊर्जा (Solar Energy)–भारत जैसे देश में जहां वर्ष के अधिक समय में प्रचण्ड गर्मी पड़ती है, अर्थात् सूर्य का तेज प्रकाश मिलता है, सौर ऊर्जा का बहुत व्यापक उपयोग किया जा सकता है। वैसे भी वैकल्पिक ऊर्जा के स्रोत के रूप में सूर्य एक ऐसा असीमित प्रकाश भण्डार है जो पृथ्वी के जन्म के साथ ही (कई अरब वर्ष पूर्व) जन्मा और तब से आज तक निरन्तर प्रतिक्षण अपनी 40 लाख टन हाइड्रोजन को जलाकर इतने ही टन हीलियम में परिवर्तित कर प्रकाश पुंज बना हुआ है तथा विशाल ऊर्जा उत्पन्न कर रहा है। इस विशाल ऊर्जा का कुछ भाग विकिरण द्वारा पृथ्वी पर पहुंचता है जिसका उपयोग उपकरणों की सहायता से ताप ऊर्जा तथा विद्युत ऊर्जा के रूप में किया जा रहा है।

भारत को सौर ऊर्जा 5,000 ट्रिलियन kwe प्रतिवर्ष मिल रही है, जो पूरे देश की अगली कई शताब्दियों तक की आवश्यकता से भी अधिक है (प्रतिदिन का औसत 4-7 kwe प्रति वर्ग मीटर होता है।)

अपने देश में सौर ऊर्जा को तापीय ऊर्जा में बदलकर सोलर कुकर, सोलर वाटर हीटर, सौर वायु-तापक, सौर हरित गृह, सौर प्रशीतन, सौर पम्पन, सौर-औद्योगिक प्रक्रिया तापन आदि में काम लिया जा रहा है। विद्युत के रूप में परिवर्तित कर विद्युत प्रकाश, रेडियो तथा टी.वी. चलाने में भी देश ने काफी सफलता पाई है। भारत में इन उपयोगों को जनता तक पहुंचाने हेतु 20 गांवों में सोलर गांव का रूप दिया है जहां जल पम्प, घरेलू प्रकाश, सड़कों के खम्भों की लाइटें, समुदायिक टी.वी. सौर विद्युत के सहारे चल रहे हैं। शनैः-शनैः इसकी आम आदमी द्वारा रुचिपूर्वक प्रयोग किये जाने की सम्भावना बहुत बढ़ रही है।

इस ऊर्जा के सबसे मुख्य लाभ में-

(1) प्रकाश ऊर्जा का अथाह भण्डार, तथा

(2) प्रदूषण रहित ऊर्जा है। सौर ऊर्जा से चलने वाले उपकरण महंगे हैं और उनका प्रारम्भिक व्यय भी कुछ अधिक ही है, लेकिन इसके बाद फिर कोई व्यय न होना भी कम लाभप्रद नहीं है।

नये प्रयोगों में अन्नामलाई विश्वविद्यालय, IIT खड़कपुर तथा बम्बई और कृषि विश्वविद्यालय लुधियाना ने सौर ड्रायर के प्रयोग से धान, मिर्च, गोला, आदि अनेक वस्तुओं को कम समय में सुखाकर व्यापार के लिए नई दिशा खाली है।

खारे पानी को सौर ऊर्जा से मीठे पानी में परिवर्तन के प्रयोग भी सफल हो रहे हैं और यदि व्यापक रूप से इसमें सफलता प्राप्त हुई तो पीने के पानी की उपलब्धता की बहुत बड़ी परेशानी से छुटकारा मिल जायेगा। सबसे बड़ी यह बात होगी कि इसके लिए कोई बड़े संयंत्र की समस्या न होकर केवल गांव स्तर पर स्वनिर्मित उपकरण (Improvised Apparatus) से ही यह कार्य सम्भव हो सकेगा।

इस ऊर्जा से गांवों में परम्परागत ऊर्जा की कमी का अहसास भी नहीं होगा और वहां के अधिकांश लोगों की सभी आम जरूरतें पूरी होंगी, ऐसा विश्वास किया जा सकता है। अभी खास समस्या सौर ऊर्जा के भण्डारण की है, जिस पर निरन्तर शोध कार्य चल रहे हैं।

2. लहरों से ऊर्जा (Energy from Waves)—अब तक सैद्धान्तिक रूप से केवल जानकारी रखने वाले देश भारत ने अपना पहला 'लहरों से ऊर्जा' प्रोजेक्ट के संचालन में सफलता प्राप्त कर विश्व में अपनी प्राथमिकी दर्ज करा दी है। समुद्री विकास के केन्द्रीय विभाग (Union Government of Ocean Development) के तत्वावधान में समुद्री इंजीनियरिंग केन्द्र, आई॰आई॰टी॰ मद्रास (Ocean Engineering Center, IIT, Madras) के वेव इनर्जी ग्रुप (Wave Energy Group)

ने 150 mw शक्ति के इस प्रोजेक्ट का कार्य स्टेट हार्वर इंजीनियरिंग डिपार्टमेंट त्रिवेन्द्रम (State Harbour Engineering Department, Trivandrum) में सम्पन्न किया है।

इस ऊर्जा स्रोत के दो मुख्य लाभ हैं–

(1) इससे कोई प्रदूषण की सम्भावना नहीं है, और

(2) यह निरन्तर चलने वाली अथकनीय लहरों के संचालन पर आधारित है; अत: इससे वर्षपर्यन्त ऊर्जा प्राप्त हो सकती है।

इस उत्पादन में संयंत्र का व्यय भी बहुत अधिक नहीं है, पर चूंकि यह समुद्र अथवा विशाल जल संग्रह केन्द्र पर ही सम्भव है, अत: देश में व्यापक रूप से यह लाभप्रद नहीं है।

3. पवन ऊर्जा (Wind Power)–वायु द्वारा संचालित पवन संयंत्र (Wind Mills) का उपयोग बहुत पुराना होने पर भी भारत में बहुत अधिक लोकप्रिय नहीं बना है, लेकिन जब वैकल्पिक ऊर्जा के स्रोत की बात चली है तो यह एक अच्छा स्रोत हो सकता है। गुजरात, महाराष्ट्र, केरल, तमिलनाडु, उड़ीसा के समुद्री किनारों के पास जहां वायु वेग अधिक है वहां यह अत्यन्त सफल हो सकती है (यह उल्लेखनीय है कि वायु ऊर्जा अपने वेग की घनीय मात्रा के तुल्य होती है, लेकिन 16 किमी प्रति घंटे से कम वेग वाली वायु पर ऊर्जा की मात्रा नगण्य है।)

वर्तमान में मध्य भारत के गंगा-सिंधु के मैदानी क्षेत्र में पवन ऊर्जा की सहायता से अनेक जगह 30 मीटर तक की गहराई से पानी खींचने तथा छोटे घरेलू आवश्यकता की पूर्ति कर देने वाले 2 kwh के विद्युत संयंत्र काम कर रहे हैं।

अपने देश में किये गये एक सर्वेक्षण के अनुसार 'पवन ऊर्जा' का उत्पादन 45,000 MWe तक सम्भव है, जबकि वर्तमान में केवल 1,080 MWe का ही उत्पादन हो रहा है जो 1% से भी कम है।

इस ऊर्जा की भी विशेषता यही है कि किसी प्रकार का रख-रखाव सहित, कोई व्यय नहीं है और प्रदूषण मुक्त है। अपने देश में इस ऊर्जा के अधिकाधिक उपयोग की सम्भावनाओं पर विचार कराना चाहिए।

4. वन उत्पादन (लकड़ी) से ऊर्जा [Energy from Forest Produce (Wood)]–आजादी के बाद सन् 1951 में भारत सरकार द्वारा अधिगृहीत वन क्षेत्र 75 mh माना गया जो कुल भू-क्षेत्र 329 mh का लगभग 23% है। इसमें से 60% अर्थात् 45 mh भाग को वन उत्पाद के रूप में प्रयोग करने के हेतु अंकित किया गया तथा शेष 40% को रिजर्व क्षेत्र में रखा गया। इन अंकित वन क्षेत्रों से इमारती

लकड़ी, खेल का सामान, फर्नीचर, रेल के डिब्बे और स्लीपर आदि के अतिरिक्त विशेषरूप से जिन जिन्सों पर अधिक व्यय हुआ है। वह–

(1) घरेलू ईंधन तथा

(2) शवदाह।

बड़े-बड़े कारखानों की भट्टीयों में भी लकड़ियों को काम में लिया जाता रहा है। एक सर्वेक्षण के अनुसार केवल जलाऊ ईंधन के रूप में ही लगभग 126 मिलियन टन लकड़ी प्रति वर्ष व्यय हो जाती है और व्यय इसके अतिरिक्त हैं, जिस पर भी यदि इतना ही व्यय भार और मानें तो लगभग 250 मिलियन टन लकड़ी का व्यय प्रति वर्ष वन क्षेत्रों में से हो रहा हैं इतनी लकड़ी लगभग 400 मिलियन घन मीटर लकड़ी से प्राप्त हो सकती है, जिससे पूरा देश ही प्रभावित होगा।

अत: इस स्रोत का उपयोग यदि बेहद आवश्यकता के लिए ही करें तो ही उचित रहेगा। अन्यथा इसे ऊर्जा के स्रोतों की गणना से बाहर कर दें यही श्रेयस्कर है।

5. फसल अवशिष्ट तथा उपले (Agriculture Waste and Cow Dung)– यह देश कृषि प्रधान देश है। भारत की अधिकांश आबादी गांवों में रहती है, अत: गांवों के लोग अपनी घरेलू ईंधन की आवश्यकताएं स्थानीय रूप से प्राप्त लकड़ी, फसल अवशिष्ट तथा गोबर से बने उपले से पूरा कर लेते हैं। इन तीनों चीजों का उपयोग क्रमश: 65%, 20% तथा 15% है; लेकिन जहां शहरी क्षेत्र है, वहां यह उपयोग थोड़ा भिन्न होकर लकड़ी 68.5%, तेल अथवा गैस 16.9%, उपले 8.3%, कोयला 2.3%, विद्युत 0.6%, एवं अन्य 3.4% है।

इन दोनों प्रकार की आबादियों में लकड़ी का उपयोग लगभग 65 से 70% है, जिसे कम करने अथवा न करने की चर्चा अभी हम पहले कर चुके हैं। उपलों का उपयोग यद्यपि अधिक मात्रा में मिलने से होता है, लेकिन चूंकि अन्यथा, यह एक बहुत अच्छा खाद है जिससे कृषि उत्पादन में वृद्धि हो सकती है। अत: उपलों का प्रयोग भी दूर दृष्टि से राष्ट्रहित में नहीं है।

कृषि अवशिष्ट देश में इतनी भारी मात्रा में उपलब्ध है। कि यदि उस पूरे का उपयोग ऊर्जा उत्पादन में किया जा सके, तो एक ओर तो खेतों से बेकार संग्रहण को हटाया जा सकता है, दूसरे उसे ऊर्जा उत्पादन जैसे महत्त्वपूर्ण कार्य में लगाकर अनेक बहुमूल्य ऊर्जा स्रोतों को बचाया जा सकता है। विमल और त्यागी ने इस प्रकार के निरर्थक अथवा प्रयोजनहीन (Wastes) की एक सूची दी है जो ऊर्जा के योग्य है। निम्नांकित सारणी देखें–

निरर्थक एवं प्रयोजनहीन अवशिष्ट

क्षेत्र	अवशिष्ट
1. कृषि उत्पाद केंद्र (Agro-processing Centre)	धान के छिलके (Rice Husk), गन्ने की खोई (Bagasse). (Molasses), खोपरा छिलका (Coconut Shell). मूंगफली के छिलके (Groundnut Shell), मक्का की गुल्ली (Maize Cobs), आलू तथा कॉफी के बेकार भाग (Potato and Coffee-Wastes)
2. खेत (Farms)	चावल के पुआल (Rice Straw), कपास तथा जूट की डंडिया (Cotton and Jute Sticks)
3. पशु गृह (Animal Sheds)	उपले (Cow Dung), मुर्गियों की वीट (Poultry Excreta)।
4. जंगल (Forests)	छालें (Barks), छिपटियां (Chips), छीलन अथवा क्षौर (Shavings), बुरादा (Sawdust)।
5. नगरपालिका अवशिष्ट (Municiple Waste)	शहरी कूड़ा (City Refuse), मल (Sewage)।
6. औद्योगिक अवशिष्ट (Industrial Waste)	कपड़े उद्योग अवशिष्ट (Textile Waste), प्लास्टिक अवशिष्ट (Plastic Waste)।

इनका शत-प्रतिशत उपयोग किया जाना अपेक्षित है।

6. पशु-धन शक्ति तथा मानव शक्ति (Animal Power and Man Power)–अपने देश भारत में पशु-धन भी अत्यन्त पर्याप्त संख्या में है, जिसमें ऊँट, बैल, भैंसा, खच्चर, गधा से श्रम का कार्य लिया जाता है और ये ऊर्जा के बहुत बड़े भाग की पूर्ति करते हैं। ये खेत जोतते हैं, फसल के पकने पर उसकी घिंटाई करते हैं, सामान ढोते हैं; अतः बहुत महत्त्वपूर्ण हैं। मनुष्य भी अपने पूरे दिन के कम-से-कम 8 घंटे का परिश्रम करके काफी ऊर्जा में योगदान देता हैं

7. बायो गैस (Bio Gas)–इसे भारत में सामान्यतया गोबर गैस (Gober Gas) के नाम से जानते हैं क्योंकि मूलतः यह पशुओं के गोबर (Cow Dung) से तैयार होते है। अब काफी समय बाद कुछ अन्य पदार्थों, जिनमें मानव-मल (Sewage), सब्जियों व फलों की सड़ी हुई रद्दी (Rotten Vegetables and Fruits Waste),

जल कुम्भी (Water Hyacinth), कृषि तथा उद्योगों के अवशिष्ट (Agriculture and Industries Waste) आदि से भी तैयार किया जा सकता है।

बायो गैस संयंत्र कार्बनिक युक्त सेल्युलोस (Cellulose containing organic materials) के बिना वायु के किण्वयन (fermentation in the absence of air) से निकलने वाली ज्वलनशील गैस 'मीथेन' के सिद्धान्त पर कार्य करता है। सामान्यतया, गोबर के प्रयोग से तैयार की गई गोबर गैस में 65% मीथेन, 30% कार्बन डाइऑक्साइड, 1% हाइड्रोजन सल्फाइड तथा अल्प मात्रों में ऑक्सीजन, हाइड्रोजन, नाइट्रोजन तथा कार्बन मोनोऑक्साइड गैसें होती हैं। गैस में पाई जाने वाली गंध हाइड्रोजन सल्फाइड के कारण होती है।

संयंत्र की रचना भी बहुत सरल है। एक बड़े व्यास की गोल टंकी अथवा गोलाकार हौज, जिसे 'डाइजेस्टर' (Digester) कहते हैं, में दो तरफ दो निकास रास्ते होते हैं। मुख्य बर्तन डाइजेस्टर में गोबर अथवा अन्य पदार्थ को डाल देते हैं (घोल-गीला गोबर : पानी = 5 : 4)। इसे गैस होल्डर से ढक कर बन्द करते हैं। यह गैस होल्डर एक वाल्व के रूप में काम करता है, जो डाइजेस्टर में उत्पन्न होने वाली गैस को निकलने देता है, अन्यथा, उसे बन्द रखता है। संयंत्र के चालू करने के लिए डाइजेस्टर के एक रास्ते से पूर्व में किण्वयन की हुई गोबर की स्लरी (Fermented Dung + Water Slurry) डाल देते हैं। इससे डाइजेस्टर में किण्वयन होता है। गैस होल्डर के निकास से गैस एकत्रित की जाती है अथवा वितरित कर दी जाती है। डाइजेस्टर के एक अन्य निकास रास्ते से काम में आई स्लरी (Slurry) निकलती जाती है, जो खेतों में खाद के रूप में काम में ली जा सकती है। संयंत्र के चालू रखने के लिए पहले निकास रास्ते से ही और गोबर का घोल (स्लरी) डालते रहते हैं। वर्तमान में अब इस गैस संयंत्र के नये मॉडल भी डिजाइन हुये हैं, जो सुविधाजनक हैं।

संयंत्र पर होने वाले व्यय का एक अनुमान सन् 1980 में खादी ग्राम उद्योग कमीशन भारत सरकार (Khadi Village Industries Commission-KVIC, Govt. of India) ने अग्रांकित सारणी के अनुसार प्रसारित किया था (बिलकुल ताजे आंकड़े उपलब्ध नहीं हैं।)–

आंकड़े पुराने होने से आज की कीमत से इन मूल्यों की तुलना नहीं करें। यहां सारणी देने का आशय केवल मात्र इतना है कि बायो गैस का उत्पादन मूल्य केवल 5 पैसे प्रति kwh पड़ता है, जबकि विद्युत दर 11 पैसे है। अर्थात् ऊर्जा के वैकल्पिक स्रोत के रूप में बायो गैस का उत्पादन न केवल ऊर्जा समस्या को हल करता है बल्कि, आर्थिक रूप से भी लाभकारी है। स्लरी के रूप में मिलने वाली खाद इसके अतिरिक्त लाभप्रद है।

बायो गैस उत्पादन मूल्य

मूल्य (रुपयों में)

मद	5000 घन फीट = लगभग 150 घनमीटर प्रतिदिन	100 घन फीट = 3 घनमीटर प्रतिदिन	60 घन फीट = लगभग 2 घन मीटर प्रतिदिन
प्रारम्भिक व्यय	41,000.00	2,500.00	1,500.00
आवर्तक	4,350.00	265.20	159.12
व्यय प्रतिवर्ष (A) रखरखाव	2,381 (	47.67	28.62
व्यय प्रतिवर्ष (B)			
श्रम (मजदूर)	5,475.00	109.50	65.70
व्यय प्रतिवर्ष (C)			
प्रतिवर्ष कुल व्यय (A + B.– C)	12,206.00	422.32	253.44
ऊर्जा मूल्य (पैसा प्रति kwh)	4.95	8.57	8.57
वर्तमान विद्युत दर (पैसा प्रति kwh)	11.0	11.0	11.0

उपर्युक्त सारणी में नवीनतम मूल्य डालकर फिर ऊर्जा की दरों में तुलना करें।

व्यावहारिक रूप से इसका प्रयोग कितना सहज सम्भव है, यह निम्नांकित सारणी में देखें–

गोबर गैस उत्पादन की व्यावहारिकता

संयंत्र की प्रतिदिन गैस उत्पादन क्षमता (घन मीटर)	अनुमानित पशुओं की संख्या*	गीले गोबर की प्रतिदिन आवश्यकता** (किलोग्राम)	कितने व्यक्तियों के लिये उपयुक्त
1	2-3	25	3-4
2	4-5	50	5-8
3	6-7	75	· 9-12
4	8-9	100	13-16
5	10-12	125	16-20
6	12-14	150	21-24
8	16-18	200	28-32
10	20-22	250	36-40

*भारत में औसत एक पशु की गोबर मात्रा 11.45 किग्रा प्रतिदिन है।

*एक मैट्रिक टन गीले गोबर (1000 किग्रा) से 67.10 घन मीटर बायोगैस का उत्पादन होता है।

उपयुक्त सारणी के आधार पर एक 5-8 व्यक्तियों के छोटे परिवार के लिए 2 घन मीटर (6.0 घन फीट) क्षमता का संयंत्र यथेष्ट है, जिसके लिए औसतन 50 किग्रा गीला गोबर (4 पशुओं से प्राप्त) सहज ही उपलब्ध हो सकता है।

एक सौर घर वाले 500 मनुष्यों वाले गांव, जिसमें 250 की संख्या में मवेशी हैं, उसमें लगभग 150 घन मीटर क्षमता का बायोगैस संयंत्र लगाने पर आवश्यकतानुसार ऊर्जा की सभी मांगे पूरी हो सकती हैं, जिसमें 100 घरों के लिए प्रकाश व्यवस्था, खाना बनाने की ईंधन पूर्ति, सिंचाई के लिए 10 जल पम्पों के लिए ऊर्जा, 10 छोटे उद्योगों को विद्युत तथा अन्य कार्यों हेतु भी ऊर्जा सम्मिलित है। यह विश्लेषण शर्मा और कुरैशी के अनुसार निम्नलिखित प्रकार से है–

यह गैस ग्रामीण क्षेत्र की सभी आवश्यकताएं पूरी कर सकती हैं। गांव स्वयं आत्मनिर्भर हो सकते हैं। इस गैस की खाद पर मच्छर नहीं आते; गैस अधिक ज्वलनशील, गन्धहीन, रंगविहीन तथा स्वाद रहित होती है, न यह जहरीली है।

देश में वर्तमान में लगभग 30 लाख बायोगैस संयंत्र लगे हैं जो पूरे देश की क्षमता का लगभग 25% है।

8. भू-तापीय ऊर्जा (Geothermal Energy)–पृथ्वी के अन्दर चट्टानों के नीचे कई ऐसे स्थल हैं जहां अत्यधिक ताप है और यह ताप कभी गर्म पानी के स्रोतों के रूप में और ज्वालामुखी फटने के समय गर्म लावा के रूप में बाहर निकलता है। इस ताप को ऊर्जा के रूप में प्रयोग लेने के प्रयास पिछले कई वर्षों से किये हैं और इनसे सफलतापूर्वक विद्युत उत्पन्न करने अथवा शीत भण्डारण (Cold Storage) चलाने हेतु उपयोग किये हैं। विश्व के वह तमाम हिस्से जो ज्वालामुखी क्षेत्र में आते हैं, इस प्रकार की ऊर्जा के उत्पन्न करने के अच्छे केन्द्र बन सकते हें, जिनमें प्रशान्त महासागर के तटीय भाग अलस्का से चिली तक, न्यूजीलैण्ड से इन्डोनेशिया तथा जापान तक, केन्या, युगान्डा, इथोपिया तथा भूमध्यसागर के आसपास के क्षेत्र विशेष रूप से आते हैं। भारत में लगभग 350 ऐसे क्षेत्रों की जानकारी मिली है, जहां से भू-तापीय ऊर्जा उत्पन्न की जा सकती है। उत्तर-पश्चिम हिमालय, पश्चिमी घाट, नर्मदा व सोन घाटी और दामोदर घाटी के क्षेत्र में इस ऊर्जा के असीम भण्डार हैं।

9. ज्वारीय ऊर्जा (Tidal Energy)–यह ऊर्जा समुद्र में उठने वाले ज्वार के चढ़ने और उतरने की क्रिया से ही प्राप्त की जा सकती है और इस प्रकार का उत्पादन विश्व के कई देशों ने किया है जिसमें चीन व रूस प्रमुख हैं। भारत में कच्छ और कैम्बे की खाड़ी तथा सुन्दरवन क्षेत्र (हुगली नदी के किनारे) में ज्वारीय ऊर्जा से शक्ति उत्पादन सम्भव है। लक्षद्वीप तथा अण्डमान और निकोबार

द्वीप समूह में भी संभावनाएं हैं। इस प्रकार की ऊर्जा की विशेषता यह है कि यह प्रदूषण रहित है तथा चाहे थोड़ी मात्रा में हो, पर अनन्त है और कालान्तर तक मिलने ही वाली है।

10. **समुद्री ताप ऊर्जा (Ocean Thermal Energy)**–समुद्र की ऊपरी सतह के तापमान (28° से 30° सेल्सियस) तथा बहुत गहराई पर तापमान (5° से 7° सेल्सियस) के अन्तर से ऊर्जा प्राप्त की जा सकती है। बिना समाप्त हुये अबाध गति से मिलने वाली ऊर्जा प्रदूषण रहित है, यही इस ऊर्जा की विशेषता है। मध्य समुद्र में भी इस प्रकार की ऊर्जा का उत्पादन करके वहीं पर स्थानीय रूप से इसका उपयोग किया जा सकता है, जिसमें समुद्री खनन, शोध तथा समुद्रीय प्रबन्ध शामिल है। भारत में लक्षद्वीप में ऐसा एक प्रयास किया गया है।

11. **हाइड्रोजन ईंधन (Hydrogen Fuel)**–जल (H_2O) से हाइड्रोजन प्राप्त कर उसे तरल ईंधन के रूप मे प्रयोग हेतु शोध चल रहे हैं।

उपर्युक्त विवरणात्मक विवेचन के आधार पर हम यह कह सकते हैं कि ऊर्जा का उपयोग निरन्तर बढ़ रहा है और उसमें परम्परागत स्रोतों को इस तेजी से उपयोग में लाया जा रहा है कि उनका बहुत शीघ्र समाप्त प्राय: होना निश्चित है। चूंकि वह सभी पुनर्जीवित नहीं होने वाले (Non-conventional and Renewable) स्रोतों पर निर्भर रहना होगा। इन वैकल्पिक स्रोतों में इतनी अपार ऊर्जा है कि असीमित समय तक यह आवश्यकताओं की पूर्ति करती रहेगी, लेकिन फिर भी श्रम और साधनों के दुरुपयोग से बचने के लिए लोगों में इस प्रकार की भावनाएं जगानी होंगी जिससे ऊर्जा का सही इस्तेमान करना सीखें। ऊर्जा का उचित उपयोग देश की प्रगति का सूचक है।

प्रश्न (Questions)

निबन्धात्मक प्रश्न (Essay Type Questions)

1. 'ऊर्जा' किसे कहते हैं? यह किन-किन रूपों में उपलब्ध हो सकती है?
2. 'ऊर्जा' के उपलब्ध स्रोत कौन-कौन से हैं? पुन: नवीन न होने वाले ऊर्जा स्रोतों के नाम बताइये।
3. भारत में 'आणविक ऊर्जा' का क्या भविष्य है? वर्तमान में इस ऊर्जा उत्पादन के क्या लक्ष्य हैं?
4. 'सौर ऊर्जा' से हम अपनी घरेलू आवश्कताओं की पूर्ति कैसे करेंगे?
5. 'बायो गैस' एक प्रभावी प्रदूषण रहित लाभप्रद उपकरण है, समझाइये।

लघुत्तरात्मक प्रश्न (Short Answer Type Questions)

6. 'जलीय ऊर्जा' का उत्पादन कैसे होता है?

7. वन उत्पादन को ईंधन के रूप में क्यों नकारा जा रहा है?
8. 'ऊर्जा' की प्राणीमात्र को क्या आवश्यकता होती है?
9. 'ऊर्जा' के परम्परागत स्रोत क्या-क्या हैं?
10. 'प्राकृतिक गैस' का मुख्य उपयोग क्या है? यह किस प्रकार निर्मित होती है?

वस्तुनिष्ठ प्रश्न (Objective Questions)

11. 'पवन ऊर्जा' के लिये वायु वेग कम से कम कितना होना चाहिए?
    (अ) 4 किमी प्रति घंटा (ब) 8 किमी प्रति घंटा
    (स) 12 किमी प्रति घंटा (द) 16 किमी प्रति घंटा
12. वर्तमान में वाणिज्यिक उपयोग हेतु किस ईंधन का सर्वाधिक उपयोग किया जाता है?
    (अ) कोयला (ब) लकड़ी
    (स) बायो गैस (द) कृषि अपशिष्ट
13. 'सौर ऊर्जा' से कौन-सा कार्य सम्भव नहीं है?
    (अ) गर्म पानी (ब) प्रकाश विद्युत
    (स) शवदाह (द) खाना बनाना
14. 'गोबर गैस' (बायो गैस) में गन्ध का क्या कारण है?
    (अ) मीथेन गैस (ब) हाइड्रोजन सल्फाइड गैस
    (स) कार्बन मोनोऑक्साइड (द) नाइट्रोजन गैस
15. हाइड्रोजन ईंधन प्राप्त करने का मुख्य स्रोत क्या रहेगा?
    (अ) गंधक का अम्ल (H_2SO_4) (ब) नमक का तेजाब (HCl)
    (स) पानी (H_2O) (द) हाइड्रोकार्बन्स (HC)

रिक्त स्थानों की पूर्ति कीजिये–

16. किसी कार्य करने की क्षमता को .... कहते हैं?
17. 'जल शक्ति ऊर्जा' का .... स्रोत है।
18. ग्रामीण क्षेत्र में ईंधन को बचाने का सबसे सरल उपाय ..... का उपयोग करना है।
19. अपने देश में 'पवन ऊर्जा' उत्पादन की.........MWe तक सम्भावनायें हैं।
20. वर्तमान में देश में लगभग .... 'बायोगैस' संयंत्र लगे हैं।

12

अन्य वन्य जीव परियोजनाएं
(Other Wild Life Projects)

प्रस्तावना (Introduction)

प्रकृति सन्तुलन के लिए वन एवं वन्य जीव अत्यन्त महत्त्वपूर्ण हैं। वन प्राकृतिक सम्पदा और संसाधन के मुख्य स्रोत हैं जो प्राणी जगत् के जीवन को सुचारु रूप से चलाने में सहायक हैं, तो वन्य जीव पारिस्थिति तंत्र को स्थायित्व प्रदान करने में अपनी भागीदारी निभाते हैं। वन की सुरक्षा भी वन्य जीवों के सहारे आशाजनक रहती हैं इसी महत्त्व को स्वीकार करते हुये विश्व के सभी देशों ने वन और वन्य जीवों के संरक्षण की ओर सदैव ध्यान दिया हैं भारत में भी जहां वन क्षेत्रों को अधिक महत्ता दी और अभ्यारण्य तथा राष्ट्रीय उद्यान बनाये–विकसित किये वहीं वन्य जीवों के लिऐ भी अनेक योजनायें बनाई।

दुर्लभ वन्य जीवों की सुरक्षा और उनकी संख्या में वृद्धि की ओर ध्यान देनें की दिशा में वन्य जीव प्रोजैक्ट्स (Wild Life Projects) बनाये गये, जिनमें बाघ-परियोजना (Project Tiger) सर्वप्रथम सन् 1973 में शुरू किया गया। अब तक (मार्च 2002 तक) ऐसे 27 स्थानों के अभयारण्यों को बाघ परियोजना स्कीम में चुना गया है, जहां पर विशेषत: बाघों को संरक्षण दिया जा रहा है।

पिछले 20 वर्षां में जिन वन्य जीवों के लिए इसी प्रकार की अन्य परियाजनाएं बनाई गई हैं, उनमें से जिन पर भारत सरकार द्वारा कार्यवाही प्रारम्भ कर दी गई है, वह है—

(1) हंगुल (Hangul)—1970,

(2) शेर (Lion)—1972,

(3) मगर (Crocodile)—1974,

(4) हिरन (Brown Antlered Deer)—1981,

(5) गेंडा (Rhinoceros)--1987,

(6) हिम चीता (Snow Leopard)—1987,

(7) हाथी (Elephant)—1991।

इन सभी के बारे में संक्षिप्त जानकारी यहां समेकित है।

विभिन्न प्रोजैक्ट्स (Different Projects)

1. हंगुल परियोजना (Project Hangul)–यूरोपीय रेड डियर प्रजाति का यह हिरन पूरी दुनिया में केवल कश्मीर क्षेत्र में पाया जाता हैं इसे कश्मीरी बारहसिंघा के नाम से भी जाना जाता है। 9,000 से 16,000 फीट तक ऊँची ठण्डी पहाड़ियों में बसने वाला हंगुल आज दुर्लभ पशु प्रजाति में माना जा रहा है जिसकी अधिकतम संख्या 400 से अधिक नहीं है। 48"–50" (120 सेमी-125 सेमी) ऊँची कद काठी के इस हिरन का औसत भार 200 किग्रा पाया गया है। सींगों की लम्बाई लगभग 40" से 45" (100 से 110 सेमी तक) होती है तथा इसके सीगों में 11 से 16 तक उपशाखाएं देखी गई हैं। मादा हिरन में सीग नहीं होते हैं। हल्के से लेकर गहरे भूरे रंग में पाया जाने वाला यह हिरन अब कश्मीर के केवल दाचीगाम राष्ट्रीय उद्यान में संरक्षित है। जंगल में वह सदैव झुण्ड में रहते हैं और बड़े फुर्तीले स्वभाव के कारण दौड़ने में माहिर होते हैं।

इस जाति को दुर्लभ प्रजाति में मानकर अन्तर्राष्ट्रीय स्तर पर रेड डेटा बुक में सम्मिलित कर लिया गया है। भारत ने इसे संरक्षण देने हेतु हंगुल परियोजना (Hangul Project)-1970 में प्रारम्भ की है। प्रारम्भ में इस संरक्षण में संख्या में आशातीत वृद्धि हुई (1988 की गणना के अनुसार लगभग 818), लेकिन चोरी छिपे शिकार के कारण उसे अधिक दिनों तक नहीं बचाया जा सकेग।, अत: इस प्रजाति को बचने की राष्ट्र स्तर पर चिन्ता हैं

2. शेर परियोजना (Project Lion)–शेर जिसे बब्बर शेर के नाम से भी पुकारते हैं, जंगल का राजा कहलाता है। इसकी दहाड़ ही काफी-काफी दूर तक लोगों को दहलाने के लिए काफ़ी है। एशियाई शेर आज भी भारत के अलावा मेसोपोटेमिया और ईरान में बताया जाता है। अफ्रीका के जंगलों में भी इनके पाये जाने की जानकारी मिली है। भारत में कभी यह उत्तर भारत से मध्य भारत तक के क्षेत्र में मिलता था पर अब केवल गिर जंगलों तक ही सीमित है। इस को सन् 1969 में ही राष्ट्रीय उद्यान का दर्जा दिया गया है जो गुजरात के जूनागढ़ जनपद में है। शिकारियों के कारण इसकी संख्या में इतनी कमी आई (कुल 100 के लगभग) कि इस वन्य जीव को दुर्लभ प्रजाति में मानने लगे। 1972 में शेर परियोजना के

तहत इसे संरक्षण दिया गया जिसका असर यह हुआ कि वर्तमान में इनकी संख्या लगभग 300 के आस पास पहुंच गई है।

भारतीय शेर की लम्बाई औसतन 9 फीट होती है (भारतीय शेर की रिकार्ड लम्बाई 9 फीट 7 इंच तथा अफ्रीकन शेर की अधिकतम लम्बाई 10 फीट 7 इंच मापी गई है)। पूरा शरीर बालों से ढका, पूंछ पर लम्बे बालों का गुच्छा होता है। कंधों के ऊपर तथा पेट के पास बालों का झब्बा तथा मुंह पर भी बाल छितरे होते हैं। शेर अधिकतर भूरे रंग के ही होते हैं। सम्भावत: दिन में पेड़ों के साये में आराम करते हैं और झुटपुटा होते ही शिकार को निकल पड़ते हैं। शाम को अथवा दिन निकलने से पूर्व ये दहाड़ते हैं

इनका मादा से मिलने का माह लगभग अक्टूबर अथवा नवम्बर होता है और 4 माह बाद (प्रजनन काल 116 दिन) बच्चे हो जाते हैं, जिनकी संख्या 5 तक हो सकती है। कुल आयु 30 वर्ष तक की होती है लेकिन 5 वर्ष की आयु में यह सबसे अधिक शक्तिशाली हो जाता है।

यह वन्य जीव भारत की शान है, जिसे बचाया जाना बहुत आवश्यक है।

3. मगरमच्छ परियोजना (Project Crocodile)–विश्व में मगरमच्छ की कई प्रजातियां बताई जाती हैं, जिनमें से तीन–(1) घड़ियाल, (2) लवण जलीय तथा (3) मगर मुख्य प्रजातियां सभी भारत में उपलब्ध हैं। देश के केवल एक राज्य उड़ीसा को यह मान प्राप्त है कि उसकी दो वन्य जीव शरणस्थली, (1) सिमलीपाल राष्ट्रीय उद्यान और (2) भीतरकनिका वन्य जीव अभयारण्य में इस जीव को संरक्षण दिया जा रहा है। वैसे कुछ मगर सुन्दरवन (पश्चिमी बंगाल) और मैरिन (अण्डमान) राष्ट्रीय उद्यानों में भी रखे गये हैं, लेकिन उनकी संख्या अधिक नहीं है।

मगरमच्छ की इस प्रजाति पर ध्यान तब गया, जबकि यह पाया गया कि एक महत्त्वपूर्ण जल-जीव समाप्ति के कगार पर पहुंच रहा है। यह परेशानी तब जानकारी में आई जब शिकारियों ने इसे अवैध व्यापार के लिये पकड़ना शुरू किया और जनमानस में यह भ्रान्ति फैलनी शुरू की कि इससे मानव जाति के जीवन को खतरा है, लेकिन भारत सरकार ने इसमें हस्तक्षेप किया और UNDP के विशेषज्ञ के सर्वे के आधार पर इसे संरक्षण देने का मानस बनाया। 1974 में मगमच्छ परियोजना अस्तित्व में आ गई और फलस्वरूप लवण जलीय मगरमच्छों के लिए डांगामाल (भीतरकनिका अभयारण्य में स्थान) तथा घड़ियाल और मगर के लिए सिमलीपाल राष्ट्रीय उद्यान के पास क्रमश: टिकरपारा और रामतीर्थ में केन्द्र स्थापित कर दिये गये। हाल ही की गणना में अब इनकी संख्या में काफी बढ़ोतरी हुई है और इसे

लगभग 800 से 1000 तक के मध्य आंका जा रहा है जब कि कई हजारों की संख्या में प्रजनन से प्राप्त अण्डों को इन जलाशयों से बाहर निकाल दिया गया है। आपको यह जानकर आश्चर्य होगा कि एक ऐसी स्थिति आ गई थी कि इन मगरमच्छों की संख्या कुल 100 के आस-पास रह गई थी और प्रजाति के समाप्त होने का ही भय हो चला था।

4. संगाई हिरन परियोजना (Project Brow-Antlered Deer)–मणिपुर की उत्तीर पश्चिमी सीमा में पहाड़ियों और वनों के बीच है–केबुल-लाभजोआ राष्ट्रीय उद्यान और इसी उद्यान में है यह दुर्लभ प्राणी संगाई हिरन जो सदैव नाचता सा रहता है। भारत में यह और कहीं उपलब्ध नहीं है। गहरे भूरे अथवा काले रंग के इस हिरन की लम्बाई लगभग 1 मीटर तथा ऊँचाई 14 मीटर होती है। पूंछ बहुत छोटी होती है तथा शाखाओं-उपशाखाओं वाले इसके सींग बहुत सुन्दर होते हैं और दोनों ओर समान घुमाव लेकर ऊपर तक बढते हैं। जिनकी लम्बाई 1.5 मीटर तक होती हैं

भारत के वन्य जीवों के लुप्त प्राय: होने वाले समूह में संगाई हिरन का नाम भी सूचीबद्ध था क्योंकि 1959 में इनकी कुल संख्या 100 आंकी गई थी। बाद में फिर प्राकृतिक प्रकोप से ऐसा अवसर भी आया जोकि यह मात्र 14 रह गये। शिकार पर पूर्ण प्रतिबन्ध, केवल लाभजोआ जैसे छोटे से अभयारण्य को राष्ट्रीय पार्क बनाना और फिर 1981 में संगाई परियोजना की मान्यता ने इसे बचा लिया। अब इसकी संख्या लगभग 80 हो गई है। केवल लाभजोआ अब पूरी तरह इस प्रजाति को बचाने संरक्षण देने तथा संख्या में वृद्धि करने हेतु सम्पत्ति है।

5. गैंडा परियोजना (Project Rhinoceros)–पृथ्वी पर मिलने वाला दूसरे क्रम का सबसे बड़ा विशालकाय जीव (हाथी के बाद) गेंडा आज वन्य जीव क्षेत्र में चिन्ता का विषय बन गया है। विश्व में कई हजारों की संख्या में पाये जाने वाले इस जीव की संख्या अब मात्र 5,000 के आसपास रह गई है जिसमें से आज भारत में लगभग 1500 की संख्या बताई जाती है।

विश्व में गेंडों की पांच प्रजातियां मिलती हैं–दो अफ्रीका में और तीन एशिया में। अफ्रीका में मिलने वाली दो जातियां–ब्लेक राइनो तथा व्हाइट राइनों एवं एशिया की सुमात्रा राइनों में दो सींग होते हैं। शेष एशिया की दोनों जातियों–जाव राइनों और इंडियन राइनों में एक सींग पाया जाता है। भारत में इसका मुख्य शरण-स्थल आसाम के जंगलों में है और इसी कारण काजीरंगा राष्ट्रीय उद्यान का यह मुख्य संरक्षित वन्य जीव है।

एक सामान्य भारतीय गंडे की ऊँचाई 2 मीटर तक होती है तथा बीच में शारीरिक गोलाई 3.5 मीटर तक। सींग की लम्बाई 40 सेमी से 60 सेमी तक की होती है। वजन पैदा होने के समय 50-60 किलोग्राम होता है जो पूर्ण वयस्क होने पर 1800-2000 किग्रा तक हो सकता है। मोटी खाल वाला वन्य जीव, अपनी बदसूरत बनावट के कारण अत्यन्त भयावह दिखता है।

इस जाति को संरक्षण देने हेतु भारत सरकार ने सन् 1987 में गेंडा परियोजना स्वीकृत की थी और फिर अनेक समस्याओं से ग्रसित होने के कारण सन् 1992-93 में पूरी योजना को असम राज्य को हस्तांतरित कर दिया। तभी से असम के दोनों राष्ट्रीय उद्यान काजीरंगा और मानस इस वन्य जीव गेंडे के बचाव के लिये समर्पित हैं। उत्तर प्रदेश के दुदुवा राष्ट्रीय उद्यान में भी कुछ प्रयास किये जा रहे हैं लेकिन वहां की रिपोर्ट बहुत उत्साहवर्द्धक नहीं है।

6. हिम चीता परियोजना (Project Snow Leopard)–तेंदुआ से अपेक्षाकृत छोटा यह वन्य जीव हिम चीता हिमालय पर्वत श्रृंखला में कश्मीर से सिक्किम तक पाया जाता हैं इसकी लम्बाई 1 मीटर से 1.5 मीटर तक होती है। पूंछ की लम्बाई लगभग 1 मीटर होती है। शरीर का रंग हल्के भूरे से सफेद तक होता है। बड़े-बड़े चकत्ते (धब्बे) पूरे शरीर पर होते हैं।

हिमालय की ऊँची पहाड़ी पर रहते हैं। दिन को आराम करके रात को भोजन के लिए शिकार करते हैं। सुन्दर दिखने वाले इस जीव को समाप्त करने का मुख्य आकर्षण इसकी वेशकीमती खाल है, जिसकी विदेशों में बहुत मांग है। अवैध और चोरी छिपे शिकार की वजह से इसकी जाति भी दुर्लभ वन्य जीवों में आ गई है। भारत सरकार ने इसे संरक्षण देते हुए सन् 1987 में हिम चीता परियोजना प्रारम्भ की है। पूरे हिमालय में 12 हिम चीता रिजर्वों को प्रस्तावित किया था, जिसको अभी तक अन्तिम रूप नहीं दिया जा सका है।

7. हाथी परियोजना (Project Elephant)–विश्व में पृथ्वी का सबसे विशाल जानवर हाथी है जो पूरे विश्व में मिलता है। मोटे तौर पर इसकी दो प्रजातियां हैं जिनमें से एक भारतीय तथा दूसरी अफ्रीका होती है। 3 से 4 मीटर तक की ऊँचाई लिये यह विशालकाय जीव 4000 से 5000 किलोग्राम वजन का हो सकता है। लम्बे कान, लम्बी सूंड, छोटी पूंछ और बहुत छोटी आंखों वाला हाथी जंगली भी होता है और पालतू भी, जिसे जीविका कमाने में उपयोग में लिया जाता है। नर हाथी के दांत होते हैं जिनके कारण भी हाथी बमूल्य बन गया है। मादा हाथ्थी में इनका अभाव होता है।

भारत में हाथियों की संख्या वर्तमान में भी काफी है जो 30,000 तक आंकी गई है। लेकिन रख-रखाव और संरक्षण देने की इनकी बड़ी समस्या है। इनको जीवित रखने के लिए भी इतनी धनराशि की आवश्यकता है जो सामान्य व्यक्ति के लिए संभव नहीं है। इसके अतिरिक्त मानव और हाथियों के बीच संघर्ष समाप्त करने और हाथियों के प्रवास और आबादी की रफ्तार में वृद्धि करने की महती आवश्यकता है। इसी हेतु भारत सरकार ने 1991 से ही हाथी परियोजना प्रारम्भ कर दी थी। इन रिजर्व्स की सूची सारणी 14.1 में है–

सारणी 14.1 : हाथी परियोजना रिजर्व्स के स्थान

क्रं॰ सं॰	रिजर्स के स्थान	क्षेत्रफल (वर्ग किमी में)	अनुमानित जनसंख्या
1.	दक्षिणी-पश्चिमी बंगाल, दक्षिण-पूर्वी बिहार से उड़ीसा तक	8,365	3,000
2.	अरुणांचल के कामेना से असम के सोनितपुर तक	7,500	1,580
3.	असम के डिंग से अरुणांचल के देवोमाली तक	5,000	1,800
4.	असम के काजीरंगा-करबी आंगलोग से नागालैण्ड के इन्टाकी तक	4,500	1,800
5.	असम के ब्रेल से मेघालय के सेफंग तक	1,500	150
6.	मेघालय के बालपकरम और आस-पास के क्षेत्र	1,800	2,500
7.	तमिलनाडु के नीलगिरी और पूर्वीघाट, केरल और कर्नाटक	11,500	5,000
8.	केरल की नीलाबर साइलैण्ड बैली से तमिलनाडु के कोयम्बटूर तक	2,500	600
9.	तमिलनाडु के अनामलाई से केरल के परीम्बीकुलम तक	3,000	1,500
10.	केरल के पेरियार से तमिलनाडु के मदुरई तक	3,000	1,700
11.	राजाजी से उत्तर प्रदेश के कोरबेट तक	8,000	750
	कुल	56,665	20,380

स्रोत–वार्षिक प्रतिवेदन, 1998–99, वन एवं पर्यावरण मंत्रालय, भारत सरकार, नई दिल्ली, पृष्ठ 62.

यह विडम्बना की बात रही कि योजना के बन जाने के बाद भी अभी तक इस दिशा में कोई ठोस कार्य नहीं हुआ। जहां-जहां भी हाथी बहुतायत में थे वहीं के जंगालों में स्थित अभयारण्य तथा राष्ट्रीय उद्यानों को इस वन्य जीव की सुरक्षा का उत्तरदायित्व सौंप दिया।

अभी हाल ही में (1994 के अन्त में) एक हाथी परियोजना का निदेशक नियुक्त किया है जो देश के हाथी योजना राज्य के कार्य का अवलोकन व समन्वयन करेगा। इस योजना के प्रस्तावित राज्यों में अनुमानत: हाथियों के संख्या ऊपर सारिणी में दी गई है।

परियोजना के सामयिक मानीटरिंग के लिए एक कमेटां का गठन किया गया है जिसके अध्यक्ष वन एवं पर्यावरण मंत्री भारत सरकार के हैं। विश्वास किया जाता है कि अब इस परियोजना की क्रियान्विति होगी और कुछ सफलता भी मिलेगी।

प्रश्न (Questions)

निबन्धात्मक प्रश्न (Essay Type Questions)

1. हाथी परियोजना के बारे में विस्तार से वर्णन कीजिए।
2. किन-किन परियोजनाओं को केन्द्र सरकार ने कब-कब से प्रारम्भ किया है?
3. केन्द्र सरकार द्वारा अन्य वन्य जीवों के लिये क्या प्रस्तावित परियोजनाएं हैं?

लघुत्तरात्मक प्रश्न (Short Answer Type Questions)

4. काजीरंगा राष्ट्रीय उद्यान गेंडे संरक्षण के लिये क्यों अधिक उपयुक्त हैं?
5. हिमचीता के संरक्षण के लिये 12 रिजर्व्स के स्थानों की शिनाख्त की है, वह किस क्षेत्र में है?
6. रिजर्व्स बनाये जाने के बाद भी वहां की व्यवस्था के असंतोषजनक हिोने के क्या कारण हैं?
7. वन्य जीवों के चोरी छिपे शिकारों के पीछे क्या विशिष्ट मंशा रहती है?

वस्तुनिष्ठ प्रश्न (Objective Questions)

8. हंगुल किस प्रदेश में प्राय: मिलता है?

   (अ) मिजोरम (ब) मेघालय

   (स) जम्मू एण्ड कश्मीर (द) असम

9. हाथी परियोजना के रिजर्व्स की संख्या वर्तमान में कितनी है?

   (अ) 07 (ब) 11

   (स) 09 (द) 13

10. मगरमच्छ योजना किस राष्ट्रीय उद्यान में चलाई जा रही है?

(अ) बान्दीपुर (कर्नाटक) (ब) सुन्दर वन (पश्चिमी बंगाल)

(स) पेरियार (द) सिमलीपाल (उड़ीसा)

14. गेंडा किस क्षेत्र का मुख्य वन्य जीव है?

(अ) असम (ब) बिहार

(स) उड़ीसा (द) पश्चिमी बंगाल

निम्न प्रश्नों के उत्तर एक शब्द में दीजिए–

12. संगाई हिरन परियोजना कब से प्रारम्भ हुई? ( )
13. हिमचीता परियोजना के प्रारम्भ होने का वर्ष क्या है? ( )
14. वर्तमान में भारत में हाथियों की अनुमानतः संख्या कितनी है? ( )
15. जंगली भैंसा परियोजना का प्रस्तावित स्थान कौन-सा है? ( )

13

सामाजिक वानिकी
(Social Forestry)

प्रस्तावना (Introduction)

वनों की वृद्धि (Growth), प्रबन्धन (Management) और रख-रखाव (Maintenance) का कार्य जिस किसी भी तरीके से किया जाता है उसे वानिकी (Forestry) का नाम दिया गया है। अत: वानिकी वृक्षारोपण सम्बन्धी सभी कार्य-कलापों की एक व्यवस्था है। (Forestry is the methodology of management of forest planting and maintenance).

विभिन्न पहलुओं के आधार पर वनों को निम्नलिखित भागों में बांटा गया है।

1. स्थान विशेष सम्बन्धी (Relating to Places)

(*i*) **ग्रामीण वानिकी (Rural Forestry)**–ग्राम समाज की भूमि तथा गांव के अन्दर निवासियों के भूखण्डों पर वृक्षारोपण।

(*ii*) **नगरीय वानिकी (Urban Forestry)**–शहरी क्षेत्र में वनों के विकास, विस्तार और व्यवस्था सम्बन्धी कार्य।

2. कार्य की दृष्टि से (Pertaining to Field)

(*i*) **कृषि वानिकी (Agricultural Forestry)**–फसलों के उत्पादन के क्षेत्र में।

(*ii*) **उद्यान वानिकी (Horticultural Forestry)**–फल और फूलों के क्षेत्र में।

3. स्वामित्व के प्रकार से (Relating to Ownership)

(*i*) **राजकीय स्वामित्व (Govrenment Ownership)**–जो भूमि राज्य सरकारों के अधीन है।

(*ii*) **जमींदारी प्रथा (Jamidari System)**–जिसका मालिकाना हक किसी विशेष व्यक्ति के अधीन रहता है।

(*ii*) **गांव के अधीन (Attached to the Villages)**–इनमें विशेषकर 'गोचर' भूमि होती है जहां पशु चराई का काम स्वतंत्र और निर्भीकता से किया जाता रहा है। मन्दिर के अहाते की भूमि भी इसी श्रेणी में आती है जिसकी देखभाल खासतौर पर मन्दिर का पुजारी ही करता है। इस भूमि पर गांव के लोगों का सामूहिक हक होता है।

4. संभागित्व के प्रकार से (As per Participation)
   - वैयक्तिक (Individual)
   - शामिलाती (Joint)
   - सामूहिक (Collective)
   - राजकीय व्यवस्था (Governmental Management)।

लेकिन इन सभी व्यवस्थाओं में गांव के निर्धन लोग, पराश्रयी तथा अन्य उस श्रेणी के व्यक्तियों को जिन्हें पूर्व से ही सामाजिक व्यवस्था में उचित स्थान नहीं मिल पाया, कहीं भी जुड़े नहीं है। वह तो पारिश्रमिक रूप से जीवन भर अपने परिवार के अन्य सदस्यों के साथ गुजारा करते रहे हैं। अत: उनका न तो गांव से ही काई अति निकट का जुड़ाव है और न ही ग्रामीण कृषि व्यवस्था से।

सन् 1952 के भारत के आंकड़े बताते हैं कि उस समय 329 mh भूमि पर 75 mh (22.79%) वन क्षेत्र थे जबकि राष्ट्रीय वन नीति के अनुसार 33% वन क्षेत्र (110 mh) अपेक्षित थे। तो कितना भारी अन्तराल वनों की स्थिति में स्पष्ट रूप से दृष्टिगत रहा है। यह 75 mh वन क्षेत्र भी निरन्तर सिकुड़ रहा है (विशेषत: खाद्यान्न उपजाने के लिये कृषि क्षेत्र में वृद्धि तथा अनेक प्रकार की इन्डस्ट्रीज, आवागमन के साधन, सड़कें और विकास कार्य के कारण वनों का कटना)। सन् 2001 में वन क्षेत्र अब 63.73 mh पर ही है। जो कुल भूमि का 19.39% होता है। इन आंकड़ों की व्यावहारिकता पर भी विश्वास कम हो रहा है। Sensory Remote System से जब 10-12% वनों की बात की जानकारी की बात मिले तो देश का भविष्य अधर में झूलने लगता हैं। 110 mh - 63.75 mh = 46.27 mh = 4.627 लाख वर्ग किमी क्षेत्र में वन कैसे लगें? इस विचार ने नई योजनाओं को बनाने की राह की ओर इंगित किया है। देश के वनों को नवीनतम स्थिति के लिये 'वन' के अध्याय को देखें।

देश के सभी ग्रामीण क्षेत्र के उन लोगों को जिन पर वस्तुत: काम नहीं है और देश को इतना वनहीन क्षेत्र जिसकी कोई ठोस साज'संवार अथवा व्यवस्था नहीं है, को यदि सामूहिक रूप से किसी प्रकार जोड़ दिया जाये तो समस्या का

समाधान सम्भव है। यहीं से 'सामुदायिक वानिकी' Community Forestry की विचारधारा उठी है, जिसे बाद में 'सामाजिक वानिकी' (Social Forestry) का नाम दिया गया है। वस्तुत: यह विचार 1970 के आसपास का रहा है।

सामाजिक वानिकी (Social Forestry)–जैक वैस्टोबी (Jack Westoby) के अनुसार–आज भारत जैसे विकासशील देश को ऐसे तंत्र (System) की आवश्यकता है जो यहां के निवासियों की मूल-भूत आवश्यकताओं की पूर्ति भी कर सकता हो और उन्हें आर्थिक लाभ के साथ-साथ सहयोग, सहभागिता और अपनापन की ओर भी आकर्षित कर सकता हो। 1973 में National Commission on Agriculture (राष्ट्रीय कृषि आयोग) ने अपनी अन्तरिक रिपोर्ट में इस तथ्य को प्रस्तुत करते हुए लिखा था–"समुदाय की वानिकी सम्बन्धी क्रिया–कलापों में सक्रिय साझेदारी ही सामाजिक वानिकी का आधार बन सकती है" (Involvement and participation of the community in forestry related activities are essential components of the social forestry.)।

इसी आधार पर सामाजिक वानिकी को उन्होंने निम्न प्रकार परिभाषित करने का प्रयास किया था–'Social Forestry may be called as the forestry of the people, by the people and for the people.'

(सामाजिक वानिकी को जनता की, जनता द्वारा, जनता के लिये वानिकी कहा जा सकता है।)

लेकिन यह परिभाषा अपने आप में बहुत सम्पूर्ण नहीं मानी गई क्योंकि 'सामाजिक वानिकी' के कार्य क्षेत्र में केवल–

(1) खाली पड़ी भूमि (Vacant Land),

(2) बंजर भूमि (Waste Lands),

(3) नष्ट हो रहे वन क्षेत्र (Degraded Forests) तथा

(4) गोचरों की पुन: स्थापना (Rehabilitation of Pastures) में वन लगाना और विकसित करना ही नहीं था बल्कि, उसका वास्तविक लक्ष्य–

(1) Tackling all the interconnected, interrelated and independent problems in rural societies-social, economical, political, cultural and/or technological that prevail in rural sector.

(ग्रामीण समाज में चल रही पारस्परिक सम्बन्धित, सम्मिलित तथा स्वतंत्र सामाजिक, आर्थिक, राजनीतिक, सांस्कृतिक और तकनीकी समस्याओं को हल करना।) तथा

(2) Incorporating cooperative, contributory and participatry inputs within the present administrative and technological frame work.

(वर्तमान प्रशासनिक और तकनीकी तंत्र के साथ सहयोग, सहभागिता और अंशदायी निवेशों को सम्मिलित करना था।) अत: सामाजिक वानिकी को पुन: निम्न प्रकार परिभाषित करने की आवश्यकता हुई।

"Social forestry is the science and art of growing trees and/or other vegetation on all land available for the purpose, in and outside traditional forest area and managing the existing forests with intimate involvement of the people and more or less integrated with other operations, resulting in balanced and complementary land use with a view to provide a wide range of goods and services to the individuals as well as to the society."

(सामाजिक वानिकी परम्परागत खेतों के अन्दर या बाहर किसी भी प्रकार की उपलब्ध भूमि पर वृक्ष एवं अन्य वनस्पतियों को उगाने की कला अथवा विज्ञान है, जिसमें लोगों की अन्तरंग सहभागिता हो और जिससे भूमि के सही उपयोग के साथ व्यक्तियों तथा समाज को अनेक प्रकार के लाभ मिल सकें।)

All schemes of social forestry must confarm to the basic idea that the people living below the poverty line must be the maximum beneficiaries in a way that they genuinely feel that they are the part and parcel of the scheme. They should feel that they are the real owners of the forest wealth of their country. If this is achieved then the social forestry programme would be a success.

(सामाजिक वानिकी के सभी कार्यक्रम इस मूल विचार को प्रतिपादित करते हों कि गरीबी रेखा के नीचे के लोगों को इस योजना का अधिकाधिक लाभ मिले और वे ही इस योजना में मुख्य संभागी हैं। उन्हें ये भी महसूस होना चाहिये कि वे देश की वन सम्पदा के मालिक हैं। यदि यह लक्ष्य मिल जाता है तो सामाजिक वानिकी प्रोग्राम की सफलता निश्चित है।)

सामाजिक वानिकी के उद्देश्य (Objectives of Social Forestry)

वनों की कमी और बढ़ती जनसंख्या के अनुसार कृषि क्षेत्र में वृद्धि ने प्रकृति तंत्र को असहाय बना दिया है। आवास तथा अन्य विकास कार्य में लगी भूमि ने भी वनों का एक बड़ा भाग आत्मसात कर लिया है। देश के निवासी कुछ आधुनिक सुविधाओं को प्राप्त कर अपने आप को गौरवान्वित महसूस करते हैं, वहीं आम जनता, विशेषकर ग्रामों में रहने वाली, को न भरपेट भोजन है, न स्वच्छ आवास है। भोजन पकाने को ईंधन की कमी, पशुओं को चारे का अभाव और जीविका

उपार्जन कर सकने की विवशता ने उन्हें लाचार और पंगु बना दिया है। बंधुआ मजदूरों की श्रेणी में केवल पेट भरने के लिये पूरा परिवार जहां तहां कार्य करना उनकी मजबूरी है। इन्हीं समस्याओं के समाधान ने ही सामाजिक वानिकी को जन्म दिया है।

राष्ट्रीय कृषि आयोग (National Commission on Agriculture) ने अपनी 1976 की अंतिम रिपोर्ट में सामाजिक–वानिकी की परिधि में पुनः–वनीकरण (Reforestation), नष्ट हो रहे वनों के उन्नयन (Rehabilitation of Degraded Forests), कृषि वानिकी (Farm Forestry) और विस्तार वानिकी (Extension Forestry) को ग्रामीण क्षेत्र में पनपाने की ओर ध्यान केन्द्रित करते हुए बताया था कि भारत के लिये यह प्रत्यय (Concept) बहुत नया नहीं है। यह वस्तुतः Royal Commission on Agriculture (RCA) जो भारत में 1928 में आयोजित हुआ था, की सिफारिशों की पुनरावृत्ति मात्र है, जिसमें ग्रामीण लोगों की जलाऊ लकड़ी और पशुओं के चारे की आवश्यकता की पूर्ति हेतु 'ग्रामीण वनों' (Village Forests) की बात कही गई थी जिससे संरक्षित वनों को भी बचाया जा सके और निर्धन गांव के लोगों की कठिनाइयों को भी दूर किया जा सके।

राष्ट्रीय कृषि आयोग (NCA) ने सामाजिक वानिकी ने निम्न उद्देश्य प्रस्तावित किये थे–

1. ग्रामीण क्षेत्र में जलाऊ लकड़ी की आपूर्ति तथा गोबर को खेत में खाद के रूप में प्रयोग करने हेतु बचाना।
2. ग्राम निवासियों की मवेशी के लिये चारे की आवश्यकता की पूर्ति करना।
3. ग्रामीण क्षेत्र में घरेलू, कुटीर उद्योग तथा वन आधारित लघु उद्योगों को चलाने हेतु कच्चे माल की आपूर्ति करना।
4. सामाजिक वानिकी गतिविधियों से निर्धन ग्रामीणों को जीविका उपार्जन हेतु रोजगार उपलब्ध कराना।
5. गांवों में नष्ट हो रहे वन भूमि क्षेत्र पर–
   (अ) पुर्नवीकरण, (Reforestation),
   (ब) पुनर्द्धार (Rehabilitation) और
   (स) पुनर्स्थापन (Rerestoration) करना।
6. राष्ट्रीय वन नीति (1951) की अभिशंसा के अनुरूप भूमि के 33% भाग में वनों का लक्ष्य प्राप्त करना।
7. ग्रामीण तथा शहरी दोनों क्षेत्रों में मनोरंजन की आवश्यकताओं की पूर्ति करना। और

8. शहरी क्षेत्र के ध्वनि प्रदूषण को कम करना और शहरी परिदृश्य में सुन्दरता की वृद्धि करना।

'सामाजिक वानिकी' का कार्य क्षेत्र
(Converage and Scope of Social Forestry)

राष्ट्रीय कृषि आयोग (NCA) ने 'सामाजिक वानिकी' को निम्न चार भागों में वर्गीकृत किया है–

1. नष्ट हो रहे वन क्षेत्रों में पुनर्वनीकरण (Reforestation of Degraded Lands)–यह वह क्षेत्र है जो आबादी के आसपास के तो हैं, पर इन पर कोई ध्यान नहीं देने से निरन्तर नष्ट हो रहे हैं। छितराये वृक्ष, कटी-फटी झाड़ियां और चाहे-अनचाहे जंगलों पैदावार के झुण्ड घिनौना-सा दृश्य उत्पन्न करते हैं। इन्हें वहीं सुधारात्मक उपचार की आवश्यकता है और यदि जरूरी हो तो नये वृक्षों को रोपने का कार्य प्रारम्भ किया जा सकता हैं

2. कृषि वानिकी (Farm Forestry)–किसानों द्वारा अपने खेतों के अन्दर और बाहर, खेतों की मेड़ों पर, आने-जाने के रास्तों पर और सामुदायिक क्षेत्र में वृक्षारोपण इस वानिकी में सम्मिलित है। हवाओं के जोर कम करने तथा लगे हुए पहले पौधारोपण की सुरक्षा (Wind Breaks and Shelter Belts), रेल की पटरियों तथा सड़कों के साथ-साथ और किसी भी प्रकार से बंजर हुई भूमि (Waste Lands) पर वृक्षारोपण भी इसी श्रेणी में आता है। पंचायत घर, चिकित्सालय, विद्यालय आदि में भी वृक्ष लगाने का कार्य कृषि वानिकी के अन्तर्गत होता हैं।

3. विस्तार वानिकी (Extention Forestry)–इसका क्षेत्र बहुत व्यापक है। इसमें–

(1) नहरों के किनारे,

(2) रेल लाइन और सड़कों के दोनों ओर,

(3) उच्च वोल्टेज के बिजली के तारों के नीचे, बड़े-बड़े जलाशयों की पाल,

(4) जो भी भूमि भाग अनुपयोगी हो, वृक्ष लगाने के कार्य को सम्मिलित किया जाता है।

4. मनोरंजन वानिकी (Recreation Forestry)–विकृत हुए वन क्षेत्रों को सुधारकर उन्हें उस रूप में लाना जो आम जनता का मनोरंजन भी कर सकें, जैसे–

(1) बैठने के छायादार स्थान बनाना,

(2) पिकनिक स्थलों का निर्माण,

(3) खेलने-कूदने, नौका बिहार, घुड़सवारी स्थल आदि की व्यवस्था तथा

(4) चिड़ियाघर और अजायबघरों का निर्माण आदि।

एम. सीताराम राव के अनुसार सामाजिक वानिकी के अन्तर्गत कार्यों का विस्तृत विवरण निम्न प्रकार है–

1. खेतों पर वायु-अवरोधक (Wind Braks) लगाना।
2. सुरक्षा पट्टियां (Shelter belts) तैयार करना।
3. सड़कों के दोनों ओर घनी और व्यापक वृक्षावली लगाना।
4. गांवों में सामूहिक स्थानों तथा बंजर भूमि पर वृक्षारोपण।
5. रेल लाइनों के दोनों ओर तथा नहरों के किनारों पर वृक्षारोपण।
6. बड़े-बड़े कार्यों पर वृक्षों के झुण्ड (Clusters) के प्रकार से वृक्षारोपण।
7. गांवों के आस पास तथा राज्य मार्गों पर यात्रियों के विश्राम स्थल बनाने हेतु वृक्षारोपण।
8. सिंचाई के लिये बनाये गये तालाब तथा बांधों के पास घना वृक्षारोपण।
9. दलदली भूमि को सुखा कर उसे उपयोग में लाने हेतु वृक्षारोपण।
10. नदियों और झरनों के सहारे-सहारे वृक्षारोपण।
11. भूमि क्षरण की सम्भावना वाले क्षेत्रों में वृक्षारोपण।
12. भूमि संरक्षण उपाय हेतु वृक्षारोपण।
13. पर्यावरण सन्तुलन व स्वच्छ बनाने हेतु नगरों के प्रमुख स्थानों पर वृक्षारोपण।
14. सिंचाई योजनाओं के कमाण्ड एरिया में वृक्षारोपण।

सामाजिक वानिकी कार्यक्रम में भागीदारी
(Participation in Social Forestry Programme)

सामाजिक वानिकी कार्यक्रम में किन-किन लोगों, संस्थानों और विभागों को जोड़ने से प्रायोजना की सफलता को निश्चित और निर्वाध गति मिल सकेगी, उस हेतु एक सूची प्रस्तावित है–

1. भूमिहीन एवं साधनहीन व्यक्ति (पुरुष और महिलायें) जिनकी वृक्षारोपण में कार्य में रुचि हो।
2. छोटे किसान जिन्हें अपने खेतों की मेड़ों तथा घरों के पिछवाड़े में वृक्ष लगाने हों।
3. बड़े किसान जिन्हें अपने खेतों के किसी भाग में वृक्षारोण करना हो।
4. पंचायतें जिन्हें गांव के सामुदायिक भूमि भाग पर वृक्ष लगाने हों।

5. विद्यार्थी एवं अध्यापक जिन्हें शिक्षण संस्थाओं में वृक्षारोपण कार्य करना हो।
6. औद्योगिक घराने जिन्हें अपने-अपने उद्योग स्थलों पर ध्वनि प्रदूषण को कम करने अथवा ब्राहरी वातावरण को सुन्दर बनानें हेतु वृक्षावलियां लगानी हों।
7. सेना की छावनियों में सुन्दर परिदृश्य बनाने हेतु वृक्षारोपण करना हो।
8. राज्य विभाग जिन्हें अपने-अपने कार्यालयों के अहातों में सुन्दरता बढ़ाने हेतु वृक्षारोपण करना हो।
9. रेल विभाग जिन्हें प्लेटफार्म, रेल लाइनों के दोनों ओर और कर्मचारियों के आवास स्थल पर वृक्ष लगाने हों।
10. ग्राम पंचायतें अपने गांव के पर्यावरण को स्वच्छ बनाने हेतु वृक्षारोपण करती हों।
11. वन विभाग जिन्हें राजमार्गों, नहरों, जलाशयों आदि पर वृक्षारोपण करना हो।
12. स्वंयसेवी संस्थायें और उनके सहयोगी जो वृक्षारोपण कार्य सम्पन्न करने में अग्रसर रहते हों।

इन सभी का सहयोग 'सामाजिक वानिकी' प्रायोजना को आश्रय देगा, ऐसा विश्वास किया जा सकता है।

'सामाजिक वानिकी' कार्यक्रम की उपयोगिता

(Utility of Social Forestry Programme)

सामाजिक वानिकी कार्यक्रम की उपयोगिता को निम्न बिन्दुओं में रखा जा सकता है–

(1) पर्यावरण में सुधार,

(2) प्रदूषण में कमी,

(3) जनसाधारण की मूलभूत आवश्यकताओं, ईंधन, लकड़ी, खाद एवं अन्य वस्तुएं आदि की पूर्ति,

(4) उद्योगों के लिये कच्चे माल की आपूर्ति,

(5) पक्षियों के लिये आवास अथवा आश्रय,

(6) वायु के तेज तूफानों से बचाव,

(7) आर्द्रता का संरक्षण

(8) भूमि क्षरण पर रोक,

(9) बंजर और बेकार भूमि का उपयोग,

(10) रोजगार की सम्भावनाएं,

(11) ध्वनि प्रदूषण पर नियंत्रण,

(12) आमोद-प्रमोद स्थलों का विकास,

(13) राष्ट्रीय वनों पर दबाव से राहत,

(14) ग्रामीण अंचल में आत्म-निर्भरता,

(15) वर्षा की मात्रा में सुधार,

(16) वायु-प्रदूषण नियंत्रण और

(17) बाढ़ तथा सूखे की कमी।

पौधों के रोपण के स्थान
(Places of Planting of Saplings)

पौधों को निम्नवत जगहों पर रोपण की आवश्यकता है।

1. **गांवों में (In Villages)**–घर का बाड़ा, कुएं तथा जलाशय के पास, देवालय-मन्दिर-मस्जिद-गुरुद्वारा, शमशान-कब्रिस्तान, खेत-खलिहान-मेड़, पंचातघर-चौपाल, स्कूल, औषधालय, बंजर भूमि, मकानों के बाहर, सड़क को जोड़ने वाले रास्ते, खेल के मैदान आदि।

2. **शहरों में (In Urban Area)**–घरों के अहाते, सड़कों के सहारे, नदी-तालाब-जलाशय की पाल, रेल और बस के प्लेटफार्म-अहाते तथा उन्हें जोड़ने वाले रास्ते, प्राचीन इमारतें, मकबरे-मन्दिर-मस्जिद-शमशान-कब्रिस्तान, ऐतिहासिक किले, महल, समाधि स्थल, गिरजाघर, होटल, डाक बंगले, चिकित्सालय, विभिन्न कार्यालय, स्कूल-कॉलेज-छात्रावास, कचहरी, बैंक-अदालतें, नगरपालिका, डिस्ट्रिक्ट कलेक्ट्रेट, तहसील, बच्चों के पिकनिक स्पोट्र्स, खेल के मैदान, राजपथ व शहर की सड़कें, रेल लाइनों` दानों ओर, धर्मशालाएें, उच्च वाल्टेज के तारों के नीचे आदि।

3. **खेतों के बाहर व अन्दर (Outside and inside of Farm Fields)**–इसमें पौधारोपण विशेषत: तीन बातों को ध्यान में रखकर करना होता है–

(*i*) **हवाओं के तेज वेग को रोकने हेतु**–जिन्हें 'वायु अवरोधक' (Wind Breaks) के नाम से कहते हैं। पौधों की कई कतारें और गहन झाड़ियों तेज हवाओं की गति के लम्बवत रूप में लगाने से पहले लगे वृक्ष तथा कृषि को बचा लेते हैं। बहुत सघन वृक्ष इस कार्य हेतु चुने जाते हैं।

(*ii*) हवाओं की तेजी से भूमि की नमी को कम कर देने अथवा पूर्णतया सुखा देने के लिये सुरक्षा पट्टियां (Shelter Belts) का प्रावधान किया जाता है। कई-कई वृक्षों की कतारें वायु वेग के समकोणीय रूप में लगाकर वायु के वेग में कमी कर दी जाती है जिससे रोपे हुए पौधे अपेक्षाकृत ठीक से रह पाते हैं।

(*iii*) जलाऊ ईंधन, चारा तथा इमारती लकड़ी के वृक्ष खेतों के अन्दर लगाये जाते हैं। यह अभिशंसा की गई है कि गांव के 10% कम-से-कम भूमि पर इस तरह के वृक्ष लगें, जिससे कार्य करने वालों को कई कठिनाइयों से निजात मिले और अच्छा रोजगार मिलता रहे।

4. उद्योग परिसरों में (In Industrial Area)—यहां वृक्ष विशेषत: दो लक्ष्यों को लेकर लगाये जाते हैं—

(1) परिसर को सुन्दर बनाना और

(2) परिसर को ही ध्वनि प्रदूषण से मुक्त रखना। वैसे कुछ वृक्ष विषैली गैसों को भी सोख लेते हैं।

5. विभिन्न कार्यालयों में (In Different Offices)—कार्यालय परिसर को सुन्दर व आकर्षक बनाने के लिये सजावटी पौधे, फल-फूल वाले वृक्ष लगाये जाने का चलन है।

6. अन्य स्थानों पर (At Other Places)—अन्य स्थानों पर भी ऐसे वृक्षों का रोपण किया जाना उचित रहता है, जो शीघ्र उग भी आयें और अधिक-से-अधिक छाया और शीतलता दें।

पौधों का चयन (Selection of Species)

किन पौधों को कहां रोपा जाये उसकी सूची निम्नवत है—

1. **वायु अवरोधक (Wind Breaks) हेतु**—जाल, करंज, नीम, इमली, शीशम, फालसा, जामुन, आम, सहजना, काजू, थूहर, रामबांस, कनेर, निर्गुनी आदि।
2. **सुरक्षा पट्टियों (Shelter Belts) हेतु**—सीताफल, फलास, यूक्लेप्टिस, सरू, अमरूद, अनार, बेर, बांस, सुबबूल, बाका आदि।
3. **लकड़ी के लिये (For Wood Lots)**—जामुन, बांस, शीशम, नीम, बबूल, करंज, अरीठा, रामबांस, यूक्लेप्टिस, झाल, सागवान आदि।
4. **जलाशयों की पाल पर (On Canal Banks)**—जामुन, शीशम, महुवा, नीम, आम, बबूल, अर्जुन, इमली, बहेड़ा, यूक्लेप्टिस, बांस, पीपल, बड़।

5. **रेल लाइनों के दोनों ओर (On Both Sides of Rail Lines)**–रामबांस, मूंज, सागवान, जामुन, यूक्लेप्टिस, बबूल, ढाक, सिरस, आदि।
6. **सड़कों के दोनों ओर (OIn Both Sides of Roads)**–शीशम, आम, बबूल, अर्जुन, सिरस, नीम, पीपल, कदम, बरगद, कनकचम्पा, जामुन, गुलमोहर, अमलतास आदि।
7. **दफ्तरों और विभागों के अहातों में (In Premises of Offices and Departments)**–गुलमोहर, सिरस, बोगनविलिया, कनेर, कचनार, बरगद, अशोक, आम, जेकरेण्डा, केसिया, सिल्वर ओक, अमलतास।
8. **दलदली स्थानों पर (On Swampy Areas)**–यूक्लेप्टिस, जामुन, करंज, नीम, बरगद, बबूल, बांस, जाल।
9. **चारे के लिये (For Fodder)**–खेजड़ी, बेर, बबूल, सुबबूल, आडू, सहजना, पीपल आदि।
10. **जलाऊ लकड़ी के लिये (For Fuel Wood)**–बबूल, सुबबूल, धौक, खेजड़ी, जंगलजलेबी, चुरैल, इजरायली शीशम, सिरस, सागवान आदि।
11. **समुद्री तट क्षेत्र के लिये (For Coastal Areas)**–सरू, काजू, आकाशमुनि, नारियल, सफेदा, विलायती बबूल आदि।
12. **नमभूमि स्थलों के लिये (For Wetlands Places)**–आकाशमुनि, बबूल, सफेदा, जारूल, कांजी, विलायती बबूल, जामुन, अर्जुन आदि।

सामाजिक वानिकी की आलोचना
(Criticism of Social Forestry)

सामाजिक वानिकी को पूरी सफलता न मिल पाने के कारण इस योजना की अनेक स्तर पर आलोचना हुई है। उनमें से कुछ यहां प्रस्तुत हैं–

1. वानिकी प्रोग्राम से उपलब्ध होने वाले ईंधन, चारे और सामान्य लकड़ी की उपलब्धता ग्रामीण निर्धन व्यक्ति को नहीं हो पाई अपितु सामग्री को पैसे के लालच से बेचने का सिलसिला चल पड़ा।
2. आम आदमी का प्रायोजना से संभागित्व बहुत कम रहा; अधिक लोग जुड़ नहीं पाये।
3. वृक्ष प्रजाति का चयन विरोधाभास में ही रहा।
4. प्रायोजना से अधिक लाभ सम्पन्न लोगों को ही मिला, वास्तविक संभागी जिन्हें इस कार्यक्रम से लाभ पहुंचना था वस्तुतः पीछे धकेल दिये गये।

5. वन उपज को उठाने और उसे बाहर ले जाने में शासकीय कठिनाइयों ने अड़चनें पैदा की; अतः बहुत लोग विमुख हो गये।
6. संलग्न विविध स्तर के अधिकारियों के तालमेल में कमी का नुकसान प्रायोजना को उठाना पड़ा। अनेक कार्य बीच में ही अटक गये।
7. बाजार भाव की स्थिति संतुलित न होने के कारण संभागियों को उतना लाभ नहीं मिल पाया जितनी अपेक्षा थी; निराशा हाथ लगी।
8. तकनीकी अधिकारियों के अभाव के कारण उपलब्धि कम रही; मार्गदर्शन का भी अभाव रहा।

इन सबसे यही निष्कर्ष निकलता है कि योजना चाहे कितनी अच्छी रही हो, उसका क्रियान्वयन समुचित तरीके से नहीं हो सका। पूरी प्रायोजना ही आलोचना का शिकार बनी।

सामाजिक वानिकी कार्यक्रम में सुधार के लिये सुझाव
(Suggestions for Improvement in Management of Social Forestry Programme)

राष्ट्रस्तर पर चलाई जा रही 'सामाजिक वानिकी' प्रायोजना की सफलता में कहीं रुकावट न रहे इस हेतु कुछ सुझाव दिये गये हैं जो निम्न प्रकार हैं–

1. 'सामाजिक वानिकी' (Social Forestry) का नाम बदल कर 'राष्ट्रीय वानिकी' (National Forestry) रख दिया जाये।
2. पूरे देश की आवश्यकता, मांग और सप्लाई के आधार पर सर्वे कराके योजना को व्यावहारिक रूप से पुनः बनाया जाये।
3. प्रायोजना में स्थानीय लोगों के संभागित्व पर पूरा ध्यान दिया जाये, जिससे उनका अपनापन जुड़े।
4. वृक्ष प्रजाति के चयन में विरोधाभास को स्थान न मिले। विशेषज्ञ सामूहिक रूप से मिलकर हर दृष्टि से देखकर प्रजाति की स्वीकृति देवें।
5. राज्य सरकार और ग्राम पंचायतों में अच्छा तालमेल हो।
6. तकनीकी तथा वित्तीय समस्या रुकावट का कारण न बने।
7. प्रति छमाई उपलब्धि को प्रसारित किया जाये और आर्थिक हिंस्सेदारी को नियमित रूप से बैंक के मार्फत वितरण हो।
8. जिले स्तर पर ग्रामीण बाजार लगाये जायें जहां माल की खुली बिक्री हो। बिचौलियों का कोई स्थान न हो।

9. चारा, घरेलू काम की लकड़ी जलाऊ ईंधन की आवश्यकता की नियमित पूर्ति हो। यह ग्रामीणों की समस्या न रहे।

प्रश्न (Questions)

निबन्धात्मक प्रश्न (Essay Type of Questions)

1. 'सामाजिक वानिकी' प्रायोजना के उद्देश्य बताइये।
2. 'सामाजिक वानिकी' कार्यक्रम में किन-किन की भागीदारी अपेक्षित है?
3. 'सामाजिक वानिकी' कार्यक्रम की उपयोगिता समझाइये।
4. 'सामाजिक वानिकी' कार्यक्रम की आलोचना क्यों हुई?
5. केन्द्र स्तरीय योजना 'सामाजिक वानिकी' की सफलता के लिये सुझाव दीजिये।

लघुत्तरात्मक प्रश्न (Short Answer Type Questions)

6. 'सामाजिक वानिकी' को जनता द्वारा, जनता का, जनता के लिये क्यों कहा जाता है?
7. 'कृषि वानिकी' और 'विस्तार वानिकी' में क्या अन्तर है?
8. वायु अवरोधक क्या होते हैं? उनकी क्या महती भूमिका है?
9. नम-भूमि क्षेत्र में किस प्रकार के वृक्ष होने चाहिये?
10. किसी दफ्तर के अहाते को सजाने के लिये किस प्रकार के वृक्ष अच्छे रहेंगे?

वस्तुनिष्ठ प्रश्न (Objective Questions)

11. 'सामाजिक वानिकी' का प्रारम्भ कब से हुआ?

(अ) सन् 1928 से (ब) सन् 1976 से

(स) सन् 1980 से (द) सन् 1990 से

12. 'सामाजिक वानिकी' कार्यक्रम का सर्वप्रथम शुभारम्भ किस प्रदेश से हुआ?

(अ) राजस्थान (ब) मध्यप्रदेश

(स) गुजरात (द) विहार

13. 'सामाजिक वानिकी' को अन्य किस नाम से भी पुकारते हैं?

(अ) कृषि वानिकी (ब) विस्तार वानिकी

(स) ग्रामीण वानिकी (द) सामुदायिक वानिकी

14. 'राष्ट्रीय कृषि आयोग' ने अपनी अन्तिम रिपोर्ट कब प्रस्तुत की?

    (अ) सन् 1973 से (ब) सन् 1976 से

    (स) सन् 1980 से (द) सन् 1990 से

15. 'सामाजिक वानिकी' कार्यक्रम में वृक्षारोपण का अन्तिम लक्ष्य क्या है?

    (अ) 75 mh (22.8%) (ब) 110 mh (33%)

    (स) 63.8 mh (19.39%) (द) 1130 mh (40%)

निम्न प्रश्नों में सत्य/असत्य को चिन्हित कीजिये तथा उत्तर दीजिये–

16. 'सामाजिक वानिकी' कार्यक्रम में निर्धन ग्रामीणों को रोजगार देना एक लक्ष्य है। (सत्य/असत्य)
17. ईंधन, चारा और घरेलू लकड़ी की आवश्यकता 'सामाजिक वानिकी' प्रायोजना के कार्यक्रमों से सम्भव है। (सत्य/असत्य)
18. 'मनोरंजन वानिकी' का कोई एक उदाहरण दीजिये।
19. ग्रामीण क्षेत्र में सामुदायिक भूमि किये कहते हैं? एक उदाहरण दें।
20. उद्योग परिसरों में सघन वृक्षारोपण क्यों? एक कारण बताइये।

14

बाघ परियोजना
(Project Tiger)

प्रस्तावना (Introduction)

वन एवं वन्य जीव प्रकृति का सन्तुलन बनाये रखते हैं। वन जहां वन्य जीवों के आवास स्थल होते हैं, वहीं ये वन्य जीव अपना भोजन एक निश्चित भोजन श्रृंखला के तहत उसी वन क्षेत्र से पाते रहते हैं। छोटे-छोटे शाकाहारी जीव (Herbivores) घास (वनस्पति) पर आधारित होते हैं, जो अपेक्षाकृत बड़े जीवों (Carnivores) का भोजन होते हैं। एक निश्चित भोजन श्रृंखला के अन्तर्गत यह जीव मांसाहारी जीवों की खुराक बनते हैं। यक एक क्रम है जो निरन्तर चलता रहता है, जब तक की कोई अप्राकृतिक घटना या विशेषरूप से अपनाई योजना से इसे छेड़ा न जाये। इस श्रृंखला में बाघ (Tiger) शीर्ष पर होता है ओर उसे ही इस चक्र का नियंत्रक माना जाता है। अत: नि:सन्देह बाघ पर्यावरण के क्षेत्र में प्रकृति सन्तुलन के लिये अत्यन्त महत्त्वपूर्ण घटक होता हैं

भारत के जंगलों में बाघों की संख्या की बहुतायत का केवल इसी से अनुमान लगाया जा सकता है कि इस सदी के प्रारम्भ में इनकी संख्या लगभग 40,000 बताई जाती है, लेकिन केवल मनोरंजन और प्रतिष्ठा के लिये इनका शिकार, बड़े-बड़े भवन और आलीशान इमारतों में इनकी खालों का प्रदर्शन और सजावट के लिए इनकी उपलब्धि ने इनकी संख्या को कम कर दिया। इधर इनके आवास-स्थल घने जंगलों का भी देश के विकास के नाम पर भारी विनाश हुआ। बांधों के लिये जमीन ली गई, घने जंगल काट दिये गये। मकानों के निर्माण और बड़े-बड़े उद्योगों के लिये भी वन क्षेत्र काम में आये। इस सबका असर यह हुआ कि प्रति सन्तुलन तंत्र के महत्त्वपूर्ण घटक बाघ की संख्या में निरन्तर कमी आती गई। सन् 1972 में जब पहली बार देश में अधिकारिक रूप से बाघ-गणना हुई तो इनकी कुल संख्या 1,827 बताई गई।

वन्य जीवों के विनाश का एक कारण देश की बढ़ती हुई जनसंख्या है। पेट भरने के लिये अधिक अन्न उपजाने हेतु शनैः-शनैः आस-पास के जंगलों की ओर बढ़ना शुरू कर दिया। मवेशियों को चराने के लिये जंगल की वनस्पति का उपयोग हुआ। छोटे-मोटे जंगली जानवरों का शिकार भी चोरी छिपे हुआ। इससे सारी स्थिति पर असर पड़ा। बाघों को निर्भय आवास और अपर्याप्त भोजन के अभाव में एक जगह से दूसरी जगह पलायन करना पड़ा। कुछ अपनी स्वयं की मौत के ग्रास बने और अनेक शिकारियों के हाथों समाप्त हो गये।

सन् 1970 का वर्ष इस सन्दर्भ में अत्यन्त महत्त्वपूर्ण रहेगा जबकि बाघों की निरन्तर घटती संख्या के कारण इसके शिकार पर प्रतिबन्ध लगा दिया गया। इसी क्रम में 'भारतीय वन्य जीव मण्डल' की अभिशंसा पर सन् 1972 में वन्यजीव (सुरक्षा) अधिनियम भी संसद से पारित हुआ जिसमें बाघों की रक्षा, सुरक्षा और उनकी देखभाल शामिल थी।

लेकिन केवल शिकार के प्रतिबन्ध तथा वन्यजीव (सुरक्षा) अधिनियम से बाघों की संरक्षा सम्भव नहीं थी। अतः यह प्रस्तावित किया गया किं देश में बाघ बहुतायत क्षेत्रों को आरक्षित क्षेत्र (Reserved Area) घोषित कर दिया जाये। जिसमें कुछ क्षेत्र को कोर क्षेत्र (Core Area) रखा जाए जहां कोई बाहरी व्यवधान न हो, और उसके बाहर के कुछ क्षेत्र को बफर क्षेत्र (Buffer Zone) के नाम से रखा जाये जिसकी प्राकृतिक सम्पदा का सुरक्षानुकूल उपयोग भी किया जा सकता है।

इस तरह 'बाघ परियोजना' (प्रोजेक्ट टाइगर) नामक केन्द्रीय प्रायोजित योजनागत स्कीम 1 अप्रैल, 1973 से प्रारम्भ की गई जिसके दो निम्न मुख्य उद्देश्य रखे गये–

1. भारत में वैज्ञानिक, आर्थिक, सौन्दर्यपरक, सांस्कृतिक और पारिस्थितिक महत्त्व के लिये बाघों की उपयोगी संख्या का अनुरक्षण सुनिश्चित करना।
2. ऐसे जैविक महत्व के क्षेत्र का लोगों के हित, शिक्षा और मनोरंजन के लिये राष्ट्रीय विरासत के रूप में हमेशा परिक्षण करना।

इन उद्देश्यों की प्राप्ति के लिये अब तक 14 राज्यों में 27 बाघ रिजर्व तथा 2 विस्तार स्थापित किये गये हैं, जिनका कुल क्षेत्रफल 37,761 वर्ग किमी है। अब हम इन प्रोजैक्ट टाइगर्स के बारे में कुछ अधिक जानना भी चाहेंगे। इनका संक्षिप्त विवरण यहां दिया जा रहा है।

प्रोजेक्ट टाइगर रिजर्व्स (Project Tiger Reserves)

1. बान्दीपुर (कर्नाटक) (Bandipur (Karnataka))–पश्चिमी घाट (Western Ghats) के अंचल में एक अत्यन्त सुव्यवस्थित और संरक्षित वन्य जीव रिजर्व बान्दीपुर

वन्य जीवों का एक विशाल आश्रय स्थल है जिसे इसकी भौगोलिक स्थिति व अन्य प्राकृतिक सुविधाओं के कारण ही राष्ट्रीय उद्यान का स्तर मिला है तथा इसे प्रोजैक्ट टाइगर योजना के उपयुक्त स्वीकार किया गया है। 1930 के दशक में केवल 60 किमी क्षेत्र में बना यह क्षेत्र निकट के ही बेनुगोपाल वन अभयारण्य के 1941 में मिलने से वृहद रूप में आ गया है जो निरन्तर विस्तार पाकर आज 866 वर्ग किमी क्षेत्र में फैल हुआ है। उत्तर में नागर-होल राष्ट्रीय पार्क-कर्नाटक (Negarhole National Park, Karnataka), दक्षिण में मुदुमलाई अभयारण्य-तमिलनाडु (Mudumalai Sanctuary–Tamilnadu) और पश्चिम में वाईनेड अभयारण्य-केरल (Wynad Sanctuary– Kerala) से घिरा हुआ यह स्थान अपनी गुणवत्ता के कारण दक्षिणी भारत का सबसे बड़ा हाथियों का आवास स्थल भी माना जाता है।

अधिकतर यह पहाड़ी स्थान घाटियों के प्रकार का है जिसमें वन्य जीव सामान्यतया अपने आपको सुरक्षित समझते हैं। नूगू (Nugu) नदी इस क्षेत्र के मध्य से तथा काबिनी (Kabbini) नदी इसके उत्तर तथा पश्चिमी सीमा से लगकर बहती है तथा पानी की अथाह पूर्ति करती है। 625 मिमी से 1250 मिमी तक वार्षिक वर्षा से सघन वन संरक्षित हैं जिससे बाघों के लिए आदर्श स्थान बन गया है। इसके अतिरिक्त इस राष्ट्रीय उद्यान में विभिन्न प्रकार के अन्य वन्य जीव भी बहुतायत से हैं, जिनमें चीतल (Chital), सांभर (Sambar), चौसिंगा (Chausinga), गौर (Gaur), जंगली रीछ (Wild Bear), भालू (Sloth Bear), लंगूर (Langur), तेंदुआ (Leopard), नेवला (Common Mongoose and Stripped-Neck Mongoose), जंगली कुत्ता (Wild Dog), गिलहरी (Giant and Flying Squirrel), कस्तूरी मृग (Musk Deer), बिलाव (Civert) आदि मुख्य हैं।

रंगने वाले (Reptiles) जीवों में मगर (Crocodiles), सांप (Snakes) और गिरगिट (Garden-Lizard) तथा पक्षियों में कठफोड़वा (Wood Pecker), बटेर (Quails), धनेश (Pied Hombill), हरे तोते (Green Pigeon), क्रौंच (Stork), छोटा बत्तख (Teal), सारस (Pond Herons), जल पक्षी (Water Fowl) और जल मुर्गी (Moorhen) आदि प्राप्य हैं।

दक्षिण भारत में एक अच्छा दर्शनीय ओर विविध प्रकार की वन्य जानकारी उपलब्ध कराने वाला यह आकर्षक राष्ट्रीय उद्यान है।

2. बक्सा (पश्चिमी बंगाल) [Buxa (West Bengal)]–डीमा (Dima) और पना (Pana) प्रमुख हैं, जिनसे यह क्षेत्र सदैव हरा-भरा और वन्य जीवों के आश्रय के उपयुक्त रहता है। एक तरफ बंगाल के सघन जंगल तथा दूसरी ओर असम का 'मन्सा' टाइगर रिजर्व और तीसरी तरफ भूटान के वन क्षेत्र से प्राकृतिक रूप

से घिरा हुआ 'बक्सा' टाइगर रिजर्व अनेक प्रकार के वन्य जीवों को संरक्षण दिये हुए हैं। हाथियों के लिये अनुकूलता के कारण असम और भूटान से पलायन होने वाले हाथी यहां अपना आश्रय बनाते हैं।

वन्य पशुओं में हाथी (Elephant), सांभर (Sambar), मुन्तजैक (Muntjac), चीतल (Chital), जंगली सुअर (Wild Pig), गौर (Gaur), लघुपुच्छ बन्दर (Rhesus Monkey), लंगूर (Langur), बाघ (Tiger), तेंदुआ (Leopard), बिलाव (Civer), भालू (Sloth Bear), सेही (Porcupine), हार्नबिल (Hornbill) और जंगली बिजली (Leopard Cat) आदि हैं। राइडक में महसीर (Mahseer) जलजीव बहुतायत में है।

काफी सख्त देखरेख के बावजूद इस क्षेत्र पर पड़ोसी आबादी का अधिक दबाव है। मवेशियों के चरागाह के रूप में काम में आने के कारण बफर जोन लगभग बंजर बनता जाता है, पर फिर भी प्रयास कर इसको व्यवस्थित रखने के लिये सरकारी और गैर सरकारी संस्थाएं निरन्तर प्रयत्नशील हैं।

3. कोरबेट (उत्तर प्रदेश) [Corbett (Uttar Pradesh)]–उत्तर प्रदेश में कोरबेट राष्ट्रीय उद्यान एक ऐतिहासिक पृष्ठभूमि लिए सदियों से विश्व में जाना पहचाना वन्य जीव संरक्षण स्थल है। असीम वन सम्पदा युक्त हिमालय पर्वत शृंखलाएं, लहराती शिवालिक पहाड़ियां और विस्तृत हरे-भरे मैदानी क्षेत्र में स्थित इस टाइगर रिजर्व को प्रकृति ने सभी सुविधाएं विरासत में ही उपलब्ध कराई हैं जिससे ये स्वत: ही बाघों के लिए आकर्षण बना है और इसी कारण जहां देश के अधिकतम बाघों को सुरक्षा देने का कार्य यह उद्यान अपने आप में संभाले हुए है, वहीं इसकी महत्ता के कारण प्रथम प्रोजेक्ट टाइगर रिजर्व के रूप में भी इसका ही चयन हुआ हैं सच तो यह है कि इस स्थान की उपयुक्तता ने ही बाघ परियोजना को प्रारम्भ करने के प्रेरणा दी जिसके आधार पर फिर अनेक स्थ्थानों का इसी योजना के तहत चयन हुआ है।

विविधता लिये अन्य वन्य पशुओं में हाथी (Elephant), लंगूर (Langur), बन्दर (Rhesus Monkey), चीतल (Chital), सांभर (Sambar), जंगली सुअर (Wild Pig), विभिन्न प्रकार के हिरन (Hog and Barking Deer), सियार (Jackal), गोरल (Goral) की प्रमुखता है। जल जीवों में घड़ियाल (Gharial), मगर (Crocodile) तथा महसीर (Mahseer) और कलबसु (Kalbasu) जैसी मछलियां हैं। अनेकर प्रकार के सर्पों–अजगर (Python), गेहुवन सांप (Cobra) तथा क्रेट (Krait) और वाईपर (Viper) की अनगिनत संख्या है।

राष्ट्रीय सर्वे के आधार पर लगभग 585 प्रकार की पक्षी प्रजातियां यहां मिलती हैं, जिनमें मोर (Peacock), कौवे (Crow), गिद्ध (Vulture), कठफोड़वा

(Wood-peacker), पीलक (Oriole), बत्तख (Ducks & Teals), जलकौवा (Cormorant), सुग्गा (Parakeet), जंगल मुर्ग (Jungle Fowls), सारिका (Laughing Thrush), तीतर (Partridge), ड्रोंगो (Drongo), कलीज (Kaleej) मुख्यरूप से मिल जाती हैं। प्रशिक्षित स्टाफ आवश्यक प्रबन्ध व्यवस्था, बफर क्षेत्र में वृद्धि, नियंत्रण मानव प्रदेश, संतुलित परितंत्र के फलस्वरूप निश्चय ही बाघों की संख्या वृद्धि उत्साहवर्द्धक रही है जिससे इनकी उपादेयता की औचित्यता सिद्ध हुए है।

4. दुदुवा (उत्तर प्रदेश) [Duduwa (Uttar Pradesh)]–उत्तर उष्णकटिबन्धीय क्षेत्र में स्थित यह टाइगर रिजर्व उत्तर प्रदेश में हिमालय की तराई तथा तराई के मैदानों के बीच में स्थित है। घने घास के मैदान में सघन वृक्षों की विविधता है जिनमें साल, बहेड़, शीशम, खैर, जामुन, कुसुम, गूलर, सेंमल आदि मुख्य हैं। खुले जंगल और अनेक प्राकृतिक जलाशयों युक्त इस क्षेत्र में बाघ तथा उसकी प्रजाति तेंदुआ, चीता आदि को उपयुक्त वातावरण उपलब्ध है जिससे बाघ-परियोजना का मन्तव्य पूरा हुआ है।

वन्य पशुओं में (शाकाहारी तथा मांसाहारी) हिरन (Spotted, Hog and Barking Deer), सांभर (Sambar), जंगली रीछ (Wild Bear), भालू (Sloth Bear) मुख्य हैं। स्थानीय तथा प्रवासी पसिक्षयों की लगभग 3 प्रजातियां बताई जाती हैं, जिनमें धनेश (Hornbill), लाल मुर्ग (Red Jungle Fowl), कठफोड़वा (Wild Pecker), पीलक (Orioles), विभिन्न प्रकार की बत्तखें (Ducks), कलहंस (Goose), जल कौवा (Cormorants), क्रोंच (Storks) आदि सम्मिलित हैं। यहां का पारिस्थितिकी तंत्र गेंडे (Rhinoes) के लिये उपयुक्त होने के कारण इस जाति को पुनः बसाने का कार्य यहां 1985 से प्रारम्भ किया था, जिसके फलदायक परिणाम मिले हैं। एक निश्चित योजना के तहत संरक्षण और विकास गति पर हैं।

5. इन्द्रावती (मध्य प्रदेश) [Indrawati (Madhya Pradesh)]–इन्द्रावती नदी के किनारे पर स्थित यह रिजर्व मध्य प्रदेश, महाराष्ट्र, आन्ध्र प्रदेश तथा उडीसा के घने जंगलों की श्रृंखला समूह में जुड़ा है। घने जंगल और स्वच्छ पानी के अनेक प्रपातों से इसका प्राकृतिक सौन्दर्य ही नहीं निखरा है बल्कि इसे वन्य जीवों के स्वच्छन्द विचरण हेतु सुविधाएं प्राप्त हुई हैं। जंगली भैंसों (Wild Buffaloes) के लिये देश का सबसे बड़ा और सबसे अच्छा आश्रय स्थल है। लुप्त हो रही बारहसिंगा (Branderi Brarasinga) जाति के लिये भी संरक्षण हेतु इस रिजर्व को उपयुक्त माना है, जो अभी तक केवल 'कान्हा' टाइगर रिजर्व तक सीमित था। प्राकृतिक सम्पदा में सागवान, अमलतास, आंवला, आंजन, अर्जुन, बहेड़ा, तेंदु, पलास और टिन्सा

तथा बांस के बड़े-बड़े पेड़ हैं। अतः शाकाहारी जीवों को पर्याप्त आहार सुविधा उपलब्ध है।

अन्य वन्य पशुओं में चीतल (Chital), सांभर (Sambar), नील गाय (Blue Bull), काला सांड (Black Bull), चौसिंगा (Chousinga), चिंकारा (Chinkara), जंगली सूअर (Wild Pig), भालू (Sloth Bear), गौर (Gaur) तथा विभिन्न प्रजातियों के हिरन सम्मिलित हैं।

मनुष्य के उपयोग को नियंत्रित कर इसे और सुविधाओं से युक्त बनया जा रहा है, जिससे इसके मुख्य लक्ष्य बाघ (Tiger), जंगली भैंसा (Wild Buffalo) तथा बारहसिंगा (Barasinga) को संरक्षण मिल सके।

6. कलाकड-मुण्डनथुरई (तमिलनाडु) [Kalakad–Mundanthurai (Tamilnadu)]–देश के दक्षिण में यह आखिरी छोर का टाइगर रिजर्व है जो तमिलनाडु प्रदेश की दो 'कलाइड' तथा 'मुण्डनथुरई सेन्चुरीज' के मध्य स्थित है। देश के पश्चिमी समुद्र तट तथा दक्षिण भारत की मिश्रित आर्द्रता तथा शुष्क जलवायु पर आधारित सदाबहार तथा घने वृक्षों वाला यह वन्य अभयारण्य कई विविधता लिये हुए है जिसमें वन्य जीवों की ही विविधता प्रमुख है।

मांसाहारी वन्य पशुओं में बाघ (Tiger), तेंदुआ (Leopard), जंगली बिलाव (Civet), लकड़बग्घा (Hyena), गीदड़ (Jackal) आदि तथा शाकाहारी जन्तुओं में हाथी (Elephant), कई प्रकार के बानर (Different Types of Macaques), गौर (Gaur), सांभर (Sambar), नीलगिरी ताहर (Nilgiri Tahr), जलमुर्गी (Water Birds), तीतर (Partridges), बटेर (Quail), फुदकी (Warbeer), सहेली (Minivet), छपका (Nightiar) आदि मिलते हैं

सुरक्षा व्यवस्था और व्यवस्थित करने, मवेशी चराई रोकने, लोगों की व्यक्तिगत सम्पत्तियों के झगड़े समाप्त करने आदि पर प्रशासन का प्रयास हैं भविष्य की योजनाओं में इस टाइगर रिजर्व के स्तर को राष्ट्रीय उद्यान में परिवर्तित कराना मुख्य लक्ष्य है।

7. कान्हा (मध्यप्रदेश) [Kanha (Madhya Pradesh)]–देश का सर्वाधिक चर्चित कान्हा राष्ट्रीय पार्क का विगत लगभग 70 वर्षों का इतिहास कई उतार-चढ़ाव लिये है। 1933 में निर्मित वन अभयारण्य का स्तर जब 1955 में राष्ट्रीय पार्क के रूप में परिवर्तित हुआ तब इसके कोर क्षेत्र का क्षेत्रफल केवल 318 वर्ग किमी था। उस पर भी पड़ोसी गांवों के लोगों का अतिक्रमण, बलपूर्वक मवेशी चराई, ईंधन के रूप में वन क्षेत्रों का ह्रास सभी इस क्षेत्र की प्रगति के बाधक बने, लेकिन शनैः-शनैः स्थितियों को संभाल कर इसे प्रोजैक्ट टाइगर क्षेत्र में ले लिया। विरासत

में मिली प्राकृतिक सम्पदाओं ने इसे पुनः ऐसे घने, आकर्षक और दर्शनीय स्थल के रूप में ला दिया जिससे इसे देश के श्रेष्ठ उद्यानों में गिना जा सकता है।

अब चीतल (Chital), बारहसिंगा (Barasinga), सांभर (Sambar), गौर (Gaur) और जंगली सूअर (Wild Pig) की बहुतायत है। 1975 में बारहसिंगा की 66 की संख्या का वर्तमान में 500 के लगभग हो जाना तथा 1972 की बाघों की संख्या 43 से 1994 के प्रारम्भ में लगभग 150 तक हो जाना निश्चित ही प्रगति प्रदर्शित करता है। अब यह टाइगर रिजर्व 1,945 वर्ग किमी क्षेत्र में है।

8. मानस (असम) (Manas (Assam))–देश के उत्तर-पश्चिम में स्थित यह टाइगर रिजर्व असम का एक ऐसा वन्य जीव क्षेत्र है, जिसका क्षेत्रफल (कोर क्षेत्र) बहुत कम है, पर बाघ (Tiger), गेंडा (Rhino) और हाथी (Elephant) जैसे महत्त्वपूर्ण पशुओं का आश्रय स्थल बन पूरे देश के लिये स्पर्धा का क्षेत्र बना हुआ है। इसका श्रेय वस्तुतः प्रकृति को ही है। भारी वर्षा, नदियों के साथ लाई मिट्टी, कंकड़-पत्थर से बने मैदानी क्षेत्र और पहाड़ी ढालू चट्टानें सभी ने मिलकर एक ऐसे परितंत्र को जन्म दिया है, जो वन्य जहवों के लिए अद्वितीय है। मानस नदी ने जनसम्पदा को जहां समृद्ध बनाया है वहीं जलाशयों की सदैव पूर्ति कर प्राथमिक आवश्यकता को पूरा किया है।

हाथी (Elephant), गेंडे (Rhinoes), जंगली भैंसे (Wild Buffaloes), गौर (Gaur), सांभर (Sambar), जंगली सुअर (Wild Pig), हिरन (Swamp and Hog Deer), लंगूर (Capped and Golden Langur), बाघ (Tiger), तेंदुआ (Leopard), भालू (Sloth Bear), घड़ियाल (Ghariyal), अजगर (Python) आदि अनेक पशु-पक्षी और जल-जीव इस क्षेत्र में अच्छी संख्या में हैं।

अवैध शिकारी की बदस्थिति तथा उपजाऊ भूमि का ग्रामीणों द्वारा निरन्तर अतिक्रमण यहां की प्रमुख समस्याएं हैं जिन्हें धीमे-धीमे नियंत्रित किया जा रहा है।

9. मेलघाट (महाराष्ट्र) [Melghat (Maharashtra)]–मेलघाट अभयारण्य पश्चिमी घाट (Western Ghats) की तलहटी में है और मिश्रित प्रकार का कुछ भाग पहाड़ी और कुछ मैदानी है। पश्चिम में सघन सागवान के जंगल हैं। मानसून, शीत तथा ग्रीष्मकाल में ऋतुओं के साथ-साथ वनस्पति में परिवर्तन आ जाता है जिससे प्राकृतिक स्थितियों में भी परिवर्तन निश्चित होता है। इसका प्रभाव वन्य जीवों पर भी पड़ता है। ताप्ती और पूर्णा नदियों यथेष्ट जल पूर्ति के साधन हैं।

गौर (Gaur), सांभर (Sambar), चिन्कारा (Chinkara), जंगली सूअर (Wild Pig), और हिरन (Barking Deer) की बहुतायत है। चीतल (Chital) और नीलगाय

(Blue Bull) अल्प संख्या में हैं। बाघ (Tiger), तेंदुआ (Leopard) और बिलाव (Wild Dog) प्रमुख मांसाहारी वन्य पशु हैं।

भारी मवेशी चराई और वन अग्नि (Forest Fire) मुख्य समस्याएं हैं। जिनके लिए सभी प्रबन्ध किये गये हैं। बाघ परियोजना क्षेत्र मेलघाट की सफलता की पुष्टि इससे होती है कि पिछले वर्षों में न केवल बाघों की संख्या में वृद्धि हुई है बल्कि उनके अवैध शिकार पर भी कड़ाई से रोक लगी है।

10. नागार्जुनसागर (आन्ध्रप्रदेश) [Nagarjunsagar (Andhra Pradesh)] – देश के दक्षिण मध्य में स्थित यह टाइगर रिजर्व कृष्ण नदी के आवाह क्षेत्र (Catchment area) में आता है। मध्य और पश्चिमी भाग पठारी है, शेष भाग घुमावदार घाटियों तथा नदी के साथ लाये कंकड़-पत्थर आदि के संग्रह से ऊबड़-खाबड़ है, लेकिन जल की प्रचुरता और परितंत्र की अनुकूलता से वन्य जीवों को सुरक्षा है। कृष्णा नदी पर बने बांध नागार्जुनसागर के नाम पर ही इस रिजर्व का नाम पड़ा है।

वन्य पशुओं में बाघ (Tiger), तेंदुआ (Leopard), लकड़बग्घा (Stripped Hyena), भालू (Sloth Bear), जंगली बिलाव (Civert), ऊदबिलाव (Indian Otter), नीलगाय (Blue Bull), चिन्कारा (Chinkara), चौसिंगा (Chausinga), सांभर (Sambar), चीतल (Chital), जंगली सुअर (Wild Pig) आदि सम्मिलित हैं। कई क़िस्म के लंगूर (Langur and Bonnet Macaque) हैं। इण्डियन पेन्गोलिन (Indian Pangolin) अब लुप्त प्राय: स्थिति में हैं। सर्वे के आधार पर लगभग 125 प्रकार की स्थानीय तथा प्रवासी पक्षी प्रजातियां यहां उपलब्ध होती हैं।

समान रूप से बाहरी ग्रामीण निवासियों के भूमि अतिक्रमण हस्तक्षेप से तथा वन उत्पाद विक्रय से इस रिजर्व की प्रगति में बाधाएं आई हैं, जिन्हें सुलझाया जा रहा है। कोर क्षेत्र में और प्रतिबन्ध लगाये जा रहे हैं तथा आधुनिकतम संचार व्यवस्था से वन्य जीवों की देख-रेख व नियंत्रण किया जा रहा है।

11. नामदफा (अरुणांचल प्रदेश) [Namdapha (Arunachal Pradesh)] – नामदफा राष्ट्रीय पार्क में वन्य पशुओं की विविधता है, जो यहां के विविधतापूर्ण परितंत्र से सीधे सम्बन्धित हैं। हिमालय की समुद्र तल से 200 मीटर से 4500 मीटर तक की ऊँचाई वाले पहाड़ी, पठारी और मैदानी क्षेत्र में बना यह रिजर्व अनेक प्रकार की वनस्पति तथा अन्य वन सम्पदा संजोये है। पानी के अनगिनत संग्रह स्थल हैं और नदियों का अनवरत पानी इस क्षेत्र में होकर ब्रह्मपुत्र में जा मिलता है।

सम्भवत: देश का यही एक ऐसा राष्ट्रीय पार्क है जहां बाघ (Tiger), तेंदुआ (Leopard), हिमचीता (Snow Leopard) औद बादली चीता (Clouded Leopard)

की प्रजातियां एक साथ मिलती हैं। अन्य वन्य पशुओं में हाथी (Elephant), जंगली सुअर (Wild Pig), सेही (Porcupine), गौर (Gaur), जंगली भैंसा (Wild Buffaloes), हिरन (Barking, Hog Deer and Musk Deer), जंगली बकरी तथा अनेक पक्षियों की प्रजातियां मिलती हैं।

यद्यपि इस रिजर्व की पहुंच बहुत आसान नहीं है, अत: कई मायने में ये क्षेत्र काफी सुरक्षित है। पर तब भी भूमि अतिक्रमण की स्थिति से निपटना यहां की प्रमुख समस्या है, जिस पर व्यवस्थित योजना से प्रयास किया जा रहा है।

12. पलामू (बिहार) [Palamau (Bihar)]–पलामू टाइगर रिजर्व बिहार प्रान्त में स्थित है ज़हां की अपेक्षाकृत शुष्क जलवायु से क्षेत्र में उतनी सघनता वृक्षों की नहीं है जितनी एक राष्ट्रीय पार्क के नाम से आशा की जाती है। अधिकतर जंगल में साल व बांस लगे हैं। अधिकतर उत्पादन संरक्षित होने के बजाय मानव की लालच का शिकार बनकर नष्ट हो जाते हैं और इसी से इस क्षेत्र की पारिस्थितिकी न तो सन्तुलित ही है और न ही इसकी प्रगति दृष्टिगत है। कोल (Koel) नदी तथा उसकी सहायक नदियां केवल पानी का स्रोत हैं, जो पर्याप्त नहीं हैं और गर्मियों में जल अभाव हो जाता है। जल की तलाश में वन्य जीव रिजर्व में ही स्थान बदलते रहते हैं। 1300 मिमी की वर्षा ऐसे अधिक ताप वाले क्षेत्र के लिये पर्याप्त नहीं हैं

इसके बावजूद विगत अनेक वर्षों से चले आ रहे विविधतापूर्ण परितंत्र में अनेक प्रकार के वन्य पशु यहां बसते हैं। हाथी (Elephant), चीतल (Chital), सांभर (Sambar), लघु पुच्छ बन्दर (Rhesus Monkey), लंगूर (Common Langur), खरगोश (Hare), सेही (Porcupine), गौर (Gaur), नीलगाय (Blue Bull), हिरन (Barking Deer), ढोल (Wild Dog), जंगली सुअर (Wild Pig) बाघ (Tiger), तेंदुआ (Leopard), भेड़िया (Wolf), गीदड़ (Jackal), लकड़बग्घा (Hyena) इसमें सम्मिलित हैं। लगभग 1,000 पक्षी प्रजातियां मिलती हैं। तीतर, अनेक प्रकार के मुर्ग (Peafowl, Red Jungle Fowl), बहुतायत से हैं

अनेक व्यवस्थाओं के साथ पानी की नियमित व्यवस्था तथा वन क्षेत्र का सघन वनीकरण पर अधिक ध्यान केन्द्रित है।

13. पेरियार (केरल) [Periyar (Kerala)]–पश्चिमी घाट में पेरियार नदी के नाम पर नामकरण हुए पेरियार टाइगर रिजर्व का पूरा परितंत्र विशेषत: जल पर आधारित है। वर्षों से छोटे-छोटे प्राकृतिक रूप से बने द्वीप कृत्रिम झील के अन्दर एक ऐसा स्थलीय, जलीय और भूगर्भीय पारिस्थितिकी तंत्र का निर्माण करते हैं जिससे क्षेत्र में दर्शकों का तो आकर्षण होता ही है बल्कि साथ ही वन्य एवं अन्य

जीवों को भी समुचित आश्रय प्रदान करते हैं। वन सम्पदा की दृष्टि से कुछ भाग बहुत सघन तथा सदा हरियाली वाले हैं, कुछ भागों में आंशिकी हरियाली है तथा कुछ सूखे (Baren) भी हैं।

वन्य पशु में हाथी (Elephant), गौर (Gaur) तथा हिरन (Deer) उल्लेखनीय है। जल क्षेत्र के पास लंगूर (Langur and Macaque), सांभर (Sambar), हिरन (Mouse Deer and Barking Deer), जंगली सुअर (Wild Pig), सेही (Porcupine), बाघ (Tiger), तेंदुआ (Leopard) और ढोल (Wild Dog) मिल जाते हैं। जलय जीवों में इंडियन डार्टर (Indian Darter), जल कौवा (Cormorant), क्रोंच (Stork) आदि प्रमुख हैं।

टाइगर रिजर्व की स्थितियां सामान्यतया सन्तोषप्रद है तथापि चराई रोकने, टूरिस्ट के दबाव को नियंत्रित करने तथा अवैध शिकार रोकना प्रगति के लिए आवश्यक एवं उचित प्रतीत होते हैं।

14. रणथम्भोर (राजस्थान) [Ranthambore (Rajasthan)]–राजस्थान के विशाल रेगिस्तानी एवं वीरान क्षेत्र में रणथम्भोर राष्ट्रीय पार्क सचमुच प्रकृति का एक करिश्मा है और इसे रेगिस्तान में मरुस्थल की संज्ञा दी जा सकती है। अरावली और विध्याचल पर्वत श्रेणी के मिलन स्तल पर निर्मित रिजर्व का परितंत्र इतना सन्तुलित एवं व्यवस्थित है कि पूरे वर्ष पर्यन्त न तो जीवों को कोई भोजन का अभाव रहता है और न ही पानी का। पानी की पूर्ति प्रकृति के अलावा कृत्रिम रूप से बनाये गये जलाशयों को गुओं से भरकर कर ली जाती है। यह एक सघन पहाड़ी जंगलों तथा उसके चारों और विशाल वीराने क्षेत्र के बीच व्यवस्थित परितंत्र की अद्वितीय मिसाल है जिसमें वन्य जीवों ने भी विकृत पर्यावरण के साथ अपने आपको समाहित तथा समायोजित कर लिया है।

दोनों ही श्रेणी शाकाहारी और मांसाहारी पशुओं में सांभर (Sambar), चीतल (Chital), नील गाय (Blue Bull), जंगली सुअर (Wild Pig), और चिंकारा (Chinkara) तथा बाघ (Tiger) और तेंदुआ (Leopard) हैं। भालू (Sloth Bear), अजगर (Python), गेहुंवन सांप (Cobara) और मगर (Crocodile) भी पाये जाते हैं। अनेक प्रकार के पक्षी भी मिलते हैं जिनमें तीतर (Partridge), बटेर (Quail), जल मुर्ग (Water Fowls), बत्तख (Teal), सुग्गा (Parakeet) और बगुला (Egret) आदि उल्लेखनीय हैं।

गर्मियों में पानी का अभाव तथा निकटस्थ ग्रामीणों का उद्यान क्षेत्र में अतिक्रमण नियमित एवं सामान्य बात है। पानी का समुचित प्रबन्ध हुआ है। अतिक्रमण रोकने हेतु प्रशासन सजग है।

15. सरिस्का (राजस्थान) (Sariska (Rajasthan))–राजस्थान प्रदेश में ही सरिस्का टाइगर रिजर्व पुन: रेगिस्तानी क्षेत्र में अपनी स्वतंत्र एकल अद्वीतीय पारिस्थितिकी पर टिका है। पूरा क्षेत्र पहाड़ी है तथा मध्य में दो छोटे भाग पठारी हैं जिन्हें कंकवारी और किरास्का के नाम से पुकारते हैं। पूरे क्षेत्र के वन क्षेत्र बहुत घने नहीं हैं, पार शकाहारी जीवों के लिये पर्याप्त भोजन उपलब्ध कर देते हैं, जिन पर मांसाहारी वन्य जीव अविलम्बित रहते हैं। पानी का अभाव कृत्रिम रूप से जलाशयों को कुएं से भर कर दूर किया जाता है। वर्षा 650 मिमी वार्षिक औसत भी पर्याप्त नहीं है।

यहा पर वन्य पशुओं में सांभर (Sambar), चीतल (Chital), नीलगाय (Blue Bull), चौसिंगा (Chausinga), चिकारा (Chinkara), स्याह गोश (Caracal), लकड़बग्घा (Hyena), गीदड़ (Jackal), लंगूर (Langur) तथा बिज्जू (Ratel) मुख्य हैं। अन्य जीवों में लहटोरा (Shirkes), सुग्गा (Parakeets), तीतर (Patridges) और मोर (Pea Fowl) आदि सम्मिलित हैं।

राष्ट्रीय उद्यान को संरक्षित रखने के लिए अनेक प्रकार के नियमों/उपनियमों का कठोरता ऐसे पालन किया जाता है, क्योंकि यह एक ऐसा क्षेत्र है कि जहां के वन्य जीवों का अपना जीवन भी उद्यान के तंत्र पर आश्चर्यजनक रूप से आधारित है।

16. सिमलीपाल (उड़ीसा) [Simlipal (Orissa)]–सिमलीपाल उड़ीसा प्रान्त में प्रकृति का एक अद्‌भुत स्थान है जहां ढालू पहाड़ियां, सघन वनस्पति क्षेत्रों से आधारित घाटियां उपजाऊ भूमि, पहाड़ियों से निकलते झरने, बारहमासी नदियां और आकर्षक नयनाभिराम नीला आकाश सभी कुछ अद्वितीय है। 2500 मिमी वार्षिक वर्षा से पूरा वातावरण नम व आर्द्रता लिए है। अधिकतर क्षेत्र हरा भरा है। ऋतु परिवर्तन के साथ कुछ भागों में शुष्कता आती है, पर पूरा तंत्र उसे स्वीकार कर लेता है।

यह राष्ट्रीय उद्यान बाघों के अतिरिक्त हाथियों (Elephant) के लिये प्रसिद्ध है। अन्य वन्य पशुओं और जीवों में बाघ (Tiger), तेंदुआ (Leopard), ढोल (Wild Dog), सांभर (Sambar), मुन्जटैक (Munjtak), गौर (Gaur), जंगली सुअर (Wild Pig), चीतल (Chital), चौसिंगा (Chausinga), पेन्गोलिन (Pangolin), लंगूर (Langur), मोर (Peafowl) लकड़बग्घा (Hyena), गीदड़ (Jackal) और गिद्ध (Vulture) उल्लेखनीय हैं।

अवैध शिकार से रोक वन-आग (Forest Fire) पर नियंत्रण तथा कोर क्षेत्र मीणों का निष्कासन कठिन समस्याएं हैं, जिन पर ध्यान अपेक्षित है।

17. सुन्दरवन (पश्चिमी बंगाल) (Sunderbans (West Bangal))–सुन्दरवन देश का एकमात्र कच्छ वनस्पति के परितंत्र का प्रतिनिधित्व करता है। वहीं सभी टाइगर रिजर्व से अधिक संख्या में बाघों का संरक्षण भी इसी क्षेत्र में होता है। यह गंगा और ब्रह्मपुत्र के मिलने स्थल पर स्थित है तथा उन्हीं की स्थिति के अनुसार संचालित है। मछलियों के प्रजनन का यह एक प्रमुख स्थल है और इसकी संकरी खाड़ियां तथा समुद्री तट मछलियों के अच्छे संरक्षण में सहयोग करते हैं।

वन्य पशुओं में बाघ (Tiger), चीतल (Chital), जंगली सुअर (Wild Pig), लघुपुच्छ बन्दर (Rhesus Monkey) प्रमुख हैं। जलजीवों में मगरमच्छ यहां की मुख्य जाती है।

18. वाल्मीकि (बिहार) [Valmiki (Bihar)]–गंडक नदी के सहारे प्राकृतिक साल के वनों से परिपूर्ण यह टाइगर रिजर्व नेपाल के रायल चितवन राष्ट्रीय उद्यान के दक्षिण में स्थित है। हरे-भरे क्षेत्र वाले इस रिजर्व में घने बेंत (Cane) के वृक्षों की भरमार है जो यहां के बाघों के अच्छे आश्रय स्थल बनते हैं।

वन्य पशुओं में विविध प्रकार के हिरन (Hog Deer, Spotted Deer), सांभर (Sambar), जंगली सुअर (Wild Pig), भालू (Sloth Bear), चौसिंगा (Chausinga), नील गाय (Blue Bull), गौर (Gaur), लकड़बग्घा (Hyena), तेंदुआ (Leopard), जंगली कुत्ता अथवा ढोल (Wild Dog), लंगूर (Langur) आदि मिलते हैं। पक्षियों में मोर (Pea Fowl), विभिन्न प्रकार के मुर्गे (Red Jungle Fowl, Spur Fowl), तीतर (Partridges-Grey, Black and Wamp), प्रवासी बत्तखें (Migratory Ducks) सम्मिलित हैं। रेंगने वाले जीवों में घड़ियाल (Ghariyal), अजगर (Python), सांप (Cobra) और कछुआ (Tortoise) प्रमुख हैं।

इस टाइगर रिजर्व से प्रशासन को बहुत अपेक्षायें हैं, लेकिन वहीं चराई की समस्या, वन-अग्नि तथा लोगों के अनाधिकृत प्रवेश से यह अभी स्वतंत्र नहीं है। समस्याओं का समाधान राष्ट्रीय स्तर पर किया जा रहा है।

19. पेंच (मध्य प्रदेश) [Pench (Madhya Pradesh)]–सत्र 1992-93 में यह बाघ रिजर्व क्षेत्र पूर्व घोषित राष्ट्रीय उद्यान पेंच में ही बना है। मध्य प्रदेश का यह तीसरा टाइगर रिजर्व क्षेत्र है। इससे पूर्व कान्हा तथा इन्द्रावती क्रमशः 1973-74 तथा 1982-83 में बने थे। इसकी सम्पूर्ण भौगोलिक स्थित, कोर क्षेत्र, बफर क्षेत्र तथा वहां की वानिकी और वन्य विवरण की पूरी जानकारी अधिकृत रूप से अभी अपेक्षित हैं।

20. तदोबा-अन्धेरी (महाराष्ट्र) [Tadoba–Andheri (Maharastra)] 1993-94

21. बान्धवगढ़ (मध्य प्रदेश) [Bandhavgarh (Madhya Pradesh)] 1993-94

उपर्युक्त दोनों टाइगर रिजर्व वर्ष 1993-94 में ही बने हैं। बान्धवगढ़ पूर्व में ही राष्ट्रीय उद्यान था, जबकि तदोबा राष्ट्रीय उद्यान तथा अन्धेरी वन अभयारण्य को मिलाकर टाइगर रिजर्व तदोबा-अन्धेरी बनाया है। पूरा अधिकृत विवरण शीघ्र अपेक्षित है।

22. पन्ना (मध्य प्रदेश) [Panna (Madhya Pradesh)] 1994-94

23. डम्फा (मिजोरम) [Dampha (Mizoram)] 1994-95

यह दोनों टाइगर रिजर्व सन् 1994-95 में बने हैं जिनका कुल क्षेत्रफल क्रमश: 542 और 500 वर्ग किमी है। विस्तृत विवरण प्राप्त करने का प्रयास हो रहा है।

24. भादरा (कर्नाटक) [Bhadra (Karnaka)] 1998-99

25. पेंच (महाराष्ट्र) [Pench (Maharastra)] 1998-1999

26. पाखुई नामेरी [Pakhui Nameri] 1999-2000

27. बोरी-सतपुड़ा-पंचमढ़ी [Bori-Satuqra-Pachmarhi] 1999-2000

तथा 2 विस्तार (Extension) है जिनका अभी विवरण प्राप्त नहीं है।

प्रोजेक्ट टाइगर रिजर्व्स की सूची
(List of Project Tiger Reserves)

यह सभी बाघ रिजर्व साधन सुविधा, नियंत्रण क्षमता तथा प्रस्तावित योजनानुसार अलग-अलग वर्षों में स्थापित किये गये। उनका वर्षवार स्थापना, विवरण एवं विस्तार आदि की जानकारी अग्रांकित तालिका में समेकित है–

बाघ परियोजना के रिजर्व्स का विवरण

क्र॰ सं॰	बाघ रिजर्व का नाम	सम्बन्धित प्रदेश	क्षेत्र (वर्ग किमी में) कोर	बफर	कुल	स्थापित वर्ष
1.	बाँदीपुर	कर्नाटक	523	343	866	1973-74
2.	कार्बेट	उत्तर प्रदेश	338	978	1316	1973-74
3.	कान्हा	मध्य प्रदेश	940	1005	1945	1973-74
4.	मानस	असम	470	2370	2840	1973-74
5.	मेलघाट	महाराष्ट्र	388	1289	1677	1973-74
6.	पलामू	बिहार	213	813	1026	1973-74

7.	रणथम्भोर	राजस्थान	392	942	1334	1973-74
8.	सिमलीपाल	उड़ीसा	845	1905	2750	1973-74
9.	सुन्दरवन	प. बंगाल	1330	1255	2585	1973-74
10.	पेरियार	केरल	350	427	777	1978-79
11.	सारिस्का	राजस्थान	498	368	866	1978-79
12.	बक्सा	प. बंगाल	315	444	759	1982-83
13.	इन्द्रावती	मध्य प्रदेश	1258	1541	2799	1982-83
14.	नागार्जुन सागर	आन्ध्र प्रदेश	1200	2368	3568	1982-83
15.	नामदफा	अरुणांचल प्रदेश	1808	177	1985	1982-83
16.	दुदुवा	उत्तर प्रदेश	648	163	811	1987-88
17.	कलाकड मुण्डनथुरई	तमिलनाडु	571	229	800	1988-89
18.	वाल्मीकि	बिहार	336	504	840	1989-90
19.	पेन्च	मध्य प्रदेश	293	465	758	1992-93
20	तदोबा-अन्धेरी	महाराष्ट्र	792	990	620	1993-94
21.	बान्धवगढ़	मध्य प्रदेश			1162	1993-94
22.	पन्ना	मध्य प्रदेश	490	552	542	1994-95
23.	डम्फा	मिजोरम			500	1994-95
24.	भादरा	कर्नाटक			492	1998-99
25.	पेंच	महाराष्ट्र			257	1998-99
26.	पाखुई नामेरी	अरुणाचल प्रदेश	1320	3315	1206	1999-2000
27.	बोरी-सतपुड़ा	मध्य प्रदेश			1486	1999-2000
	पंचमढ़ी दो विस्तार				1194	1999-2000
	योग		15,318	22,443	37,871	

परियोजना के अनावर्तक व्यय के लिये प्रतिवर्ष कुल लगभग 175-200 लाख रु॰ की राशि भारत सरकार द्वारा विभिन्न बाघ रिजर्वों के नव-निर्माण कार्य पीने के पानी के जलाशय, रखरखाव व मरम्मत कार्यों के लिए उपलब्ध कराती है। इसके अतिरिक्त आवर्तक व्यय हेतु भारत सरकार तथा राज्य सरकार का योगदान 50-50 प्रतिशत होता है। यह राशि प्रतिवर्ष भारत सरकार द्वारा लगभग 6-7 करोड़ रुपये होती है जो योजना के महत्त्व को प्रतिपादित करती हैं इसके अतिरिक्त विशिष्ट समस्याओं के निराकरण, शोध-कार्यों तथा बाघ रिजर्वों के उत्थान के लिए विशेष धनराशि भी उपलब्ध कराई जाती है।

प्रतिवर्ष बाघों की गिनती बाघ रिजर्वों के प्रशिक्षित अधिकारियों, अधीनस्थ फोरेस्ट कार्ड्स तथा फोरेस्टर द्वारा की जाती हैं सफल क्रियान्वित योजना से यह निश्चित तौर पर कहा जा सकता है कि इन दुर्लभ वन्य जीव (बाघ) को बचाने और इनकी संख्या में वृद्धि करने में भारत एवं राज्य सरकारें और चहां तक कि स्वयं सेवी संस्थाएं अत्यन्त चिन्ति एवं सजग हैं। पर्यावरण संरक्षण एवं सन्तुलन के क्षेत्र में यह एक आशातीत उपलब्धि मानी जायेगी।

प्रश्न (Questions)

निबन्धात्मक प्रश्न (Essay Type Questions)

1. 'प्रोजेक्ट टाइगर रिजर्व' योजना की आवश्यकता क्यों पड़ी?
2. प्रोजैक्ट टाइगर रिजर्व स्कीम के मुख्य उद्देश्य बताइये।
3. मानस (असम) टाइगर रिजर्व का विस्तृत विवरण दीजिये।
4. प्रति वर्ष प्रोजेक्ट टाइगर रिजर्व नहीं बनाये जा पा रहे? इसके पीछे क्या सोच है?
5. प्रोजैक्ट टाइगर और राष्ट्रीय पार्क में क्या अन्तर है? क्यों एक ही वन्य क्षेत्र दोनों प्रकार का हा सकता है?

लघुत्तरात्मक प्रश्न (Short Answer Type Questions)

6. 'प्रोजैक्ट टाइगर रिजर्व' में क्या केवल 'टाइगर्स' ही रहते हैं?
7. 'कोर' और 'बफर' क्षेत्र में क्या अन्तर है?
8. पेंच (मध्य प्रदेश) और पेंच (महाराष्ट्र) दोनों टाइगर रिजर्व कब-कब बने? किसी एक का वर्णन करिये।
9. 'प्रोजैक्ट टाइगर' स्कीम में दो विस्तारों को भी रखने की केन्द्र सरकार ने सन् 1999-2000 में स्वीकृति दी है? इन विस्तारों पर टिप्पणियाँ कीजिए।
10. कच्छ वनस्पति पर आधारित प्रोजैक्ट टाइगर रिजर्व कौन-सा है? विवरण दें।

वस्तुनिष्ठ प्रश्न (Objective Questions)

11. प्रोजैक्ट टाइगर प्रायोजना कब से प्रारम्भ हुई?

(अ) 1963 से (ब) 1973 से

(स) 1983 से (द) 1993 से

12. बांदीपुर टाइगर रिजर्व किस प्रदेश का है?

(अ) उत्तर प्रदेश (ब) मध्य प्रदेश

(स) कर्नाटक (द) उड़ीसा

13. किस प्रदेश में सबसे अधिक टाइगर रिजर्व्स हैं?

(अ) मध्य प्रदेश (ब) महाराष्ट्र

(स) राजस्थान (द) केरल

14. भारत में सर्वप्रथम टाइगर रिजर्व कहां स्थापित हुआ था?

(अ) कान्हा (उत्तर प्रदेश) (ब) बक्सा (पश्चिमी बंगाल)

(स) वाल्मिकी (बिहार) (द) कोरवेट (उत्तर प्रदेश)

15. निम्न में से कौन-सा टाइगर रिजर्व राजस्थान प्रदेश में है–

(अ) पलामू (ब) रणथम्भोर

(स) बक्सा (द) पेरियार।

निम्न प्रश्नों के उत्तर दीजिये–

16. भारत में सबसे बड़े क्षेत्र में फैला टाइगर रिजर्व कौन-सा है? ( )

17. भारत में कितने प्रदेशों में प्रोजैक्ट टाइगर योजना चलाई जा रही है? ( )

18. प्रोजैक्ट टाइगर योजना के आवर्तक व्यय में केन्द्र और राज्य सरकार की क्या भागीदारी है? ( )

19. बाघ परियोजना की प्रबन्ध संचालन समिति का पदेन अध्यक्ष कौन होता है? ( )

20. मिजोरम के प्रोजैक्ट टाइगर रिजर्व का नाम बताइये? ( )

15

वन्य जीव
(Wild Life)

प्रस्तावना (Introduction)

सामान्यत: जैव विविधता (Biodiversity) को विज्ञान की क्लिष्ट शब्दावली में परिभाषित करना कठिन प्रतीत होता है। फिर भी "किसी स्थान, प्रदेश या देश के नैसर्गिक परिवेश में पाये जाने वाले जीव-जन्तुओं एवं पेड़-पौधों की प्रजातियों को सामूहिक रूप से उस स्थान विशेष की जैव विविधता कहा जाता हैं वस्तुत: जैव विविधता विभिन्न प्रकार के पेड-पौधों एवं जीव-जन्तुओं की सामान्य एवं विशेष प्रजातियां हैं जो किसी पर्यावरणीय समुदाय में पायी जाती हैं। ये प्रजातियां किसी पर्यावरण तथा पारिस्थितिकी तन्त्र में अनायास ही उत्पन्न नहीं हो जाती, प्रकृति को इनके निर्माण में लाखों करोड़ों वर्षों का समय खर्च करना पड़ता है, परन्तु मानव के कुकृत्यों के परिणाम से ये अल्प अवधि में ही नष्ट हो जाती है।"

वर्तमान में भी किसी वैज्ञानिक को पृथ्वी पर उपस्थित जीव-जन्तु व पेड़-पौधों की प्रजातियों की वास्तवकि संख्या के विषय में तथ्य-पूर्ण जानकारी ज्ञान नहीं। अटकलों के आधार पर अनेक वैज्ञानिकों ने अपने अनुमान लगाये हैं। इनके अनुसार पृथ्वी पर लगभग 300 लाख प्रजातियों हैं जिनमें से लगभग 14 लाख प्रजातियों का ही ज्ञान उपलब्ध है। इनमें सात लाख पचास हजार कीड़े-मकोड़े, इक्तालीस हजार रीढ़धारी जीव, दो लाख पचास हजार पौधे हैं शेष में शैवाल (Algae) कवक (Fungi) तथा अन्य सूक्ष्म जीव (Microbes) व बिन रीढ़ वाले जन्तु हैं।

पृथ्वी पर जैविक विविधत् का वितरण (Distribution of Biodiversity on Earth)–विभिन्न संसाधनों की भांति पृथ्वी पर जैव सम्पदा अर्थात् जैव प्रजातियों का वितरण भी सर्वत्र समान नहीं है। सामान्यत: ध्रुव प्रदेशों से भूमध्य रेखा की ओर जैव विविधता में व्यापक रूप से वृद्धि हो जाती हैं उष्ण प्रदेशों में शुद्ध जल

में पाये जाने वाले कीड़े-मकोड़ों की संख्या शीत प्रदेशों की अपेक्षा 3-6 गुणा अधिक पायी जाती है। इसका प्रमुख कारण भौगोलिक दशाओं की विभिन्नता है। 'रीड' व 'मिलर' नाम वैज्ञानिकों के द्वारा किये गये अध्ययन (1989) से यह तथ्य सामने आया है कि कम ऊँचाई वाले स्थानों पर पेड़-पौधों की अधिकाधिक प्रजातियां मिलती हैं। साथ ही गर्म प्रदेशों में स्तनधारियों (Mammals) की संख्या प्रति इकाई क्षेत्रफल के हिसाब से अधिक होती है। उत्तरी व लैटिन अमेरिका के तुलनात्मक अध्ययन से ज्ञात हो जाता है कि लैटिन अमेरिका के उष्ण कटिबन्धीय वर्षा वाले क्षेत्रों में 40 से 100 प्रजातियों के पेड़-पौधे उपलब्ध होते हैं जबकि अमेरिका के पूर्वी क्षेत्रों में 10 से 40 प्रजातियां प्रति हैक्टेयर हैं। बोर्नियों में यही संख्या लगभग 50 प्रजातियां (15 हैक्टेयर में 700 अधिक) हैं जबकि पूरे उत्तरी अमेरिका में समाप्त प्रजातियों की संख्या लगभग 700 है। इसी प्रकार मलेशिया के कुआलालम्पुर के निकट 570 पेड़-पौधों की प्रजातियां पाई जाती हैं समुद्र व अन्य खारे पानी के स्थानों में इसी प्रकार प्रजातियों का असमान विवरण है।

वस्तुत: ऐसा नहीं है कि उष्ण कटिबन्धीय वर्षा वाले प्रदेशों में ही सबसे अधिक जैव विविधता देखने को मिलती हो, अन्य स्थानों पर नहीं। बौत्स्वाना, लिसोथे, नामीबिया, दक्षिणी अफ्रीका व स्विजरलैंड की 23,200 पेड़-पौधों की प्रजातियों में से 18,500 प्रजातियां शीत प्रदेशों में मिलती हैं। भौतिक अनुकूलता के कारण भारत जैव विविधता के लिये एक सम्पन्न देश कहा जा सकता हैं यहां मिलने वाली जैव विविधता का विवरण निम्नलिखित तालिका से ज्ञात होता है कि भारत अभी भी अपनी जैव विविधता को सुरक्षित रखकर विशेष आर्थिक एवं प्राकृतिक लाभ प्राप्त कर सकता है।

भारत में जैव विविधता का स्वरूप

जैव विविधता	प्रजातियों की संख्या
पेड़-पौधे	50,000
पुष्पी पौधे	20,000
जीव-जन्तु	80,000
कीड़े-मकोड़े	67,000
विभिन्न अपृष्ठवंशी (Invertebrates)	6050
मछलियां	1400
मोलस्क	1000

जल, थल, चर	140
सरीसृप	420
चिड़ियां	1200
स्तनधारी	340

जैव विविधताओं का महत्त्व (Importance of Bio-diversity)—जैव विविधता प्राकृतिक जीन बैंक है। इन्हीं के द्वारा ऐसी प्रजातियां प्राकृतिक रूप से उत्पन्न होती रहती हैं। मिट्टी, जलवायु और प्राकृतिक जीन इनके द्वारा प्राप्त अनुवांशिक विविधता ही खेती, उद्योग व दवाइयों के विकास में भरपूर योगदान प्रदान करती है। ग्रामीण परिवेश में तो ये जंगली प्रजातियां मूल-भूत आवश्यकताओं (रोटी, कपड़ा, चारा, ईंधन आदि) का आधार है। इसके अतिरिक्त अनुवांशिकी विविधता तथा जैव विविधता जल व मिट्टी का संरक्षण, नर्सरी व विकसित प्रजातियों का सृजन करने के लिए जर्मप्लाज्म दाता की तरह ही नहीं अपितु, उनके परागण, निषेचन तथा अगली पीढ़ी पैदा करने का वातावरण तैयार करने के लिये जिम्मेदार हैं। इस प्रकार जैव विविधता के अनेक आर्थिक लाभ हैं। इन लाभों को विश्व परिप्रेक्ष्य में इस प्रकार देख सकते हैं—

1. अकेले अमेरिका को जंगली प्रजातियों के दोहन से प्रतिवर्ष 87 मिलियन डालर का लाभ प्राप्त होता है।
2. 1970 के दशक में गेहूं व धान की बोनी प्रजातियां उत्पन्न करके क्रमशः 2 व 1.5 मिलियन डालर कीमत के बराबर प्रतिवर्ष उत्पादन में वृद्धि हुई है।
3. इथोपिया से प्राप्त एक मात्र जौ के पौधे से केलीफोर्निया को 160 मिलियन डालर प्रतिवर्ष का लाभ। जौ की खेती को 'यलो ड्रवार्क' वायरस से बचा कर हो रहा है।
4. तुर्की से प्राप्त एक बेकार गेहूं के पौधों से बीमार रोधक गेहूं पैदा करके अमेरिका 50 मिलियन डालर प्रतिवर्ष का लाभ प्राप्त कर रहा है।
5. मैक्सिको की जंगली मक्का पूरे विश्व में 4.4 मिलियन डालर प्रतिवर्ष का लाभ पहुंचाने में समर्थ है।
6. जैव विविधता के द्वारा न केवल कैंसर जैसी घातक अपितु, अन्य बीमारियों के लिए भी आवश्यक दवायें विकासशील देशों से प्राप्त कर पूरा विकसित विश्व 40 मिलियन डालर का प्रतिवर्ष लाभ कर रहा है।

अत: जैव विविधता हमारे लिये अत्यन्त उपयोगी है इनके संरक्षण से हम आर्थिक ही नहीं, पर्यावरणीय लाभ भी प्राप्त कर सकते हैं।

वन्य जीव (Wild Life)

सैद्धान्तिक रूप से वन्य जीव की परिभाषा में वह सब पशु-पक्षी और पेड़-पौधे सम्मिलित हैं जिनमें जीवन है और जो जंगल में रहते हैं, बसते हैं। इनमें घरेलू और पालतू जानवर तथा मनुष्य द्वारा स्वयं अपने लाभ और उपयोग के लिये उगाये गये पौधे (वनस्पति) शामिल नहीं हैं।

'शाब्दिक' अर्थ के अनुसार इससे लोगों का आशय केवल उन पशु-पक्षियों से ही है, जो शहर से दूर घने जंगलों में प्रकृति के अंचल में बसते हैं और स्वतंत्र रूप से जीते हैं। समय के अनुसार इनकी संख्या में कमी आ जाने के कारण यद्यपि इनकी देखरेख और इनका संरक्षण विभिन्न देशों की सरकारों द्वारा अपने-अपने तरीकों से किया जाता है पर फिर भी उनका आन्तरिक दर्शन यही है कि इन वन्य जीव बाहुल्य क्षेत्रों में जीवों को स्वतंत्र रूप से रहने दिया जाय। केवल भोजन, पानी और आवास स्थल की न्यूनता इनकी किसी परेशानी का कारण नहीं बने।

वन्य जीव (संरक्षण) अधिनियम, 1972 में भी यही बात अपनाई गई और 1976 में जब यह संभाग केन्द्र से राज्य सरकारों को सौंपा गया तब भी यह भूल जारी रही। अत: पूर्णतया यह दोनों संभाग 'वन' एवं 'वन्य जीव' अलग-अलग ही अब माने जाने लगे हैं यद्यपि इनका प्रशासनिक स्तर पर सभी जगह नामकरण लगभग एक समान रूप से वन एवं वन्य जीव होता है।

विश्व में अनगिनत प्रजातियां जीव-जन्तुओं की रही हैं जिनकी संख्या कभी करोड़ों और अरबों में आंकी जाती रही है (सम्भवत: यह अतिश्योक्ति हो) लेकिन अब शनै:-शनै: इनमें कमी हुई है। भारत इस क्षेत्र में अति समृद्ध रहा है। 350 प्रकार के स्तनपायी (Mammals), 1200 प्रकार के पक्षी (Birds) तथा 20,000 से भी अधिक प्रकार के कीड़े-मकोड़े (Insects) और 750 प्रकार के सरीसृप (Reptiles) आज भी यहां हैं।

इनमें से लगभग 66 प्रकार के स्तनपायी, 39 पक्षियों की प्रजातियां और 18 प्रकार की सरीसृप प्रजातियां लुप्तप्राय श्रेणी में आ गई हैं; एक स्तनपायी तथा 3 पक्षी प्रजाति समाप्त हो चुकी हैं। फिर भी हमारा देश इस क्षेत्र की विविधता के लिये सौभाग्यशाली है। शेर और चीते जैसे महाशक्तिशाली, हाथी जैसा विशालकाय गेंडा जैसे–मजबूत, रीछ जैसा भयानक, खूबसूरत हिरन और बारहसिंघा, खरगोश-

तीतर-तिलोर-गोडावन जैस सुहावने तथा साही (Porcupine) जैसे तीखी जाति के अनेक वन्य पशु हैं जिनको भारतीय वन्य पशु विविधता में जोड़ा जा सकता है।

वन्य जीवों का वर्गीकरण (Classification of Wild Life)

वन्य जीवों का वर्गीकरण निम्नलिखित भागों में किया जाता है–

1. **स्थनपायी (Mammals)**–वे सभी पशु स्थनपायी कहलाते हैं जिनकी मादाएं बच्चों को जन्म देती हैं (अण्डे नहीं) तथा अपने शरीर से ही उन्हें दूध पिलाती हैं। निश्चय ही रीछ, सांभर, लंगूर, व्हेल (मछली) आदि सभी स्तनपायी श्रेणी में आते हैं।

इस श्रेणी में अन्य–1. शेर, 2. बघेरा, 3. चीता, 4. भेड़िया, 5. भालू, 6. बिज्जू, 7. लोमड़ी, 8. हिरन, 9. चिंकारा, 10. चौसिंगा, 11. नील गाय, 12. जंगली चूहा, 13. गीदड़, 14. जरख, 15. हाथी, 16. सुअर आदि आते हैं।

2. **पक्षी (Birds)**–ऐसे जानवर जिनके पंख होते हैं (दो पैर होते हैं तथा दो पंख) और जो अंडों से पैदा होते हैं, पक्षी कहलाते हैं, कबूतर, मोर, चिड़िया, तोता आदि इसी श्रेणी में गिने जाते हैं।

इस श्रेणी में अनेक अन्य-1. मुर्गा, 2. तिलोर, 3. गोडावन, 4. सारस, 5. बाज, 6. उल्लू, 7. कठफोड़वा, 8. गौरैया, 9. चमगादड़, 10. बटेर, 11. हंस, 12. बुलबुल, 13. गिद्ध, 14. कौवा, 15. कोयल, 16. मुर्गाबी आदि हैं।

3. **सरीसृप (Reptiles)**–इस प्रकार के जानवरों में पर्तदार त्वचा (Scalky skin) होती है तथा इनकी मादाएं अंडे देती हैं। इनमें कछुआ, सांप, छिपकली तथा मगर आते हैं।

अन्य उदाहरणों में–1. अजगर, 2. केंचुआ, 3. गिरगिट, 4. घड़ियाल, 5. टिड्डी, 6. दरियाई घोड़ा, 7. मछली, 8. बिच्छू, 9. मेढ़क, 10. गोह, 11. केकड़ा, 12. मकड़ी आदि सम्मिलित किये जा सकते हैं।

(**कीड़े-मकोड़े (Insects)**–ऐसे छोटे जानवर जिनके 6 पैर होते हैं तथा अधिकतम जो उड़ सकते हैं वे इस श्रेणी में आते हैं और इन्हें पक्षियों (Birds) में गिनते हैं।)

भारत में वन्य जीव वितरण

(Distribution of Wildlife Animals in India)

भारत आज भी वन्य जीव सम्पदा में धनी है। वी.एस. सक्सेना के अनुसार यहां अनुमानत: 500 प्रकार के स्तनपायी, 1330 प्रकार के पक्षी, 235 प्रकार के सर्प,

150 प्रकार की छिपकली, 30 प्रकार के कछुए, 3 प्रकार के मगर, 142 प्रकार के उभयचारी (Amphibians), 109 प्रकार की मीठे पानी की मछलियां, 107 प्रकार की विषैले अथवा खारे पानी की मछलियां तथा कोई 30,000 प्रकार के कीट-पतंग पाये जाते हैं।

इन विभिन्न क्षेत्रों में पाये जाने वाले वन्य जीवों का संक्षिप्त विवरण निम्नवत दिया गया है।

1. **हिमालय की तलहटी क्षेत्र (Himalayan Foot-hills)**—यह कैलाश, मानसरोवर तथा शिवालिक पर्वत श्रेणी का क्षेत्र है। यहां के मुख्य जीव हाथी, सांभर, बारहसिंघा (Swamp Deer), चीतल, गेंडा, जंगली भैंस, शेर, बघेरा, जंगली कुत्ता (Wild Dog) सियार, जरख, सुअर, भालू (Sloth Bear), रीछ (Himalayan Black Beak), आसामी खरगोस (Hisped Hare), सुनहरी लंगूर, घड़ियाल, मगर, अजगर आदि है।

2. **पश्चिमी हिमालय के ऊँचे क्षेत्र (High Altitudes of Western Himalayan)**—कश्मीर तथा पश्चिमी लद्दाख से कुमायूं तक के इस क्षेत्र में जंगली तिब्बती गधा, याक, जंगली बकरी प्रजाति में ताहर, भरल (Blue Sheep), हुंगुल (Kashmiri Stag), कस्तूरी मृग (Musk Deer), उड़न गिलहरी (Kashmir Bully Flying Squirrel), बर्फानी बघेरा (Snow Leapard), भेड़िया, लोमड़ी, रीछ (Black Bear), गिद्ध, गोल्डन ईगल, बाज आदि वन्य पशु है।

3. **पूर्वी हिमालय क्षेत्र (Eastern Himalaya Hills)**—यह भाग शंकुधारी वन क्षेत्रों के अन्तर्गत ही आता है तथा अपेक्षाकृत कम बर्फ वाला है। जीवों में यहां गोरल (Goral), जंगली भैंसा (Wild Buffalo), हाथी (Elephant), जंगली सूअर (Wild Boar), साही (Porcupine), गौर (Gaur), वाह (Red-panda), भीमकाय गिलहरी (Giant Squirrel) आदि प्रमुख हैं।

4. **दक्षिण भारत तथा गंगा बेसिन क्षेत्र (South India and Ganga Basin Region)**—यह विविध प्रकार की हरियाली और वनों का क्षेत्र है। एक ओर जहां जंगलों की सघनता है वहीं शुष्क कटकीय झाड़ीयुक्त भाग भी इस संभाग में आता है। अत: यहां वन्य जीवों की विविधता और संख्या दोनों की भरमार है। इसमें मुख्यत: हाथी, गौर, सुअर, सांभर, चीतल, पारा, बारहसिंगा, काकर, चौसिंगा, कालाहिरण, चिंकारा, नीलगाय, ढोल (Wild Dog), शेर, बघेरा, बिल्ली, जरख, गीदड़, भालू, सियागोश (Caracal), बिज्जू, घड़ियाल, मगर, मगरमच्छ (Marsh Crocodile) तथा पक्षियों में गोडावन, सफेद सारस आदि हैं।

5. भारतीय मरुस्थल-थार रेगिस्तान (Indian Desert-Thar Desert)–यह सामान्यतया रेगिस्तानी क्षेत्र है तथा इसमें कच्छ और सौराष्ट्र का दलदली प्रदेश भी सम्मिलित कर लिया जाता है। यहां वन्य प्राणियों में जंगली गधा, काला हिरन, चिंकार, नीलगाय, बघेरा, भेड़िया, रेगिस्तानी गीदड़, बिल्ली, सियागोश, रेगिस्तानी लोमड़ी (Desert Fox), गोह बामनी, फुरसा सांप (Sascaled Wiper), तिलोर, मोर, हाक (Tiny Eagle) आदि हैं।

6. उष्णदेशीय सदाबहार वन अथवा इंडोमलायन उपखण्ड (Tropical Forests or Indo-Malayan Region)–घनी वर्षा वाली असम, जयन्ती तथा खासी पर्वत श्रेणियों, पश्चिमी घाट तथा नीलगिरी पर्वत इसमें शामिल हैं, अत: घने और लम्बे वृक्षों की बहुतायत है। यहां नीलगिरी ताहर, नीलगिरी भारटेन, ऊदविलाव, सुनहरी लंगूर, नीलगिरी लंगूर, असमी बन्दर, नागाहिल बन्दर, पूंछ विहीन बन्दर (Stump Tailed Macaque), कई किस्म की बिल्लियां, चमगादड़, उड़न गिलहरी, आदि बहुतायत से प्राप्य हैं। इसके साथ ही अण्डमान निकोबार द्वीपों के वन्य प्राणियों में अण्डमानी सुअर, केकड़ा, भक्षी बन्दर, डॉलफिन, किलर ह्वेल, पक्षियों में अण्डमानी धनेश (Narcodum Hombill), निकोबारी कबूतर (Nicobar Pigeon), सरीसृप में मगरमच्छ, जलीय गोह (Water Lizard), हरी छिपकली (Green Lizard), सांप (Coral Snake), समुद्री सांप, निकोबारी अजगर, हरा कछुआ (Green Turtle) आदि मिलते हैं।

भयाक्रान्त, संकट ग्रस्त और विलुप्त प्रजातियां (Threatened, Endangered and Extinct Species)

पृथ्वी पर भूगर्भ इतिहास साक्षी है कि पेड़-पौधों व जीव-जन्तुओं की प्रजातियां निरन्तर विकास एवं विनाश की प्रक्रियाओं से गुजरती रहती हैं। इसी विकास क्रम में अनेक प्रजातियों का विलोप व नयी प्रजातियों का आगम भी सम्मिलित है। यदि आदिकाल से आज तक के विकास के क्रम का आंकलन किया जाये तो ज्ञात होता है कि तत्कालीन लगभग 99% प्रजातियों का विलोप हो चुका है या संकटापन्न स्थिति (अर्थात् विलुप्त होने के निकट) में है। इस कार्य म्रें मनुष्य की गतिविधियों का बहुत बड़ा हाथ है।

इस बात का अनुमान लगाना सहज नहीं है कि कौन-कौन सी प्रजातियां अपने मूल स्थानों से विलुप्त हो चली हैं। कई प्रजातियों की तो खोज ही उनके विलुप्त होने पर की जा रही है। (जैसे डायनासोर की खोज) भविष्य में वैज्ञानिकों का अनुमान है कि वर्ष 2020 तक जैव विविधताओं का 25% भाग जंगलों की कटाई

के कारण समाप्त हो जायेगा। एक अनुमान के अनुसार वर्तमान 3956 प्रजातियां खतरे में 3647 संकटापन्न (Endangered) तथा 7240 प्रजातियां विलुप्त हो चुकी हैं।

प्रजाति विलुप्तिकरण के कारण (**Causes of Extinct of Species**)–प्रजाति विलुप्तिकरण तथा संकटापन्नता के पीछे वैज्ञानिकों ने चार प्रमुख कारण बताये हैं–

1. **वातावरण परिवर्तन**–प्रजातियों के मूल आवासीय स्थानों का स्वरूप परिवर्तनों से विशिष्ट प्रजातियों के प्राकृतिक मूल आवासीय स्थानों (Habitalt) में 9% हानि होती है तो उसमें सामान्यत: 5% प्रजातियों का खतरा उत्पन्न हो जाता है।

2. **व्यापारिक कृषि**–प्रजातियों पर उत्पन्न होने वाले संकट तथा विलुप्तिकरण में व्यापारिक कृषि ने विशेष भूमिका निभाई है। व्यापारिक कृषि के लिये प्रजातियों का अंधाधुंध दोहन हुआ है। आज अफ्रीकी हाथियों के विलुप्त होने से यह महत्त्वूपर्ण कारण माना जाता हैं। अनेक जंगली जानवर जैसे–बाघ, चीते, शेर आदि इसी उद्देश्य के कारण संकट में हैं।

3. **प्रदूषण**–प्रदूषण के कारण प्रजाति विनाश में सबसे अधिक वृद्धि हो रही है। वर्तमान एवं गत शताब्दी में इस प्रदूषण जैसे अभिशाप ने बहुत हानि पहुंचायी है। कृषि में रसायनों के अत्यधिक प्रयोग के कारण अनुवांशिक विविधता नष्ट हुई है। खाड़ी युद्ध, तेल कुओं, की आग व तेल रिसाव ने पृथ्वी पर जहर घोल दिया है, जिससे अनेकों पक्षी तघ्था झीलों की हजारों किस्म की मछलियों को समाप्त कर दिया है। वायु प्रदूषण व अम्लीय वर्षा से यूरोप, उत्तरी अमेरिका के जंगलों की अनेक प्रजातियां, आवासीय भवनों, यहां तक कि मनुष्य को भी स्वास्थ्य सम्बन्धी अनेक प्रकार से हानि हुई है।

4. **विदेशी प्रजातियों का आगमन**–विदेशी या मूल पर्यावरण से अलग तरह की प्रजातियां जब किसी नवीन पर्यावरण में आती हैं तो वह मूल प्रजातियों के प्राकृतिक परिवेश पर कब्जा करके और प्रतियोगिता करके उनके आवास को बदल देती है, जो मूल प्रजातियों के रहने का बिल नहीं रहता और मूल प्रजातियां धीरे-धीरे संकटग्रस्त होकर विलुप्त हो जाती हैं।

प्रजाति व स्पीशीज विलुप्तिकरण के परिणाम (**Consequences of Extinct of Species**)–स्पीशीज या प्रजातियों के नष्ट होने से परिस्थितिकी तंत्र को भारी मात्रा में दूरगामी हानि उठानी पड़ती है। इन असंख्य स्पीशीज की जीन परक विविधता तथा जैविक ऊर्जा कृषि, औषधि तथा उद्योगों के लिये अति मूल्यवान है। इन सूक्ष्म प्राणियों का महत्व पारिस्थितिकी तंत्र की उत्पादकता तथा सक्रियता के लिये बहुत अधिक है। विद्वान इस बात पर एकमत हैं कि इन विविध प्रजातियों

का जितना अधिक विनाश अब हो रहा है उतना पहले कभी नहीं हुआ था। उष्णकटिबन्धीय वन जो विश्व के 7% क्षेत्र पर फैले हुए हैं, विश्व की कम से कम 60 लाख प्रजातियों में से 90% के आवास हैं। परन्तु इन वनों के नष्ट होने से यह प्रजातियां समाप्त होने के कगार पर हैं। प्रजातियों के विलुप्त होने के कुछ उदाहरण WCED द्वारा इस प्रकार दिये गये हैं।–

(*i*) 1950 ई० तक मेडागास्कर के पूर्वी वन क्षेत्रों में पौधों की 12 हजार तथा पशुओं की 190 हजार ऐसी प्रजातियां थीं जो विश्व में अन्यत्र नहीं मिलती। अब इस वन का मात्र 7 प्रतिशत भाग शेष बचा है जिसके परिणामस्वरूप लगभग 50% से अधिक प्रजातियां विलुप्त या समाप्त हो गयी हैं।

(*ii*) मध्य अफ्रीका में मालावी झील में मछलियों की 500 प्रजातियां मिलती हैं। जिनमें से 90% विश्व में अन्यत्र कहीं नहीं हैं। अब यह झील प्रदूषण से अक्रान्त है अत: इसमें दुर्लभ प्रजाति की मछलियों का जीवन घोर संकट में है।

(*iii*) 1960 ई० के पश्चात् इक्वेडोर के वन केला की कृषि, खनिज तेल के कुओं तथा मानव बसाव के कारण अन्धाधुन्ध रूप में काटे गये हैं। इसके परिणामस्वरूप इन वनों में मिलने वाली 50 हजार प्रजातियों में से 60% प्रजातियां ऐसी थीं जो सर्वत्र सुलभ नहीं थी परन्तु, अब यह प्रजातियां लुप्त प्राय: हो गयी हैं।

अतएव, प्रजातियों के विनाश स्वरूप विविध प्रकार के अधिक उत्पादन प्रदान करने वाले पौधे एवं पशुओं का मूलस्रोत जिसे चीन भण्डार कहा गया है समाप्त हो रहा है। इन विविध प्रजातियों के विनाश से केवल विद्यमान कृषि, औषधि एवं उद्योगों को कच्ची सामग्री के विविध स्रोत ही नहीं समाप्त हुए हैं बल्कि शीघ्र ही जीन अभियंत्रण (Genetic Engineering) के विकास के सम्भावना भी समाप्त हो जायेगी।

लुप्तप्राय वन्य जीव
(Threatened Wild Life of Species at Verge of Extinct)

भारत में आज बहुत सी प्रजातियां तो नष्ट होकर समाप्त हो गईं। अनेक जातियां विनाश के कगार पर हैं और लुप्तप्राय होने की स्थिति में हैं। वन्य शेर अफ्रीका के बाद भारत में ही पाया जाता था, जिसका आज केवल नाम रह गया है अथवा रह गये हैं वह चित्र जिनसे पिछले इतिहास की पुष्टि हो सकती है। इसके लिये आज जिन कारणों को बताया जा सकता है वह हैं–

1. विगत वर्षों में राजा-महाराजा व जागीरदार लोग अपने शोक के लिये वन्य पशुओं (शेर, बघेरा, चीता, रीछ आदि) का शिकार करते थे और इन पशुओं की खालों को अपने खास कमरे में लगाया करते थे। बाहर से आने वाले मेहमानों के लिए विशेष शिकार की व्यवस्था आम बात थी।
2. भारी जनसंख्या के दबाव के कारण घने जंगल, जो इनके सुरक्षित आवास थे, कृषि उत्पादन, कमान निर्माण और बाँधों तथा बिजली उत्पादन केन्द्र बनाने हेतु काटे गये। वन्य जीवों का असुरक्षित स्थानों सें पलायन हुआ और वह मर गये अथवा मार दिये गये। अत: संख्या पर उसका प्रभाव पड़ा।
3. घने जंगल अथवा वन्य जीव आवास गृहों के सुरक्षित क्षेत्र में घरेलू और पालतू जानवरों के प्रवेश से वहां की घास आदि में अत्यधिक कमी आई। जंगल का प्राकृतिक सन्तुलन बिगड़ गया। भोजन शृंखला में विघ्न पैदा हुआ। अंतत: वन्य जीवों का स्वत: पारिस्थितिकी तंत्र नष्ट हो गया। पानी की कमी भी एक कारण बनी।
4. मांस, खालें, बाल, आईवरी तथा जीव विशेष के सींगों की मांग से अनाधिकृत रूप से शिकार करने को बढ़ावा मिला और बहुतायात से वन्य जीव समाप्त हो गये।
5. वनों की रक्षा को तैनात प्रशासन तंत्र की क्षमता भी उतना प्रभावी नहीं हो सकती जितनी अपेक्षा थी। अत: चोरी छिपे शिकार, ग्रामीण लोगों का अवैध प्रवेश, प्रतिबन्धित क्षेत्र में अत्यधिक चराई और वन-अग्नि (Forest Fire) आदि कई समस्याओं ने वन क्षेत्रों की सार्थकता को कम कर दिया। वन्य प्रणी प्रभावित हुए।

और भी अनेक इस प्रकार के कारण हो सकते हैं, जिनका प्रभाव वन्य पशुओं पर पड़ा है। विभिन्न प्रकार की कीटनाशी दवाइयों के प्रयोग ने कीट-पतंगों को नष्ट किया है तो अनेक जलचर कुछ मानव स्वार्थ पूर्ति हेतु। कुछ समुद्रीय प्रदूषण के कारण और कुछ उनकी कोई सुरक्षा न होने के कारण काल के ग्रास बन गये। इस सबसे मिलाकर प्रकृति तंत्र को गड़बड़ाया है और नष्ट किया हैं नि:संन्देह यह चिन्ता का विषय है और हर स्तर पर इन वन्य जीवों की रक्षा करना, इनकी प्रजाति को बढ़ने देने हेतु प्रयास आवश्यक हैं।

यह भी बहुत महत्त्वपूर्ण और उल्लेखनीय है कि चाहे थल हो या जल, प्रत्येक तंत्र में एक भी प्रजाति अथवा श्रेणी के जीवों की कमी से ही सारी भोजन शृंखला (Food Chain) टूटने लगती है ओर उसका सारा असर पूरे वन्य जीव तंत्र पर पड़ता है।

रेड-डेटा बुक (The Red Data Book)

प्राकृतिक संरक्षण की अन्तर्राष्ट्रीय संस्था (International Union for Conservation of Nature and Nature Resources—IUCN) ने अपने अधीनस्थ 'सरवाइवल सर्विस कमीशन' (Survival Service Commission) संस्थान के द्वारा एक विशेष लाल किताब (Red Book) का प्रकाशन किया है। इसमें सभी प्रकार की वन्य जीवों सम्बन्धी जानकारी–(1) लुप्त हो रही जीव-प्रजातियां, (2) उनके आश्रय स्थल, (3) वर्तमान में उपलब्ध जीवों की संख्या और (4) लुप्त हो रहे अथवा कम हो रहे जीवों के कारण, दी गई है। इसी पुस्तक में विशेषज्ञों द्वारा विभिन्न वन्य प्राणियों की लुप्त हो रही प्रजातियों को बचाने के लिये मार्गदर्शन भी दिया गया है।

इसकी अब तक पांच पुस्तकें अन्तर्राष्ट्रीय रेड-बुक (International Red Book) प्रकाशित हो चुकी हैं जिसकी प्रथम पुस्तक का प्रकाशन 1 जनवरी, 1972 को हुआ था।

1. प्रथम पुस्तक	236 प्रजातियां (292 उप-प्रजातियां	स्तनधारी (Mammals)
2. द्वितीय पुस्तक	287 प्रजातियां (341 उप-प्रजातियां)	पक्षी (Birds)
3. तृतीय पुस्तक	37 प्रजातियां एवं उप-प्रजातियां तथा 119 प्रजातियां एवं उप-प्रजातियां	मरुस्थलीय उभयचर (Amphibians) सरीसृप-रेंगने वाले (Reptiles)
4. चतुर्थ पुस्तक	दुर्लभ एवं अप्राप्य प्रजातियां एवं उप-प्रजातियां	मछलियां (Fishes)
5. पंचम पुस्तक	दुर्लभ एवं अप्राप्य प्रजातियां एवं उप-प्रजातियां	पौधे-वनस्पतियां (Plants)

प्रत्येक रेड-बुक में प्रजातियों का निम्नलिखित चार मुख्य भागों में वर्णन है–

1. लुप्त प्राय: या लुप्त हो रही प्रजातियों जिनके बचाव का पूरा ध्यान रखना आवश्यक है (यह जानकारी लाल रंग के पृष्ठों पर मुद्रित है।)
2. ऐसी दुर्लभ प्रजातियां जो संख्या में बहुत कम है और कुछ निश्चित स्थानों पर ही उपलब्ध है। इनके बारे में यह आशंका है कि यह कहीं समाप्त न हो जाये (यह जानकारी सफेद रंग के पृष्ठों पर मुद्रित है।)
3. लुप्त हो रही ऐसी प्रजातियां जिनकी संख्या निरन्तर और तेजी से कम होती जा रही है (यह जानकारी पीले रंग के पृष्ठों पर मुद्रित है।)

4. ऐसी प्रजातियां जिनके बारे में आशंका है कि वह कम हो रही है, पर जिनके बारे में पूरा विवरण उपलब्ध नहीं है।

राष्ट्रीय स्तर पर भी रेड-बुक बनाई गई है और इनमें राष्ट्र स्तर की नियमित प्रविष्ठियों के किये जाने का प्रावधान है। वास्तव में यह वन्य जीव, पौधे तथा वनस्पतियों की रक्षा के लिये एक ऐसा प्रयास है जिससे दुर्लभ अथवा कम होने वाली प्रजातियों को पूर्ण वैज्ञानिक रूप से बचाने की योजना बनाने तथा उसी क्रियान्विति का अवसर मिलता है।

वन्य जीव सम्पदा का महत्व
(Importance of Wild Life Commodity)

संसार में वन्य जीवों का अपना विशेष महत्व है ये प्रकृति का सन्तुलन बनाने में सहायक है। इनका क्षेत्र केवल पर्यावरणीय ही नहीं, बल्कि शेष वैज्ञानिक, आर्थिक तथा सांस्कृतिक भी हैं। इन पर संक्षिप्त टिप्पणियां यहां दी जा रही हैं–

1. **ये जंगल की सघनता तथा उसकी हरीतिमा बनाये रखते हैं**–जिन जंगलों में वन्य पशु रहते हैं वहां सामान्यत: न तो कोई घरेलू पालतू पशु घुसपाते हैं और न ही सामान्य आदमी अपना प्रवेश ले पाते हैं। परिणामस्वरूप वन-सम्पदा के ह्रास की सम्भावनाएं बहुत ही कम हो जाती हैं और इसके विपरीत जंगल निर्बाध रूप से पनपते हैं। शाकाहारी जीवों की यथेष्ट भोजन मिलने से भोजन शृंखला की गति बनी रहती है। मांसाहारी शीर्षस्थ वन्य जीव सनतुलन बनाये रखते हैं। वृक्षों की सघनता बढ़ती है और शुद्ध पर्यावरण बना रहता है।
2. **ये पर्यावरण की शुद्धता के सही सूचक हैं**–वन्य जीव चाहे स्थलीय हो, जलचर हो अथवा उभयचर हो, इनकी खास उपस्थिति शुद्ध और अशुद्ध पर्यावरण की सूचना अत्यन्त प्रभावी रूप से देती है। उदाहरण के लिये एक घरेलू मक्खी की उपस्थिति जहां प्रदूषित वातावरण (पर्यावरण) बताती है वही एक भंवरा (Black Bee) विशुद्ध वातावरण का द्योतक है; यदि किसी जल स्रोत के इर्द-गिर्द भारी संख्या में टिलुआ (Black Winged Stilts), जिरिया (Ring Plover) तथा टिटहरी (Sand Pipers) मिलते हों, तो यह पानी की गुणवत्ता (Chemical Properties) में कमी बताते हैं लेकिन यदि वहीं बड़ी कुररी (River Terms), राम चिरैया (King Fishers) अथवा बत्तख (Teals) आदि की अधिकता हो तो निश्चय ही वह जल स्वच्छ है और पीने योग्य है। आकाश में पक्षियों का अभाव वायु-प्रदूषण इंगित

करता है वहीं हुद-हुद (Hoopoe), खंजन पक्षी (Wegtails) और शकरखोरा (Subbirds) हरियाली और शुद्ध पर्यावरण में ही आते हैं और भी ऐसे कई अन्य उदाहरण सम्भव हैं जो उक्त बात की सत्यता को प्रतिपादित करते हैं।

3. **ये प्रदूषण कम करके स्वच्छ पर्यावरण प्रदान करते हैं**–कुछ वन्य जीव ऐसे भी हैं, जैसे गीदड़, जंगली सुअर और बिज्जू जो वन क्षेत्र की गंदगी को समाप्त कर देते हैं। गिद्ध, कौवे तथा क्रोंच पक्षी सड़े-गले जानवरों को चट कर जाते हैं। बुलबुल, तोता और कई प्रकार के पक्षी पेड़ों से गिरने वाले फूल-फल-पत्तियों का उठा ले जाते हैं और इस प्रकार वनों की सफाई में योगदान देते हैं। कछुआ, मछली, मगर आदि इसी प्रकार पानी की गंदगी को मिटा देते हैं और पानी को स्वच्छ रखते हैं

4. **ये जैविक नियंत्रण बनाये रखते हैं**–प्रकृति में अनेक प्रकार के पशु, पक्षी, कीट-पतंग और जलचर हैं। इनकी वृद्धि इनके अपने नियमानुसार होती है, लेकिन प्रकृति में ही कुछ ऐसा प्रावधान है कि इनमें से प्रत्येक की संख्या का वह अपने शाश्वत नियमों के अनुसार नियंत्रण में रखती है। वैसे वन्य जीवों की भोजन श्रृंखला के अन्तर्गत भी शाकाहारी और मांसाहारी जीत्रों में अन्ततः एक सन्तुलन रहता है। इस सन्दर्भ में हम यदि चूहे का उदाहरण लें तो यह जानें कि एक दिन में 7 चूहे एक मनुष्य का भोजन चट कर जाते हैं और इनकी वृद्धि भी इतनी तीव्र है कि एक नर-मादा चूहे का जोड़ा एक वर्ष में 880 बच्चे पैदा कर सकता है; और यदि एक जोड़ा अपनी संतति सहित 7 वर्षों तक की अवधि तक सन्तानोत्पत्ति करता रहे तो यह संख्या 9 खरब से ऊपर हो जायेगी (9,40,37,00,00,000), लेकिन सांप, चीलें, उल्लू, बिल्लियां, लोमड़ी, नेवला, तिलोर आदि इन्हें चट कर जाते हें और इनकी संख्या में वृद्धि नहीं होने देते। इसी प्रकार अनेक कीट-पतंगे भी दूसरे कीड़ों और पक्षियों का भोजन बनते हैं। इसी सन्दर्भ में टिड्डियों का उदाहरण भी कम दिलचस्प नहीं है। जब यह चलती है तो अरबों और खरबों की संख्या में होती है और जहां पर बैठती है, वहां की वनस्पति का सफाया कर देती है, लेकिन अनेक पक्षी जिनमें कौए, मैना, गोडावन, गिरगिट आदि शामिल हैं, इन्हें स्रोत पर ही नहीं बढ़ने देते। इस प्रकार वन्य जीव पर्यावरण में जैविक नियंत्रण रखते हैं।

5. **यह आहार के सम्पूरक हैं**–वन्य जीव प्रोटीन युक्त मांस देते हैं और इस क्रम में तीतर, चिकोर, हरियल, हिरन, खरगोश, सूअर आदि गिने जा

सकते हैं। मछली, केकड़ा, सांप, झींगा आदि भी भोजन के अंग बने हैं। इससे अन्न की कमी की पूर्ति हुई है।

6. **यह विशेष खाद की पूर्ति कर देते हैं**–अपनी स्वाभाविक प्रक्रिया के अनुरूप जब यह चलते हैं, उड़ते हैं तो इनकी बीटें रास्तें में ही गिर जाती हैं। इन बीटों का खाद के रूप में प्रयोग बहुत लाभप्रद हुआ है।
7. **ये शोध प्रक्रिया के साधन बनते हैं**–विश्व में निरन्तर मानव जीवन को और सुखमय बनाने तथा उनके कष्ट दूर करने के लियें शोध होते रहते हैं। उनमें चूहे, बन्दर, खरगोश आदि को प्रयोग हेतु काम में लेते हैं।
8. **यह आर्थिक समृद्धि के भण्डार हैं**–वन्य जीवों को अलग-अलग इतने आर्थिक लाभ के लिये काम में लिया जाता है कि इनकी सूची समंकित करना भी अत्यन्त कठिन है। हाथी दांत, गैंडा और जंगली भैंसा सींग, मृग-कस्तूरी, शेर-बघेरा-चीता-सांप और मगर की खालें बहुत ऊँची कीमतों पर विदेशों में बिकती हैं। अनेक जीवों से कपड़े की पोशाकें, सौन्दर्य प्रसाधन और औषधि निर्माण होता है। कुल मिलाकर यह आर्थिक सम्पन्नता के आधार हैं।
9. **ये स्वस्थ मनोरंजन व ज्ञान प्रदान करते हैं**–अनेक टूरिस्ट (विदेशी व स्वदेशी) वन्य जीव स्थलों को देखने जाते हैं और वन्य जीवों के कार्यकलापों से मनोरंजन भी प्राप्त करते हें। विविध प्रकार का बहुमूल्य ज्ञान भी अप्रत्यक्ष रूप से अर्जित होता है। वन्य जीवों के संरक्षण हेतु मानस भी लोगों में बनता है जो शुभ लक्षण है।
10. **ये पुरातन सांस्कृतिक गरिमा की याद दिलाते हैं**–भारत धर्म और संस्कृति का देश रहा है। वन्य जीवों के संरक्षण हेतु इनकों अनेक त्यौहारों और पर्वो से जोड़ने के पीछे एक पुष्ट आधार था, जिससे लोग इन्हें बचाये रखें। नागपंचमी (नाग देवता), दशहरा पूजन (अश्व), गोवर्धन पूजा (गोवंश), शिवरात्रि (नन्दी पूजन) आदि ऐसे ही उदाहरण है। इनके अलावा भी मछलियों को आटे की गोली, चींटियों को आटा, गाय को गोग्रास, कुत्ते को रोटी आदि को इसी सन्दर्भ में सम्मिलित किया जा सकता है।

जैव विविधता ह्रास के कारण

जातियों के लगातार कम होने व जैव विविधता के ह्रास के मुख्य कारण हैं–

1. आवास का विनाश (Habital Loss)–विलुप्त होती प्रजातियों का मुख्य कारण उनके प्राकृतिक आवासों का खत्म होना है। मानव ने अपनी विभिन्न

आवश्यकताओं की पूर्ति के लिये (आवास, पुल, हाइवे, फैक्ट्री, खेती) निरन्तर जंगलों को काटा। वन या जंगल जीव-जन्तुओं व पौधों के प्राकृतिक आवास होते हैं जिनके खत्म होने से कई प्रजातियां विलुप्त हो गईं। इसका मुख्य उदाहरण हमारे देश में Western Ghate पर खत्म होती तितलियों की प्रजातियां हैं। यहां पाई जाने वाली 370 तितलियों में से 70 विलुप्त हाने के कगार पर हैं।

2. शिकार (Poaching of Wild Life Hunting)–आदिकाल से मानव अपने शौक या आहर के लिये जानवरों का शिकार चला आ रहा है। मानव द्वारा जंगली जानवरों का शिकार बढ़ता जा रहा है। इसका मुख्य कारण जानवरों से मिलने वाली बहुत सी व्यापारिक वस्तुयें हैं। जानवरों के दांत, खाल, फर, सींग, बहुत से कास्मेटिक, सजावट, इत्र, कपड़े आदि बनाने के काम आते हैं। एक सर्वेक्षण के अनुसार भारत में बढ़ता चीतों का शिकार, दक्षिण-पूर्व एशिया और चीन में बढ़ती चीतों की हड्डियों की मांग के कारण है। यहां की दवाईयों की फैक्ट्री में प्रतिवर्ष 100 चीतों की हड्डियां काम में लाई जाती है। पिछले सात सालों में एक तिहाई अफ्रीकन हाथी लगभग 3000 टन हाथी दांत के कारण शिकार किये गये।

3. चिड़ियाघर एवं अनुसंधान के लिये पकड़ (For Zoo and Researches)–जन्तुओं व वनस्पतियों को पूरे विश्व से विभिन्न तरह के अनुसंधान व सर्कस के लिये पकड़ा जाता है। जहां उन्हें उनकी मूलभूत सुविधायें नहीं मिल पातीं और मृत्यु दर बढ़ जाती है।

4. जलीय प्रदूषण (Water Pollution)–यह विलुप्त होती जलीय जातियों का मुख्य कारण है। इसके अलावा वातावरण में बढ़ती हानिकारक गैसें, अम्ल वर्षा, ओजोन ह्रास, विश्वस्तरीय गर्मीकरण आदि जीवों पर हानिकारण प्रभाव डालती है जिससे उनकी संख्या कम हो रही है।

5. जंगलों का विनाश (Depletion of Forests)–बढ़ती जनसंख्या इसका मुख्य कारण है। मानव जनसंख्या लगातार बढ़ रही है। जिसके साथ-साथ उसकी जरूरतें बढ़ रही हैं। इस कारण वह जंगलों को साफ करके अपने रहने के लिये भूमि तैयार कर रहा है। इसके अलावा अपनी विभिन्न जरूरतों जैसे भोजन, कपड़े, लकड़ी आदि के लिये वह पूरी तरह से वनों पर निर्भर है। इन्हें लगातार काटकर वह इन जरूरतों को पूरा कर रहा है। लेकिन इससे जंगली जीवन बुरी तरह से प्रभावित हो रहा है और जंगली जन्तु व वनस्पतियों की संख्या कम हो रही है।

उपरोक्त कारणों से यह स्पष्ट है कि विलुप्त होती जातियों व जैव विविधता के ह्रास के लिये मूल रूप से मानव ही जिम्मेदार है अगर वह अपनी आवश्यकताओं को कम करें तथा वनों के विनाश को रोके तो पृथ्वी जैवविविधता सम्पन्न हो सकती है।

वन्य जीव सुरक्षा एवं संरक्षण
(Protection and Conservation of Wild Life)

भारत में प्रशासनिक तौर पर वन्य पशु (जीव) की सुरक्षा और संरक्षण का समस्त उत्तरदायित्व विभिन्न राज्य तथा केन्द्र प्रशासित प्रदेशों की सरकारों को सौंपा हुआ है, लेकिन ऐसे निर्देश जो नीति के अन्तर्गत आते हों और समान रूप से पूरे देश में लागू किये जाने हों, वह भारत सरकार के वन एवं पर्यावरण मन्त्रालय से ही अन्तिम रूप में प्रसारित होते हें वन्य जीवों की संरक्षा ओर संरक्षण हेतु पिछले लगभग दो दशकों से केन्द्र स्तर पर ऐसे अनेक प्रयास हुए हैं। जो निम्नलिखित हैं–

1. वन्य प्राणी (संरक्षण) अधिनियम, 1972 (The Wild Life Protection Act, 1972)–वन्य जीवों की सुरक्षा के लिए वन्य जीव (सुरक्षा) अधिनियम, 1972 पारित किया गया जिसमें वन्य जीवों के कल्याण से सम्बन्धित अनेक बिन्दु अत्यन्त प्रभाव रूप से सम्मिलित है। इस पर भी उसमें आवश्यकतानुसार संशोधन प्रथम 1986 में तथा द्वितीय 1991 में किये गये हैं। अधिनियम की क्रियान्विति हेतु भारत सरकार के वन्य जीव संरक्षण निदेशक की सहायता के लिये नई दिल्ली, मुम्बई, कोलकात्ता और चेन्नई में चार उपनिदेशक हैं। संकटापन्न प्रजातियों के अन्तर्राष्ट्रीय व्यापार सम्बन्धी कार्यों के सफल निष्पादन करने की जिम्मेदारी भी उन्हीं की है तथा वे वन्य जीवों की सुरक्षा और वन्य जीवों से सम्बन्धित व्यापार और वाणिज्य नियमों को लागू करने में स्थानीय अधिकारियों की सहायता भी करते हैं, जिसमें इन जीवों का आयात और निर्यात भी शामिल है।

यह उल्लेखनीय है कि इससे पूर्व भी वन्य जीवों की सुरक्षा के लिये निम्नलिखित अधिनियम बनाये गये थे। इनका उपयोग वन्य जीव संरक्षण हेतु होता रहा है।

1. मद्रास वन्य हाथी संरक्षण अधिनियम, 1873
   (The Madras Wild Elephnat Preservation Act, 1873)
2. अखिल भारतवर्षीय हाथी संरक्षण अधिनियम, 1879
   (All India Elephant Preservation Act, 1879)
3. वन्य पशु और पक्षी संरक्षण अधिनियम, 1912
   (The Wild Birds and Animals Protection Act, 1912)
4. बंगाल गेंडा संरक्षण अधिनियम, 1932
   (The Bengal Rhinoceros Protec-tion Act, 1932)
5. असम गेंडा संरक्षण अधिनियम 1954
   (The Assam Rhinoceros Protec-tion Act, 1954)

2. भारतीय वन्य जीव बोर्ड की स्थापना (Establishment of Indian Board of Wild Life—IBWL)–इस वन्य जीव बोर्ड की स्थापना सन् 1952 में की गई थी तथा वन्य जीवों के लिये अनेक कार्य इस बोर्ड द्वारा कियसे गये जिनमें मुख्यत: राष्ट्रीय उद्यानों तथा वन अभयारण्यों के निर्माण का नाम उललेखनीय है। इस बोर्ड के मनोनीत अध्यक्ष भारत के प्रधानमंत्री होते हैं। सन् 1991 में इसका पुनर्गठन किया गया जिसमें इसके निश्चित कार्यों का पुन: निर्धारण किया गया है, जिनमें–

(1) वन्य जीवों की सुरक्षा और संरक्षण हेतु भारत सरकार तथा राज्य सरकारों को सलाह देना,

(2) राष्ट्रीय उद्यान, वन अभयारण्य तथा प्राणी-उद्यानों की देख-रेख सम्बन्धी सलाह और सुझाव,

(3) वन्य जीवों तथा उनसे निर्मित वस्तुओं के आयात में सरकार को सुझाव देना,

(4) वन्य जीवों के प्रति लोगों की दिलचस्पी जाग्रत करना,

(5) समय-समय पर वन्य जीवों की सुरक्षा ओर संरक्षण की स्थिति का अध्ययन करना आदि शामिल हैं। वस्तुत: भारतीय वन्य जीव बोर्ड वन्य जीव सम्बन्धी नीति बनाने के लिये देश की शीर्षस्थ सांविधिक संस्था है।

3. भारतीय जीव-जन्तु कल्याण बोर्ड (Animal Welfare Board of India)–वन एवं पर्यावरण मंत्रालय भारत सरकार के अन्तर्गत इस बोर्ड की स्थापना जीव-जन्तुओं के कल्याण के लिये की गई है। यह एक स्वायत्त सहायता अनुदान संस्थान है जिसके निम्नलिखित प्रमुख कार्य हैं–

1. जीव-जन्तु कल्याण की योजनाओं और उनकी क्रियान्विति को बढ़ावा देना।
2. वन्य जीवों पर अत्याचारों को रोकना, तथा
3. वन्य जीव-जन्तुओं के लिये कल्याण संगठनों को आश्रय गृहों, पशु-संक्षरण स्थलों और आवारा पशुओं के इलाज के लिए पशु-चिकित्सा अस्पताल चलाने के लिये वित्तीय सहायता उपलब्ध कराना।

4. राष्ट्रीय उद्यान और वन अभयारण्यों की स्थापना (Establishment of National Parks and Wild Life Sanctuaries)–वन्य जीवों की समुचित सुरक्षा और संरक्षण देने हेतु राष्ट्रीय उद्यान तथा वन अभयारण्य अत्यन्त महत्त्वपूर्ण भूमिका का निर्वाह कर प्रभावी रहे हैं। वर्तमान में इनकी संख्या 578 (89 राष्ट्रीय उद्यान और 489 वन अभयारण्य है। जो 1.53 लाख वर्ग किमी क्षेत्र में फैले हुए

है। इनके रख-रखाव के अनके मत हैं, जिन पर भारत सरकार द्वारा 50% से 100% तक वित्तीय सहायता दी जाती है।

5. विशिष्ट प्रजातियों के लिये विशेष संरक्षण योजनाएं (Special Conservation Schemes for Particular Species)

1. प्रोजेक्ट टाइगर योजना (Project Tiger Scheme)–देश में बाघों की महत्त्वपूर्ण जनसंख्या के संरक्षण को सुनिश्चित करने के लिए 'बाघ परियोजना' 1 अप्रैल, 1973 से प्रारम्भ की गई थी।

2. अन्य योजनाएं (Other Schemes)–उपर्युक्त योजना के ही समतुल्य कुछ अन्य जीवों के लिए भी निम्नलिखित योजनाएं प्रारम्भ की गई हैं–

वन्य प्राणी का नाम	प्रारम्भ वर्ष
1. हगुल (Hangul)	1970
2. शेर (Lion)	1972
3. मगर (Crocodile)	1974
4. हिरन (Brown Antlered Deer)	1981
5. गेंडा (Rhinoceros)	1987
6. हिम चीता (Snow Leopard)	1987
7. हाथी (Elephant)	1991।

इनका अधिकृत रूप से विस्तृत विवरण भारत सरकार के वन एवं पर्यावरण मंत्रालय से प्रतीक्षित है।

6. प्राणी उद्यान (Zoological Parks)–वन्य जीवों के प्रति जन-साधारण में (विशेषकर बच्चों में) रुचि रखने, जानकारी बढ़ाने, संरक्षण भावना को पनपाने हेतु लगभग प्रत्येक राज्य में जीव-जन्तु गृह (Zoo's) संचालित है जिसको राज्य सरकारें नियंत्रित करती है। केन्द्रीय स्तर पर निम्नलिखित प्राणी उद्यान अपनी विशिष्टता रखते हैं–

1. राष्ट्रीय प्राणी उद्यान, नई दिल्ली (National Zoological Park, New Delhi)–राष्ट्रीय प्राणी उद्यान, नई दिल्ली में, जो 214 एकड़ भूमि में फैला हुआ है, वर्तमान में 1198 जीव हैं जो 54 स्तनपायी, 85 पक्षी तथा 16 सरीसृप प्रजातियों से है। प्रति वर्ष इस उद्यान को 16-17 लाख लोग देखते हैं। इस उद्यान का मुख्य उद्देश्य दर्शकों में वन्य जीवों के प्रतिं जागरूकता और उनके संरक्षण के प्रति रुचि जाग्रत करता है।

2. पद्मजा नायडू हिमालयन प्राणी उद्यान, दार्जिलिंग (Padmaja Naidu Himilayan Zoological Park, Darjeeling)—यह प्राणी उद्यान दार्जिलिंग में पश्चिमी बंगाल सरकार का एक स्वायतशासी संस्थान है। इसमें वन्य जीवों की अनेक संकटापन्न और दुर्लभ प्रजातियों का निवास व प्रजनन होता हैं यह उद्यान पूर्वी हिमालय क्षेत्र के जीव-जन्तुओं के व्यवहार तथा प्रजनन बायोलोजी पर अनुसंधान आयोजित करता है और आगन्तुकों को उच्च स्तर पर जीव-जन्तुओं और पेड़-पौधों के बारे में सीखने का अवसर प्रदान करता है।

3. श्री चमराजेन्द्र प्राणी उद्यान, मैसूर (Sri Chamarajendra Zoology Park, Mysore) तथा

4. नन्दाकानन जीव विज्ञान उद्यान, भुवनेश्वर (Nandankanan Biological Park, Bhubneshwar)

देश के ऐसे प्राणी उद्यान हैं, जहां चिड़ियाघर सम्बन्धी प्रशिक्षण आयोजित किये जाते हैं।

7. केन्द्रीय चिड़ियाघर प्राधिकरण (Centre Zoo Authority)—वन्य जीव (संरक्षण) अधिनियम 1972 के अन्तर्गत देश के सभी चिड़ियाघरों की देखरेख और उनमें रखे जाने वाले जीवों के संरक्षण के लिये केन्द्र सरकार द्वारा सन् 1992 में केन्द्रीय चिड़ियाघर प्राधिकरण की स्थापना की थी। इसका मुख्यालय नई दिल्ली में है। इस प्राधिकरण में 10 सदस्य, एक पूर्णकालिक सदस्य-सचिव होते हैं जिनके पदेन अध्यक्ष वन एवं पर्यावरण मंत्री भारत सरकार है। केन्द्र सरकार वित्तीय सहायता देकर जानवरों के वास तथा उनकी चिकित्सीय देखभाल की व्यवस्था करता है।

8. वन्य जीव प्रशिक्षण संस्थान, भारत (Wildlife Institute of India)—सर्वप्रथम इस संस्था का संस्थापन कृषि मंत्रालय के अन्तर्गत सन् 1982 में हुआ। बाद में इस पर्यावरण एवं वन विभाग मंत्रालय में ले लिया। इसका मुख्यालय देहरादून (उत्तरांचल) में है तथा यह संस्था एक स्वतंत्र इकाई के रूप में कार्य करती हैं इस संस्था का मुख्य उद्देश्य राजकीय तथा अराजकीय व्यक्तियों को वन्यजीव सम्बन्धी शोध, शिक्षण, देख-रेख और उनके बेहतर जीवन के बारे में सिखाना है। इस संस्था से वन्य जीवों के संरक्षण के लिये तकनीकी ज्ञान कराया जाता है।

9. वन्य जीवों की दुर्लभ (संकटापन्न) प्रजातियों का अन्तर्राष्ट्रीय व्यापार कर्न्वेशन (TheConventionofInternationalTradeinEndangeredSpecies of Wild Fauna & Flora—CITES)—वन्य जीवों की संकटापन्न प्रजातियों के अवैध अन्तर्राष्ट्रीय व्यापार को रोकने हेतु वाशिंगटन (सं. राज्य अमेरिका) कन्वेंशन पर भारत ने भी अन्य देशों के साथ हस्ताक्षर किये हैं, जिसमें वन्य जीवों के आयात

और निर्यात पर नियंत्रण लगा है। भारत से-(1) ह्वेल मछली, (2) कस्तूरी मृग, (3) कछुआ, (4) मगर, (5) गोह, (6) गेंडा, (7) हाथी दांत, (8) सांप की खालें, (9) जंगली भैंसों के सींग आदि अनेक वन्य जीव तथा उनके उत्पादों की विदेशों में बहुत मांग है। चोरी छिपे इनका अन्तर्राष्ट्रीय व्यापार एक ओर वन्य जीवों की संख्या में कमी ला रहा है, वहीं इनसे हो सकने वाली आर्थिक आय से भी हाथ धोना पड़ रहा है। उपयुक्त संस्था प्रत्यक्ष रूप से वन्य जीव संरक्षण में सहायक है।

10. विश्व वन्य जीव कोष (World Wild Life Fund — WWF)–विश्व वन्य जीव कोष, जिसका अब नया नाम प्रकृति के लिये विश्वव्यापक कोष (Worldwide Fund for Nature) हो गया है, की 1986 में सिसली में रजत जयन्ती मनाई गई। पेड़-पौधों तथा वन्य जीवों के लिये 130 देशों में, 4,000 योजनाएं बनाकर उनको सुचारू रूप से चलाये जाने का श्रेय WWF - N को जाता है। भारत में 1 अप्रैल 1973 से प्रारम्भ हुए बाघ परियोजना कार्यक्रम (Project Tiger Programme) इसका एक अनन्य उदाहरण है जिसमें उसने प्रारम्भ में 10 लाख अमेरिकी डालर का आर्थिक अनुदान दिया था। तत्कालीन भारत की प्रधानमंत्री स्व॰ श्रीमती इन्दिरा गांधी ने भी बाघों की गिरती संख्या से चिन्ता व्यक्त करते हुए अपने देश में इस योजना को शुरू करने के लिए उस समय अपने कोष से 10 लाख अमेरिकी डालर देने की सहमति दी थी। वर्तमान में देश के 14 राज्यों में 27 बाघ परियोजना रिजर्वो में अब तक लगभग 35 मिलियन अमेरिकी डालर व्यय हो चुका है।

11. वन्य जीव संरक्षण में उल्लेखनीय कार्य हेतु पुरस्कार (Award and Fellowships for Exceptional Work in the Field of Wild Life Conservation)–पर्यावरण एवं वन मंत्रालय भारत सरकार ने सन् 1995-96 से वन्य जीव संरक्षण और शोध के क्षेत्र में उल्लेखनीय कार्य करने वाले अधिकारी व क्षेत्रीय कार्यकर्त्ताओं को एक पुरस्कार (राजीव गांधी एवार्ड) तथा दो फैलोशिप (सालिम अली/कैलाश सीखला) प्रति वर्ष देने का प्रावधान किया है। इससे वन्य जीव क्षेत्र में कार्य करने वाले लोगों में उत्साह व स्पर्द्धा बढ़ेगी, जो निःसन्देह प्रशंसनीय है।

वन्य जीव संरक्षण हेतु व्यावहारिक सुझाव

(Practical Suggestions for Wild Life Conservation)

राष्ट्रीय एवं अन्तर्राष्ट्रीय स्तर पर वन्य जीव संरक्षण हेतु किये जा रहे प्रयासों का कुछ संक्षिप्त विवरण ऊपर दिया गया है लेकिन दिन-प्रतिदिन के लिये क्या करणीय (Do's) कार्य अपेक्षित है, उस हेतु कुछ सुझाव निम्नलिखित हैं–

1. राष्ट्रीय उद्यान और वन्य अभयारण्य की संख्या और निर्धारित क्षेत्रफल में वृद्धि कर वन्य जीवों के संरक्षण में और रुचि ली जानी चाहिए। इन पर

होने वाले व्यय के बजट में भी वृद्धि करनी चाहिए जिससे आवासीय स्थल को वन्य जीवों के अनुकूल बनाया जा सके।

2. अवैध शिकार, सुरक्षा क्षेत्र में घरेलू जानवरों की चराई पर और अधिक नियंत्रण और रोक लगानी चाहिए। अवैध व्यापार की रोक आवश्यक है।
3. दुर्लभ वन्य जीवों की रक्षा हेतु विशेष प्रायोजनाएं बनाई जानी चाहिए।
4. पर्यावरण शिक्षा के कार्यक्रम में वन्यजीव को भी शामिल करते हुए उसके बारे में अधिक से अधिक जानकारी बच्चों व अन्य जनसाधारण को देने की योजना की क्रियान्विति करनी चाहिए।

वन्य जीव प्रकृति सन्तुलन में अपना अलग विशिष्ट स्थान व महत्व रखते हैं। इनके संरक्षण में पर्यावरण में सन्तुलन होता है, इस भावना को बने रहने से ही जन कल्याण है।

जैव प्राद्योगिकी का महत्व

जीव-प्रौद्योगिकी की उत्पत्ति 1970 के दशक में हुई जब आणविक एवं कोशिकीय जीव-विज्ञान की नवीनतम खोजों ने नये औद्योगिक प्रतिष्ठानों को मानवता की भलाई के लिये उपयोग करने के लिए एक नया रास्ता दिखाया। जीवों या उनसे प्राप्त पदार्थों का उपयोग करके मनुष्यों के लिये मूल्यवान वस्तुओं का उत्पादन करना है। जीव-प्रौद्योगिकी है। यह एक बहुयामी विज्ञान है जिसका विकास जीव-विज्ञान, रसायन-विज्ञान व अभियांत्रिकी आदि के समन्वित उपयोग से हुआ है। जीव प्रौद्योगिकी की मोटे तौर पर सूक्ष्म जीव-प्रौद्योगिकी, पादप जीव-प्रौद्योगिकी में मुख्यत: आनुवांशिक अभियांत्रिकी के रूप में विख्याता डी॰एन॰ए॰ तकनीक (रिकाम्बिनैन्ट डी॰एन॰ए॰ टेक्नोलॉजी) प्रोटोप्लास्ट फ्यूजन, हाइब्रिडोमा टेक्नोलॉजी, कोश-संवर्धन, ऊतक संवर्धन, जननद्रव्य विकास, भ्रूण प्रतिस्थापन तकनीक, एन्जाइम व प्रोटीन संश्लेषण आदि सम्मिलित है। कृषि वानिकी, बागबानी, चिकित्सा, स्वास्थ्य, रसायनिक उद्योग, खाद्य संबंधी उद्योग, प्रदूषण नियंत्रण व पर्यावरण संरक्षण आदि में जीव-प्राद्यौगिकी के उपयोग की बहुत संभावनाएं हैं।

प्रश्न (Questions)

निबन्धात्मक प्रश्न (Essay Type Questions)

1. वन्य जीवों का वर्गीकरण किस आधार पर किया जाता है? प्रत्येक वर्ग के कुछ उदाहरण भी दीजिये।
2. रेड-डेटा बुक क्या है? इसे क्यों संधारित किया जाता है? बताइये।

3. वन्य जीव सम्पदा के महत्त्व पर टिप्पणी कीजिये।
4. वन्य जीव (संरक्षण) अधिनियम 1972 से पहले भी इस क्षेत्र में कोई अन्य अधिनियम थे? उनके नाम दीजिये।
5. भारतीय वन्य जीव बोर्ड की स्थापना के पीछे केन्द्र सरकार का क्या उद्देश्य था?

लघुत्तरात्मक प्रश्न (Short Answer Types Questions)

6. राजस्थान का पक्षी 'गोंडावन' समाप्ति के कगार पर है, टिप्पणी कीरिये।
7. केन्द्रीय चिड़ियाघर प्राधिकरण क्यों स्थापित किया गया है?
8. विश्व वन्य जीव कोष-प्रकृति की संरक्षण में क्या भागीदारी रही है?
9. वन्य जीव संरक्षण में उल्लेखनीय कार्य हेतु कौन-कौन से राष्ट्रीय स्तर के पुरस्कार दिये जाते हैं?
10. वन्य जीवों पर अत्याचार रोकने हेतु केन्द्र सरकार ने क्या कदम उठाये हैं?

वस्तुनिष्ठ प्रश्न (Objective Questions)

11. 'कोयल' को किस श्रेणी में वर्गीकृत किया गया है?
    (अ) पक्षी (ब) सरीसृप
    (स) कीट-पतंग (द) स्तनपायी
12. अन्तर्राष्ट्रीय स्तर पर प्रकाशित 'रेड-डेटा बुक' में कितनी पुस्तकें है?
    (अ) 5 (ब) 6
    (स) 1 (द) 4
13. वन्य जीव प्रशिक्षण संस्थान, भारत (Wild Life Institute of India) का मुख्यालय कहां है?
    (अ) भोपाल (ब) देहरादून
    (स) लखनऊ (द) जयपुर
14. विश्व वन्य जीव कोष प्रकृति का मुख्यालय कहां है?
    (अ) नई दिल्ली (ब) देहरादून
    (स) लखनऊ (द) जयपुर
15. कैलाश सांखला, जिनके नाम पर वन्यजीव सम्बन्धी फैलोशिप दी जाती है, मूल निवास कहां का है?

(अ) कुरुक्षेत्र (हरियाणा) (ब) झांसी (मध्य प्रदेश)

(स) जयपुर (राजस्थान) (द) नई दिल्ली

निम्न प्रश्नों में सत्य/असत्य को चिन्हित कीजिये–

16. वन्य जीव आहार के सम्पूरक भी हैं। (सत्य/असत्य)
17. भोजन श्रृंखला वन्य जीवों के कारण ही बनती है। (सत्य/असत्य)
18. कुत्ता एक वन्य जीव है। (सत्य/असत्य)
19. भारतीय वन्य जीव बोर्ड वन्य जीव सम्बन्धी नीति बनाने के लिये देश की शीर्षस्थ सांविधिक संस्था है। (सत्य/असत्य)
20. प्रस्तावित 'शेर प्रोजेक्ट' प्रायोजना भारत के शेरों को बचाने तथा उनमें संख्या वृद्धि करने का भारत सरकार का एक सरकारी प्रयास है। (सत्य/असत्य)

16

राष्ट्रीय उद्यान और अभ्यारण्य
(National Parks and Sanctuaries)

प्रस्तावना (Introduction)

वन्य जीव वनों के अनावश्यक घटक रहे और पूरे वन तन्त्र, जिसे आज हम पारिस्थि-तिकी तंत्र तथा परितंत्र (Ecosystem) के नाम से पुकारते हैं, को नियंत्रित करते रहे। पूरे विश्व के असीमित भूमि भाग पर केवल प्राकृतिक विरासत के रूप में वनों (जंगलों) का ही सघन जाल था। वन्य जीव स्वतंत्र रूप से बसते थे। हजारों वर्षों तक यह क्रम चलता रहा। मनुष्य ने जैसे-जैसे अपनी सोच में प्रगति की, वह अपने ढंग से वन उत्पादनों का उपयोग करने लगा।

वन्य जीव भी उसके भोजन के अंश बने। संभवत: यही से मनुष्य और वन्य जीवों के बीच एक उपभोक्ता (Consumer) और उपलब्ध सामग्री (Commodity) का सम्बन्ध विकसित होने लगा। इस प्रारम्भिक शुरुआत ने वन्य जीवों में असुरक्षा का भय फैलाया और वे प्रकृति दल अपने सुरक्षित आश्रय की तलाश में वनों के गहरे (सघन) क्षेत्र में धीमे-धीमे चलते गये। अत: वन्य जीवों को उपलब्धता अब सामान्यतया समान रूप से प्रत्येक स्थान पर न होकर कुछ हिस्सों और भागों तक सीमित होने लगी। जहां की जलवायु वनस्पति जिनको जहां रास आयी वह वहीं बस गये।

समय के साथ-साथ जैसे-जैसे पृथ्वी पर मनुष्य और पशुओं तथा अन्य जीव-जन्तुओं की आबादी बढ़ी वैसे-वैसे वनों की आवश्यकता का महत्त्व अधिक समझा जाने लगा और इसीलिए ऐसे सघन जंगल जो आबादी से दूर भी थे और जिन्हें मानव उपयोग से बचाया भी जा सकता था उन्हें प्रतिबन्धित किया गया। इनको ही वन अभ्यारण्य अथवा केवल अभ्यारण्य (Sanctuary) कहा गया। वस्तुत: यह वह क्षेत्र थे जहां सघन वन थे और अनगिनत विविध प्रकार के वन्य जीव थे।

पूरे विश्व में हर देश में ऐसे अभ्यारण्य बनाये गये जिनका नियंत्रण. प्रशासन उस देश की सरकार पर हुआ करता था।

कालान्तर में इनके विविध उपयोग तथा महत्त्व की दृष्टि से इनके कई नामकरण हुए। केवल प्रतिबन्धित क्षेत्र को Closed Area, प्राकृतिक सौन्दर्य को देखने और दिखाने की दृष्टि से Games Reserve तथा अत्यन्त महत्त्वपूर्ण रख-रखाव और नियंत्रण के अन्तर्गत विशिष्ट नियमों और उपनियमों से संचालित वन क्षेत्र को राष्ट्रीय उद्यान (National Parks) का नाम दिया गया।

बाद में अन्तर्राष्ट्रीय स्तर पर पारिभाषित इन संरक्षित क्षेत्रों का बड़ा स्पष्ट विभाजन कर दिया गया। वन्य जीव (संरक्षण) अधिनियम, 1972 [The Wildlife (Protection) Act, 1972] के अध्याय 4 (Chapter - IV) में राष्ट्रीय उद्यान और अभ्यारण्य (National Parks and Sanctuaries) के निर्माण, संरक्षण और कार्य प्रणाली का पूरा विवरण दिया है।

भारत में राष्ट्रीय उद्यान और अभ्यारण्य
(National Parks and Sanctuaries in India)

यद्यपि, वन संरक्षण की बात भारत में प्रथम राष्ट्रीय वन नीति, 1927 से ही प्रारम्भ हो गई थी और बाद में विश्व के अन्य देशों के अनुरूप राष्ट्रीय उद्यान और अभ्यारण्य की स्थापना भी हुई थी, लेकिन इस क्षेत्र में वास्तविक प्रगति देश की आजादी के भी बहुत बाद ही हुई।

इसका अनुमान इससे लगाया जा सकता है कि भारत जैसे विशाल भू-भाग (329 mh) वाले क्षेत्र में सन् 1990 में राष्ट्रीय उद्यानों तथा अभ्यारण्यों की कुल संख्या केवल 65 थी। लगभग पिछले 42 वर्षों के अन्तराल में इनमें आशातीत वृद्धि हुई और 31 मार्च, 2002 तक 578 ऐसे क्षेत्रों (89 राष्ट्रीय उद्यान तथा 489 अभ्यारण्य) का निर्धारण (9 गुने से भी अधिक) एक असाधारण उपलब्धि ही मानी जायेगी। पिछले कुछ वर्षों में जिस गति से बने हैं, उसका समेकित विवरण निम्नांकित सारणी में दिया गया है–

उपर्युक्त सारणी से यह ज्ञात होता है कि यद्यपि अपने देश (भारत) के कुल भूमि भाग का केवल 4 प्रतिशत ही राष्ट्रीय उद्यान और अभ्यारण्य के अन्तर्गत आता है, पर तब भी निर्धारित वन क्षेत्र (75 m) का 20.4 प्रतिशत का इस श्रेणी में लिया जाना उत्साहवर्द्धक ही कहा जायेगा।

इस प्रकार काफी भू-भाग में अच्छे वनों की आश्वस्त दिखाई देती है, जो पर्यावरण सन्तुलन की दृष्टि से देश के हित में ही है।

भारत में विगत वर्षों में राष्ट्रीय उद्यान एवं अभ्यारण्य

देश का कुल भू-भाग = 329 mh

आरक्षित वन क्षेत्र = 75 mh

[mh = मिलियन हेक्टेयर]

वन 41 मार्च की स्थिति	संख्या राष्ट्रीय उद्यान	अभ्यारण्य	कुल	वन क्षेत्र का प्रतिशत	कुल भूमि भाग का प्रतिशत
1960	—	—	65	—	—
1984	51	242	293	13.1	2.98
1985	52	244	296	13.2	3.00
1986	53	247	300	13.3	3.04
1987	59	254	313	17.6	4.01
1988	63	358	421	17.7	4.04
1989	65	388	453	18.1	4.13
1990	67	400	467	18.4	4.19
1991	70	412	482	18.5	4.22
1992	73	416	489	18.7	4.25
1993	75	421	496	18.8	4.28
1994	75	421	496	18.8	4.28
1995	80	441	521	19.7	4.47
1996	85	445	530	19.9	4.53
1997	85	445	530	19.9	4.53
1998	85	445	530	19.9	4.53
1999	85	445	530	19.9	4.53
2000	85	445	530	19.9	4.53
2001	88	490	5"8	20.4	4.65
2002	89	489	578	20.4	4.65

इन राष्ट्रीय उद्यान और अभ्यारण्य का विभिन्न राज्यों और केन्द्र प्रशासित प्रदेशों में वितरण अवलोकन आगे दी गई सारणी में करें–

भारत में प्रदेशवार राष्ट्रीय उद्यान एवं अभ्यारण्य
(31 मार्च, 2002 तक की स्थिति)

		संख्या		
	प्रदेश	*राष्ट्रीय*	*वन*	*कुल*
	उद्यान	*अभ्यारण्य*		
1.	अण्डमान और निकोबार	09	96	105
2.	आन्ध्र प्रदेश	04	21	25
3.	अरुणांचल प्रदेश	02	11	13
4.	असम	05	15	20
5.	बिहार	01	11	12
6.	चन्डीगढ़	00	01	01
7.	छत्तीसगढ़	03	10	13
8.	दादरा और नगर हवेली	00	01	01
9.	दमन और दीव	00	01	01
10.	दिल्ली	00	01	01
11.	गोवा	01	06	07
12.	गुजरात	04	21	25
13.	हरियाणा	01	07	08
14.	हिमाचल प्रदेश	02	32	34
15.	जम्मू और कश्मीर	04	15	19
16.	झारखंड	01	10	11
17.	कर्नाटक	05	21	26
18.	केरल	03	12	15
19.	मध्य प्रदेश	09	25	34
20.	महाराष्ट्र	05	35	40
21.	मणिपुर	01	03	04

22.	मेघालय	02	03	05
23.	मिजोरम	02	04	07
24.	नागालैंड	01	03	04
25.	उड़ीसा	02	18	20
26.	पंजाब	00	10	10
27.	राजस्थान	04	24	28
28.	सिक्किम	01	05	06
29.	तमिलनाडु	05	19	24
30.	त्रिपुरा	00	04	04
31.	उत्तरांचल	06	06	12
32.	उत्तर प्रदेश	01	23	24
33.	पश्चिमी बंगाल	05	15	20
	कुल	**89**	**489**	**578**

राष्ट्रीय उद्यान का कुल क्षेत्रफल = 37,496.72 वर्ग किमी

वन अभ्यारण्य का कुल क्षेत्रफल = 117.000.80 वर्ग किमी

देश का भौगोलिक क्षेत्रफल = 32.87,263 वर्ग किमी

राष्ट्रीय उद्यानों का क्षेत्रफल % = 1.14

वन अभ्यारण्यों का क्षेत्रफल % = 3.56।

राष्ट्रीय उद्यान तथा अभ्यारण्यों के रख-रखाव पर किया जा रहा व्यय (Expenditure on Maintenance on National Parks and Sanctuaries)

देश में राष्ट्रीय नीति के अनुसार सभी राष्ट्रीय उद्यान और अभ्यारण्य का प्रशासनिक विभाग सम्बन्धित प्रदेश का वन विभाग ही रखा गया है। सितम्बर 1985 में भारतीय वन्य जीवमण्डल (The Indian Board for Wildlife) ने इन क्षेत्रों पर राज्य वन विभाग के पूरे बजट का 15 प्रतिशत व्यय करने की सिफारिश की है जबकि औसतन इन पर 2 से 2.5 प्रतिशत तक से अधिक व्यय नहीं होता। इससे इन क्षेत्रों के अपेक्षित रूप से रख-रखाव के लिए स्वयंमेव प्रश्नचिन्ह लग जाता है।

वन विभाग के बजट के अनुपात में राष्ट्रीय उद्यान तथा अभ्यारण्यों पर किये जा रहे व्यय का विवरण

व्यय (लाख रुपयों में)

राज्य	1882-83			1883-84	
	वन विभाग का व्यय	*राष्ट्रीय उद्यान तथा अभ्यारण्यों पर व्यय*	*राष्ट्रीय उद्यान तथा अभ्यारण्य पर प्रतिशत व्यय*	*वन विभाग का व्यय*	*राष्ट्रीय उद्यान तथा अभ्यारण्यों पर व्यय*
आन्ध्र प्रदेश	2088.632	18.693	0.89	2554.467	42.347
अरुणांचल	475.930	0.635	0.13	650.890	3.974
बिहार	1884.020	39.170	2.08	2171.987	39.980
गोवा	126.491	11.700	9.25	157.611	14.681
हरियाणा	947.610	4.500	0.47	1050.930	4.137
हिमाचल प्रदेश	2009.360	16.570	0.82	2150.260	17.630
कर्नाटक	2849.134	36.839	1.29	3386.283	50.370
केरल	1311.710	39.520	3.01	1605.060	37.100
महाराष्ट्र	4132.780	74.510	1.80	4122.290	86.438
मणिपुर	180.310	5.400	2.99	222.550	2.934
मध्य प्रदेश	12423.137	197.060	1.59	13760.668	269.730
उड़ीसा	1316.430	61..850	4.70	1186.130	82.270
राजस्थान	1531.670	71`.380	4.66	1829.520	74.860
सिक्किम	194.980	11.011	5.65	253.430	3.086
तमिलनाडु	1558.600	71.530	4.59	2050.370	80.723
पश्चिमी बंगाल	2572.220	96.950	3.77	2913.310	102.560
योग	35747.863	776.628	2.17	40225.356	935.552

राष्ट्रीय उद्यान तथा अभ्यारण्यों के रखरखाव हेतु भारत सरकार का संरक्षण : वित्तीय सहायता

Patronage (Financial Assistance) of Govt. of India for Maintenance of National Parks and Sanctuaries

राष्ट्रीय उद्यान तथा अभ्यारण्यों के निर्माण अथवा नामकरण हेतु यद्यपि भारत सरकार द्वारा निश्चित निर्देशन है और उनके पीछे नहीं, अथवा अधिक महत्त्व तथा अपेक्षाकृत कम महत्त्व की भावना भी अन्तर्निहित नहीं है, पर फिर भी किसी प्रदेश के राष्ट्रीय उद्यान तथा अभ्यारण्य की दूसरे प्रदेश के ऐसे ही क्षेत्रों से तुलना नहीं की जा सकती। यह सम्भव है कि कहीं का अभ्यारण्य किसी दूसरे प्रदेश के राष्ट्रीय उद्यान से भी अच्छे स्तर का हो। अत: राष्ट्रीय स्तर पर राष्ट्रीय उद्यान और अभ्यारण्य को निश्चित ही प्रथम अथवा दूसरा दर्जा नहीं दिया जाता। हाँ यह अवश्य है कि राष्ट्रीय उद्यान की महत्ता इस बात से नि:सन्देह जुड़ी है कि उस उद्यान विशेष में किस प्रजाति को संरक्षण दिया जा रहा है। देश में वर्तमान में 27 टाइगर प्रोजेक्ट है जो अलग-अलग राष्ट्रीय उद्यानों से सम्बन्धित हैं (पूरा विस्तृत विवरण अलग अध्याय में दिया है)। इसी प्रकार पिछले कुछ वर्षों से हिम चीता परियोजना (Project Snow Leopard), हाथी परियोजना (Project Elephant—since 1992 only), गेंडे का संरक्षण (Conservation of Rhinoes) आदि हेतु भी विशेष कार्य योजनायें प्रारम्भ हुई हैं। इनके लिए भारत सरकार द्वारा आवर्तक (recurring) तथा अनावर्तक (non-recittomh) वित्तीय सहायता नियमित रूप से विशिष्ट कार्यों हेतु उपलब्ध कराई जा रही हैं। यह राशि उन राष्ट्रीय उद्यानों तथा अभ्यारण्यों को मिलती है जहां के आवेदन आवश्यकता और उपयोगिता की प्राथमिकता के आधार पर राष्ट्र स्तर पर निर्मित कमेटी द्वारा स्वीकृत किये जाते हैं। इस वित्तीय प्रावधान में क्षेत्र की भौतिक स्थितियों में सुधार, वन्य जीवों के लिए पीने के पानी की उपलब्धता, सुरक्षा हेतु आवश्यक उपकरण, संचार व्यवस्था, कर्मचारियों के सुविधायें आदि अनेक मद सम्मिलित किये जाते हैं। कुछ मदों पर 100 प्रतिशत तथा अन्य पर 50 प्रतिशत अनुदान उपलब्ध कराया जाता है।

राष्ट्रीय उद्यान तथा अभ्यारण्यों की विधि सम्मत स्थिति

(Legal Status of National Parks and Sanctuaries)

राष्ट्रीय स्तर पर राष्ट्रीय उद्यान तथा अभ्यारण्यों का समान रूप से निर्धारण (निर्माण) तथा उनका प्रबन्ध सन् 1972 में वन्य जीव (सुरक्षा) अधिनियम 1972 के बनने के बाद ही प्रारम्भ हुआ, जिसे सभी राज्यों ने (जम्मू और कश्मीर राज्य को छोड़कर

जिसमें अलग ही स्वतंत्र रूप से अधिनियम बना है) स्वीकार किया इस अधिनियम के अध्याय 4, में जो विशेष रूप से राष्ट्रीय उद्यान और अभ्यारण्य के सन्दर्भ में ही है इनकी निर्माण प्रक्रिया से लेकर सम्पूर्ण क्रियान्विति और प्रबन्ध तक के लिए उचित मार्गदर्शन दिया है।

यहां यह बताना सामयिक एवं उचित रहेगा कि इस राष्ट्रीय अधिनियम से पूर्व देश के विभिन्न राष्ट्रीय उद्यान तथा अभ्यारण्यों की व्यवस्था हेतु कुछ राज्यों में उनकी अलग-अलग कानून व्यवस्था थी जिनके अनुसार इनका उचित प्रबन्ध किया जाता था। उत्तर प्रदेश का हैली राष्ट्रीय उद्यान अधिनियम, 1936, जिसके अन्तर्गत हैली राष्ट्रीय उद्यान (जिसका नाम अब कार्बट राष्ट्रीय उद्यान रख दिया गया है) की स्थापना की गई थे, इसका एक उदाहरण है।

वर्तमान वन्य जीव (सुरक्षा) अधिनियम, 1972 में राष्ट्रीय उद्यान तथा अभ्यारण्यों की केवल निर्माण प्रक्रिया ही नहीं है बल्कि उसमें:

(1) उनका किस प्रकार प्रबन्ध किया जाना है,

(2) किन-किन अधिकारियों की क्या-क्या प्रदत्त शक्तियां हैं,

(3) किन-किन प्रकार की गतिविधियां की वहां अनुमति है या नहीं है तथा

(4) इनके उपयोग की दिशा में और औचित्य आदि सभी सम्मिलित हैं, यथा इस प्रकार हैं-

(अ) अभ्यारण्य के निर्माण की सम्पूर्ण प्रक्रिया, जिसके लिए सम्बन्धित क्षेत्र के जिला कलेक्टर को अधिकृत किया गया है, सेक्शन 18 से 26 तक में दी गई है।

(ब) अभ्यारण्यों में प्रवेश हेतु प्रतिबन्ध तथा उनकी स्थिति विशेष में नियंत्रित अनुमति सेक्शन 27 से 32 तक में उपलब्ध हैं।

(स) इन अभ्यारण्यों तथा उद्यानों का नियंत्रण और देख-रेख प्रदेश के मुख्य वन्य जीव प्रतिपालक (Chief Wildlife Warden) द्वारा की जाती है। उस हेतु निर्देश सेक्शन 33 व 34 में दिये गये हैं।

(द) अभ्यारण्यों का राष्ट्रीय उद्यान के रूप में परिवर्तन/परिवर्द्धन तथा उसकी सभी व्यवस्थाओं हेतु मार्गदर्शन सेक्शन 35 से 38 में है।

यहां यह बात जानना बहुत आवश्यक है कि एक अभ्यारण्य और एक राष्ट्रीय उद्यान में मूलभूत क्या अन्तर है? इस सन्दर्भ में दो मुख्य बातें हैं –

1. 'अभ्यारण्य', कोई भी वह क्षेत्र जहां वन क्षेत्रों (वन्य जीव सहित) का संरक्षण राज्य सरकार चाहती हो. इसके निर्माण की प्रक्रिया वन्य जीव

(सुरक्षा) अधिनियम, 1972 के सेक्शन 18 के तहत घोषण के आधार पर हो जाती है; इसके बाद आगे की प्रक्रिया सेक्शन 19 से 26 तक में वर्णित है। सामान्यतया अभ्यारण्य में निर्धारित नियमों के पालन के साथ कुछ आवश्यक तथा अनिवार्य गतिविधियों की स्वीकृति औचित्य-अनौचित्य के आधार पर पड़ौसी निवासियों को प्रदान कर दी जाती हैं

2. 'राष्ट्रीय उद्यान' के सन्दर्भ में–

(अ) निर्माण प्रक्रिया में किसी भी क्षेत्र को (चाहे वह पूर्व में अभ्यारण्य ही हो) अधिनियम के सेक्शन 35 के तहत उद्यान क्षेत्र घोषित करना होता है तब आगे वह सभी प्रक्रियायें करनी होती हैं जो अभ्यारण्य स्थापित करने के लिए की जाती हैं।

(ब) कुछ कठोर प्रतिबन्ध आवश्यक रूप से लगाये जाते हैं जिनमें–

1. मवेशी की चराई रोकना,
2. आम आदमियों के प्रवेश पर रोक,
3. किसी भी प्रकार के शिकार करने अथवा वन उत्पाद को क्षेत्र के बाहर से जाने की अनुमति नहीं, तथा
4. ऐसी कोई गतिविधि जिससे वन्य जीव असुरक्षित हो, कठोरता से पालन आदि मुख्य हैं।

राष्ट्रीय उद्यान तथा अभ्यारण्यों की समस्याएं व उनका प्रबन्ध (Problems and Managements of National Parks and Sanctuaries)

(अ) राष्ट्रीय उद्यान और अभ्यारण्य की समस्याएं (Problems of National Parks and Sanctuaries) –इन्हें सुविधा की दृष्टि से दो भागों में विभाजित किया जा सकता है–

(क) यह उस प्रकार की समस्यायें हैं, जो प्राकृतिक हैं और इन पर मनुष्य को कोई जोर नहीं है। केवल उन समस्याओं को कम करने हेतु कुछ प्रयास अवश्य किये जा सकते हैं। इनमें–

(1) सूखा (Drought),

(2) बाढ़ (Flood),

(3) पानी का अभाव (Scarcity of Water),

(4) अधिक तापमान अथवा अत्यधिक कम तापमान (High Temperature or Very Low Temperature),

(5) पानी का एकत्रीकरण (Water-logging),

(6) महामारी (Epidemics),

(7) तूफान और चक्रवात (Storms and Cyclones),

(8) वन अग्नि (Forest Fires),

(9) एक ही क्षेत्र में वन विविधतायें (Different Forest Types in One Area), तथा

(10) समुद्रतट से विभिन्न ऊँचाइयां (Different Altitudes from Sea Level) आदि सम्मिलित की जा सकती हैं।

इन सब समस्याओं को समय और आवश्यकतानुसार कम करने अथवा इनका समाधान करने का प्रयास किया जाता है।

(ख) यह समस्यायें विशेषत: व्यक्तिगत लाभ से सम्बन्धित होती हैं और पास के गांवों के लोगों द्वारा उत्पन्न की जाती हैं। कुछ स्थितियां ऐसी भी होती हैं कि पड़ोसी लोगों के पास कोई अन्य विकल्प न होने के कारण उन्हें अनचाहे ही अवांछनीय कार्यों में लिप्त होना पड़ता है। इनमें–

(1) क्षेत्र के अन्दर रहने वाली आबादी द्वारा उद्यान अथवा अभ्यारण्य का विभिन्न प्रकार से उपयोग,

(2) मवेशियों द्वारा चराई,

(3) वन्य जीवों का अवैध शिकार,

(4) वन उघ्त्पादों (विशेषत: लकड़ी) की चोरी,

(5) क्षेत्र का आम रास्ते की तरह उपयोग,

(6) भ्रमण पर आने वाले लोगों (Tourists) द्वारा सामान्य शांति क्षेत्र में कोलाहल अथवा शांति भंग करना,

(7) भूमि अधिग्रहण

(8) वन्य जीवों द्वारा मनुष्य अथवा मवेशी पर आक्रमण,

(9) जनता तथा वन्य-अधिकारियों के बीच संघर्ष,

(10) वन-अग्नि (Forest Fires) आदि कुछ मुख्य रूप से गिने जा सकते हैं।

इन समस्याओं के उत्पन्न होने के कारणों में लोगों में उपर्युक्त वर्णित स्वार्थपूर्ति, बढ़ता लालच और आवश्यकताओं का दबाव के अतिरिक्त अपने देश के प्रति उनकी वफादारी और लगाव का अभाव मुख्यत: है। न तो उन्हें प्राकृतिक पर्यावरण के नष्ट होने की चिन्ता है और न ही आने वाले भविष्य की पीढ़ी की आवश्यकताओं एवं सुख-सुविधाओं की।

(ब) राष्ट्रीय उद्यान एवं अभ्यारण्यों का प्रबन्ध (Management of National Parks and Sanctuaries)—प्रदेश का वन्य जीव विभाग अपने बनाये हुए नियमों के आधार पर अपने सीमित प्रशासनिक दल द्वारा इन क्षेत्रों की भरसक रक्षा और संरक्षण करता है। दोषी व्यक्तियों को वन्य जीव (सुरक्षा) अधिनियम 1972 के तहत दंडित भी करता है। पर वह दण्ड प्रावधान बहुत कठोर नहीं है, अत: इससे किसी को भी भय नहीं है। नि:सन्देह प्रकृति के संरक्षण हेतु कठोर दण्डों का प्रावधान आवश्यक है।

इसके अतिरिक्त इन क्षेत्रों के रख-रखाव हेतु कुछ सुझाव निम्न प्रकार समेकित किये जा सकते हैं–

1. इन क्षेत्रों में 'बफर जोन' के क्षेत्र में वृद्धि कर उसमें लोगों के प्रवेश को नियमित और नियंत्रित करना चाहिए। 'कोर क्षेत्र' में और अधिक प्रतिबन्ध लगाने चाहिए।
2. उद्यानों एवं अभ्यारण्यों के रख-रखाव हेतु राज्य सरकार द्वारा अधिक धनराशि का प्रावधान उचित एवं आवश्यक है।
3. प्रशिक्षित स्टाफ में बढ़ोतरी तथा अधिकारियों एवं अन्य कर्मचारियों को अधिक आवासीय सुविधायें।
4. सामान्यतया शिकारों पर रोक; यदि अनुमति देनी ही हो तो परमिट प्रणाली का प्रचलन।
5. टूरिस्ट्स का नियंत्रित प्रवेश; यदि संभव हो तो विभागीय गाइडों की व्यवस्था।
6. क्षेत्रों को प्रदूषण से मुक्त (विशेषत: पीने के पानी का प्रदूषण) रखने हेतु सावधानियां एवं प्रयास।
7. राष्ट्रीय उद्यान तथा अभ्यारण्यों के सन्दर्भ में आवश्यक साहित्य प्रकाशन और उसक भरपूर वितरण, जिससे सामान्य लोग भी इन महत्त्वपूर्ण संरक्षित क्षेत्रों के महत्त्व को जान सकें।
8. वन-अग्नि (Forest Fire) के बचाव की पुख्ता व्यवस्था, लेकिन यदि लग जाये तो उससे जूझने हेतु कर्मचारियों को गहन प्रशिक्षण और उपयोग में ली जाने वाली सामग्री/उपकरणों की यथेष्ट मात्रा का संग्रहण।
9. स्वयंसेवी संस्थाओं का सहयोग प्राप्त करना।
10. अनुभवी पशु-चिकित्सक एवं स्टाफ की नियुक्ति तथा आवश्यक उपकरणों और औषधियों की उपलब्धता जिससे आवश्यकता होने पर वन्य जीवों की चिकित्सा की जा सके।

राष्ट्रीय उद्यान एवं अभ्यारण्य केवल सघन वन क्षेत्रों के रख-रखाव के स्थल ही नहीं हैं, बल्कि ऐसे साधन हैं जिनकी सहायता से प्रकृति सन्तुलन हेतु वन्य जीवों की सुरक्षा कर प्राकृतिक पर्यावरण को सन्तुलित रखा जा सकता है। प्राकृतिक पर्यावरण में सुधार हेतु भी इन क्षेत्रों के निर्माण, संरक्षण और विकास का महत्त्वपूर्ण योगदान है। प्रत्येक जन-नागरिक को इनकी महत्ता समझनी चाहिए और राष्ट्रहित में इनकी सुरक्षा में यथोचित सहयोग देना चाहिए।

देश के कुछ मुख्य राष्ट्रीय उद्यान
(Some Important National Parks of the Country)

आइये, अब कुछ देश के कुछ प्रमुख राष्ट्रीय उद्यानों के बारे में जानकारी करें। पिछले अध्याय 13 में भारत द्वारा मान्यता प्राप्त 'बाघ परियोजना' के 27 केन्द्रों में से 19 का विस्तृत विवरण दिया है। यह भी लगभग सभी (कुछ को छोड़कर) राष्ट्रीय उद्यान हैं। अतः इनकी पुनरावृत्ति न करके अन्य राष्ट्रीय उद्यानों के बारे में जानकारी पहुंचाने का प्रयास कर रहे है। पाठकों की सुविधा की दृष्टि से इनका क्रम राष्ट्रीय उद्यान के अंग्रेजी के प्रथम वर्णाक्षर से प्रारम्भ किया है। इससे यह संभव है कि एक प्रदेश के यदि एक से अधिक राष्ट्रीय उद्यान हों, तो वे साथ-साथ न आयें।

मार्च 2002 तक भारत सरकार ने 89 उद्यानों को नेशनल पार्क का दर्जा दिया है। उनमें से ही 18 राष्ट्रीय उद्यानों का संक्षिप्त विवरण यहां दिया जा रहा है।

1. बलपकरम (मेघालय) [Balpakaram (Meghalaya)]—मेघालय के दो राष्ट्रीय उद्यानों में से एक बलपकरम 220 वर्ग किमी क्षेत्र में फैला हुआ है। दुर्लभ गति के पेड़-पौधे और वन्य जीव यहां की धरोहर हैं। घने जंगल हैं क्योंकि यहां पेड़-पौधे को धार्मिक नाम पर काटने की मनाही है। जाने का उपयुक्त समय अक्टूबर से अप्रैल तक का है। निकटतम रेलवे स्टेशन गोहाटी है, जहां देश के सभी स्थानों से कई प्रकार से पहुंचा जा सकता है। राष्ट्रीय उद्यान में ठहरने की सुविधा नहीं है, इससे थोड़ी कठिनाई अवश्य होती है। 'हूलौक गिब्बन' दुर्लभ पशु प्रजाति यहां देखने को मिल सकती है। स्लो बोरिस (शर्मिन्दी बिल्ली) की दुर्लभ प्रजाति यहां है। अन्य पशु जीवों में भालू जंगली भैंसा, लैपर्ड कैट शामिल है।

2. बान्धवगढ़ (मध्य प्रदेश) [Bandhavgarh (Madhya Pradesh)]—विन्ध्याचल पर्वत की छोटी-छोटी अनेक पहाड़ियों के मध्य यह राष्ट्रीय उद्यान अपने अन्दर एक ऐतिहासिक समृति संजोये हुये हैं और वह यह है कि इसे सफेद बाघों की जन्मभूमि कहा जाता है, जिनकी संख्या आज नगण्य है। पूरे भारत में कुल

सफेद बाघ 32 बताये जाते हैं, जिनका आम पर्यटकों द्वारा किसी भी वन्य क्षेत्र में दुर्लभ माना जाता है, फिर भी लोग यहां इन्हीं बाघों में से किसी एक की झलक देखने हेतु खिंचा चला आता है। 448 वर्ग किलोमीटर क्षेत्र में 500 से अधिक वनस्पति प्रजातियां हैं तथा वन्य जीवों में तेंदुए, गौर, चीतल, सांभर, नील गाय, चौसिंगा, जंगली सूअर, रीछ, जंगली कुत्ते और काले हिरन देखने को मिलते हैं। बाघ की पीले रंग की प्रजाति (पीला बाघ) यहां हैं। इसी के संरक्षण हेतु सन् 1993-94 में इस राष्ट्रीय उद्यान को 'प्रोजेक्ट टाइगर' योजना में शामिल किया है।

'बान्धवगढ़' जाने के लिए नवम्बर से अप्रैल तक का मौसम उपयुक्त है। यहां पर राजकी तथा प्राइवेट कई विश्रामस्थल हैं। वायुमार्ग से जाने वालों को खजुराहो से 210 किमी दूरी तय करनी होती है। कटनी-विलासपुर रेलवे लाइन पर उमरई स्टेशन से सड़क दूरी केवल 30 किमी है। प्राकृतिक सौन्दर्य और घने जंगल यहां की अत्यन्त विशेषताएं तथा यहां की धरोहर हैं।

3. बेंकटैश्वर (आन्ध्र प्रदेश) [Bankteshwar (Andhra Pradesh)]– आन्ध्र प्रदेश के दक्षिणी छोर पर तिरुनलै-तिरुपति की पवित्र पहाड़ियों के अंचल में स्थिति 'बेंकटेश्वर' राष्ट्रीय उद्यान पर्यटकों का मन मोह लेता है। 350 वर्ग किमी क्षेत्र में फैला हुआ यह उद्यान अभी हाल ही में राष्ट्रीय उद्यान के रूप में स्थापित हुआ है। अक्टूबर से मार्च तक का समय इस उद्यान को देखने का उत्तम रहता है। वायु, सड़क तथा रेल सीधी सभी सेवाओं से जुड़ा है। पहले तिरुपति पहुंचना होता है जहां से यह उद्यान केवल 31 किमी है। आवास व्यवस्था सुलभ है। अन्य, वन्य जीवों में बाघ, तेंदुए, हिरन, गौर, भालू, सुअर, लोमड़ी, भेड़िया आदि देखने को मिलते हैं। तिरुपति मन्दिर के पास होने के कारण पर्यटकों की संख्या दिन-रात बढ़ती जाती है।

4. दाचीगाम (कश्मीर) [Dachigam (Kashmir)]–कश्मीर का राष्ट्रीय उद्यान 'दाजीगाम' 141 वर्ग किमी क्षेत्र में फैला हुआ है और हंगुल जाति के हिरन का प्रमुख संरक्षण केन्द्र है। इसे सन् 1987 में ही राष्ट्रीय उद्यान के रूप में मान्यता मिली है। ग्रीष्म ऋतु में मार्च से जून तक की अवधि पर्यटन की दृष्टि से अनुकूल एवं सुविधाजनक है। पहुंचने हेतु जम्मूतवी पहुंचना होता है, जहां देश के किसी भी कोने से वायु, सड़क अथवा रेलमार्ग से पहुंचा जा सकता है। यहां से 320 किमी की दूरी टैक्सी से तय करनी होती है। श्रीनगर से केवल 20 किमी दूरी पर होने के कारण आवास व्यवस्था की कोई समस्या नहीं है। अन्य जीवों में कस्तूरी मृग, तेंदुआ, काला तथा भूरा भालू, जंगली बिल्ली, लाल-लोमड़ी मिल जाते हैं। जंगली बकरी यहां का एक अन्य प्रमुख आकर्षण है।

5. उल्फा (मिजोरम) [Dampha (Mizorum]—मिजोरम राज्य का एकमात्र राष्ट्रीय उद्यान जिसे 1976 में अभ्यारण्य के रूप में विकसित किया गया, 'डम्फा' को सन् 1992 में ही यह दर्जा प्राप्त हुआ और आश्चर्य की बात है कि वर्ष 1994 में ही इसे 'प्रोजक्ट टाइगर' के रूप में सभी संस्थापित कर दिया हैं राज्य के पूर्वोत्तर छोर पर तलगांव नदी के किनारे 600 वर्ग किमी में फैले इस राष्ट्रीय उद्यान की विशेषता सदाबहार हरियाली, दुर्लभ वन्य जीव और निखरा प्राकृतिक सौन्दर्य है। निकटतम रेलवे स्टेशन सिल्वर है। सड़क मार्ग से निकटतम कस्बे फाइलिंग पर पहुंचना होता है, जहां से इस उद्यान की दूरी केवल 10 किमी है। बरसात को छोड़कर पूरे वर्ष कभी भी जाया जा सकता है। वन्य जीवों में हिरण, जंगली बकरी, भालू और लंगूर प्रमुख हैं। अजगर तथा कोबरा सांप यहां पर्यटकों का आकर्षण भी है और दिल दहलाने वाला वाक्या भी। ग्रेट इंडियन हार्नबिल (Hornbill) यहां की खास पहचान है।

6. घना राष्ट्रीय पक्षी उद्यान (राजस्थान) [Ghana National Bird Sanctuary (Rajasthan)]—राजस्थान के भरतपुर नगर (जिला मुख्यालय) में भारत के कुल 24 पक्षी विहारों में एक पक्षी विहार है जिसे 'घना पक्षी विहार' के नाम से पुकारा जाता है और अपनी विशिष्ट विशेषताओं के कारण विषय के मानचित्र पर उभरकर अंकित है। कुल 29 वर्ग किमी क्षेत्र में फैले इस राष्ट्रीय उद्यान में लगभग आधे क्षेत्र में उथली पानी की झीलें हैं जिनमें जलीय परिंदों के लिए कीड़े-मकोड़े, मछलियां तथा विशेष प्रकार की घास उपलब्ध रहती हैं प्रजनन के लिए यहां जगह-जगह पर पेड़, झाड़ियां तथा ऐसे सुरक्षित प्राकृतिक व कृत्रिम स्थान दोनों प्रकार के उपलब्ध हैं, जहां परिन्दे अपनी नैसर्गिक क्रियाकलापों में खो जाते हैं। इस उद्यान में लगभग 350 प्रकार की पक्षी प्रजातियां पाई जाती हैं। प्रवासी पक्षी साइबेरियन क्रेन्स यहां का मुख्य आकर्षण है जो कई हजारों किलोमीटर से निश्चित समय पर यहां आते हैं और अपनी निश्चित अवधि के बाद वापस प्रस्थान कर जाते हैं। घना पक्षी विहार रेल, सड़क तथा वायुमार्ग से पहुंचा जा सकता है। निकटतम हवाई अड्डा आगरा केवल 65 किमी दूरी पर है।

अगस्त से मार्च तक का समय पर्यटकों के लिए उपयुक्त है। उद्यान में भी और शहर भरतपुर में भी अच्छी आवास व्यवस्था उपलब्ध है। यहां पर पाये जाने वाले विशेष पक्षियों में बुज्जा (आइविस), जांघिल (पेन्डेड स्टार्क), कलहंस (गीज), चेती (टील), बगुले (इग्रेट), कोर्मोरेंट, टिकरी, पनकौआ, बुलबुल, राजहंस, सोन चिड़िया, तीतर, बटेर, क्रौंच, बाज, सारस, गोल्डन प्लोवर तथा सारिका आदि प्रमुख हैं।

7. गिर (गुजरात) [Gir (Gujrat)]–गुजरात के जूनागढ़ जिले में स्थित राष्ट्रीय उद्यान भारत की केवल एकमात्र 'शेरों' की संरक्षण स्थली है। यह दुर्लभ जाति पिछले वर्षों में अत्यधिक शिकार होने के कारण लगभग लुप्त हो चली थी, जिसे अब बचाया जा रहा है। ऐसा अनुमान है कि इस समय इस राष्ट्रीय उद्यान 'गिरि' में लगभग 300 शेर हैं। अक्टूबर से जून तक का समय गिरि राष्ट्रीय उद्यान में जाने हेतु उपयुक्त है। वायु, सड़क तथा रेल सेवाओं से यहां तक पहुंचा जा सकता है। प्रमुख नगरों में इस उद्यान की दूरी (अहमदाबाद 408 किमी, जूनागढ़ 60 किमी, पोरबंदर 185 किमी, भावनगर 250 किमी और वेदावल 42 किमी) है। उत्तम आवास व्यवस्था मिल जाती है। अन्य वन्य जीवों में लकड़बग्घा, सांबर, नील गाय, चीतल, चौसिंगा और जंगली सूअर मिलते हैं।

8. काजीरंगा (असम) [Kaji Ranga (Assam)]–एक सींग वाले गेंडों के लिए प्रसिद्ध मशहूर राष्ट्रीय उद्यान काजीरंगा असम के उत्तर-पूर्व में ब्रह्मपुत्र नदी के दक्षिणी किनारे पर स्थित है। 430 वर्ग किलोमीटर क्षेत्र में फैले इस उद्यान की गणना विश्व के प्रसिद्ध गेंडे चरागाहों में की जाती है क्योंकि इसका विस्तार अनेक जलाशयों तथा दलदली जमीन से घिरा है, जो इस जाति के रहने के अनुकूल है। सन् 1926 से ही अभ्यारण्य के रूप में घोषित इस उद्यान को राष्ट्रीय पार्क का स्थान 1974 में मिला। भ्रमण के लिए फरवरी से मई तक का मौसम अत्यधिक उपर्युक्त है। वायुमार्ग से निकटतम हवाई अड्डा 'जोरहाट' उद्यान से केवल 96 किलोमीटर सड़क मार्ग से जुड़ा है। सड़क मार्ग से गुवाहाटी तक पहुंचने पर 217 किलोमीटर का रास्ता तय करना होता है। 'गेंडा परियोजना' (Project Rheinos) भारत सरकार द्वारा निर्देशित कार्यक्रम का यह केन्द्रीय स्थल है। अन्य वन्य जीवों में जंगली हाथी, जंगली भैंसे बहुतायत से हैं। जंगली हिरन, सांभर होंग डीयर, जंगली सुअर भी मिलते हैं। लगभग 200 प्रजातियों के पक्षियों में धनेश, विज्जा, सारस, गरुड़, हवासिल और बत्तख शामिल हैं।

9. कंचनजंगा (सिक्किम) [Kanchanjunga (Sikkim)]–सिक्किम के उत्तरी छोर पर स्थित उद्यान 'कंचनजंगा' की स्थापना 1977 में की गई। यह राज्य का केवल एकमात्र राष्ट्रीय उद्यान है जो 850 वर्ग किलोमीटर में फैला हुआ है। प्रकृति सौन्दर्य से भरपूर तथा दुर्लभ वन्य जीव प्रजातियों वाले इस राष्ट्रीय उद्यान में वर्तमान में किसी विदेशी को जाने की अनुमति नहीं है। देशवासी अनुमति पत्र से प्रवेश पाते हैं। जाने का उपयुक्त समय अक्टूबर से दिसम्बर तथा फरवरी से मई है। निकटम रेलवे स्टेशन न्यू जलपाइगुड़ी है। जहां से टैक्सी से सड़क दूरी 221 किलोमीटर है। अत्यन्त ठंडे प्रदेश में रह सकने वाले वन्य जीव जैसे–हिमचीता,

कस्तूरी मृग, भरल, थाकिन, थूरल, सीरो और जंगली गधे मिलते हैं। यद्यपि, यह विवाद का विषय है कि जाइन्ट पान्डा अथवा पांडा भारत में उपलब्ध है, तब भी वन्य जीव विशेषज्ञ इसे कंचनजंगा में प्राप्य बताते हैं। पार्क में बहुत ही सीमित आवास व्यवस्था है।

10. केबुल लाजमाओ (मणिपुर) [Kabul Lajmao (Manipur)]–मणिपुर का 'केबुल जालमाओ' राष्ट्रीय उद्यान केवल 40 वर्ग किमी क्षेत्र में फैला हुआ है। इसका एक बड़ा भाग झील में तैरता रहता है, अत: इसे 'फ्लोटिंग पार्क' भी कहा जाता है। प्रकृति की देन से भरपूर यह उद्यान विशेषकर संगाई हिरन से भरा पड़ा है तथा देश का प्रमुख इस दुर्लभ जाति का संरक्षण केन्द्र है। पर्यटन की दृष्टि से अक्टूबर से अप्रैल तक का समय सबसे उपयुक्त है। पहुंचने का रास्ता बहुत सुविधा- जनक नहीं है। वायु अथवा सड़क मार्ग से इम्फाल पहुंचना होता है जहां से यह उद्यान 45 किमी है। ठहरने के लिए आवास व्यवस्था सहजता से मिल जाती है। अन्य वन्य पशुओं में हॉग डियर, जंगली सुअर, ऊदबिलाव, गिलहरी और लंगूर पाये जाते हैं।

11. माधव (मध्य प्रदेश) [Madhava (Madhya Pradesh)]–आगरा-बम्बई राजमार्ग पर मध्य प्रदेश की ऐतिहासिक नगरी शिवपुरी स्थित 337 वर्ग किलोमीटर में फैले यह राष्ट्रीय उद्यान प्रकृति, सौन्दर्य और संस्कृति का संगम है जिसे पर्यटक जीवनभर भुलाने में असमर्थ होते हैं। इसे सन् 1959 में राष्ट्रीय उद्यान का दर्जा दिया गया। उद्यान की दो झीलें (1) सांख्य सागर और (2) चन्द्रपारा, कृत्रिम होते हुए भी वर्षभर पानी से लबालब भरी रहती हैं जो यहां का मुख्य आकर्षण हैं। चिंकारा छोटे आकार की हिरन की दुर्लभ प्रजाति का यहां विशेषरूप से संरक्षण होता है। अन्य वन्य जीवों में तेंदुआ, जरख, चीतल, सांभर, सूअर, काला हिरन, जंगली भालू, नील गाय, बन्दर और लंगूर सम्मिलित हैं। पर्यटकों के लिए यह उद्यान वर्षभर खुला रहता है। आवास की व्यवस्थ्था हेतु यहां कई होटल हैं, जहां विश्राम और भोजन व्यवस्था सुलभ है। वन्य जन्तुओं को सुविधा से देखने हेतु यहां अनेक वाच टावर बने हैं।

12. महावीर (गोवा) [Mahavir (Goa)]–गोवा के पूर्वी छोर पर स्थित राज्य का इकलौता राष्ट्रीय उद्यान 'महावीर' गोवा जाने वाले पर्यटकों के लिए एक आवश्यक दर्शनीय स्थान है। 1967 में जन्मे इस अभ्यारण्य को सन् 1978 में राष्ट्रीय उद्यान का स्थान मिला जो कुल 107 वर्ग किलोमीटर स्थान में फैला है। अक्टूबर से मार्च तक का मौसम सैर करने के लिए उपयुक्त है। निकटतम रेलवे कोलम से केवल 5 किमी है। आवास व्यवस्था उपलब्ध है। प्राकृतिक सौन्दर्य, समुद्री

वातावरण और मनमोहक मौसम में अनेक वन्य जीवों के देखने का लोभ बताया जा सकता है। तेंदुआ, हाथी, भालू और हिरनों की कई प्रजातियां देखी जा सकती है। निर्भय विचरती जंगली बिल्लियां यहां का मुख्य आकर्षण है।

13. मुदमलै (तमिलनाडु) [Mudmalay (Tamilnadu)]–प्राकृतिक सौन्दर्य से भरपूर दक्षिण भारत का राष्ट्रीय उद्यान तमिलनाडु के चार उद्यानों में से एक है जो 130 वर्ग किमी में फैला हुआ है। 1990 में राष्ट्रीय उद्यान का स्थान प्राप्त करने वाले इस उद्यान की लोकप्रियता यहां की प्राकृतिक सम्पदा ही है। नीलगिरी की पहाड़ियों में स्थित इस स्थान पर जाने का समय अप्रैल से जून तथा सितम्बर से नवम्बर उपयुक्त है।

तमिलनाडु, केरल और कर्नाटक के सीमावर्ती क्षेत्र में स्थित होने के कारण यहां तीनों राज्यों से पर्याप्त सुविधायें सुलभ हैं। यहां के वन्य जीवों में 'गौर' की संख्या सर्वाधिक है। अन्य वन्य जीवों में बिल्ली, भालू, लकड़बग्घा, नील गाय, चीतल प्रमुख हैं। आवास व्यवस्था का अभाव है।

14. मैरिन (अण्डमान) [Marin (Andaman)]–अण्डमान एण्ड निकोबार द्वीप समूह देश का ऐसा केन्द्र प्रशासित प्रदेश है जहां सबसे अधिक वन अभ्यारण्य (100 से अधिक) है। पर उनमें से अभी तक 8 को ही राष्ट्रीय उद्यान का स्थान प्राप्त है। वंडूर में स्थित मैरिन राष्ट्रीय उद्यान वस्तुत: समुद्री जीवों के रखरखाव और संरक्षण के लिए हैं समुद्री जीव मूगां की अद्‌भुत कारीगरी का स्पष्ट नमूना है यह मैरिन पार्क। यह अनेक प्रकार की मछलियां तथा समुद्री कछुए के प्रजनन का केन्द्र है। दक्षिणी अण्डमान के पश्चिमी तट क़ा 281 वर्ग किलोमीटर क्षेत्र में फैले इस उद्यान को देखने का सर्वोत्तम समय दिसम्बर से अप्रैल तक का है। वायुमार्ग अथवा समुद्री मार्ग से अण्डमान की राजधानी पोर्टब्लेयर पहुंचकर इस राष्ट्रीय उद्यान में पहुंचा जा सकता है जो वहां केवल 20 किमी दूर है।

15. पिनवैली (हिमाचल प्रदेश) [Pinvalley (Himachal Pradesh)]–हिमाचल प्रदेश की ऊँची पहाड़ियों तथा दुर्गम घाटियों के बीच तिब्बत और नेपाल की सीमा पर यह राष्ट्रीय उद्यान स्थिर है। अत्यधिक कम तापमान होने के कारण वर्ष में 7-8 माह तक बर्फ से ढका रहता है।

केवल अप्रैल से जुलाई तक पर्यटक जा सकते हैं जिन्हें जोखिम का शोक हो। इसी कारण यहां पर विशेषरूप से रह सकने वाले वन्य जीव जैसे हिमचीता, जंगली बकरी, बर्फ का भेड़िया, छोटा मारमोह, भूरी लोमड़ी आदि पाये जाते हैं। ठहरने की व्यवस्था का अभाव है तथा पहुंचने के साधन भी बहुत सुविधाजनक नही हैं। शिमला पहुंचकर वहां से इस स्थान तक पहुंचना ठीक रहता है।

16. राजाजी (उत्तर प्रदेश)|Rajaji (Uttar Pradesh)|–हिमालय की तराई, गंगा के मैदान और शिवालिक पहाड़ियों के मध्य बसे इस 'राजाजी' राष्ट्रीय उद्यान की स्थापना सन् 1993 में की गई। 820 वर्ग किमी क्षेत्र में फैला यह उद्यान सीधे सड़क मार्ग से (लखनऊ-509 किमी, दिल्ली-231 किमी, देहरादून-14 किमी, हरिद्वार-9 किमी, ऋषिकेष-6 किमी और कोटद्वार-35 किमी) जुड़ा है और वह सभी लगभग इतने निकट हैं कि केवल इन स्थानों पर ठहरकर दिन में इस उद्यान को देखा जा सकता है। पर्यटक अपने भ्रमण के दौरान हाथी की सवारी का लाभ उठाते हैं। लगभग 200 किस्म के रंग-बिरंगे पक्षी की आवाजें इस उद्यान को गुंजाती रहती हैं। वन्य जीवों में हाथी, तेंदुआ, सांभर, चीतल, कोकड, घूरल तथा नील गाय प्रमुख है। चीतल बहुतायत से तथा आसानी से देखे जा सकते हैं। उत्तर प्रदेश के समस्त वनों के आधे से अधिक हाथी (1993 की गणना के अनुसार-522) इसी उद्यान में हैं। उत्तर प्रदेश के समस्त वनों के आधे से अधिक हाथी (1993 की गणना के अनुसार-522) इसी उद्यान में हे। उद्यान पर्यटकों के लिए वर्षभर खुला रहता हैं पार्क के बीचों-बीच गंगा नदी बहती है यह एक अत्यन्त आकर्षण है।

17. संजयगांधी उद्यान (महाराष्ट्री) |Sanjay G. Park (Maharastra)|–महाराष्ट्र के मुख्य शहर तथा राजधानी बम्बई के उत्तरी किनारे पर स्थित यह राष्ट्रीय उद्यान पहले केरीवली नाम से अभ्यारण्य था, जिसे 1983 में राष्ट्रीय उद्यान का दर्जा दे दिया गया। 'टाइगर सफारी' इस उद्यान का मुख्य आकर्षण है, जिन्हें पर्यटक विशेष वाहनों से बहुत सहजता से देख सकते हैं। अन्य जीवों में जंगली बिल्ली, नेवला, चौसिंगा, सांभर, जंगली भालू और गेंडा तथा नीलगाय दिखती है। अनेक प्रकार के पक्षी (250 प्रजातियां) तथा लगभग 1000 से भी अधिक प्रजातियों के पेड़-पौधे हैं। उद्यान में झीलें है और पर्यटकों को घुमाने हेतु सफारी वाहन तथा छोटी रेलगाड़ी की व्यवस्था है। पहुंचने को निकटतम स्थान वीरोवली है जो सड़क तथा रेल दोनों से जुड़ा है। निकटतम हवाई अड्डा सांताक्रूज है जो उद्यान से केवल 15 किमी दूर है। पर्यटकों के लिए यह उद्यान वर्षपर्यन्त खुला है। आवास व्यवस्था सीमित ही उपलब्ध हैं

18. सुल्तानपुर (हरियाणा) |Sultanpur (Haryana)|–अरावली पर्वत शृंखलाओं के अंचल में 'सुल्तानपुर' राष्ट्रीय उद्यान दिल्ली की सीमा से लगे हरियाणा राज्य के गुड़गांवा जिले में स्थित है। बहुत ही छोटे क्षेत्र में फैला (1.47 वर्ग किमी) यह राष्ट्रीय उद्यान लगभग पूरा कृत्रिम है, पर अपनी विशेषताओं के कारण दुर्लभ जाति के प्रवासी पक्षियों का केन्द्र बन गया है जहां प्रति वर्ष लगातार इन पक्षियों की संख्या बढ़ रही है। पर्यटक की दृष्टि से अक्टूबर-फरवरी तक का समय बहुत

अच्छा रहता है। यहां पहुंचने का सबसे सरल रास्ता सड़क है (गुड़गांव-15 किमी, दिल्ली बस स्टेशन-56 किमी, जयपुर-300 किमी तथा चन्डीगढ़ से 384 किमी) जहां सुविधानुसार कभी पहुंचा जा सकता है। आवास व्यवस्था बहुत उत्तम और काफी प्रचुर मात्रा में उपलब्ध हैं अनेक प्रजातियां के पक्षी यहां देखे जा सकते हैं, जिनमें सारस, क्रेन, स्पाट बिल, गीज, बत्तख, नीलकंठ, बुलबुल, फाख्ता और मैना प्रमुख हैं।

राष्ट्रीय उद्यानों की संख्या अभी रुकी नहीं है। वर्तमान में 490 वन अभ्यारण्य में से लगातार नियमित रूप से यह क्रमोन्नयन जारी है। सन् 2000-01 में 3 अभ्यारण्यों को 'नेशनल पार्क' का दर्जा दिया गया है। अभी हाल ही में समेकित सूचना अनुसार निकट भविष्य में लगभग 60 अभ्यारण्यों पर राष्ट्रीय उद्यानों की देखरेख और अच्छे ढंग से हो सकेगी। मानव जाति के यह निश्चय ही हित में है और सुखी भविष्य के लिए शुभ संकेत भी है।

प्रश्न (Questions)

निबन्धात्मक प्रश्न (Essay Type Questions)

1. राष्ट्रीय उद्यान तथा अभ्यारण्यों को चिन्हित करने के पीछे भारत सरकार का क्या उद्देश्य था? बताइये।
2. किसी भी अभ्यारण्य का नियंत्रण अधिकारी (Chief Wildlife Warden) किस-किस कार्य हेतु लोगों को प्रवेश की अनुमति दे सकता है? और कैसे?
3. किसी भी अभ्यारण्य को राष्ट्रीय उद्यान के रूप में कैसे घोषित किया जाता है।?
4. राष्ट्रीय उद्यान और अभ्यारण्यों की मुख्य समस्याएं क्या हैं? विवेचना कीजिये।
5. एक मुख्य वन्य जीव प्रतिपालक (Chief Wildlife Warden) के नाते आप किसी राष्ट्रीय उद्यान को आदर्श रूप में लाने हेतु क्या-क्या करना चाहोगे?

लघुत्तरात्मक प्रश्न (Short-Answer Type Questions)

6. अभ्यारण्य में किन-किन लोगों को प्रवेश की अनुमति है?
7. राष्ट्रीय उद्यान और वन अभ्यारण्य में क्या अन्तर है?
8. काजीरंगा (असम) राष्ट्रीय उद्यान के बारे में बताइये।
9. राष्ट्रीय उद्यानों के साथ 'पारिस्थितिकी विकास' कार्य कराये जाने का क्या आशय है?

10. केन्द्र एवं राज्य सरकारें राष्ट्रीय उद्यानों को देखने के लिए आम नागरिकों को क्यों उत्साहित करती हैं?

वस्तुनिष्ठ प्रश्न (Objective Questions)

11. भारत देश में वन्य जीव (संरक्षण) अधिनियम कब बना?

(अ) सन् 1952 में (ब) सन् 1962 में

(स) सन् 1972 में (द) सन् 1982 में

12. भारत में राष्ट्रीय उद्यानों को वर्तमान संख्या कितनी है?

(अ) 70 (ब) 75

(स) 85 (द) 89

13. किस प्रदेश में वन अभ्यारण्य सर्वाधिक है?

(अ) अण्डमान एण्ड निकोबार (ब) मध्य प्रदेश

(स) उड़ीसा (द) बिहार

14. दिल्ली में राष्ट्रीय उद्यान हैं–

(अ) 04 (ब) 03

(स) 02 (द) 00

15. केन्द्र सरकार राष्ट्रीय उद्यान और अभ्यारण्यों की रख-रखाव हेतु आवर्तक व्यय पर कितना सहयोग करती हैं?

(अ) कुछ नहीं (ब) 50%

(स) 75% (द) 100%

निम्न प्रश्नों में सत्य/असत्य चिन्हित कीजिये–

16. अभ्यारण्यों में बिना परमिट के शिकार करना वर्जित है। (सत्य/असत्य)

17. अभ्यारण्य और राष्ट्रीय उद्यानों की देखरेख प्रदेश के वन्य जीव विभाग द्वारा की जाती है। (सत्य/असत्य)

18. किसी अभ्यारण्य को 'प्रोजेक्ट टाइगर रिजर्व' बनाने से पहले उसका राष्ट्रीय उद्यान स्तर पर होना आवश्यक है। (सत्य/असत्य)

19. महावीर राष्ट्रीय उद्यान राजस्थान में है। (सत्य/असत्य)

20. केबुल लाजमाओ (मणिपुर राष्ट्रीय उद्यान को 'फ्लोटिंग पार्क') के नाम से भी जानते हैं। (सत्य/असत्य)

17

ध्वनि प्रदूषण
(Noise Pollution)

प्रस्तावना (Introduction)

ध्वनि (Sound) सदैव हमारे साथ रहती है। प्रात: उठते ही चिड़ियों की चहचहाहट अथवा अलार्म घड़ी की आवाज से हमारी दिनचर्या प्रारम्भ होती है, जो घूमने के समय कुत्तों के भौंकने, गाय के रम्भाने, दिन में सड़कों पर के यातायात (कार, बस, ट्रक, मोटर साइकिल आदि) और रात को घर पर मनोरंजन (रेडियो, टीवी, टेपरिकॉर्डर, डैक) के साथ समाप्त होती है। यहीं नहीं बल्कि, खाना बनाते और खाते समय बर्तनों का खटकना-टकराना, आपसी वार्तालाप हंसी-मजाक में भी आवाज ही आवाज रहती है। इसे हम देख नहीं सकते और न ही इसमें कोई भार अथवा आयतन होता है। इस अहसास को ही जिसे हम केवल सुन सकते हैं, 'ध्वनि' कहते हैं।

कई वैज्ञानिकों ने 'ध्वनि' को निम्न प्रकार परिभाषित करने का प्रयास किया है–

1. 'A sound is something that you can hear.'

(ध्वनि कुछ ऐसी चीज है जिसे हम सुनते हैं)

2. 'Whenever you hear, it is sound.'

(जब कभी हम सुनते हैं, वह ध्वनि होती है।)

इस ध्वनि के कुछ गुण एवं क्रियाकलापों की हम यहां संक्षिप्त में चर्चा करेंगे–

ध्वनि (Sound)

(अ) उत्पत्ति (Origination)–अपने दिन-प्रतिदिन के अनुभव से हम यह जानते हैं कि शांत वातावरण में काई आवाज नहीं होती है। जब कभी कोई वस्तु गिरती है, किसी अन्य वस्तु से टकराती है, गति करती है, तभी आवाज सुनाई पड़ती है। बोलने, संगीत उपकरणों से निकलते स्वर, पशु-पक्षियों की आवाजें, बस, रेल,

वायुयान से उत्पन्न कोलाहल से भी आवाजें आती हैं। पर यह आवाजें हमें तभी सुनाई पड़ती है जब उस वस्तु से हम तक किसी प्रकार पहुंच पाती है। यह आवाज (ध्वनि) का पहुंचना बहुत ही सामान्य लेकिन सम्पूर्ण वैज्ञानिक प्रक्रिया है।

जब किसी वस्तु में आवाज उत्पन्न होती है तब वह कम्पित होने लगती है। यह कम्पन उस वस्तु के आसपास की वायु में कम्पन पैदा कर देती है जो वस्तु के केन्द्र से सभी दिशाओं में फैलने लगती है। यही कम्पन जब हमारे कानों तक पहुंचते हैं तो मस्तिष्क इन्हें 'ध्वनि' की संज्ञा देकर प्रसारित कर देता है और हम उस आवाज को कानों की सहायता से सुन लेते हैं। इसीलिये ध्वनि उत्पत्ति के लिये कहा जाता है कि 'कम्पन से ही ध्वनि उत्पन्न होती है।' (Every sound is generated by only vibration of some object.)।

इसी आधार पर ही ध्वनि को निम्न प्रकार भी परिभाषित किया गया है–

'Sounds are the vibrations that are propagated from the object to reach us.'

(ध्वनि वस्तु से प्रसारित होने वाले कम्पन हैं, जो हम तक पहुंचते हैं।)

(ब) महत्त्व (Importance)–प्राणी मात्र के लिये सुखी जीवन जीने के लिये अनेक चीजों की सहायताओं की आवश्यकता होती है। उनमें से सुनना भी ऐसा एक महत्त्वपूर्ण साधन है जिसे अनुपस्थिति की सामान्यतया कोई कल्पना नहीं करता है। इसके महत्त्व को हम क्रमबद्ध करने का प्रयास ही कर सकते हैं–

1. ध्वनि बोलने की क्रिया से अन्य व्यक्तियों या प्राणियों से सम्पर्क बनाये रखती है। अन्य व्यक्तियों को भी ध्वनि ही हमसे जोड़े रखती है।
2. ध्वनियां, जो किसी संगीत उपकरण अथवा मधुरभाषी पक्षियों से सुनने को मिलती है, हमें प्रसन्नता और आनन्द प्रदान करती है।
3. रेडियो, दूरदर्शन के प्रसारण ध्वनि के द्वारा ही हमें पूरे विश्व की गतिविधियों से परिचित कराते हैं।
4. ध्वनि अपनी अलग पहचान से विभिन्न आवाजों के आधार पर विभिन्न प्राणियों की आवाज अथवा वस्तुओं की उपस्थिति से अवगत करा देते हैं।
5. अनेक भयानक आवाजें जैसे कार, बस, ट्रक के हार्न, बिजली की कड़क, अग्निशमन वाहन की घंटियां, शेर की दहाड़ हमें किन्हीं अनजाने अंदेशों से अवगत कराते हैं।

6. ध्वनि से किसी भी वस्तु (Object) की दूरी का भी पता अनुमान से लग सकता है।
7. आज वर्तमान में तो अनेक चिकित्सीय क्रियाकलापों में ध्वनि की तीव्रता का उपयोग होने लगा है।
8. ध्वनि ही पुरुष और स्त्री स्वर को पहचान कर व्यक्ति विशेष की पहचान कर सकता है, आदि।

इससे स्पष्ट है कि ध्वनि हमारी दिनचर्या का एक आवश्यक साधन है जिससे प्रत्यक्ष अथवा अप्रत्यक्ष रूप से अनेक गतिविधियां परस्पर सम्बन्धित होती है।

(स) गति (Movement of Speed)–दैनिक जीवन में हम देखते हैं कि आवाज का स्रोत कहीं होता है और उसे सुनने वाला प्राणी (मनुष्य व पशु) कहीं अलग स्थान पर होता है। निश्चित है कि वह आवाज स्रोत से मनुष्य तक चलकर आती है। यही ध्वनि की गति (Speed) कहलाती है। चूंकि आवाज स्रोत से कम्पन द्वारा आगे बढ़ती है, अत: कम्पन से ही ध्वनि एक स्थान से दूसरे स्थान तक पहुंचती है।

कम्पन को जानने के लिये एक बड़ा कंकड़ अथवा पत्थर का टुकड़ा स्थिर पानी में डालें। हम देखेंगे कि उस बिन्दु से, जहां पर कोई वस्तु डाली गई थी लहरें उठना प्रारम्भ होती हैं और वह केन्द्र बिन्दु से निरन्तर आगे बढ़ती जाती है। ध्वनि का लहरों के माध्यम से बढ़ना उसकी गति (Speed) कहलाती है। इसी आधार पर ध्वनि की भी नई परिभाषा मिल गई है–

'A sound is something that we can hear which is propagated through waves produced from some object.'

(ध्वनि एक ऐसी वस्तु है जो किसी स्रोत से उत्पन्न होकर लहरों द्वारा प्रसारित होती है, जिसे हम सुन सकते हैं।)

यह उदाहरण पानी में पत्थर से उत्पन्न लहरों (तरंगों) पर आधारित था, अत: वहां ध्वनि प्रसारण का माध्यम पानी रहा, लेकिन जब हम परस्पर बातें करते हैं अथवा धरातल पर कोई आवाज सुनते हैं तब ध्वनि का माध्यम वायु ही रहता है। इसी प्रकार अलग-अलग माध्यम में ध्वनि को सुना जा सकता है, लेकिन इन अलग-अलग माध्यमों में ध्वनि की गति भी अलग-अलग होती है। इन गतियों के लिए साथ दिये ब्लाक को देखें।

ध्वनि विभिन्न माध्यमों में ही प्रसारित होती है, अत: शून्य (Vacuum) अथवा वायुमण्डल परिधि के बाहर (Outer Space) में ध्वनि नहीं होती।

विभिन्न माध्यमों में ध्वनि की गति
(Speed of Sound in Different Mediums)
(मीटर प्रति सेकन्ड)

माध्यम	*गति*
वायु	332
जल	1,496
लकड़ी	4,100
लोहा	5,200
शीशा	4,540
ईंट	3,650
ऐल्यूमीनियम	5,000

स्रोत–The World Book Encyclopedia, p. 48.

(द) विशेषताएं (Characteristics)–ध्वनि की विशेषताओं को निम्न प्रकार जाना जा सकता है–

1. बारंबारता (Frequency)–किसी वस्तु या स्रोत से उत्पन्न प्रति सेकण्ड कम्पनों की संख्या बारंबारता कहलाती है। (The number of vibrations produced by an object per second is knwon as frequency)। वस्तुत: कम्पन्न तरंगों का निर्माण करती है। प्रत्येक एक तरंग से दूसरी तरंग तक की दूरी तरंगदैर्ध्य (Wavelength) के नाम से जानी जाती है। यह कितनी तरंगे प्रति सेकण्ड में बन रही हैं, इसे ध्वनि की बारंबारता कहते हैं।

यह hertz में मापी जाती है। एक कम्पन प्रति सेकण्ड को एक hertz के माप से पुकारते हैं। सामान्यतया, मनुष्य 20 से 20,000 hertz तक की ध्वनि सुन सकता है, लेकिन कुछ पशु जैसे कुत्ता, पक्षी, जैसे चमकादड़ इससे कहीं अधिक ध्वनि सुन सकते हैं। 15,000 hertz से अधिक स्तर की ध्वनि मनुष्य के श्रवण यंत्र को हानि पहुंचा सकते हैं।

2. तारत्व (Pitch)–ध्वनि की बारंबरता ही ध्वनि के उतार-चढ़ाव (Lowness or highness) को निर्धारित करती है। इसे तारत्व (Pitch) कहते हैं। बारंबारता अधिक होगी तो तारत्व भी अधिक होगा जबकि इसके विपरीत नीचे स्वर की ध्वनि (कम तारत्व) की बारंबारता भी कम होगी।

3. तीव्रता (Intensity)–ध्वनि तरंगों के साथ कितनी शक्ति प्रवाहित हो रही है, यह ध्वनि की तीव्रता कहलाती है। (The intensity of a sound is related to the amount of energy flowing through the sound waves)। यह तीव्रता कम्पन के उस उच्चतम स्तर पर निर्भर करती है जिससे ध्वनि तरंगें उत्पन्न होती हैं। इसे प्रचुरता या विस्तीर्णता (Amplitude) कहा जाता है।

4. प्रबलता (Loundness)–यह ध्वनि के उस स्तर का ज्ञान कराती है जिस शक्ति (तीव्रता या (intensity) से वह हमारे कानों को सुनाई पड़ती है। यह तीव्र (high) और मंद (low) हो सकती है। इसे डेसीबल (dB) में मापा जाता है जिसे अलेक्जेण्डर ग्राहम बैल ने अपने शोध से निर्मित ध्वनि मापन यंत्र के आधार पर प्रस्तुत किया।

ध्वनि माप सारणी (ध्वनि परिमाप)

क्र.सं.	*ध्वनि*	*प्रबलता (डीवी में)*	*क्र.सं.*	*ध्वनि*	*प्रबलता (डीवी में)*
1.	शांत	00	16.	रोड ट्रैफिक	60-90
2.	सांस लेना	10	17.	घास काटने की मशीन	90-100
3.	पत्तियों की खड़खड़ाहट	20	18.	भारी ट्रक यातायात	90-100
4.	धीमी बातचीत	20-30	19.	मोटर साइकिल	105
5.	सामान्य बातचीत	30	20.	रेलगाड़ी की सीटी	110
6.	घड़ी की टिक-टिक	30	21.	डैक संगीत	110-115
7.	रेडियो से संगीत	50-60	22.	वायुयान	90-130
8.	ऊंचे स्वर से बातचीत	60	23.	बिजली की गड़गड़ाहट	120
9.	ऑफिस की आवाज	50-60	24.	जैट वायुयान	140
10.	पुस्तकालय	35-40	25.	चेतावनी सायरन	150
11.	टेलीफोन की घंटी	70	26.	पटाखे और बम्ब	120-170
12.	टेलीविजन परिवार के साथ	70	27.	खान विस्फोट	120-140
13.	वेक्यूम क्लीनर	80	28.	गैस कुकर विस्फोट	120-140
14.	प्रिटिंग प्रेस	80	29.	आमने-सामने वाहन भिड़न्त	140-170
15.	बच्चों का खेल	60-80	30.	फैक्ट्री वायलर कर फटना	सीमा से परे

*एक मनुष्य सामान्यतया 80 डीबी तक की ध्वनि सहन कर सकता है।

**120 डेसीबल से अधिक आवाज मनुष्य को कई शारीरिक कष्ट दे सकता है।

एक बैल (एक बैल का दसवां भाग) उस आवाज की तीव्रता का न्यूनतम माप है जो एक मनुष्य के द्वारा सुना जा सकता है। 'डेसीबल मापी' लघुगुणक सिद्धान्त पर आधारित है जिसके अनुसार 10 dB बढ़ने पर 10 गुना, 20 dB बढ़ने पर 100 गुना और 30 dB बढ़ने पर 1000 गुना हो जाती है। उदाहरण के लिये, फुसफुसाहट (Whisper) 10 dB, ध्यानमग्न दो व्यक्तियों की बातचीत 20 dB तथा सामान्य समूह में वार्तालाप 30 dB होता है। एक सामान्य मनुष्य के लिये 70-80 dB के मध्य की ध्वनि उचित एवं उपयुक्त होती है। इसे मनुष्य की सहन सीमा (Tolerance Level) भी माना गया है।

विभिन्न स्रोतों से उत्पन्न ध्वनियों की तीव्रता या प्रबलता (Intensity or Loudness) को यहां नीचे की सारणी में समेकित किया गया है–

5. **गुणवत्ता (Quality)**–हर ध्वनि की अपनी अलग पहचान होती है, जिससे तत्काल यह जाना जा सकता है कि यह ध्वनि किसकी है? अपने कमरे या किसी विशेष स्थान पर बैठे-बैठे मनुष्य, पशु, रेलगाड़ी, भूकम्प, बिजली की कड़क, वस्तु के गिरने-टूटने, संगीत उपकरण आदि की आवाजें पहचान जाना सामान्य बात है। यही नहीं, बल्कि दो व्यक्तियों में भी आवाज के आधार पर किसी व्यक्ति विशेष को पहचाना जा सकता है। संगीत ध्वनियों में तो उपकरणों की जानकारी तथा विशेष राग-रागनियों की पहचान इसी विशेषता पर आधारित है।

(6) वर्गीकरण (Classification)–ध्वनि को सुने जाने के आधार पर दो वर्गों में विभाजित किया गया है–

(1) संगीतात्मक ध्वनियां (Musical Sounds) और

(2) शोर अथवा कोलाहल (Noise)।

यह ध्वनियां किसी भी प्रबलता की हो सकती हैं। कभी कम प्रबलता की ध्वनि अप्रिय लगने लगती है तो कभी तीव्र प्रबलता की ध्वनि आनन्ददायक और प्रियकर। इनको संक्षिप्त रूप से निम्न प्रकार से व्यक्त कर सकते हैं–

1. **संगीतात्मक ध्वनियां (Musical Sounds)**–यह वह ध्वनियां हैं जो आनन्द दायक और मनलुभावनी (Pleasant and Interesting) होती हैं। गायन (Singing), वादन (Instruments Playing) और नृत्य (Dance) इसके अन्तर्गत आते हैं। रेडियो, टीवी, डैस्क म्यूजिक से निकलने वाला संगीत और कुछ कोयल, मोर और पक्षियों की आवाजें इसी प्रकार की ध्वनियों में सम्मिलित की जा सकती हैं। पर इसमें भी आवाज की प्रबलता (Loudness and Pitch) की बहुत प्रभावी भूमिका रहती है। उदाहरण के लिये, ऊँचे स्वर का पॉप संगीत (Pop Music) सिर दर्द बन जाता है, वहीं धीमी आवाज की गजलें मन मोह लेती हैं।

2. **शोर अथवा कोलाहल (Noises)**–यह ध्वनियां अप्रिय परंशानी और बेचैन करने वाली आवाजें (Unpleasant, Annoying and Distracting Sounds) हैं जिनसे मन व्याकुल हो उठता है। इन ध्वनियों को निम्न प्रकार से व्यक्त किया जा सकता है–

— A harsh disagreeable sound. (एक अप्रिय अरुचिकर ध्वनि)।

Chambers 21st Century Dictionary : Allied Chambers (India), New Delhi, 1997.

— 'A sound especially one that is loud, unpleasant or disturbing.'

(एक ध्वनि जो विशेषत: तीव्र, अप्रिय और बेचैनी वाली हो।)

Concise oxford dictionary : Oxford University Press, X Edition (2001) great charendon street, Oxford ox 2CDP.

— 'A sound that is undesired by the recipient.'

(एक ध्वनि जो प्रापक द्वारा अनचाही हो।)

A New Dictionary of Physics, ed. H.J. Gray and Alkan Isaacs Longmans Group limited London, 1975.

ध्वनि माप की भाषाओं में सामान्यतया 80 dB से अधिक तीव्रता की ध्वनियां शोर के दायरे में आती हैं।

ध्वनि प्रदूषण (Noise Pollution)

विज्ञान की निरन्तर प्रगति के साथ ही मनुष्य को जीवन के हर क्षेत्र में अनेक उपलब्धियां मिली हैं। पर वहीं उसे अनेक कठिनाइयों का सामना भी करना पड़ा है तथा अनेक परेशानियों भी विरासत में मिली हैं। सुनने के लिये आवश्यक ध्वनि यंत्रों ने जहां जीवन को प्रसन्नचित्त, आनन्दमय और सुख से जीने के साधन दिये हैं, वहीं उनके गलत उपयोग से मन को व्याकुलता, शरीर को कष्ट और अनचाहे क्षणों में जीने की विवशता भी मिली है।

तेज आवाज में संगीत, आवागमन के साधनों की असह्य आवाज, कारखानों की लगातार चलती मशीनों की तीव्र ध्वनि, भीड़भाड़ का कोलाहल, सभी ने तो मनुष्य को अत्यधिक व्यथित कर दिया है। इन सबका सीधा प्रभाव कानों की श्रवण शक्ति पर पड़ा है। ऊँचे सुनने से जहां मनुष्य की मानसिकता में हीनभावना का प्रवेश होने लगता है वहीं तेज ध्वनि से उच्च रक्तचाप, अल्सर, हृदयाघात, मानसिक विकार और ऐसे ही अनेक रोग होना पाये जाते हैं।

वस्तुत: यह ध्वनि विकार है जो अदृश्य है और अत्यधिक प्रभावी है। इसे ध्वनि प्रदूषण (Noise Pollution) का नाम दिया गया है, जिस पर हम यहां बिन्दुवार चर्चा करेंगे।

(अ) ध्वनि प्रदूषण के मुख्य स्रोत (Chief Sources of Noise Pollution)

सुविधा की दृष्टि से ध्वनि प्रदूषण के स्रोतों को दो भागों में बांटा जा सकता है–

(1) प्राकृतिक (Natural) और

(2) मनुष्य द्वारा उत्पादित (Man Generated)।

1. प्राकृतिक स्रोत (Natural Sources)–इस श्रेणी में प्राकृतिक प्रकोप जैसे– आंधी, तेज वर्षा, तूफान, भूकम्प बिजली की कड़कड़ाहट आदि आते हैं।

2. मनुष्य द्वारा उत्साहित स्रोत (Man Generated Sources)–इस संवर्ग में कारकों की संख्या अनगिनत है जिन्हें हम कुछ मोटे शीर्षकों में समेकित कर सकते हैं–

(*i*) **परिवहन के साधन (Means of Transport)**–ट्रक, कारें, स्कूटर, मोटर साइकिल, मोपेड, बसें, एवं अन्य स्वचालित वाहन जैसे हवाई जहाज, रेलगाड़ी आदि।

(*ii*) **कारखाने और उद्योग (Factories and Industries)**–मशीनें, साइरन, जेनेरेटर्स एवं अनेक यांत्रिक उपकरण।

(*iii*) **मनोरंजक के साधन (Means of Amusement)**–रेडिया, टी.वी., टेप-रिकार्डर, ट्रांजिस्टर आदि; नृत्य व डिस्को संगीत।

(*iv*) **घरेलू उपकरण (Domestic Appliances)**–वाशिंग मशीन, कूलर्स, लानमूवर्स, मिक्सी, प्रेशर कुकर, वैक्यूम क्लीनर, एअरकंडीशनर्स आदि।

(*v*) **पूजास्थल पर के उपकरण (Prayer Instruments)**–हारमोनियम, ढोलक, तबला, घुंघरू, लाउडस्पीकर्स।

(*vi*) **सैनिक अभ्यास की वस्तुएं (Material of Infantry Exercise)**–टैंक, मशीनगनें, हथगोले, अभ्यास में विस्फोटक सामग्री।

इसके अलावा भी आटे की चक्की, मकानों का निर्माण (आर०सी०सी० डालना) आदि अनेक और भी स्रोत हैं। शहरी भीड़, चहल-पहल भरे बाजार, सिनेमागृह, बड़े-बड़े भाषणों के आयोजन भी ध्वनि प्रदूषण फैलाते हैं।

(ब) ध्वनि प्रदूषण का प्रभाव (Effect of Noise Pollution)

ध्वनि प्रदूषण से मनुष्य पर शारीरिक तथा मानसिक दोनों प्रकार का प्रभाव पड़ता है जो ध्वनि की तीव्रता के आधार पर कम और अधिक भी होता है और अलग-अलग प्रकार का भी। साथ ही प्रभाव का परिणाम निम्नलिखित बातों पर भी निर्भर करता है–

1. अवधि (अन्तराल),

2. दिन में या रात में किस-किस समय,
3. स्थान का सम्पूर्ण शोर स्तर,
4. ध्वनि की तीव्रता, आवृत्ति स्तर,
5. नियमित जीवन की कार्यशैली,
6. व्यक्ति की संवेदनशीलता (सहने की क्षमता),
7. व्यक्ति की आयु, और
8. सुरक्षा के उपकरण की क्षमता एवं विश्वसनीयता।

कुछ और भी बिन्दु-इसमें शामिल किये जा सकते हैं जिनके आधार पर ध्वनि प्रदूषण का प्रभाव सम्भव है।

1. शारीरिक प्रभाव (Physical Effects)–ध्वनि प्रदूषण का सबसे हानिप्रद प्रभाव श्रवण-यंत्र (श्रवणेन्द्रिय) अथवा कानों पर पड़ता है। बहुत तेज आवाज से अथवा ऐसी जगह काम करने या रहने से जहां निरन्तर अधिक शोर रहता है, कान का पर्दा फट जाता है या फट जाने का भय रहता है। अत: कम सुनाई देना, कानों में सीटी की आवाजों का आना, कान का सुन्न हो जाना प्राय: हो जाता है। ऐसी भी स्थिति सम्भव है कि बिल्कुल ही सुनाई न देने लगे।

अन्य शारीरिक प्रभावों में यह पता लगाया गया है कि शोर हृदय, पाचन-तंत्र तथा तान्त्रिक तंत्र पर भी प्रभाव डालता है। अधिक शोर में रहने वाले व्यक्ति में रक्तचाप का बढ़ना, हृदय गति का तेज होना और दिल के दौरे के पड़ने की सम्भावना रहती है। पाचन-तंत्र के गड़बड़ा जाने से अल्सर हो जाता है। स्नायुतंत्र विशेषज्ञों के अनुसार शोर पीड़ितों में सिर दर्द, बेचैनी, चक्कर आना, जी मिचलाना और थकान के अलावा एक खास प्रकार की मिर्गी भी आ सकती है। इस प्रकार के रोगी को चर्च की घंटियों, पाप संगीत और पियानों की आवाज से दौरे पड़ने लगते हैं।

तेज शोर से वार्तालाप करने में जोर लगाने से स्वर यंत्र में सूजन आ जाती है, गले में खराश हो जाती है जो बाद में स्थाई रोग बन जाता है। ध्वनि प्रदूषण से आंखों पर भी बुरा प्रभाव पड़ता है। आंखों की पुतली का आकार छोटा हो जाता है। रंग पहचानने की क्षमता में कमी आ जाती है तथा रात्रि में दृष्टि क्षमता कम हो जाती है। शरीर की बाहरी त्वचा में रोग प्रतिरोधक क्षमता कम होना तथा बारीक चर्म पर्त उतरने की आशंकाएं भी बनी रहती हैं।

2. मानसिक प्रभाव (Mental Effects)–अधिक शोर से व्यक्ति में सहन शक्ति की कमी, चिड़चिड़ापन, बात-बात पर चीखना, अनिद्रा, भ्रम, एकाग्रता में कमी तथा कार्यक्षमता में कमी आ जाती है। बौद्धिक क्षमता का ह्रास हो जाता है।

(स) ध्वनि प्रदूषण से बचने के उपाय
(Precautionary Measures of Noise Pollution)

ध्वनि प्रदूषण से मनुष्य को कितनी और किस-किस प्रकार की हानि हो सकती है। इसकी जानकारी के बाद यह तो निश्चित रूप से कहा जा सकता है कि पर्यावरण के क्षेत्र में यह दिखाई न देने वाला यह मीठा जहर है जो अनजाने ही लोगों को धीमे-धीमे मृत्यु तक पहंचा सकता है। इस पर बहुत गहराई से चिन्तन करना चाहिए तथा इससे बचने के व्यापक उपाय किये जाने चाहिए–

1. शोर का ध्वनि स्रोत पर ही नियंत्रण–शोर जिस यंत्र या उपकरण से हो रहा है उन यंत्रों/उपकरण/मशीनों को इस प्रकार डिजाइन किया जाना चाहिए जिससे शोर उत्पन्न करने वाले उपकरणों जैसे–ट्रक, बस, स्कूटर, मोटरसाइकिल, मोपेड, मशीनें, वायुयान आदि के इंजनों को या तो शोर नियंत्रण कवचों से ढंका जा सके जिससे शोर कम हो जाये या फिर शोर न करने वाले इंजन तैयार किये जायें। मोटर साइकिल, स्कूटर, गाड़ियों के साइलेन्सरों की नियमित चैकिंग हो, जिससे शोर कम हो। सायरन, हार्न आदि का प्रयोग आबादी क्षेत्र में प्रतिबन्धित हो।

वृक्षों की गहरी मोटी पट्टी शोर को कम करती है। उद्योगों के निकट तथा सड़क के दोनों ओर वृक्ष लगाये जाने चाहिए। थोर, तेंदू, बेलपत्र, जामुन, ग्वारपाठा, केबड़ा, आम, कनेर, पीपल, कुरन्ज, यूकेलेप्टिस, आसापाला, नीम, पापड़ी, रोहणी, इमली और गुलमोहर आदि अच्छे ध्वनि चूषक हैं।

2. शोर को फैलने से रोकना–कमरों, कारखानों की दीवारों में ध्वनि अवशोषक पदार्थों का उपयोग करके शोर को फैलने से रोका जा सकता है। जो व्यक्ति अधिक शोर वाले स्थानों (फैक्ट्री, औद्योगिक संस्थान, एयरपोर्ट, एक्सप्लोजन (Explosion) कार्य आदि पर कार्य करते हों, उन्हें कानों के 'ईयर प्लगस' की सुविधा दी जानी चाहिए। ऐसी व्यवस्था भी शोर के प्रभाव को कम कर सकती है जिससे कर्मचारी को एक साथ बहुत लम्बे समय तक शोर के स्थान पर न रहना पड़े या कार्य न करना पड़े।

3. शोर की अभिशंषित सीमाओं का पालन करना–हम यह पहले बता चुके हैं कि एक औसत व्यक्ति के ध्वनि की श्रवण क्षमता, जिसे वह दिन-प्रतिदिन के काम में स्वीकार करता है, 80 डीबी होती है। ध्वनि आवृत्ति 1000 हर्ट्ज स्वीकारी गई है, लेकिन यह भी हर स्थिति में समान नहीं होती है। स्थान (होटल, सोने का कमरा, पुस्तकालय, अस्पताल आदि), समय (प्रातः, दोपहर, सायं, रात्रि, अर्द्धरात्रि आदि), आये (बालक, जवान व वृद्ध) और मानसिक स्थिति का भी आवश्यक,

असर होता है। कभी कम ध्वनि भी प्रदूषण का माध्यम बन जाती है और कभी अधिक आवाज भी टाल दी जाती है।

विभिन्न स्थानों पर अभिशंषित और स्वीकार किये जाने योग्य ध्वनि सीमा निम्नांकित तालिका में दर्शाई गई है–

अभिशंषित एवं स्वीकार किये योग्य ध्वनि सीमा

क्षेत्र	*विशिष्ट स्थल*	*ध्वनि सीमा (डीबी में)*
स्टूडियो	रेडिया, टी.वी., अन्य संगीत	30-38
सभा भवन	संगीत सभाएं, चलचित्र, प्रतियोगी खेल	34-38
विद्यालय	अध्ययन कक्ष, पुस्तकालय, प्रयोगशालाएं, व्याख्यान कक्ष	38-42
प्रार्थना स्थल	पूजा गृह, बाहरी बरामदा	38-42
चिकित्सालय	प्राइवेट कक्ष, आपरेशन कक्ष, कौरीडोर वार्ड्स	38-42
आवास	ग्रामीण क्षेत्र, शहरी क्षेत्र, कॉलोनीज	34-42
रेस्टोरेन्ट्स	भोजन कक्ष, अल्पाहार गृह, बार (शराब घर)	50
स्टोर्स	डिपार्टमेंटल, रिटेल, सुपरमार्केट	50-54
कार्यालय	प्राइवेट, बैंक, लेखा सम्बन्धी	46-50
वर्कशाप्स	मशीन शॉप, कारपेंटर शॉप, इलेक्ट्रिक शॉप	70
होटल	नृत्य गृह, निवास कक्ष, प्रतीक्षा कक्ष	42-46
स्पोट्स	जिमनेजियम, स्विमिंग पूल	46-50

(**स्रोत**–एनवायरमेन्टल क्वालिटी मैनेजमेंट : बिन्दु एन, लोहानी, पृष्ठ 112)

कोई भी ध्वनि स्रोत कितने समय तक आवाज करता है यह भी बहुत महत्त्वपूर्ण है। अधिक तीव्रता वाली ध्वनि यदि अधिक देर तक सुनी जाये तो उसे हानिप्रद की श्रेणी में रखेंगे। 'लोहानी' ने अन्तर्राष्ट्रीय स्तर पर स्वीकार्य योग्य शोर सीमा की अवधि को निम्न प्रकार प्रस्तुत किया है–

इससे यह स्वत: ही स्पष्ट है कि अधिक देर तक आवाज में चलने वाला डिस्को, जो सामान्यतया रुचिनुकूल भी है, से भी श्रोता क्यों परेशान हो जाते हैं? 140 डीबी के आसपास ध्वनि वाले जैट हवाई जहाज की आवाज को असहाय होते हुए भी इसलिये सहन कर लेते हैं क्योंकि उसके उतरने व चढ़ने की कुल समयावधि 1 मिनट से भी कम होती है।

स्वीकार्य योग्य शोर सीमा की अवधि

ध्वनि तीव्रता (डीबी में)	प्रतिदिन अधिकतम समय
85 डीबी	120 मिनट से अधिक
90 डीबी	120 मिनट से कम
95 डीबी	50 मिनट से कम
100 डीबी	25 मिनट से कम
105 डीबी	116 मिनट से कम
110 डीबी	12 मिनट से कम
115 डीबी	8 मिनट से कम
120 डीबी	5 मिनट से कम

1. बिन्दु एन. लोहानी, एनवायरमेन्टल क्वालिटी मैनेजमैंट (न्यू देहली ' साउथ एशियन पब्लिशर्स, 19 चैप्टर 4-स्टैन्डर्ड सैटिंग एण्ड क्राइटेरिया-पृष्ठ 108।)

4. व्यवस्थाओं में अपेक्षित परिवर्तन करना–शोर से हाने वाला परिणाम (ध्वनि प्रदूषण का हानिकारक असर) तो उन पर पड़ना ही है, जो वहां रहते हैं अत: जहां व्यक्तिगत सम्भव हो वहां स्वयं और जहां सरकार अथवा संस्थान के अधिकारी प्रभारी हों उन्हें उन व्यवस्थाओं में परिवर्तन कर लेना/देना चाहिए जिससे शोर का न्यूनतम असर पड़े।

कुछ बातें यहां सुझाई गई हैं–

1. अपने घरों में रेडियो, टी.वी, टेपरिकार्डर अथवा अन्य मनोरंजन के साधनों को धीमी आवाज में बजायें, सामूहिक कीर्तन, भजन व अखण्ड पाठ जैसे कार्यक्रमों में ऊँची आवाज में लाउडस्पीकरों का उपयोग न करें। स्वयं घर में धीमे बोलें तथा परिवार के सभी सदस्यों को भी धीमे बोलने के लिए कहें।
2. ट्रकों व अन्य भारी वाहनों को यथासम्भव आबादी वाले भागों से निकलने पर रोक लगे। वाहनों के हार्न्स भी तेज आवाज वाले (एयर हार्न्स) न हों। दुपहिया स्वचालित वाहन एवं अन्य कारें, बसें आदि के साइलैन्सरों की नियमित जांच हो जिससे तेज आवाजों से बचा जा सके। अधिक आवाज वाले कारखाने व उद्योगों को शहर से काफी दूर स्थानान्तरित कर दिया जाना चाहिए।
3. संवेदनशील स्थान जैसे अस्पताल, विद्यालय, अधिक आबादी वाले क्षेत्रों को 'साइलैंस जोन' बना दिया जावे।

4. वृक्ष भी ध्वनि का अवशोषण करते हैं। बड़ी-बड़ी फैक्ट्री कारखानों के बाहर वृक्षों की मोटी परतों का रोपण करना चाहिये। वृक्ष ध्वनि की तीव्रता को भी कम करते हैं अनेक प्रकार की जहरीली गैसों को अवशोषित कर लेते हैं तथा मन भाता वातावरण भी बनाये रखते हैं।

5. ध्वनि प्रदूषण के बारे में शिक्षित करना–सभी स्तर व सभी आयु वर्गों के लोगों को ध्वनि प्रदूषण के कारण और उससे होने वाले दुष्परिणामों के बारे में यथेष्ट जानकारी दी जानी चाहिए। समाचार-पत्र, पत्रिकाएं, रेडियो कार्यक्रम, टीवी सीरियल, फिल्म डोक्युमेन्टरीज पोस्टर्स आदि कई प्रभावी विधाओं को अपनाया जा सकता है। जैसे-जैसे लोगों को इस अदृश्य प्रदूषण की जानकारी मिलेगी, वैसे-वैसे उनमें शोर से बचने का मानस बनेगा और ध्वनि प्रदूषण से उन्हें राहत मिलेगी।

विद्यालयों में बच्चों को ध्वनि प्रदूषण के बारे में जानकारी देनी चाहिए तथा उन्हें व्यवहार में ढालने को प्रेरित करना चाहिए। वह कक्षा में, पुस्तकालय में कम बोलें, धीमे स्वर में बोलें। यह प्रभाव उन्हें घर पर भी धीमे बोलने को प्रेरित करेगा।

6. ध्वनि प्रदूषण और कानून–जैसे किसी भी समस्या को ठीक से व्यवस्थित करने के लिए कानूनी प्रावधान रखे गये हैं उसी प्रकार ध्वनि-प्रदूषण को रोकने के लिए भी कानून बनाये जाने आवश्यक हैं। अनेक देशों में ऐसे कानून बने हैं और अन्य में इस प्रदूषण को अत्यन्त हानिकारक मानकर बनाये जा रहे हैं। इंग्लैण्ड में शोर रोकथाम अधिनियम, 1960 (नॉइज एबेटमेंट एक्ट, 1960) बना है जिसमें रात्रि को 9 बजे से प्रात: 9 बजे तक ध्वनि विस्तारक यंत्रों पर रोक है। अमेरिका में ध्वनि प्रदूषण की रोकथाम के लिए शोर नियंत्रण अधिनियम, 1972 (नॉइज कन्ट्रोल एक्ट, 1972) बनाया है। जापान में मूल कानून में प्रदूषण नियंत्रण के सन्दर्भ में पर्यावरणीय जागृति व नियंत्रण हेतु यथेष्ट प्रावधान है।

लेकिन भारत में शोर नियंत्रण के सन्दर्भ में कोई अलग से स्पष्ट केन्द्रीय कानून नहीं है। अभी हाल में ही पर्यावरण संरक्षण अधिनियम, 1986 (एनवायरमेंटल प्रोटेक्शन एक्ट, 1986) में ऐसी व्यवस्था रखी गई है जिसमें किसी भी प्रकार के प्रदूषण के सन्दर्भ में नियम बनाये जा सकते हैं और उन पर विधि संगत कठोरता से पालन किया जा सकता है। इस अधिनियम के तहत इसके सेक्शन 15 में नियमों के पालन न करने पर कड़ी सजायें प्रस्तावित हैं। कानून की अवहेलना पर दोषी व्यक्ति को 5 वर्ष तक की सजा या एक लाख रुपये तक का आर्थिक दण्ड या दोनों ही दी जा सकती हैं। पहली सजा के बाद भी यदि प्रदूषण जारी रहता है तो दोषी व्यक्ति को और आर्थिक दण्ड दिया जा सकता है, जो पांच हजार रुपये

प्रतिदिन तक हो सकता है। यदि प्रदूषण एक वर्ष तक की अवधि से आगे भी चलता है तो दोषी को सात वर्ष तक की कैद दी जा सकती है। पर आज इस अधिनियम के तहत ध्वनि प्रदूषण के सन्दर्भ में नियम बनाकर उन्हें संसद में पारित कराने की महती आवश्यकता है।

इससे पूर्व शोर के सन्दर्भ में जन-उपद्रव को रोकने के लिए सुझाये इंडियन पेनल कोड के सैक्शन 268 अथवा क्रिमीनल प्रोसीजर कोड, 1973 के दसवें अध्याय के सैक्शन 133 तथा ग्यारहवें अध्याय के सैक्शन 144 को काम में लिया जाता था। इनकी सजायें इतनी कम थीं कि इनका कोई महत्त्व ही नहीं था।

राज्य स्तर पर मध्य प्रदेश ने 'संगीत और शोर नियंत्रण अधिनियम, 1950 (कन्ट्रोल ऑफ म्यूजिक एण्ड नॉइजेज एक्ट, 1950), बिहार सरकार ने 'ध्वनि विस्तारक यंत्र को बजाने पर नियंत्रण अधिनियम, 1955 (कन्ट्रोल ऑफ दी यूज ऑफ प्ले लाउडस्पीकर एक्ट, 1955) और राजस्थान सरकार ने शोर नियंत्रण अधिनियम, 1963 (नॉइज कन्ट्रोल एक्ट, 1963) बनाये थे, पर उनकी व्यापकता यथार्थता सिद्ध नहीं हो सकी और किसी न किसी प्रकार यह प्रभावहीन रहे हैं।'

ध्वनि प्रदूषण को कम करने और उससे बचने के लिए हर स्तर पर बहुत चिन्तन की आवश्यकता है, क्योंकि प्रदूषण के क्षेत्र में धीमे-धीमे जन साधारण की उपेक्षा पाकर इसमें जाने-अनजाने निरन्तर वृद्धि हो रही है। मानव को स्वस्थ, सन्तुलित और समाज में समायोजित होने के लिए उसे इस समस्या से छुटकारा पाना होगा।

प्रश्न (Questions)

निबन्धात्मक प्रश्न (Essay Type Questions)

1. 'ध्वनि' किसे कहते हैं? इसकी उत्पत्ति के स्रोत क्या हैं?
2. 'ध्वनि' की क्या-क्या विशेषताएं हैं? ध्वनि की गुणवत्ता (Quality of Sound) को समझाइये।
3. 'शोर' की अभिशंसित सीमाओं का पालन किया जाना क्यों आवश्यक है?
4. ध्वनि प्रदूषण व्यक्तियों पर क्या प्रभाव डालता है?
5. ध्वनि प्रदूषण को नियंत्रित करने के उपाय बताइये।

लघुत्तरात्मक प्रश्न (Short Answer Type Questions)

6. 'ध्वनि' हमारे कानों तक कैसे पहुंचती है?
7. 80 dB से भी अधिक आवाज को हम कभी-कभी कैसे सहन कर लेते हैं?

8. 'हर्ट्ज' (Hertz) और 'डैसीबल' (Decibel) में अन्तर बताइये।
9. कोई आवाज ऊँची है या नीची है, इस तथ्य को हम ध्वनि की भाषा में कैसे व्यक्त करेंगे?
10. सामान्य ध्वनि तथा शोर में क्या विशिष्ट अन्तर होता है?

वस्तुनिष्ठ प्रश्न (Objective Questions)

11. 'एक कर्कश आवाज' इसे हम कहां प्रयोग में लायेंगे–

(अ) संगीतात्मक ध्वनि (ब) ऊँची आवाज

(स) शोर (द) प्रबलता

12. डैसीबल को संक्षिप्त रूप में हम लिखते हैं–

(अ) DB (ब) Db

(स) db (द) dB

13. बारंबारता का माप होता है–

(अ) डैसीबल (ब) हर्ट्ज

(स) सेमी (द) मीटर

14. एक सामान्य व्यक्ति कितने डैसीबल तक की आवाज सहन कर सकता है?

(अ) 80 (ब) 100

(स) 120 (द) 140

15. निम्न में से कौन-सा ध्वनि प्रदूषण का प्राकृतिक स्रोत नहीं है–

(अ) भूकम्प (ब) बादलों का फटना

(स) तूफान (द) मिक्सी की आवाज

निम्नलिखित प्रश्नों का हाँ/नहीं उत्तर दीजिये–

16. ध्वनि प्रसारण के लिये कोई न कोई माध्यम आवश्यक होता है। (हाँ/नहीं)
17. पानी में ध्वनि की गति से वायु में ध्वनि गति कम होती है। (हाँ/नहीं)
18. ध्वनि प्रदूषण का प्रभाव सभी आयु वर्ग पर समान होता है। (हाँ/नहीं)
19. कानूनी प्रावधान से ध्वनि प्रदूषण को रोका जा सकता है। (हाँ/नहीं)
20. क्या पॉप संगीत को शोर कहेंगे? (हाँ/नहीं)

18

सामान्य प्रदूषण
(General Pollution)

प्रस्तावना (Introduction)

प्रकृति में अनचाहे पदार्थों की उपस्थिति को प्रदूषण कहते हैं। जब कोई वस्तु किसी अन्य अनचाहे पदार्थों से मिलकर अपने भौतिक, रासायनिक तथा जैविक गुणों में परिवर्तन ले आती है और वह या तो उपयोग के काम की नहीं रहती अथवा स्वास्थ्य को हानि पहुंचाती है, तो वह प्रक्रिया और परिणाम दोनों ही 'प्रदूषण' (Pollution) कहलाते हैं। वह पदार्थ अथवा वस्तुएं जिनसे प्रदूषण होता है 'प्रदूषक' (Pollutants) होते हैं। प्रदूषण की ऐसी ही व्याख्या अनेक स्थानों पर मिलती है।

"प्रदूषण अनचाही वस्तुओं के मिलने से होता है जिससे प्राकृतिक अथवा मानवकृत पर्यावरण पर विपरीत प्रभाव पड़ता है।"

"वायु, जल और भूमि में किसी भौतिक, रासायनिक अथवा जैविक अनचीते परिवर्तन से जिससे प्राणीमात्र के स्वास्थ्य, सुरक्षा और कल्याण को प्रभावी तौर से हानि पहुंचती हो, प्रदूषण कहलाता है।"

इन परिभाषाओं के आधार पर ही हम यह समझ सकते हैं कि मनुष्य की जीवन प्राथमिकताओं में वायु, जल और भूमि की भी यदि निरापदता नहीं है तो एक अच्छे जीवन की कल्पना भी कैसे की जा सकती है?

नि:सन्देह पर्यावरण के प्रदूषण ने मानव जीवन को संकट में भी डाल दिया है और भयग्रस्त भी बना दिया है। इससे बचने के लिए जो भी आवश्यक जानकारी एक सामान्य व्यक्ति को अपेक्षित है। वह हम यहां देने का प्रयास करेंगे। (हम यहां यह भी बताना चाहेंगे कि इस पुस्तक में बहुत उच्चस्तरीय जानकारी की आवश्यकता नहीं है, अत: हम इस सामग्री को अत्यन्त व्यवस्थित करके नियंत्रित रूप मे दे रहे हैं।)

पर्यावरणीय प्रदूषण (Environmental Pollution)

'पर्यावरणीय प्रदूषण' एक ऐसा शब्द है जिसका आशय मुख्यत: लोगों के आसपास के क्षेत्र को प्रदूषण करना है। (Environmental Pollution is a term that refers to all the ways in where surrounding of vicinity of people is polluted.)। यह कार्य मुख्यत: लोगों द्वारा ही उनके गलत कार्य से होता है। धुएं और विभिन्न गैसों से वायु खराब होती है जिससे सांस लेना भी कठिन हो जाता है, वायु में अनेक रसायनों तथा आपत्तिजनक स्रावों से वह दूषित हो जाता है जो पीने के पानी की कठिनाई साथ ही समुद्री जीवों के जीवन को भी नष्ट करता है तथा अधिक रासायनिक खाद और कीटाणुनाशक दवाइयों से मिट्टी की उर्वरता को हानि पहुंचती है जिससे अन्न उत्पादन में कमी की आशंका भी बनी रहती है। यह तीन प्रकार के प्रदूषण होते हैं–

(1) वायु प्रदूषण (Air Pollution),

(2) जल प्रदूषण (Water Pollution) तथा

(3) भूमि प्रदूषण (Soil Pollution)।

ये प्रदूषण मनुष्य तथा अन्य जीवधारियों के लिये अत्यन्त हानिप्रद है, जिन पर हम आगे चर्चा करेंगे।

इनके अतिरिक्त भी कई प्रकार के प्रदूषण हैं, जिनका प्राणी जीवन पर बहुत कुप्रभाव पड़ता है इन सबकी एक समेकित सूची यहां दी जा रही है।

प्रदूषण के प्रकार (Types of Pollution)

मुख्यत: निम्न प्रकार के प्रदूषणों को पर्यावरण के क्षेत्र में सम्मिलित कया जाता है–

1. वायु प्रदूषण (Air Pollution)
2. जल प्रदूषण (Water Pollution)
3. भूमि प्रदूषण (Land or Soil Pollution)
4. ध्वनि प्रदूषण (Noise Pollution)
5. वाहन प्रदूषण (Vehicular Pollution)
6. तापीय प्रदूषण (Thermal Pollution)
7. विकिरणीय प्रदूषण (Pollution Due to Radiation)
8. समुद्रीय प्रदूषण (Marine Pollution)
9. औद्योगिक प्रदूषण (Industrial Pollution)

10. कूड़े-कचरे से प्रदूषण (Waste Disposal Pollution)
11. घर और उद्योगों से निकलने वाले जलस्राव से प्रदूषण (Domestic and Industrial Waste Water (Effluent) Pollution)
12. अन्य प्रकार से प्रदूषण (Pollution from Other Sources)

वायु प्रदूषण (Air Pollution)

वायु प्रदूषण में प्रदूषक मुख्यतया गैसें होती हैं तथा कुछ ठोस के सूक्ष्म कण होते हैं, जो घरेलू ईंधन के दहन, वाहन से निकलने वाले उत्सर्ग (exhaust), सड़े-गले पदार्थों तथा कूड़े-करकट से निकलने वाली गैसें तथा विभिन्न प्रकार के उद्योगों के संयंत्रों की चिमनियों से निकलने वाले धुएं के रूप में निकलते हैं। इन विभिन्न प्रदूषकों की संख्या अनगिनत है और यह अलग-अलग प्रकार से स्वास्थ्य को हानि पहुंचाते हैं। इनमें कुछ मुख्य निम्नांकित सारणी में समेकित हैं–

वायु प्रदूषण फैलाने वाले सामान्य प्रदूषक

प्रदूषक	*स्रोत*	*हानि प्रभाव*
1. एल्डीहाइड्स (Aldehydes) : Al	वसा, तेल अथवा ग्लिसरोल की पृथक्कीकरण क्रिया से।	नाक तथा सांस लेने में जलन होती है; बदबू फैलती है।
2. अमोनिया (Ammonia) : NH_3^-	विस्फोटक पदार्थ, रोगन, उर्वरक तथा रंग बनाने की रासायनिक प्रक्रिया में; शोधक कारखाने तथा ईंधन दहन से।	श्वसन संस्थान में सूजन; आंख और त्वचा को हानि पहुंचाती है।
3. आरसाइन्स (Arsines) : As	आर्सेनिक युक्त तत्त्वों तथा अम्लों की प्रक्रिया से; धातु जोड़ने वाले टांके से।	रक्त के लाल कणों को नष्ट करता है; गुर्दों को प्रभावित करता है; पीलिया हो सकता है।
4. कार्बन मोनोक्साइड (Carbon Monoxide) : CO	वाहनों और उद्योगों में अधजले हाइड्रोकार्बन्स तथा ईंधन दहन से।	रक्त में ऑक्सीजन की कमी करता है; सिर दर्द, दृष्टि दोष और स्नायु सम्बन्धी रोग
5. क्लोरीन (Chlorine) : Cl_2	कपास तथा आटे के ब्लीचिंग से, क्लोरीन सिलैण्डर के रिसाव से और अनेक अन्य रासायनिक प्रक्रियाओं से।	श्वसन संस्थान को प्रभावित करता है; आंखों में जलन, नाक में तकलीफ के कारण सांस लेने में कठिनाई।
6. हाइड्रोजन साइनाइड (Hydrogen Cyanide) : HCN	भट्टियों के दहन, धूम्रीकरण और रासायनिक पदार्थों के निर्माण से।	गले में खुश्की, धुंधली दृष्टि, सिर दर्द आदि।

7. हाइड्रोजन फ्लोराइड (Hydrogen Fluoride) : HF	पेट्रोलियम शुद्धीकरण, एल्यु-मिनियम और उर्वरक के उत्पाद से।	सांस के साथ शरीर में प्रवेश कर सभी स्थानों पर क्षय करता है।
8. हाइड्रोजन सल्फाइड (Hydrogen Sulphide) : H_2S	रिफाइनरीज तथा रासायनिक कारखानों से; पेपर मिल्स तथा दूषित पानी के शुद्धीकरण संयन्त्र से।	गले और आंखों में जलन, मिचली लाता है। सिर दर्द और नींद न आने की बीमारी होती है।
9. नाइट्रोजन ऑक्साइड्स (Nitrogen Oxides) : NO_x	वाहनों के निष्कासन से, सॉफ्ट, कोयले के दहन से; पेट्रोलियम पदार्थों के उपयोग से।	फेफड़ों पर प्रभाव डालता है।
10. सल्फर डाइऑक्साइड (Sulphur dioxide) : SO_2	कोयला और तेल के दहन से।	छाती में जकड़न, सिरदर्द, उल्टी तथा श्वसन संस्थान की बीमा रियों से मृत्यु तक; तेजाबी से वर्षा से फसल और इमारतों को हानि।
11. सस्पेन्डेड पार्टीकल्स (Suspended Particulate Matter) : SPM	कारखानों की चिमनियों से।	आंखों की जलन, छींकना, कैंसर का कारण।
12. पारे की भाप (Mercury Vapours : Hg	पारे के शोधन संयंत्र से, प्रयोगशाला में पारे के उपयोग से तथा पारेयुक्त कीटनाशक से।	सूंघने पर बेहोशी मिनीमाटा रोग होना।
13. केडमियम (Cadmium) : Cd	धातु (Cd) निकालने वाले संयंत्र, इलैक्ट्रोप्लेटिंग, कैडमियम पदार्थों के वैल्डिंग तथा तांबा, जस्ता और शीशे के शोधन में अतिरिक्त उत्पादन के रूप में; कीटनाशक दवाइयों तथा खादों से।	अधिक विषैला, गुर्दे को हानि पहुंचाता है। हृदय, जिगर व मस्तिष्क के रोग, आंतों में सूजन कैंसर की संभावना।
14. फॉस्फोरस (Phosphorous : P	फॉस्फेट वाली खादें; मोटर वाहन तथा जहाजों में क्षय रोकने के उपयोग में।	त्वचा में जलन, विषैला असर तथा नाड़ी संस्थान को हानि पहुंचाता है।

15.	बोरोन (Boron) : B	बोरोन शोधक संयंत्र से; पेट्रोल में मिलाने पर; कोयले दहन से।	चिड़चिड़ापन तथा सूजन आ जाती है नाड़ी संस्थान को प्रभावित करता है।
16.	वैन्जपायरीन (Benzpyrene	यह तम्बाकू, धूम्रपान, धुएं और गैसोलीन निस्सारण से निकलतीहै।	अत्यन्त विषैली तथा कैन्सर का कारण है।
17.	स्मोग (Smog)	यह पानी के कण तथा वायुमण्डल में कई अन्य प्रदूषक (SPM) तथा NO_X, ओजोन (O_3) तथा आर्गेनिक ऑक्साइड से बनती है।	दम घुटने से मृत्यु तक सम्भव है।

(ब) सुरक्षा उपाय (Safety Measures)

1. घरेलू ईंधन दहन से छुटकारा पाना स्वयं ही अपने आप निरन्तर परम्परागत स्रोतों की कमी के कारण हो रहा है। उसके स्थान पर कुकिंग गैस, बायो गैस और सोलर उपकरणों का प्रयोग होने लगा है। पुरानी पद्धति में भी निर्धूम चूल्हे तथा नवीन विकसित प्रणाली के चूल्हे और स्टोव से काफी परिवर्तन आया है।
2. वाहन से निकलने वाले उत्सर्गों के लिए कुछ उपाय वाहन-प्रदूषण वाले अध्याय में दिये हैं। कृपया उसका अवलोकन करें।
3. विशेषत: वायु-प्रदूषण औद्योगिक क्रान्ति के बाद बढ़ा है। विभिन्न प्रकार के संयंत्र अनेक प्रकार के प्रदूषक बाहर निकालते हैं, जिनमें से कुछ के प्रभाव सारणी में दिये हैं। विविध संयंत्रों से निकलने वाले विभिन्न अन्य प्रदूषक तथा उनकी 'सहन सीमा' (Tolerance Level) में रुचि रखने वाले पाठक अपने राज्य के प्रदूषक निवारक एवं नियंत्रण मण्डल (State Pollution Prevention and Control Board) से सम्पर्क कर सकते हैं।

जल प्रदूषण (Water Pollution)

जल प्रदूषण से तात्पर्य उस जल से है जिसमें कोई विजातीय (घुलनशील अथवा अघुलनशील) वस्तु मिल गई हो और जिसमें वस्तुत: उसके भौतिक, रासायनिक एवं जैविक तत्त्वों में परिवर्तन आ जाने के कारण उसके मौलिक गुणों में भी परिवर्तन आ गया हो।

यह जल अपनी गुणवत्ता खो देता है और मनुष्य, पशु-पक्षी, पेड़-पौधे और यहां तक कि कृषि तथा उद्योगों के लिए भी हानि पहुंचाता है। इसे प्रदूषित अथवा अशद्ध जल कहते हैं।

जो वस्तुएं जल में मिलकर उसे प्रदूषित करती हैं, वह प्रदूषक (Pollutants) कहलाती हैं।

(अ) जल प्रदूषक के कारण (Causes of Pollution of Water)

जल के प्रदूषित होने के कई कारण हैं और उन कारणों के पीछे या तो मनुष्य द्वारा उसका अनुचित उपयोग होता है अथवा उसके कुछ अप्राकृतिक कृत्य इसका कारण बनते हैं। बढ़ती आबादी के साथ अधिक अन्न की आवश्यकता और अनेक अन्य आवश्यक वस्तुओं की पूर्ति हेतु औद्योगिक क्षेत्र की बाहुल्यता ने अप्रत्यक्ष रूप से जल प्रदूषण में भारी वृद्धि की है। इसके अलावा भी दैनिक जीवन में मनुष्य के कार्य करने के साथ-साथ किसी न किसी प्रकार जल प्रदूषित होने की सम्भावना बनी रहती है। इतना समेकित विवरण निम्नांकित है–

1. मनुष्य के दैनिक कृत्यों से गन्दगी–हम प्रतिदिन नहाते हैं, कपड़े धोते हैं, भोजन पकाते हैं, बर्तन मांजते हैं। उस सब में पानी का ही प्रयोग होता है। लेकिन उस कार्य के बाद वह पानी प्रदूषित हो जाता है और पीने या अन्य किसी ऐसे कार्य में नहीं आ सकता जहां शुद्ध जल की आवश्यकता हो। अनचाहे जगह मल-मूत्र विसर्जन (विशेषत: पानी के स्रोतों के आसपास) और सीवरेज लाइन से गन्दा मल और पानी जब अन्य जल स्रोतों में मिल जाता है तब उन स्रोतों का समस्त जल अशुद्ध अथवा प्रदूषित हो जाता है। यह जल प्रदूषण का मुख्य और सबसे बड़ा कारण है।

2. औद्योगिक अपशिष्ट–औद्योगिक इकाइयों द्वारा उपयोग में ले लिये गये जल में अनेक प्रकार के लवण, अम्ल, क्षार, गैसें तथा रसायन घुले होते हैं। जल में घुले हुए ये औद्योगिक अपशिष्ट सीधे ही इकाइयों से निकलकर नदी, तालाब, झील अथवा अन्य जल स्रोतों में प्रवाहित कर दिये जाते हैं जिनसे मनुष्य, जीव-जन्तु, वनस्पति सभी जो उस जल का उपयोग करते हैं, प्रभावित होते हैं। बढ़ते औद्योगीकरण के साथ प्रदूषण की वृद्धि की सम्भावना बढ़ रही है।

3. अपमार्जक (डिटरजेंट)–बढ़ती हुई औद्योगिक प्रगति के फलस्वरूप सफाई के लिए नये-नये अपमार्जक (डिटरजेंट) बाजार में आ गये हैं। इनका उपयोग भी दिनोंदिन बढ़ता जा रहा है। जब अपमार्जक पानी में घुलकर जलाशयों में पहुंचते हैं तो पानी की सतह पर इनके ठोस कणों की पतली पर्तें बन जाती हैं। इन पर्तों के कारण सूर्य का प्रकाश जल में प्रवेश नहीं कर पाता, जिसके परिणामस्वरूप जल में ऑक्सीजन पर्याप्त मात्रा में नहीं घुल पाती और जल प्रदूषित हो जाता है। ऑक्सीजन की कमी होने से जल-जीवों तथा वनस्पति पर हानिकारक प्रभाव पड़ता है।

4. कृषि रसायन—उत्पादन बढ़ाने के लिए खेतों में रासायनिक खादों का प्रयोग दिन-प्रतिदिन बढ़ रहा है। वर्षा के जल के साथ इनकी एक अच्छी मात्रा नदी, तालाबों एवं झीलों या अन्य जल स्रोतों में चली जाती है। इसके फलस्वरूप जल में शैवाल वनस्पति बढ़ जाती है। शैवाल द्वारा अपने विकास में जल की अधिकांश ऑक्सीजन के उपभोग कर लेने से जल में ऑक्सीजन की कमी हो जाती है। इससे जल जीवों तथा मानव पर हानिकारक प्रभाव पड़ता है।

5. कीटनाशी रसायन—फसलों को कीड़ों से बचाने तथा उनके संरक्षण के लिए अनेक प्रकार के कीटनाशक रसायनों का प्रयोग उत्तरोत्तर बढ़ रहा है। खेती में उपयोग के बाद विषैले रसायन वर्षा के पानी में घुलकर नदियों एवं तालाबों तक पहुंचते हैं और जल को प्रदूषित कर देते हैं।

6. औद्योगिक तापीय प्रदूषण—विभिन्न प्रकार के उद्योगों में संयंत्रों को ठण्डा करने के लिए जल का उपयोग किया जाता है तथा उपयोग के बाद उष्ण जल का नदी, तालाबों तथा अन्य जल स्रोतों में प्रवाहित कर दिया जाता है। इससे जल स्रोतों का तापमान बढ़ जाता है और प्राकृतिक संतुलन बिगड़ने से जीवों की क्षति होती है।

7. खनिज तेल—समुद्रों के जल मार्ग में खनिज तेल ले जाने वाले जहाजों के दुर्घटनाग्रस्त होने से अथवा उनके द्वारा भारी मात्रा में तेल के जल सतह पर छोड़ने से तो जल प्रदूषण होता ही है, लेकिन भूमि पर भी तेलों के बिखरने के कारण जल प्रदूषण होता है। भूमि पर बिखरने वाला तेल मिट्टी के साथ बहकर जलाशयों में पहुंचकर प्रदूषण फैलाता है।

8. शवों के जल प्रवाह से प्रदूषण—नदियों के किनारे बसे नगरों में शवों को जल में प्रवाहित किये जाने का प्रचलन है। जीवाणुओं सहित मानव एवं पशुओं के शव नदियों में प्रवाहित कर दिये जाते हैं। इससे नदियों का जल प्रदूषित हो जाता है। कई स्थानों पर जल, अधजली लाश, प्रज्ज्वलित अग्नि और राख को नदी में प्रवाहित कर देते हैं जिससे जल के तापमान में वृद्धि होती है और जल प्रदूषित हो जाता है।

(ब) जल के मुख्य प्रदूषक तत्त्व (Main Pollutants in Water)

जल में मिश्रित प्रदूषक तत्त्व मानव, वनस्पति एवं जीव जन्तुओं पर दुष्प्रभाव छोड़ते हैं। कुछ प्रदूषक तत्त्व तो तत्काल दुष्प्रभाव प्रदर्शित कर देते हैं और कुछ धीरे-धीरे अपना असर दिखाते हैं। जल में मिले हुए प्रदूषक तत्त्वों के शोध प्रभाव के रूप में अनेक बीमारियां जन्म लेती हैं। पानी में मिश्रित तत्त्व जब एक सीमा से अधिक

मात्रा में पानी में घुल जाते हैं तो उनका मानवीय स्वास्थ्य पर विपरीत प्रभाव पड़ता है। इनमें से कुछ निम्न हैं–

1. फ्लोराइड (Fluoride)–अकार्बनिक फ्लोराइड बहुत ही जहरीला पदार्थ होता है। इसको लगातार मात्रा लेने से वजन का कम होना, खून की कमी, दांतों की बीमारियां, अंगों का असाधारण विस्तार, हड्डियों का मुड़ जाना, जोड़ों में दर्द आदि बीमारियां हो जाती हैं। फ्लोराइड पश्चिमी राजस्थान के भूमिगत जल में पाया जाता है। जल में फ्लोराइड की मात्रा 1 पी०पी०एम० से अधिक होने पर बच्चों के दांतों में छेद हो जाते हैं। 1.5 पी०पी०एम० से अधिक होने पर दांतों पर धब्बे पड़ जाते हैं तथा दांतों की चमक समाप्त हो जाती है और वे पीले पड़ जाते हैं।

2. सीसा (लैड-Lead) –यह एक जहरीला तत्त्व है जो निर्धारित सीमा से अधिक मात्रा में घुलने पर जन-स्वास्थ्य को प्रभावित करता है। इससे जिगर और गुर्दे प्रभावित हो जाते हैं; महिलाओं में गर्भपात तथा हीमोग्लोबिन की कमी और मानसित ह्रास का कारण जैसी बीमारियां हो जाती हैं।

3. पारा (Mercury)–यह प्रोटोप्लाजमिक जहर है जो रक्त संचारण तंत्र में अवशोषित होने के बाद लीवर, गुर्दा, स्पलीन एवं हड्डी में जमा हो जाता है। इससे मुंह एवं मसूड़ों पर बुरा असर पड़ता है। अम्लीय पारा बहुत जहरीला होता है। पारे के किसी भी यौगिक की मात्रा लगातार शरीर में जाने से मिनीमाटा रोग हो जाता है।

4. फिनोल (Phenol)–यह कार्बनिक एवं अत्यन्त जहरीला पदार्थ है। यह त्वचा एवं अन्त:झिल्ली को बहुत प्रभावित करता है। 60 इंच क्षेत्र त्वचा पर फिनोल के प्रभाव से ही मनुष्य की मृत्यु हो सकती है। यह गुर्दे, लिवर, स्प्लीन एवं फेफड़ों पर बुरा असर डालता है। 15 से 20 मिनट तक त्वचा के सम्पर्क में रहने से सिर दर्द, मांसपेशियों में कमजोरी, कम दिखाई देना, कम सुनना तथा जल्दी-जल्दी श्वांस के कारण बेहोशी हो जाती है तथा कभी-कभी मृत्यु भी हो जाती है।

5. सोडियम (Sodium)–अत्यन्त सक्रिय तत्त्व होने के कारण यौगिक के रूप में ही पाया जाता है। इन यौगिकों में जहरीलापन केवल धन-आयन के कारण ही होता है।

6. जस्ता (Zinc)–जस्ता स्वयं जहरीला नहीं होता, परन्तु इसके यौगिक थोड़े जहरीले होते हैं। जब जस्ते को गर्म किया जाता है तो जिंक ऑक्साइड बनता है जिससे ब्रास फाउन्डर रोग एवं ब्रास चिल्स नामक बीमारियां हो जाती हैं। जिंक क्लोराइड की अधिक मात्रा फेफड़ों को खराब कर सकती है। जिंक ऑक्साइड की अधिक मात्रा लेने से तेज उल्टियां होने लगती हैं।

7. नाइट्राइड (Nitrides)–बहुत खतरनाक पदार्थ है। इससे बच्चों में ब्लूबैबी नामक बीमारी हो जाती है। उल्टियां होना तथा त्वचा का रंग गहरा हो जाना इसके मुख्य प्रभाव हैं।

8. पेथोसेनिक बैक्टरिया अथवा आर्मेनिज्म (Pathosanic Bacteria or Armanism)–स्वास्थ्य के लिए बहुत ही हानिकारक होते हैं। इनसे हैजा, मोतीझरा, इन्फेक्शन, हेपाटाइट आदि बीमारियां फैलाती हैं। अधिक मात्रा होने पर महामारी भी फैल सकती है।

(स) जल प्रदूषण के दुष्प्रभाव (Effects of Water Pollution)

प्रदूषित जल मानव जाति, समुद्री जीवों तथा जलीय पादपों को हानि पहुंचाता है। इससे उनका जीवन खतरे में पड़ जाता है और वृद्धि भी रुक जाती है।

जल प्रदूषण से सबसे अधिक प्रभाव मानव के स्वास्थ्य पर पड़ता है जिसके अन्तर्गत वह विविध प्रकार के रोगों से ग्रसित हो सकता है जिनमें मुख्यत: 1. अतिसार, 2. पेचिस, 3. जुकाम, 4. श्वास-कास, 5. लकवा, 6. हैजा, 7. मोतीझरा, 8. चर्मरोग, 9. अंधापन, 10. नारू, 11. कृमि, 12. पीलिया, 13. रतिरोग, 14. शोध तथा अन्य पेट के रोग हैं।

आजकल सबसे अधिक प्रकोप पेय जल में फ्लोराइड की अधिक मात्रा के कारण हो रहा है, जिसमें रीढ़ की हड्डी टेढ़ी हो जाती है, दांत पीले होकर गिरने लगते हैं तथा हाथ व पैरों की हड्डियों में लचक आ जाती है और शरीर बेडौल हो जाता है। इसकी रोकथाम के लिए राष्ट्रीय स्तर पर प्रयास चल रहे हैं और विदेशी सहायता से फ्लोराइड वाले क्षेत्रों के पानी में से फ्लोराइड की मात्रा कम करने के उपाय किये जा रहे हैं।

(द) जल शुद्ध करने के उपाय (Ways to Reclaim Pure Water)

जल शुद्ध करने के लिए विभिन्न उपाय जल में होने वाली अशुद्धियां तथा उसकी मात्रा पर निर्भर करता है, फिर भी उनका एक संक्षिप्त विवरण, जिन विधियों से अशुद्ध जल को परिष्कृत किया जा सके, यहां दिया है–

1. प्राचीन उपाय (Traditional Methods)

(1) कपड़े से छानना,

(2) लकड़ी के कोयला से छानना,

(3) तांबे के बर्तन में रखना,

(4) उबालना,

(5) सूर्य के प्रकाश में रखना,

(6) ईंट बुझाना आदि।

2. प्रचलित उपाय (Conventional Methods)

(1) नीचे से क्रमशः कंकड़, गुटिकाओं, मोटी बालू, कोयला चूर्ण व महीन बालू से छानना,

(2) फिटकरी, गन्धक, मेथी (बीज चूर्ण), निर्मली, कमकी जड़ से शुद्धि करना।

3. आधुनिक उपाय (Modern Methods)

(1) कुआं, बावड़ी में पोटैशियम परमेंगनेट व फिटकरी डालना, नियमित सफाई करना,

(2) कुओं को नियमित साफ रखना, ढककर रखना,

(3) बावड़ी में से सीढ़ियां हटाना,

(4) कुओं और तालाबों के पास का ढलान जल स्रोतों से दूर रखना,

(5) नालियां व गटर लाइनों को जल स्रोतों से दूर रखना,

(6) तालाबों से नियमित मिट्टी निकालना,

(7) फिल्टर प्रोसेसिंग पद्धति का प्रयोग करना (फिटकरी, क्लोरीन, मेथी चूर्ण का प्रयोग), आदि।

4. क्रिया/संक्रिया की दृष्टि से पीने के पानी को साफ करने की विधियां (Mechanicalk Methods for Purification of Water)

(क) भौतिक विधियां (Physical Methods)

1. निथारकर–इस विधि में पानी को कुछ समय के लिए तालाब, टैंक या बर्तन आदि में ठहरने देते हैं। इससे अशुद्धियां भारी होने के कारण नीचे बैठ जाती हैं और ऊपर साफ पानी आ जाता है।

2. उबालकर–पानी को उबालने से उसमें विद्यमाम कीटाणु भी नष्ट हो जाते हें और घुली हुई अशुद्धियां दूर हो जाती हैं। उबला हुआ पानी पीने में स्वाद रहित, फीका एवं अरुचिकर लगता है, परन्तु यह पानी पीने योग्य होता है। इस जल को स्वादिष्ट बनाने के लिए एक बर्तन से दूसरे बर्तन में कई बार उड़ेलना चाहिए। इससे इसमें वायु मिश्रित हो जाएगी और पानी पीने में अच्छा लगेगा।

3. स्रावण विधि से–यह पानी को शुद्ध करने की सर्वोत्तम विधि है। इसमें पहले पानी को उबालकर भाप में परिवर्तित कर दिया जाता है और फिर उस भाप को शीतकों द्वारा द्रवीभूत कर देते हैं। यह पानी अत्यन्त स्वच्छ और गुणकारी होता

है। इस विधि से विलेय-अविलेय दोनों प्रकार की अशुद्धियां दूर हो जाती हैं। इस पानी का उपयोग दवाओं तथा रासायनिक कार्यों में अधिक होता है।

(ख) रासायनिक विधियां (Chemical Methods)

1. अवक्षेपण या स्कन्धन–कीचड़ वाले पानी को शुद्ध करने के लिये फिटकरी बड़ी उपयोगी है। पानी में फिटकरी घोल देने से मिट्टी आदि अघुलनशील अशुद्धियां नीचे बैठ जाती हैं। बैक्टीरिया तथा अन्य तैरने वाली मलिनताओं को फिटकरी दूर कर देती है। प्राय: 1 गैलन पानी के लिए 6 ग्रेन/अथवा 1 लीटर पानी के लिए 1/2 ग्राम फिटकरी पर्याप्त होती हैं।

2. निष्संक्रमण–इस विधि के अन्र्तगत ऐसी वस्तुओं को पानी में मिलाया जाता है जिनसे बैक्टीरिया आदि कीटाणु नष्ट हो जाते हैं। इस कार्य के लिए जो कीटाणु- नाशक पदार्थ प्राय: प्रयुक्त किये जाते हैं–लाल दवा या पोटैशियम परमेंगनेट, तूतिया या नीला थोथा, क्लोरीन गैस या टिकियाएं, ब्लीचिंग पाउडर या विरंजक चूर्ण, चूना, आयोडीन, ब्रोमीन आदि।

(ग) यांत्रिक साधनों द्वारा (By Mechanical Methods)–रासायनिक विधियों से शुद्ध किए हुए जल को पूर्णत: शुद्ध करने के लिए यांत्रिक साधनों का उपयोग किया जाता है। इस विधि में प्रयुक्त होने वाले यंत्रों को निस्मंदक यंत्र कहते हैं। ये यंत्र दो प्रकार के होते हैं–एक घरेलू तथा दूसरे सार्वजनिक। यांत्रिक विधि में जल की शुद्धि छानने की रीति से होती है। इस विधि में पहले पानी को तालाबों में लाकर इकट्ठा किया जाता है जहां मिट्टी व गंदगी नीचे बैठ जाती है, फिर चौबीस घंटे की धूप व हवा से कीटाणु मर जाते हैं। इसके बाद पानी को दूसरे तालाबों में ले जाते हैं। इन्हें फिल्टर बैड्स कहते हैं। इन तालाबों में रेत व बजरी की मोटी तहें होती हैं। इन तहों में से होकर पानी छनता हुआ नली से होकर जल संग्रहालय में जाता है, जहां से सारे नगर को नलों द्वारा वितरित किया जाता है।

भूमि या मृदा प्रदूषण (Land or Soil Pollution)

(अ) भूमि प्रदूषण (Land Pollution)

भूमि के भौतिक, रासायनिक या जैविक गुणों में ऐसा कोई भी अवांछित परिवर्तन, जिसका प्रभाव मनुष्य तथा अन्य जीवों पर पड़े या तथा जिससे भूमि की प्राकृतिक गुणवत्ता तथा उपयोगिता नष्ट हो भू-प्रदूषण कहलाता है।

(ब) भूमि-प्रदूषण के स्रोत (Sources of Land Pollution)

भू-प्रदूषण की समस्या ठोस अपशिष्ट पदार्थों के निक्षेपण की समस्या का ही दूसरा नाम है। वह वृहद् दृष्टिकोण से इसके अन्तर्गत मृदाक्षरण, मृदा के विभिन्न स्रोतों

से रासायनिक प्रदूषण, भू-उत्खनन, ज्वालामुखी उद्‌गार इत्यादि समस्त मानवकृत तथा प्राकृतिक प्रक्रियाओं के फलस्वरूप भूमि से आधारभूत गुणों में होने वाले परिवर्तनों का समावेश भी इस प्रदूषण का कारण बनता है।

सामान्यतया भू-प्रदूषण निम्न कारणों से होता है–

1. घरेलू अपशिष्ट (Domestic Wastes)
2. नगरपालिका अपशिष्ट (Municipal Wastes)
3. औद्योगिक अपशिष्ट (Industrial Wastes)
4. कृषि अपशिष्ट (Agricultural Wastes)
5. अन्य प्रकार (Other Sources)।

1. घरेलू अपशिष्ट–घरेलू अपशिष्ट के अन्तर्गत मुख्यतः सूखा कचरा तथा रसोई का गीला जूठन सम्मिलित होते हैं। सूखे कचरे में झाड़न-बुहारन के फलस्वरूप एकत्रित धूल, रद्दी, कागज, लकड़ी, पत्तियां, कांच या चीनी मिट्टी के टूटे बर्तन, शीशियां, टीन के डिब्बे, टायर, प्लास्टिक सामग्री आदि होते हैं।

रसोई से निकले पदार्थों में सब्जियां, दालों व फलों के छिलके, सड़े-गले फल, फलों की गुठलियां, चाय की पत्तियां, अण्डों के छिलके तथा खाने के उपरान्त बची जूठन सम्मिलित होती हैं।

घरेलू कूड़ा-करकट 'लापरवाही व अज्ञानतावश' बहुत से लोग अपने घरों से थोड़ी दूरी पर डालते हैं गांवों में तथा छोटे कस्बों में इस कचरे के ढेर देखे जा सकते हैं। इस प्रकार का अव्यवस्थित कचरा भी भू-प्रदूषण का कारण बनता है।

2. नगरपालिका अपशिष्ट–नगरपालिका सम्पूर्ण प्रकार का शहरी कूड़ा-करकट, मानव मल, मरे जानवरों इत्यादि के अपशिष्ट पदार्थों को एक स्थान पर शहर के बाहर डालती रहती है। यह भी भू-प्रदूषण का कारण है।

3. औद्योगिक अपशिष्ट–बढ़ते हुए औद्योगीकरण के कारण बहुत सारे अपशिष्ट होते हैं जो विषैले और हानिकारक होते हैं। जब ये सीधे या पानी के साथ बहकर भूमि पर गिरते हैं तो भूमि प्रदूषण करते हैं।

4. कृषि अपशिष्ट–खेतों में अनावश्यक बचे पौधे के ढेर जब वर्षा के जल के साथ मिलते हैं तो वे सड़ने लगते हैं तथा प्रदूषण का कारण बनते हैं। खेतों में प्रयोग की जाने वाली खादें, कीटनाशकों तथा पेस्टीसाइड्स से भी भू-प्रदूषण होता है।

(स) भूमि प्रदूषण का नियंत्रण (Control of Soil and Land Pollution)

भूमि पर अधिकांश प्रदूषण ठोस अपशिष्ट (Solid Waste) का होता है जिसे हटाकर

दूसरे स्थान पर ले जाने में समय, श्रम और धन तीनों का व्यय होता है, लेकिन इसका कोई विकल्प नहीं है। सामान्यतया इसके तीन चरण होते हैं–

1. अपशिष्ट का संग्रह (Collection of Wastes)
2. अपशिष्ट का निस्तारण (Disposal of Wastes) और
3. संसाधनों की पुनर्प्राप्ति (Recovery of Resources)।

उपर्युक्त वर्णित तीसरे चरण के अनुसार कुछ अपशिष्ट का भाग पुनः चक्रांकित (Recycle) किया जा सके, तो यह सर्वोत्तम है, क्योंकि इससे प्राकृतिक साधनों के संरक्षण को बल मिलेगा।

ध्वनि प्रदूषण (Noise Pollution), वाहन प्रदूषण (Vehicular Pollution) तथा औद्योगिक प्रदूषण (Industrial Pollution) की चर्चा अलग-अलग अध्याय में की गई है। कृपया आगे अध्यायों का अवलोकन करें।

तापीय प्रदूषण (Thermal Pollution)

(अ) कारण (Causes)

इस प्रदूषण का स्रोत मुख्यतः तापीय विद्युत गृह है। इस विद्युत गृह से दो प्रदूषक ही गणना योग्य हैं और वह दोनों ही बहुत भयानक और दूरगामी हानि पहुंचाने वाले हैं। इनमें से–

(1) सम्पूर्ण प्रक्रिया के बाद बहुत अधिक ताप वाले पानी का निकलना और उसका उसी स्रोत में मिल जाना जहां से विद्युत गृह के संयंत्र को चलाने और उसे ठंडा करने के लिए जल लिया जा रहा है। इससे उस जल के जलीय जन्तुओं पर प्रतिकूल प्रभाव पड़ता है; अनेक जीवन समाप्त हो जाते हैं और मछलियां अथवा अन्य जानवरों लिए यह शून्य स्थल बन जाते हैं, और

(2) उसकी चिमनी से निकलने वाली राख, जो अधिक ताप के कारण भी हानिकारक हैं और जहां बरसती हैं वहां की वनस्पति, पेड़-पौधे और फसलों को नष्ट कर देती हैं।

(ब) सुरक्षा उपाय (Safety Measures)

इसके उपाय निम्न प्रकार सुझाये गये हैं–

(1) संयंत्र से निकलने वाले उच्च ताप के जल को फब्बारे के रूप में अधिक क्षेत्र में फैलने दिया जाये। जब ताप सहन स्तर (Tolerance Level) तक आ जाये तब ही उसे पुनः स्रोत में मिलने दें।

(2) राख का उपयोग अब इमारत बनाने के लिए ईंटों के लिए किया गया है,

वह सफल प्रयोग हुआ है। इससे प्रदूषण समस्या भी कम होगी और प्रदूषक का अच्छा प्रयोग भी होगा। राख को अधिक क्षेत्र में बिखरने से रोकने के लिए कुछ कृत्रिम साधन अपनाने होंगे।

विकिरणीय प्रदूषण (Pollution due to Radiation)

(अ) कारण (Causes)

विकिरणीय प्रदूषण के कई कारण हैं, जिनमें मुख्यत:–

(1) प्रकाश की किरणों (Infra-red Rays) का पृथ्वी से टकराकर विकिरणीकरण होना,

(2) आकाशीय विकिरण,

(3) रेडियोधर्मी पदार्थों के उपयोग लेने पर (विशेषकर अणु शक्ति पर आधारित विद्युत गृह अथवा अन्य संस्थान),

(4) अणु हथियारों का परीक्षण करने पर,

(5) X- Rays मशीनों का उपयोग,

(6) रेडियो थैरेपी (कैन्सर का इलाज)।

इनसे विशेष हानि शरीर के किसी भी भाग पर, अन्दर बाहर, जलने से होती है। यह भयानक परिणामवाला प्रदूषण है और कई वर्षों बाद कभी भी प्रभावी प्रतिक्रिया कर सकता है।

(ब) सुरक्षा उपाय (Safety Measures)

इसकी गिरफ्त में आने के बाद कोई बचाव अथवा सुरक्षा उपाय नहीं है। केवल बचाव हेतु इन रेडियोधर्मी तत्त्वों के सम्पर्क की सम्भावना से भी दूर रहना ही है। X-Rays तथा रेडियोथैरेपी का उपयोग बहुत ही आवश्यक हो, तो करें।

(ब) समुद्रीय प्रदूषण (Marine Pollution)

(अ) कारण (Causes)

इस प्रकार के प्रदूषण का सम्बन्ध आम आदमी से नहीं होने के कारण इसका लोगों के ध्यान में अधिक महत्त्व नहीं है, लेकिन विश्व में तो अनेक देशों को समुद्री सीमा छूती ही है। भारत में भी लगभग तीन तरफ समुद्र ही है। अत: बहुत लम्बे समुद्री तट वाला अपना देश है।

(1) औद्योगीकरण,

(2) समुद्री किनारे अधिक बसावट,

(3) समुद्र से तेल का लाना-ले जाना,

(4) अनेक विद्युत तथा अन्य आवश्यक संयंत्रों का समुद्री किनारे के क्षेत्र में रख-रखाव,

(5) बन्दरगाहों पर यातायात तथा आयात और निर्यात कार्य ।

इनके अनेक कारण हैं जिससे समुद्री प्रदूषण होता हैं एक बहुत विशेष कारण यह भी है कि जहाज, जो तेल वाहक होते हैं, उनसे तेल रिस-रिसकर समुद्री पानी को खराब कर देता है। इस सबका प्रभाव समुद्री जीवों पर पड़ता है, जो बहुत बड़े व्यापार का केन्द्र हैं। जल और वायु भी अप्रत्यक्ष रूप से दूषित होते हैं।

(ब) सुरक्षा उपाय (Safety Measures)

यह सामान्य प्रक्रिया से रोका नहीं जा सकता। इसको भारत सरकार ने भी अति विशिष्ट क्षेत्र घोषित किया है तथा अलग से ही उसकी देख-रेख तथा रख-रखाव का नियंत्रण होता है। व्यवस्थित कार्य प्रणाली जिससे समुद्री जल को प्रदूषण से बचाया जा सके, इसका एकमात्र निदान है।

कूड़-कचरे से प्रदूषण (Waste Disposal Pollution)

(अ) कारण (Causes)

यह प्रदूषण इस प्रकार की सामग्री से होता है जो घर में अथवा अन्य कार्यस्थल पर बेकार हो गई तथा उपयोग में ले ली गई वस्तुओं से शेष रही चीजों को कूड़े के रूप में फेंक दी जाती हैं। इनमें मुख्यत: शीशियां, क्राकरी के टुकड़े, प्लास्टिक के डिब्बे, पोलीथीन के बैग्स आदि हैं। इसके अतिरिक्त कागज के टुकड़े, पैकिंग में आये पुट्ठे के कार्टून्स, घरेलू साइकिल के स्पेयर्स व अन्य लोहे-पत्तियों के टुकड़े आदि भी इस प्रकार कूड़े का भाग बनते हैं। मकानों का मलवा, कृषि कार्यो से बचा अवशेष, किन्हीं फैक्टरियों से निकला कचरा व अपशिष्ट और न जाने कितनी प्रकार की चीजें होती हैं, जो किसी काम की नहीं मानकर कूड़े-कचरे का भाग बनती हैं। यह अब विश्वव्यापी समस्या हो गई है। अमेरिका जैसा धनाढ्य देश तो अब मोटरकार जैसी चीज को भी खराब होने पर नष्ट करने के लिए कूड़े में डाल देता है। इससे स्थान की कमी होती है, गंदगी बढ़ती है तथा इनका कहीं ले जाकर पहुंचाना भी काफी व्यय वाला और सिरदर्द बन जाता है।

(ब) सुरक्षा उपाय (Safety Measures)

इस प्रकार के प्रदूषक संग्रह से बचाव केवल इन सभी को या तो नष्ट करने से अथवा किसी प्रकार के उपयोग लेने से ही सम्भव है। कुछ वस्तुएं जैसे कागज,

शीशे के टुकड़े, पुट्ठे के टुकड़े आदि के पुन: चक्रण कर वही चीजें बनाने में काम आ जाती हैं, पर यह कार्य वही देश कर पाते हैं जिनके पास इस प्रकार की उच्च तकनीकी सुविधा है। कुछ पदार्थ जैसे पोलीथीन, प्लास्टिक के टुकड़े जो आसानी से नष्ट नहीं होते, उनमें का कुछ भाग तो पुन: चक्रण (Recycle) हो जाता है, शेष भाग को जमीन में दबाने का ही प्रयास करते हैं, क्योंकि शायद आज विश्व में सबसे अधिक दु:खदायी ठोस अपशिष्ट (Solid Waste) में यही प्लास्टिक अथवा प्रोलीथीन की थैलियां होती हैं जिनका प्रयोग तो दिनोंदिन बढ़ता जा रहा है, पर उनके नष्ट करने की कोई उचित व्यवस्था नहीं है।

कुछ कूड़े-कचरे का प्रयोग अब मकान बनाने के ब्लाक्स बनाने के लिए किया जा रहा है। दूसरे जलाकर इसको मकानों में गर्मी पहुंचाने के साधन के रूप में प्रयोग कई देशों ने किया है। कुछ कार्बनिक पदार्थों को खाद के रूप में भी काम में लिए जाने की सम्भावना है। इस ओर पूरे विश्व के उच्च तकनीकी लोग पूरी निष्ठा से इसका अत्यन्त व्यवस्थित हल खोजने में लगे हैं।

घर तथा उद्योगों से निकलने वाले जलस्राव से प्रदूषण
(Domestic and Industrial Waste Water Disposal Pollution)

(अ) कारण (Causes)

बिना जल के न तो घर का न ही किसी उद्योग का काम चल सकता है। जल का जहां दोनों स्थानों पर कार्य में लिए जाने का उपयोग है, वहीं घर में इसका उपयोग बर्तन धोने, नहाने और सफाई कार्य में होता है। उद्योगों में मशीनों व संयंत्रों को ठंडा करने में इनका बहुत योगदान है। दोनों ही स्थिति में जल प्रदूषित हो जाता है। इस प्रकार से जल में अनेक प्रदूषक तत्त्व जिनमें घरेलू डिटरजेंट भी शामिल हैं अथवा उद्योगों के उत्पाद से सम्बन्धित कुछ पदार्थों के भाग मिले होते हैं, वहीं उद्योगों से उच्च ताप पर निष्कासित जल से भी कितनी ही हानियां हो सकती हैं, जिसका उल्लेख हमने 'तापीय प्रदूषण' वाले बिन्दु में किया है।

(ब) सुरक्षा उपाय (Safety Measures)

घरेलू पानी का उपयोग विशेषत: किचन गार्डन में किया जाता है, जिससे पानी का सदुपयोग भी होता है। हां यहां डिटरजेंट जरूर एक समस्या हैं एक ओर जहां इसके प्रयोग से अधिक पानी के इस्तेमाल की समस्या है वहीं इसका पानी साग-सब्जी आदि उगाने में उपयोगी नहीं हैं औद्योगिक संस्थानों के जल को उपचार संयंत्रों (Treatment Plants) की सहायता से उस स्तर तक लाया जाना बहुत आवश्यक है जहां वह मानव उपयोग हेतु हानिप्रद न हो। इस जल को सीधे पीने के पानी

के स्रोतों से भी दूर रखने की आवश्यकता है, यद्यपि जमीन पर कहीं गिर जाने पर पानी आखिर 'भू-जल' का भाग बन जाता है और वृहद् वृत्त (Bigger Circle) में इसे कहीं न कहीं उपयोग में लाना होता है। उच्च ताप वाले पानी को फब्बारे के रूप में निकाल कर ठंडा करके ही कहीं निकाल कर मिलाना चाहिए।

अन्य प्रकार से प्रदूषण (Pollution from Other Sources)

यद्यपि हमने ऊपर विभिन्न अलग-अलग पदों में अनेक प्रकार के प्रदूषणों की चर्चा की है, पर फिर भी सभी प्रकार के प्रदूषणों को इसमें सम्मिलित कर पायें यह सम्भव नहीं। बिना कोई भूमिका के कुछ ऐसे ही अन्य प्रदूषणों को यहां देने का प्रयास कर रहे हैं-

(*i*) जलकुम्भी (Eutrophication)–रुके हुए पानी में जलकुम्भी एक आम बात हो गई है। एक बार किसी जलाशय में प्रारम्भ होने के बाद यह इतनी तेजी से बढ़ती है कि लगभग सारे जलाशय की ऊपरी सतह को ढंक लेती है। अनेक बार मानव श्रम से इसे अनेक स्थानों से हटाने का प्रयास किया है, पर उसमें शत-प्रतिशत सफलता नहीं मिल पाती है। इसके पैदा होने का मुख्य कारण वह जल है जो अन्य स्थानों से बहकर किसी जलाशय में मिलता है। आने वाला अथवा बहने वाला जल अपने साथ कुछ पोषक तत्व साथ में लाता है जो इस प्रकार की घास को जन्म देता है। अब इसे भोजन श्रृंखला में ही स्थान देकर इसकी उपयोगिता में वृद्धि की ओर विशेषज्ञ लगे हैं। खाद के रूप में भी कहीं इसका उपयोग हो, इस ओर भी काफी ध्यान है।

(*ii*) कृषि अपशिष्ट (Agricultural Waste)–मनुष्य की तीसरी जीवन प्राथमिकता, जल तथा वायु के बाद भोजन है। जैसे-जैसे जनसंख्या में वृद्धि होती है, वैसे-वैसे अधिक अन्न की आवश्यकता होती है। अधिक अन्न उपजाने के प्रयोगों ने खेतों में विविध प्रकार की खादों के उपयोग प्रारम्भ किये हैं। इससे अधिक अन्न तो उपजता ही है, लेकिन वर्षा जल के साथ जब इन खादों के अवशेष बाहर आ जाते हैं तो इनके अनेक घटक जमीन अथवा जलाशय जहां पर यह आते हैं, को अनुपयोगी अथवा कम उपयोगी कर देते हैं। कुछ कृषि अपशिष्ट वह भी होता है जो फसल काटने के बाद बचा रहता है अथवा फसल उगाते समय अपने आप उगता है। कीटनाशकों के उपयोग ने भी प्रदूषण फैलाया है।

भौतिक रूप से जो अपशिष्ट इस प्रकार का है जिसे पशु चारे के रूप में खा सकें, उसके उपयोग हो जाने से तो कोई आगे समस्या ही नहीं। हां, खादों के प्रयोग पर अंकुश लगाकर उसे नियंत्रित करने की अवश्य आवश्यकता है। अधिक खादों का उपयोग बहुत अधिक दिनों तक जमीन के हित में भी नहीं है। इसी

प्रकार कीटनाशी दवाइयों का भी उपयोग अत्यन्त नियंत्रित और व्यवस्थित ही होना चाहिए।

प्रश्न (Question)

निबन्धात्मक प्रश्न (Essay Type Questions)

1. प्रदूषण से आप क्या समझते हैं? पर्यावरण में प्रदूषण कैसे हो सकता है? कोई एक उदाहरण दीजिये।
2. घरेलू ईंधन के विकल्प क्या-क्या हो सकते हैं, जिससे वायु प्रदूषण से बचा जा सके?
3. तापीय प्रदूषण से क्या हानियां हैं? इसे कैसे कम किया जा सकता है?
4. समुद्रीय प्रदूषण के क्या कारण हैं? इसे कैसे दूर किया जा सकता है?
5. पोलीथीन बैग्स आज भयानक रूप से प्रदूषण फ़ैला रहे हैं? उनसे कैसे बचा जा सकता है?

लघुत्तरात्मक प्रश्न (Short Answer Type Questions)

6. कोई पांच प्रकार के प्रदूषणों के नाम लिखिये।
7. जल में फ्लोराइड की अधिक मात्रा किस प्रकार हानि पहुंचाती है?
8. घरेलू अपशिष्ट में प्राय: क्या होता है?
9. जलकुम्भी पर संक्षिप्त नोट लिखिये। क्या इसका कोई उपयोग भी सम्भव है?
10. अपमार्जक (डिटरजेंट) किस प्रकार हानिकारक है?

वस्तुनिष्ठ प्रश्न (Objective Questions)

11. स्वचालित वाहनों से निम्न प्रकार का प्रदूषण होता है–

    (अ) वायु प्रदूषण (ब) जल प्रदूषण

    (स) विकिरण प्रदूषण (द) तापीय प्रदूषण

12. प्रदूषक 'बैन्जपायरिन' से निम्न रोग सम्भव है–

    (अ) अस्थमा (ब) कैन्सर

    (स) रक्तचाप (द) मधुमेह

13. बच्चों में मंदबुद्धि का कारण प्राय: निम्न प्रदूषक होता है–

    (अ) जिंक (ब) पारा

    (स) कैडमियम (द) लैड

14. जल शुद्ध करने का एक प्राचीन उपाय रहा है–

(अ) निथारना (ब) छानना

(स) उबालना (द) फिटकरी डालना

15. अपशिष्ट निस्तारण को भी निम्न प्रकार से उपयोगी बनाया जा सकता है?

(अ) गड्डे भरना (ब) जलाशयों में डालना

(स) पुन: चक्रित करना (द) जला देना

रिक्त स्थानों की पूर्ति कीजिये–

16. जिन वस्तुओं से वायु, जल, भूमि प्रदूषित होती है, वह .... कहलाते हैं।

17. नगरपालिका अपशिष्ट में .... को सम्मिलित किया जा सकता है।

18. जलाशयों में उग आने वाली घास को ..... कहते हैं।

19. जब भूमि का pH मान 8 हो तो वह भूमि ..... कहलाती है।

20. सल्फर डाइऑक्साइड गैस से .... प्रदूषण होता है।

19

वाहनों से प्रदूषण
(Vehicular Pollution)

प्रस्तावना (Introduction)

निरन्तर बढ़ती हुई विज्ञान एवं प्रौद्योगिकी की प्रगति ने जहां देश को अनेक उपलब्धियां दी हैं, सुख-सुविधा के साधन उपलब्ध कराये हैं और जनसाधारण को वैज्ञानिक सोच का आधार दिया है वहीं अनेक जटिलताएं और समस्याएं भी विरासत में दी हैं। इनमें से एक प्रमुख समस्या स्वचलित वाहनों से होने वाले वायु-प्रदूषण की है जो समय के साथ-साथ भयानक और विकराल होती जा रही है। सड़क पर दौड़ते पेट्रोल व डीजल से चलने वाले वाहन, चाहे कार, बस या ट्रक हों, चाहे स्कूटर, मोटर साइकिल और मोपेड हों, सब मिलाकर एक ऐसा माहौल प्रस्तुत करते हैं कि पैदल चलने वाले तो क्या स्वयं वाहनों में संचार व्यक्ति भी अपने आगे चलने वाले वाहन से निकलने वाले विषैले-धुएं से परेशान हो जाते हैं और अनचाहे ही इस स्थिति से ग्रसित हो मन ही मन बड़बड़ाते हैं और अगले व्यक्ति को कोसते हैं। निरन्तर बढ़ती आबादी को ध्यान में रखते हुए सार्वजनिक वाहन व्यवस्था के लिए चलाये जाने वाले स्कूटर रिक्शा, मोटर साइकिल रिक्शा तथा टैम्पों ने तो प्रदूषण फैलाने में अन्य प्रकार के वाहनों को भी न जाने कितने पीछे छोड़ दिया है। यह अनुमान है कि शहरों में तो 60 प्रतिशत प्रदूषण इन वाहनों के कारण ही है, जो सम्भवत: इस समस्या से सबसे ज्यादा ग्रसित और त्रस्त हैं।

वाहनों का वर्गीकरण (Classification of Vehicles)

स्वचलित वाहनों को विभिन्न प्रकार के ईंधन उपयोग के आधार पर दो भागों में विभाजित किया जा सकता है–

1. पेट्रोल से चलने वाले वाहन: जैसे–कार, जीप, स्कूटर, मोपेड, मोटर साइकिल, स्कूटर तथा मोटर साइकिल रिक्शा आदि।

2. डीजल से चलने वाले वाहनः जैस–बस, ट्रक, टैम्पो आदि।

बदलती टैक्नोलोजी ने इस विभाजन को भी गड़बड़ा दिया है और अब कई प्रकार की कारें, जीप और स्कूटर तथा मोटर साइकिल रिक्शा भी डीजल से चलने वाली आ गई हैं। इसका प्रमुख कारण पेट्रोल की लगातार कम होती स्थिति और महंगाई है, क्योंकि सामान्यतया, पेट्रोल का भाव डीजल के भाव से प्रति लीटर लगभग तिगुना है। एक कारण यह भी है कि पेट्रोल का भण्डारण और वितरण डीजल से अपेक्षाकृत महंगा आैर विध्वंसक है।

वाहनों से निकलने वाले मुख्य प्रदूषक
(Main Pollutants in the Vehicle Exhausts)

पेट्रोल व डीजल वाहनों से निकलने वाले मुख्य प्रदूषक निम्नलिखित होते हैं–

1. कार्बन मोनोक्साइड (Carbon monoxide)
2. कार्बन डाइऑक्साइड (Carbon dioxide)
3. अधजले हाइड्रोकार्बन्स (Unburnt Hydrocarbons)
4. सल्फर डाइऑक्साइड (Sulphur Dioxide)
5. नाइट्रोजन ऑक्साइड (Nitrogen Oxides)
6. लैड यौगिक (Lead Compounds)
7. धुआं (Smoke)
8. सूक्ष्म कण (Particulates)।

यह सभी प्रदूषक स्वास्थ्य के लिए हानिकारक हैं और निर्बाध रूप से समस्त सजीव एवं निर्जीव वस्तुओं पर अपना कोई न कोई प्रभाव डालते हैं। इसके अतिरिक्त इन प्रदूषकों के समन्वित उत्सर्जन के फलस्वरूप वाहनों के साइलेन्सरों से निकलने वाली 'गन्ध' भी कम हानिकारक नहीं हैं जो मानसिक तनाव, चिड़चिड़ापन और घबराहट तथा बैचेनी उत्पन्न करती है।

इन प्रदूषकों का जन–साधारण पर सामूहिक प्रभाव होता है, क्योंकि यह सभी हवा में मिलकर उसे विषैली कर देते हैं और वायु में सस्पेन्डेड पर्टीक्यूलेट मैटर (SPM: तैरते पदार्थों के कण) की मात्रा में वृद्धि करते हैं, जो हमें सांस लेने पर हानि पहुंचाते हैं। इन SPM की सुरक्षा-सीमा रिहायशी स्थानों के लिए 150 पीपीएम तथा औद्योगिक क्षेत्र के लिए 600 पीपीएम स्वीकार की गई है, लेकिन आज की वस्तुस्थिति में इन सीमाओं की कोई महत्ता नहीं रह गई है। सड़कों के व्यस्त चौराहे, लोगों के अपने-अपने कार्यालयों में आने-जाने के समय पर बस, स्कूटर या टैम्पो

स्टैन्ड और जहां पर देखें वही सब स्थान मानों प्रदूषण स्थल के पर्याय बन गये हैं। सभी घबराकर उस स्थिति से पीछा छुड़ाने का प्रयास करते हैं जो उनके बस की बात नहीं है।

पेट्रोल व डीजल वाहनों से निकलने वाले मुख्य प्रदूषकों की सामान्य मात्रा निम्न प्रकार से अभिशंसित है–

पेट्रोल तथा डीजल वाहनों से उत्सार्जित प्रदूषकों की मात्रा

उत्सर्जन	*अभिशंसित मात्रा*	
	पेट्रोल वाहन	*डीजल वाहन*
कार्बन मोनोआक्साइड (CO)	3 प्रतिशत	–
सल्फर डाइऑक्साइड (SO_2)	40 पीपीएम	400 पीपीएम
नाइट्रोजन ऑक्साइड्स (NO_x)	1100 पीपीएम	300 पीपीएम
अधजले हाइड्रोकार्बन्स (HC)	150 पीपीएम	20 पीपीएम
पर्टीक्यूलेट मैटर (SPM) (सूक्ष्म कण)	0.1 ग्राम/घनमीटर	0.01 ग्राम/घनमीटर

नि:सन्देह इतनी मात्रा में वाहनों से निकलने वाले विभिन्न प्रदूषक सुरक्षा सीमा में स्वीकार्य है। किसी भी प्रकार के अधिक मात्रा में निकलने वाले प्रदूषकों के लिए वाहक चालक को स्वयं ही कारण जानना चाहिए और उसे ठीक भी कराना चाहिए।

प्रदूषकों का वर्गीकरण (Classification of Pollutants)

पेट्रोल अथवा डीजल से चलने वाले स्वचलित वाहनों से होने वाले वायुमण्डल के प्रदूषण की अधिकता का इससे अनुमान लगाया जा सकता है कि शहर का 10 प्रतिशत प्रदूषण केवल इन विविध प्रकार के वाहनों के कारण ही होता है। बाहरी तौर से कम दिखने वाले पेट्रोल से चलने वाले वाहनों द्वारा प्रदूषण डीजल से चलने वाले वाहनों से अपेक्षाकृत अधिक होता है। इसी प्रकार दो स्ट्रोक वाले इंजन चार स्ट्रोक वाले इंजनों से अधिक प्रदूषण फैलाते हैं, क्योंकि तकनीकं के अलावा इनकी संख्या भी बहुत अधिक है।

स्वचालित वाहनों का प्रदूशण वाहनों के साइलेन्सरों से निकलने वाली गैसों और अन्य पदार्थों पर आधारित है, जिनकी सूची ऊपर दी गई है। इनका दो प्रकार का वर्गीकरण उपलब्ध है–

1. एल॰पी॰ ऐरटेनिन तथा के.एन.ब्लैगोस्कलोनोव के अनुसार–स्वचलित वाहनों से निकलने वाले पदार्थों को 6 विभिन्न श्रेणियों में विभाजित किया है। इस वर्गीकरण से हानि वाले और कम अथवा न हानि वाले पदार्थों की जानकारी सहजता से संभव है।

(अ) प्रथम ग्रुप–इसमें नाइट्रोजन, ऑक्सीजन, हाइड्रोजन और पानी की भाप को शामिल किया जा सकता है जो विषैली नहीं हैं कार्बन डाइऑक्साइड (CO_2) को भी इसमें जोड़ा जा सकता है, जो बहुत खतरनाक नहीं है।

(ब) द्वितीय ग्रुप–इस श्रेणी में कार्बन मोनोऑक्साइड (CO) आती है, जो अत्यन्त विषैली है और बहुत अधिक मात्रा (12 प्रतिशत तक) में निकलती है।

(स) तृतीय ग्रुप–इस समूह में नाइट्रोजन के ऑक्साइड्स रखे गये हैं, जिसमें नाइट्रोजन मोनोक्साइड तथा नाइट्रोजन डाइऑक्साइड (NO_2) जैसी विषैली गैसें आती हैं।

(द) चतुर्थ ग्रुप–इसमें अनेक कार्बोहाइड्रेट्स पदार्थ, जैसे–इथाइलीन, ऐसी-टिलीन, मीथेन, प्रोपेन, वोल्युन बैन्जपाइरीन आदि होते हैं। बेन्जपाइरीन कैन्सर का कारण बनता है।

(इ) पंचम ग्रुप–इसमें एल्डिहाइड श्रेणी का फार्मेलीन अत्यन्त विषैला पदार्थ लिया गया है।

(फ) षष्टम ग्रुप–इसमें डीजल से चलने वाले वाहनों से निकलने वाले कार्बन हैं, जो कैंसर कारक हैं।

2. ए॰ एस॰ सुबरामनियान के अनुसार–स्वचालित वाहनों से निकलने वाले उत्सर्जकों को दो भागों में विभाजित किया जा सकता है–

(अ) नियमित प्रदूषक (Regulated Pollutants)–इनमें :

(1) कार्वन मोनोऑक्साइड्स (Carbon monoxide : CO),

(2) हाइड्रोकार्बन्स (Hydrocarbons : HC),

(3) नाइट्रोजन ऑक्साइड्स (Nitrogen Oxides : NO_x) और

(4) सूक्ष्म कण (Particulate Matters : PM) आते हैं, जिनके आधार पर वायुमण्डल में फैल रहे प्रदूषणों लिए नियंत्रक नियम/उपनियम बनाये जाते हैं।

(ब) अनियमित प्रदूषक (Unregulated Pollutants)–यह सभी प्रदूषक विषैले होते हैं, जैसे–

(1) लैड (Lead : Pb),

(2) सल्फर डाइऑक्साइड (Sulphur dioxide : SO_2),

(3) बैन्ज़ीन (Benzene),

(4) सूक्ष्म कण (Particulate Matters : PM) आदि।

इन दोनों प्रकार के प्रदूषकों में विशिष्ट विभिन्नता यह है कि प्रथम प्रकार के प्रदूषक (नियमित प्रदूषक) के कारण मुख्यत:

(क) इंजन तथा वाहन का डिजाइन

(Design of the Engines and Vehicles),

(ख) परिचालन -स्थितियां (Operating Conditions), तथा

(ग) स्थान का वाताव्रण (Environment of Place) होते हैं, जबकि द्वितीय प्रकार के प्रदूषक (अनियमित प्रदूषक) ईंधन की गुणवत्ता (Quality of Fuel) पर आधारित होते हैं तथा किसी नियम/उपनियम के अन्तर्गत बंध नही सकते जब तक कि ईंधन के घटकों में ही वांछित परिवर्तन न हो।

विभिन्न प्रदूषकों के हानिकारक प्रभाव
(Harmful Effects of Different Pollutants)

अब इन विभिन्न प्रदूषकों की संरचना, इनसे होने वाली हानि तथा यदि सम्भव हो तो इनसे बचने और बचाने के उपायों पर चर्चा करें।

1. कार्बन मोनोक्साइड (Carbon monoxide : CO)–पेट्रोल चलित वाहनों में वायु, कारब्यूरेटर तथा थ्रोटिल के द्वारा इंजन में जाती है तथा थ्रोटिल ही वायु की मात्रा बढ़ने को नियंत्रित करता है। कारब्यूरेटर वायु में पेट्रोल मिलाता है। आदर्श स्थिति में इंजन में भेजी गई वायु व पेट्रोल की मात्रा का सही अनुपात 14 : 5 है। इस दिशा में दहन के उत्पाद मुख्यत: कार्बन डाइऑक्साइड तथा पानी होते हैं।

अगर मिश्रण में वायु की मात्रा कम होती है तो पेट्रोल के पूरे दहन के लिए ऑक्सीजन की मात्रा कम पड़ती है और ईंधन का सम्पूर्ण दहन नहीं हो पाता है, तब उत्पादों में कार्बन डाइऑक्साइड के साथ-साथ कार्बन मोनोक्साइड भी कार्बन के आंशिक दहन के कारण बनती है। स्पष्ट है कि जितनी वायु की मात्रा पेट्रोल के साथ अपेक्षित अनुपात से कम पहुंचती उतनी ही कार्बन मोनोक्साइड अधिक बनेगी।

डीजल वाहनों में वायु और ईंधन का दहन बहुत उच्च ताप पर होता है तथा वायु और ईंधन की मात्रा का अनुपात भी सदैव स्वत: नियंत्रित रहता है। अत: ईंधन का दहन पूर्णतया कार्बन डाइऑक्साइड एवं पानी में हो जाता है। इस प्रकार

या तो कार्बन मोनोक्साइड बनती ही नहीं है और यदि बनती भी है तो उसकी मात्रा अपेक्षाकृत अत्यन्त अल्प होती है।

कार्बन मोनोक्साइड एक अत्यन्त विषैली गैस है जो रक्त में पाये जाने वाले हीमोग्लोबिन पदार्थ से क्रिया कर कार्बोन्सी-हीमोग्लोबिन बनाती है जिससे रक्त में ऑक्सीजन की मात्रा कम हो जाती है। शरीर में ऑक्सीजन की कमी से शारीरिक क्रियायें मन्द हो जाती हैं तथा व्यक्ति घुटन का अनुभव करने लगता है। श्वसन द्वारा ली गई वायु में कार्बन मोनोक्साइड की मात्रा 600 पीपीएम से अधिक होने पर मृत्यु जैसे घातक परिणाम सम्भव हैं। इस प्रदूषक का विशेष असर श्वसन प्रक्रिया पर होता है और फेफड़ों की सामान्य कार्यप्रणाली को प्रभावित करता है। हृदय रोगियों तथा महिलाओं और गर्भस्थ शिशुओं के लिए अधिक घातक है।

कार्बन मोनोऑक्साइड की उत्पत्ति को वाहन के इंजन की सही ट्यूनिंग कराने से कम किया जा सकता है। इससे वायु और ईंधन का सही अनुपात इंजन को मिलता रहेगा और ईंधन के सम्पूर्ण दहन के कारण इस गैस का उत्सर्जन न्यूनतम अथवा नगण्य रहेगा।

2. कार्बन डाइऑक्साइड (Carbon dioxide : CO_2)—यह ऊपर वर्णित किया गया है कि ईंधन के वायु के साथ सम्पूर्ण दहन होने पर कार्बन डाइऑक्साइड तथा पानी उत्पाद के रूप में उत्सर्जित होते हैं। यह अपेक्षाकृत कम हानिकारक है और वायु चक्र में एक घटक के रूप में अन्तर्निहित हो जाती है। यद्यपि, इसके अन्य प्रभाव में विश्वतापन प्रमुख है जो इस समय का चर्चा का विषय नहीं है।

3. अधजले हाइड्रोकार्बन (Unburnt Hydrocarbons : HC)—इनके बनने का मुख्य कारण वाहन के इंजन के दहन कक्ष की अपेक्षाकृत ठंडी दीवारों के पास ईंधन का पूरी तरह नहीं जल पाना है। अत: निर्वात पम्प द्वारा कुछ बिना जले अथवा अधजले हाइड्रोकार्बन्स वायुमण्डल में छोड़ दिये जाते हैं।

थ्रोटिल के असंयत रूप से उपयोग के कारण भी (अचानक तेजी से खोलना अथवा बन्द करना) अधजले हाइड्रोकार्बन्स वाहन से उत्सर्जित होते हैं। अधजले हाइड्रोकार्बन्स का उत्सर्जन अधिकतर ऐसे वाहनों से होता है जिन्हें 'दो स्ट्रोक' श्रेणी में माना जाता है। इनमें स्कूटर, तिपहिया स्कूटर व टैम्पो, मोटर साइकिल और मोपेड आते हैं।

वाहनों से उत्सर्जित बिना जले अथवा अधजले हाइड्रोकार्बन्स शरीर में सांस के साथ प्रवेश लेते हैं और कैन्सर जैसी भयानक बीमारी को जन्म देते हैं। फेफड़ों को यह अधिक प्रभावित करते हैं। वायुमण्डल में अनेक रासायनिक अभिक्रियाओं

में भाग लेकर कई हानिकारक रसायन पदार्थों का निर्माण करते हैं। यह दुर्भाग्य की बात है कि इस समस्या का भी कोई सम्पूर्ण समाधान नहीं है।

4. सल्फर डाइऑक्साइड (Sulphur Dioxide : SO_2)–इसका निर्माण भी इंजन के दहन कक्ष में होता है जो ईंधन में रहने वाले सल्फर यौगिकों के जलने से उत्पन्न होता है। श्वसन के साथ शरीर में प्रवेश कर यह गैस फेफड़ों तथा शरीर के अन्दर अनेक भाग, जहां से यह गुजरती है, हानि पहुंचाती है। गले की घुटन, नाक से रक्त का बहना, आंखों में जलन, खांसी तथा ब्रोकांइटिस और कई शारीरिक व्याधायें इससे होती हैं

नाइट्रोजन डाइऑक्साइड की भांति वायुमण्डल की आर्द्रता के साथ सल्फ्यूरिक अम्ल बनाती है, जो भूमि प्रदूषण, फसलों का नष्ट होना तथा पीने के पानी के स्रोतों को दूषित करने का मुख्य कारण बनती है। सल्फर डाईऑक्साइड की अधिक मात्रा वायु की गुणवत्ता को कम करती है और उसे विषैली बनाती है।

चूंकि इस गैस का उत्पाद ईंधन में पाये जाने वाले सल्फर यौगिकों के ऑक्सीकरण के कारण होता है, अत: बचाव केवल ईंधन में सम्बन्धित यौगिकों के न रहने से ही सम्भव है जो उपभोक्ता के हाथ की बात नहीं है।

5. नाइट्रोजन ऑक्साइड (Nitrogen Oxides : NO_x)–नाइट्रोजन के ऑक्साइड्स इंजन के दहन कक्ष में उच्च ताप पर ऑक्सीजन और नाइट्रोजन के मिलने से बनते हैं। यह उच्च ताप स्पार्क प्लग में ज्वलन से उत्पन्न होता है जो 2500 डिग्री सेल्सियस तक भी सम्भव है।

नाइट्रोजन के ऑक्साइड्स (NO_x) सामान्यतया नाइट्रस ऑक्साइड (N_2O), नाइट्रिक ऑक्साइड (NO) तथा नाइट्रोजन डाइऑक्साइड (NO_2) के रूप में बनते हैं, जिनमें नाइट्रिक ऑक्साइड का प्रतिशत लगभग 95 प्रतिशत तथा नाइट्रोजन डाइऑक्साइड 5 प्रतिशत होता है।

नाइट्रस ऑक्साइड (N_2O) की मात्रा बहुत कम 0.5 पीपीएम (0.00005%) होती है जो नगण्य है। यद्यपि, यह नाइट्रिक ऑक्साइड (NO) स्वयं स्वास्थ्य को कोई हानि नहीं पहुंचाते हैं, लेकिन इनका अधिकांश भाग नाइट्रोजन डाइऑक्साइड में (NO_2) में परिवर्तित हो जाता है, जो अत्यन्त विषैली और घातक गैस है।

यह श्वसन क्रिया को प्रभावित करते हैं तथा सूंघने और दृष्टि की शक्ति को हानि पहुंचाते हैं। वायुमण्डल में पानी (आर्द्रता) के साथ नाइट्रिक अम्ल बनाते हैं, जिससे वायुमण्डल विषाक्त होता है।

वर्षा के रूप में नाइट्रिक अम्ल भूमि को खराब करते हैं, फसल को नष्ट करते हैं और पानी के स्रोतों को प्रदूषित करते हैं। बड़ी-बड़ी इमारतों को तेजाबी वर्षा से प्रभावित कर उनके सौन्दर्य को नष्ट करते हैं।

इस समस्या से बचाव की कोई अत्यन्त कारगर तकनीक अभी तक ज्ञात नहीं है।

6. लैड (Lead : Pb)–ईंधन के स्वत: विस्फोटन को रोकने के लिए मूल स्रोत पर ही 'टेट्रा इथाइल लैड' ईंधन में मिलाया जाता है, जिसके ऑक्सीजन से ही लैड यौगिक वायुमण्डल में आते हैं, जो अत्यन्त विषैले और घातक हैं। वायुमण्डल में पाये जाने वाले लैड का अधिकांश भाग वाहनों द्वारा ही उत्सर्जित होता है।

श्वसन अथवा अन्य किसी भी प्रकार लैड के छोटे-छोटे कण शरीर में प्रवेश कर जाते हैं और गुर्दे, मस्तिष्क और स्नायु संस्थान को प्रभावित करते हैं। यह यौगिक पक्षाघात का कारण भी बनता है।

बच्चों के लिए बहुत हानिकारक है तथा विशेषत: उनकी स्मरण शक्ति को नष्ट करता है और उनमें आलस्य पैदा कर काम करने की शक्ति को कम करता है।

इससे बचाव तभी सम्भव है जबकि स्रोत पर ही लैड यौगिक मिलाने का कोई विकल्प उपयोग में लाया जाये। केन्द्रीय प्रदूषण नियंत्रण मण्डल द्वारा किये गये शोध में यह बताया है कि सडकों के दोनों ओर जामुन की सघन वृक्षावली लगाने से इसके हानिकारक प्रभाव को कुछ हद तक कम किया जा सकता है, क्योंकि इस जाति के वृक्ष लैड यौगिकों को अवशोषित कर लेते हैं।

7. धुआं और सूक्ष्म कण (Smoke and Particulates : SPM and PM)–वाहनों के चलने के समय उसके साइलैन्सरों से निकलने वाले धुएं में पाये जाने वाले विभिन्न प्रदूषकों का विस्तृत विवेचन हम कर चुके हैं। पर फिर भी धुआं तत्काल आंखों, नाक व त्वचा पर अपना प्रभाव डालता है और शारीरिक हानि पहुंचाता है। एक ही स्पीड पर और निर्धारित चाल से साइलेन्सर की धुआं की मात्रा को नियंत्रित और कम किया जा सकता है।

इसके अतिरिक्त भी दो पदार्थ–

(1) बैन्जीन (Benzene) तथा

(2) ओजोन गैस (Ozone Gas) भी भारी हानि पहुंचाते हैं।

इन सभी का एक संक्षिप्त सामूहिक लेखा-जोखा निम्न सारणी में समेकित किया गया है, जिससे एक दृष्टि में ही वाहनों से निकलने वाले सभी प्रदूषकों से जानकारी मिल सके।

विभिन्न प्रदूषकों के स्रोत तथा उनका प्रभाव

क्र०सं०	प्रदूषक	मुख्य स्रोत	प्रभाव
1.	कार्बन मोनोऑक्साइड (Carbon monoxide): CO	सभी प्रकार के स्वचालित वाहन बिना केटेलेटिक कनवर्टर वाले वाहनों से अधिक।	हीमोग्लोविन की कमी से शरीर में ऑक्सीजन की मात्रा में कमी होना; अधिक हृदय रोग की संभावना; श्वसन क्रिया को भी प्रभावित करता है; घुटन पैदा करता है।
2.	कार्बन डाईऑक्साइड (Carbon dioxide): CO_2	कार्बन मोनोऑक्साइड के आक्सीजनीकृत से।	अपेक्षाकृत कम हानिकारक; मात्रा भी नगण्य।
3.	अधजले हाइड्रोकार्बन्स (Unburnt Hydrocarbons) : HC	पेट्रोल चलित वाहनों से अधिक; दो स्ट्रोक श्रेणी वाले वाहन जैसे– स्कूटर, मोटर- साइकिल तथा मोपेड से अधिक; निर्वात पम्पों से निकला अधजला ईंधन।	आंखों में जलन; श्वसन क्रिया पर प्रभाव; कैन्सर जैसी भयानक बीमारी उत्पन्न करते हैं।
4.	सल्फर डाईऑक्साइड (Sulphur dioxide): SO_2	पेट्रोल तथा डीजल दोनों प्रकार के वाहनों से सल्फर के कारण।	श्वसन क्रिया प्रभावित; खांसी व अस्थमा, हृदय रोग तथा कैन्सर की संभावना, अपंग बच्चों का जन्म; आंखों में जलन।।
5.	नाइट्रोजन ऑक्साइड (Nitrogen Oxide): NO_x	डीजल के वाहनों से अधिक, पेट्रोल वाहनों से कम।	आंखों में जलन; श्वसन में कठिनाई; अस्थमा की संभावना; कैन्सर वृद्धि में सहायक।
6.	लैड (Lead): Pb	पेट्रोल वाहनों से लैड यौगिकों के मिलाने के कारण।	मस्तिष्क, जनन संबंधी तथा रक्त संचार तंत्रों को प्रभावित करता है। बच्चों को मंद बुद्धि वाला बना देता है; उच्च रक्तचाप तथा श्वसन क्रिया पर प्रभाव।

7.	सूक्ष्म कण (Particulate Matters): PM	डीजल वाहनों से अधिक; दो स्ट्रोक श्रेणी वाले वाहनों से विशेष।	श्वसन क्रिया को प्रभावित करता है।
8.	बैन्ज़ीन (Benzene)	वाहनों के ईंधन से दहन क्रिया के फलस्वरूप।	कैन्सर का मुख्य कारण; गभवती महिलाओं द्वारा अपंग बच्चों का जन्म।
9.	ओज़ोन (Ozone): O_3	हाइड्रोकार्बन्स तथा नाइट्रोजन ऑक्साइड्स की संक्रिया से।	आंखों में जलन; श्वसन क्रिया प्रभावित; संक्रामक रोंगों का कारण; बीमारी में वृद्धि।

स्रोत – Survey of the Environment-2000; The Hindu. Types of Pollutants and their effects, p.123

उत्सर्जित प्रदूषकों के मानक (Pollution Emission Standards)

वाहनों से होने वाले प्रदूषण को नियंत्रित करने एवं उसके व्यापक नियमन हेतु विश्व स्वास्थ्य संगठन (WHO) ने विभिन्न प्रकार के वाहनों से उत्सर्जित होने वाले विभिन्न प्रदूषकों का एक मानक प्रस्तावित किया है, जो निम्न प्रकार है–

वाहनों के विभिन्न उत्सर्जित प्रदूषकों के मानक

(मात्रा : ग्राम प्रति किलोमीटर)

वाहन	सूक्ष्म कण	सल्फर डाई-ऑक्साइड	नाइट्रोजन ऑक्साइड	कार्बन मोनो-ऑक्साइड	हाइड्रो-कार्बन्स
हल्के वाहन (पेट्रोल)	0.33	0.68	3.20	4.00	6.00
भारी वाहन (पेट्रोल)	0.45	0.39	0.99	0.21	11.00
भारी वाहन (डीजल)	0.75	1.50	2.10	2.10	12.70
मोटर साइकिल	0.20	0.02	0.07	10.00	17.00

यह प्रयास होना चाहिए कि विभिन्न प्रकार के वाहन इन प्रस्तावित सीमाओं का पालन करें तभी वाहन से होने वाले प्रदूषण पर नियंत्रण किया जाना सम्भव है।

विश्व स्वास्थ्य संगठन ने पूरे विश्व के देशों के लिए उपर्युक्त वाहन प्रदूषण के मानक प्रस्तावित तो किये पर इन्हें कुछ देश ही, जिनके पास आर्थिक साधन और तकनीक उपलब्ध थी, पूरी कर पाये। शेष देश अधिकतम प्रयास करने और

जूझने के सिवा कुछ नहीं कर सके, क्योंकि उनकी प्राथमिकतओं में यह कई स्तर नीचे रहा है जिन समृद्धशाली देशों ने इसमें सफलता पाई उन्होंने निम्न तरीकों को अपनाया–

1. इंजन की बनावट में परिवर्तन,
2. साइलेन्सर की स्थिति में बदलाव,
3. केटेलेटिक कनवर्टर्स का उपयोग,
4. ईंधन में सल्फर, बैन्जीन, लैड आदि जैसे विषैले पदार्थों के कम उत्सर्जन हेतु शोध तथा प्रयोग (विशेषकर बिना लैड वाला पेट्रोल (Unleaded Petrol))

इन बिन्दुओं में हम अन्तिम दो पदों की विशेषरूप से चर्चा करेंगे–

केटेलैटिक कनवर्टर (Catalytic Converter)–यह एक विशेषरूप से निर्मित साधन अथवा यंत्र हैं जिसे वाहनों के 'टेल पाइपों' के साथ लगाया जाता है जो वाहनों में ईंधन के जलने के फलस्वरूप उत्पन्न विषाक्त उत्सर्जन को हानिरहित उत्पादों में बदल देता है। सामान्य केटेलेटिक कनवर्टर में संवेदनशील धातुओं, जैसे प्लेटीनम, रेडियम और पैलेडियम, का प्रयोग किया जाता है जो कार्बनमोनोक्साइड और हाइड्रो- कार्बन को ऑक्सीकृत कर कार्बन डाइऑक्साइड और जलवाष्प में बदल देता है। 'तीमार्गी केटेलेटिक कनवर्टर' (Catalytic Converter) युक्त वाहनों से प्रदूषण भार कम हो जाता है।

इस प्रकार के उपकरण का उपयोग हमारे देश में वस्तुत: सन् 1995 से ही प्रारम्भ हुआ, जबकि विकसित और अन्य विकासशील देश में इसका प्रयोग काफी पहले से ही होने लगा था। यह उपकरण विशेषत: पेट्रोल और डीजल की कारों के लिए प्रचलन में आया जिनकी संख्या लाखों में थी और उनमें निरन्तर वृद्धि हो रही थी।

सीसा रहित पेट्रोल (Unleaded Petrol)–अभी कुछ वर्ष पहले तक जो हम सामान्य पेट्रोल का उपयोग कर रहे थे उसमें ईंधन के स्वयं विस्फोटन को रोकने के लिए मूल स्रोत पर ही टेट्राइथाइल लैड (Tetra Ethyl Lead) मिलाया जाता था। यह कार्य तेल शोधन कारखानों में एण्टीनाकिंग कम्पाउण्ड के तौर पर ईंधन के ऑप्टेन गुण बढ़ाने के लिए आवश्यक था (ईंधन के उच्च ऑक्टेन संख्या से इंजन में नॉकिंग के कारण खराबी नहीं आती)। पर चूंकि लैड एक बहुत विषैला पदार्थ है और इसके रसायन (यौगिक) उत्सर्जन के समय वायुमण्डल में जाते हैं तो ये बहुत हानिकारक होते हैं तथा विषैला और घातक प्रभाव प्राणी जगत पर

डालते हैं, अतः इसकी मात्रा को कम करने की आवश्यकता महसूस हुई। श्वसन से यह लैड कण शरीर से प्रवेश कर जाते हैं जिससे मस्तिष्क, जिगर, गुर्दे तथा आंतों की कार्यकुशलता प्रभावित होती है। यह पक्षाघात का कारण भी बनता है और बच्चों की स्मरण शक्ति को नष्ट करता है। गर्भवती महिलाओं के लिए भी इससे कई प्रकार की हानियां हो सकती हैं।

सीस रहित पेट्रोल सबसे पहले देश के 4 महानगरों में प्रारम्भ किया गया था और फिर शनैः शनैः दूसरे बड़े शहरों में भी अब सीसा रहित पेट्रोल ही मिल रहा है। सबसे अधिक महत्त्वपूर्ण बात यह है कि पहले जहां पेट्रोल में लैड की मात्रा 0.15 ग्राम प्रति लीटर थी, वह सीसे-रहित पेट्रोल में कम तो हो गई पर तब भी यह अभी 0.013 ग्राम प्रति लीटर है जिससे भी बच्चों के मानसिक विकास में रुकावट डालने का कारण बताया गया है। अब यह प्रयास किया जा रहा है कि लैड की मात्रा 0.00% ग्राम प्रति लीटर रहे। इस हेतु ईंधन के घटकों पर शोध चल रहे हैं।

पेट्रोल में बैन्जीन की मात्रा में कमी (Less Proportion of Benezene in Petrol)—बैन्जीन एक ऐसा घातक और विषैला पदार्थ है, जिससे कैन्सर होने का भय रहता है। इसकी सुरक्षित मात्रा 3.5% (आयतन से) स्वीकार की गई है, लेकिन दिल्ली में अधिक पेट्रोल की खपत के कारण इसकी मात्रा केवल 1% (आयतन से) रखी गई है। संभावना है कि पूरे देश में ही बैन्जीन उत्सर्जन की मात्रा 1% (आयतन से) हो जाये।

पेट्रोल तथा डीजल वाहनों में सल्फर की मात्रा (Quality of Sulphur in petrol and Diesel driven Vehicles)—ईंधन में सल्फर की अधिक मात्रा में उत्सर्जन में सल्फर डाइऑक्साइड की अधिक मात्रा अपेक्षित ही है, जो बहुत हानिकारक गैस है। यह प्रयास किया जा रहा है कि वर्तमान में ईंधन में सल्फर की स्वीकृत मात्रा 0.05 से 0.1% (भार से) को 0.015% (भार से) तक ले आया जाये। अनेक विकसित देश तो यह लक्ष्य पूर्व में ही प्राप्त कर चुके हैं और अब यह देश सन् 2005 तक 0.005% (भार से) का लक्ष्य प्राप्त करने लगे हैं।

भारत में सुप्रीम कोर्ट द्वारा कारों के लिए निर्धारित मानक (Prescribed Standards for Cars by Supreme Court of India)

पेट्रोल तथा डीजल कारों के लिये भारत की सुप्रीम कोर्ट ने अपने आदेश दिनांक 29 अप्रैल, 1999 से यूरो-I (Euro-I) तथा यूरो-II (Euro-II) के नाम से निम्न मानक निर्धारित किये हैं—

पेट्रोल तथा डीजल कारों के लिये यूरो-I, यूरो-II मानदण्ड

स्तर	कार्बन-मोनोऑक्साइड: CO (ग्राम/किमी)		हाइड्रोकार्बन्स + नाइट्रोजन ऑक्साइड:HC + NO_x : ग्राम/किमी		सूक्ष्म कण : (PM) ग्राम/किमी	
	पेट्रोल	डीजल	पेट्रोल	डीजल	पेट्रोल	डीजल
1996	8.68–12.40	5.7	3–4.36	22	–	–
यूरो-I (2000 से लागू, दिल्ली में 1 जून 1999 से)	3.16	3.16	1.13	1.13	-	0.18
यूरो-II (2005 से लागू, दिल्ली में 1 अप्रैल, 2000 से)	2.20	1 .00	0.50	0.70 से 0.90	-	0.08 से 0.10

स्रोत : Drawn to Earth, CSE New Delhi, May 31, 1999; p.15

यूरो-III व यूरो-IV में सल्फर, लैड तथा बेन्जीन की मात्रा में निरन्तर और कमी होगी।

अन्य प्रकार के वाहनों के लिए उत्सर्जन मानक : 1991-2000

(Emission Standards for Other Vehicles : 1991-2000)

(अ) पेट्रोल चालित वाहन–

क्र॰सं॰	वाहन का प्रकार और प्रदूषक	मात्रा (ग्राम/किमी) अप्रैल, 1991	अप्रैल, 1996	अप्रैल, 2000
1.	द्विपहिया वाहन-			
	कार्बन मोनोऑक्साइड : CO	15–35	45,	2.4
	हाइड्रोकार्बन्स : HC	10–12	-	-
	हाइड्रोकार्बन्स + नाइट्रोजन ऑक्साइड : HC + NO_x	-	3.6	2.4

क्र०सं०	वाहन का प्रकार और प्रदूषक	मात्रा (ग्राम/किलोवाट/घण्टा) अप्रैल, 1991	अप्रैल, 1996	अप्रैल, 2000
2.	तिपहिया वाहन–			
	कार्बन मोनोऑक्साइड : CO	40	6.8	4.8
	हाइड्रोकार्बन्स : HC	15	–	–
	हाइड्रोकार्बन्स + नाइट्रोजन ऑक्साइडस : HC + NOx	–	5.4	2.4

(ब) डीजल चालित वाहन–

क्र०सं०	वाहन का प्रकार और प्रदूषक	अप्रैल, 1991	अप्रैल, 1996	अप्रैल, 2000
3.	भारी वाहन–			
	कार्बन मोनोऑक्साइड : CO	14.0	11.2	4.5
	हाइड्रोकार्बन्स : HC	3.5	2.4	1.1
	नाइट्रोजन डाइऑक्साइड्स : NO_x	18.0	14.4	18.0
	सूक्ष्म कण : PM	–	–	0.36
	सूक्ष्म कण : SPM	–	–	0.61

स्रोत : मनोरमा ईयर बुक-2000, पृष्ठ 142।

वाहनों में उत्सर्जनकों का मापन
(Measurement of Vehicular Pollution)

केन्द्र स्तर पर मोटर वाहन एक्ट सर्वप्रथम 1939 में बना था और जिसे 1982 में और पुन: अभी कुछ वर्ष पूर्व संशोधित किया गया है, जिसके आधार पर राज्य सरकारों को वाहनों से होने वाले प्रदूषण को रोकने के लिये उपयुक्त उपाय करने की स्वतंत्रता दी है। विभिन्न राज्यों में नव संशोधित अधिनियम के आधार पर नियमों के तैयार करने की प्रक्रिया तीव्रगति पर है। किन्हीं राज्यों में उन्हें लागू भी किया गया है। मोटेतौर से यह प्रावधान है–

1. कोई भी वाहन तब तक सड़क पर नहीं चलेगा जब तक उसे निर्धारित मानकों के आधार पर परिवहन विभाग द्वारा प्रमाणित न कर दिया जाये।
2. एक निश्चित अवधि के बाद पुन: वह वाहन अधिकृत अधिकारी द्वारा चैकिंग कर दिये गये प्रमाण पत्र के आधार पर ही चल सकेगा।
3. वाहनों से उत्सर्जित पदार्थों की न्यूनतम सीमा निर्धारित है, आदि-आदि।

जानकारी के अनुसार देश में सर्वप्रथम महाराष्ट्र सरकार ने नवम्बर 1985 में

मोटर वाहन एक्ट लागू किया था जिसके आधार पर वाहनों के लाइसेन्स के नवीनीकरण के समय एक प्रमाण-पत्र प्रस्तुत करना आवश्यक है कि निर्वात पम्पों (साइलेन्सरों) से निकलने वाली प्रदूषक गैसें निम्न निर्धारित मानकों अनुसार ही है–

(अ) पेट्रोल से चलने वाले वाहन

1. नये वाहन	3.5 प्रतिशत कार्बन मोनोक्साइड
2. 5 वर्ष पुराने वाहन अथवा जो 80,000 किमी चल चुके हैं।	4.5 प्रतिशत कार्बन मोनोक्साइड

(ब) डीजल से चलने वाले वाहन

1. नये वाहन	65 HSU धूम्र घनत्व
2. 5 वर्ष पुराने वाहन अथवा जो 80,000 किमी चल चुके हैं।	75 HSU धूम्र घनत्व

(HSU = हार्ट्रिज स्मोक यूनिट)।

वाहनों से निकलने वाले उत्सर्जकों के मापन के लिए अब बाजार में दो प्रकार के मापक उपकरण उपलब्ध हैं, जिन्हें 'ऐनेलाइजर' या 'विश्लेषक' कहा जाता है। एक केवल कार्बन मोनोक्साइड के मापन के लिए है जिसे सभी प्रकार के (दो अथवा चार स्ट्रोक वाले) वाहनों के लिए उपयोग-किया जा सकता है। दूसरे प्रकार के विश्लेषक में कार्बन मोनोऑक्साइड तथा हाइड्रोकाबन एवं धुएं की मात्रा मापी जा सकती है। यह केवल चार स्ट्रोक वाले वाहनों के लिए प्रयुक्त किया जाता है।

वाहन प्रदूषण रोकने के उपाय
(Ways to Check Vehicular Pollution)

वाहनों द्वारा होने वाला प्रदूषण कई बातों पर निर्भर करता है जिनमें वाहन का प्रकार, ईंधन की गुणवत्ता, आवागमन हेतु प्रयुक्त किये जा रहे मार्ग, चालक की दक्षता, निर्धारित स्पीड हेतु परिवहन अधिकारियों द्वारा प्रस्तावित मानक तथा उसका नियंत्रण आदि प्रमुख हैं। केवल अधिनियम व नियमों के आधार पर प्रदूषण रोका जा सके यह सम्भव नहीं है। दूसरे, आदर्श स्थितियों के अभाव में प्रदूषण के कारणों को ध्यान में रखकर कुछ ऐसे नियमों का भी चलन हो जिसका जनसाधारंण द्वारा पालन किया जा सके।

पर्यावरण की गुणवत्ता को बनाये रखने के लिए कुछ ऐसे उपायों की ओर भी ध्यान दिया जाना उचित प्रतीत होता है जिससे राष्ट्रीय बचत भी हो और प्रदूषण को भी रोक लग सके। इस हेतु सार्वजनिक वाहन प्रणाली की प्रचुरता आवश्यक

है। लोगों में यह मानस बनाना चाहिए कि वे अपने स्वतंत्र वाहन का न्यूनतम उपयोग करें। इससे पेट्रोल व डीजल की बचत होगी, दुर्घटनाओं में कमी आयेगी और प्रदूषण भी कम होगा। साइकिलों के चलन को भी बढ़ावा देना चाहिए। राज्य सरकारें इस हेतु सब्सिडी (अनुदान) देने की बात पर भी विचार कर सकती हैं।

वाहन प्रदूषण को कम करने हेतु कुछ सुझाव यहां दिये जा रहे हैं, जिनके आधार पर हम इस संकट से जूझने में अपने स्तर पर भी कुछ योगदान कर सकेंगे-

1. वाहन में ईंधन प्रमाणिक पेट्रोल पम्प से ही सीधे भरवावें। खुले अथवा टिनों में रखे ईंधन से बचें।
2. वाहन की नियमित जांच करायें; टयूनिंग सही रखें।
3. गाड़ी के पहियों में हवा निर्धारित मानदण्ड के अनुसार अवश्य रखें।
4. वाहन को अभिशंचित गति से ही चलायें।
5. निरर्थक क्लच तथा ब्रेक्स का उपयोग न करें।
6. उत्सर्जन मानदण्ड के गड़बड़ा जाने पर कुशल मैकेनिक से वाहन की जांच करायें।
7. स्पार्क प्लग वर्ष के अन्त में बदल दें।
8. कभी-कभी साइलेन्सर में अधिक कार्बन आ जाने से गाड़ी को नियमित गति नहीं मिलती है, अथवा वह चलते-चलते रुक जाती है। इसकी सफाई का भी ध्यान रखें।
9. निर्धारित अथवा अभिशंषित भार से अधिक गाड़ी को लोड न करे।
10. गाड़ी के ईंधन में आवंश्यकतानुसार मोबिल ऑयल मिलाना न भूलें, इससे इंजन सुरक्षित रहता है और टूट-फूट भी कम होती है।

हमें यह बात ध्यान में रखनी है कि वाहन हमें सहयोगी बन, सुविधा तो अवश्य दें, लेकिन प्रदूषण का कारण न बनें। बढती जनसंख्या और वैज्ञानिक प्रगति का तालमेल तभी उचित रूप से संभव है जब हम स्वयं उसके कार्य-कलापों में पूरा सहयोग दें।

प्रश्न (Question)

निबन्धात्मक प्रश्न (Essay Type Questions)

1. स्वचालित वाहनों से निकलने वाले मुख्य प्रदूषक कौन-कौन से हैं? किसी एक प्रदूषक के विषय में लिखिये।

2. नियमित प्रदूषक और अनियमित प्रदूषकों की व्याख्या करते हुए उनके उदाहरण दीजिये।
3. किन-किन प्रदूषकों से ईंधन की गुणवत्ता कम हो जाती है? सल्फर की मौजूदगी से किस प्रकार की हानि संभव है?
4. केटेलेटिक कनवर्टर की कार्य प्रणाली समझाइये।
5. यूरो-I और यूरो-II क्या है? यह मानदण्ड स्वचालित कारों में कब से लागू माने जायेंगे?

लघुत्तरात्मक प्रश्न (Short Answer Type Questions)

6. अधजले हाइड्रोकार्बन्स का मनुष्य के शरीर पर क्या प्रभाव पड़ता है?
7. लेड यौगिक का प्रयोग पेट्रोल चलित वाहनों में ही क्यों किया जाता है?
8. वाहनों से उत्सर्जनों का मापन किस-किस उपकरण से किया जाता है?
9. वाहन प्रदूषण को कम करने के लिये हमें स्वयं क्या करना उचित है?
10. क्या ओजोन गैस भी वाहन उत्सर्जन प्रदूषण है? इसका निर्माण कैसे होता है?

वस्तुनिष्ठ प्रश्न (Objective Questions)

11. पेट्रोल चालित वाहन से उत्सर्जित सर्वाधिक जहरीली गैस कौन-सी है?
    (अ) सल्फर डाइ-ऑक्साइड (ब) कार्बन डाइऑक्साइड
    (स) कार्बन मोनोऑक्साइड (द) नाइट्रोजन डाइऑक्साइड
12. वाहन उत्सर्जन से निकला कौन-सा तत्त्व यौगिक शरीर में हीमोग्लोबिन की कमी करता है?
    (अ) बैन्जीन (ब) सीसा
    (स) सल्फर (द) कार्बन
13. पेट्रोल में स्रोत पर ही टेट्राइथाइल लैड क्यों मिलाया जाता है?
    (अ) वाहन की गति तेज करने के लिये
    (ब) पेट्रोल की खपत कम करने के लिये
    (स) ईंधन के स्वयं विस्फोट को रोकने के लिये
    (द) सम्पूर्ण ईंधन दहन के लिये
14. सन् 2005 तक पेट्रोल व डीजल में सल्फर की मात्रा (भार से) कितनी अभिशंसित है?

(अ) 0.05% (ब) 0.10%

(स) 0.015% (द) 0.005%

15. वाहन उत्सर्जन के प्रदूषकों को कम करने के लिये उपयोग में लिया जाता है।

(अ) कार्ब्यूरेटर (ब) कैटेलेटिक कनवर्टर

(स) स्पीडोमीटर (द) साइलेन्सर

निम्नलिखित प्रश्नों का हाँ/नहीं उत्तर दीजिये–

16. कार्बन डाइऑक्साइड गैस कार्बन मोनोऑक्साइड से अधिक विषैली है। (हाँ/नहीं)

17. वाहन उत्सर्जन में गैसों की मात्रा ग्राम/किमी में मापी जाती है। (हाँ/नहीं)

18. स्कूटर को दो स्ट्रोक श्रेणी वाहनों में माना जाता है। (हाँ/नहीं)

19. लैड यौगिक उत्सर्जन से कैन्सर की संभावना बनी रहती है। (हाँ/नहीं)

20. कैटेलेटिक कनवर्टर को स्वचालित वाहनों में कार्ब्यूरेटर के साथ लगाया जाता है। (हाँ/नहीं)